高等职业教育土建类"教、学、做"理实一体化特色教材

# 桥梁工程施工技术

主 编　唐　鹏　刘天宝　张培辉

中国水利水电出版社

www.waterpub.com.cn

·北京·

# 内 容 提 要

　　本书依照最新的行业标准和规范进行编写，适应高职高专的教学要求，力求结合实践，突出案例教学，内容够用且实用。全书共分 10 个学习任务，内容包括桥梁施工的基本知识，桥梁基础工程施工技术，桥梁墩台施工技术，钢筋混凝土梁桥施工技术，预应力混凝土桥梁施工技术，悬臂梁、连续梁及刚构桥施工技术，圬工和钢筋混凝土拱桥施工技术，斜拉桥与悬索桥施工技术，桥面及附属工程施工技术，涵洞施工技术等。每个学习任务后附有学习任务测试，供学习时参考使用。

　　本书可作为高职高专与各类成人教育的道路桥梁工程技术专业以及其他土建类相关专业的教学用书，也可供相关领域工程技术人员和管理人员参考使用。

**图书在版编目（CIP）数据**

　　桥梁工程施工技术 / 唐鹏，刘天宝，张培辉主编
. -- 北京：中国水利水电出版社，2017.7（2018.1重印）
　　高等职业教育土建类"教、学、做"理实一体化特色教材
　　ISBN 978-7-5170-5673-7

　　Ⅰ．①桥… Ⅱ．①唐… ②刘… ③张… Ⅲ．①桥梁施工－工程施工－高等职业教育－教材 Ⅳ．①U445.4

　　中国版本图书馆CIP数据核字(2017)第179914号

| | |
|---|---|
| 书　　　名 | 高等职业教育土建类"教、学、做"理实一体化特色教材<br>**桥梁工程施工技术**<br>QIAOLIANG GONGCHENG SHIGONG JISHU |
| 作　　　者 | 主　编　唐　鹏　刘天宝　张培辉 |
| 出 版 发 行 | 中国水利水电出版社<br>（北京市海淀区玉渊潭南路 1 号 D 座　100038）<br>网址：www. waterpub. com. cn<br>E - mail：sales@waterpub. com. cn<br>电话：(010) 68367658（营销中心） |
| 经　　　售 | 北京科水图书销售中心（零售）<br>电话：(010) 88383994、63202643、68545874<br>全国各地新华书店和相关出版物销售网点 |
| 排　　　版 | 中国水利水电出版社微机排版中心 |
| 印　　　刷 | 北京瑞斯通印务发展有限公司 |
| 规　　　格 | 184mm×260mm　16 开本　21.5 印张　536 千字 |
| 版　　　次 | 2017 年 7 月第 1 版　2018 年 1 月第 2 次印刷 |
| 印　　　数 | 1501—3500 册 |
| 定　　　价 | **53.00 元** |

凡购买我社图书，如有缺页、倒页、脱页的，本社营销中心负责调换
**版权所有·侵权必究**

# 前言

本书是安徽省地方技能型高水平大学建设项目重点建设专业——城市轨道交通工程技术专业建设与课程改革的重要成果，是"教、学、做"理实一体化的特色教材。

高等职业技术教育培养面向施工技术、工程管理一线需要的高素质技能型专门人才。本书是为适应我国高等职业技术教育教学改革的发展趋势、职业资格培训的需求，在总结多年实际教学工作经验的基础上编写而成的。本书按最新行业标准和规范编写，内容上将相关专业知识交叉、整合，力求使学生全面掌握桥梁施工的相关知识，并注重培养学生的职业能力，对高职高专学生所学知识和就业岗位要求进行贴合。本书可作为高职高专与各类成人教育的道路桥梁工程技术专业以及其他土建类相关专业的教学用书，也可供相关领域工程技术人员和管理人员参考使用。

全书共 10 个学习任务，内容包括桥梁施工的基本知识，桥梁基础工程施工技术，桥梁墩台施工技术，钢筋混凝土梁桥施工技术，预应力混凝土桥梁施工技术，悬臂梁、连续梁及钢构桥施工技术，圬工和钢筋混凝土拱桥施工技术，斜拉桥与悬索桥施工技术，桥面及附属工程施工技术，涵洞施工技术等，并附以工程实例。

本书由唐鹏、刘天宝、张培辉任主编，代齐齐、梁晶晶、胡腾飞、戴勇任副主编，程怀江主审。具体编写人员分工如下：安徽水利水电职业技术学院刘天宝、张延、闫超君编写学习任务 1，华东建筑设计研究院有限公司安徽分公司梁晶晶编写学习任务 2，安徽省综合交通研究院股份有限公司张培辉、安徽中体工程建设有限公司戴勇编写学习任务 3，安徽水利水电职业技术学院张晓战、蒋红、倪宝艳编写学习任务 4，安徽水利水电职业技术学院胡腾飞、张志、李炳蔚和中铁二十四局集团有限公司樊益轩编写学习任务 5，安徽水利水电职业技术学院刘天宝编写学习任务 6，安徽水利水电职业技术学院唐鹏编写学习任务 7，安徽水利水电职业技术学院代齐齐编写学习任务 8 和学习任务 9，中铁二十四局集团合肥轨道制品有限公司戴刚编写学习任务 10。全书由唐鹏统稿。

本书在编写的过程中，编者参考引用了书末所列参考文献的一些内容，在此向文献的作者深表谢意。

由于编者水平有限，书中难免存在不妥之处，恳请专家和广大读者批评指正。

编者

2017 年 3 月

# 学习任务 1　桥梁施工的基本知识

**学习目标**

通过本任务的学习，重点理解并掌握桥梁各组成部分的概念、术语；熟悉桥梁的分类及相关知识；熟悉桥梁设计和建设的程序；熟悉桥梁总体规划和设计；熟悉桥梁施工方法的选择。

## 学习情境1.1　认知桥梁结构

为满足各种车辆、行人的顺利通行或各种管线工程的布设而建造的跨越河流、山谷或其他交通线路等障碍的工程建筑物，一般统称为桥梁。桥梁是交通工程中的重要组成部分。随着经济的发展、科技的进步和社会生产力的不断提高，人们对桥梁建筑提出了越来越高的要求。

### 1.1.1　桥梁结构的组成及名词术语

1. 桥梁结构的组成

桥梁一般由上部结构（也称桥跨结构）、下部结构、支座和附属设施4个基本部分组成（图1.1、图1.2）。

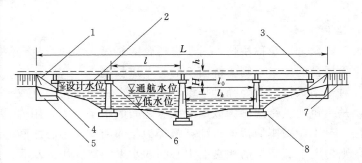

图1.1　梁式桥的基本组成

1—桥台；2—桥跨结构；3—伸缩缝；4—护坡；5—基础；
6—支座；7—路堤；8—桥墩

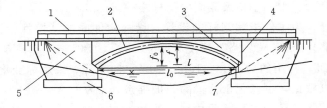

图1.2　拱式桥的基本组成

1—栏杆；2—主拱圈；3—拱上结构；4—变形缝；5—拱台；
6—基础；7—拱脚

1

（1）桥梁上部结构是承担荷载、跨越障碍的主要承重结构，它的作用是承担上部结构所受的全部荷载，并通过支座传给下部结构。例如，梁式桥中的主梁、拱桥中的拱肋（拱圈）、桁架梁桥中的主桁等都是桥梁的上部结构。

（2）桥梁下部结构是桥墩、桥台及桥梁基础的总称，其作用是支承桥跨结构并将荷载传至地基。桥墩和桥台一般合称墩台。

1）桥墩。位于多孔桥跨的中间部位，支承相邻两跨上部结构的建筑物，其功能是将上部结构荷载传至基础。

2）桥台。位于桥梁的两端，支承桥梁上部结构，并使之与路堤衔接的建筑物，其功能是传递上部结构荷载于基础，并抵抗来自路堤的土压力。为了维持路堤的边坡稳定，并将水流导入桥孔，除带八字形翼墙的桥台外，在桥台左右两侧筑有保持路肩稳定的锥形护坡，其锥体内填土，坡面以片石砌筑。

3）桥梁基础。桥梁基础是桥梁最下部的结构，上承墩台，并将全部桥梁荷载传至地基。一般基底应设置在有足够承载力的持力层处，并要求有一定的埋置深度。基础工程在整个桥梁工程施工中是比较困难的部分，而且常常需要在水中施工，因而遇到的问题也很复杂。

（3）支座是设于桥墩台顶部、支承上部结构并将荷载传给下部结构的装置。它能保证上部结构在荷载、温度变化或其他因素作用下的位移功能。

（4）附属设施。桥梁施工的附属设施包括桥面系、桥头搭板、护坡和导流堤等。桥面系一般由桥面铺装、栏杆（防撞墙）、人行道、伸缩缝和照明系统等组成，其中桥面铺装用以防止车轮直接磨损桥面板、排水和分布轮重；伸缩缝位于桥梁墩顶上部结构之间或其他桥型上部结构与桥台端墙之间，以保证结构在各种因素作用下的自由变位，使桥面上行车顺适、不颠簸。

2. 桥梁结构的名词术语

（1）桥梁全长。桥梁全长简称桥长，对于有桥台的桥梁，为两岸桥台侧墙或八字墙尾端之间的距离；对于无桥台的桥梁，则为桥面系的行车道长度。

（2）净跨径。对于梁式桥，净跨径是指设计洪水位上相邻两桥墩（或桥台）间的水平净距；对于拱式桥，是指每孔拱跨两拱脚截面最低点之间的水平距离，用 $l_0$ 表示。

（3）计算跨径。对于设支座的桥梁，计算跨径为相邻两支座中心之间的水平距离；对于不设支座的桥梁，则为上下部结构的相交面中心间的水平距离，用 $l$ 表示。桥梁结构的分析计算以计算跨径为准。

（4）标准跨径。对于梁式桥，标准跨径是指两相邻桥墩中线间的水平距离或桥墩中线与台背前缘之间的水平距离，也称为单孔跨径；对于拱式桥和涵洞，则是指净跨径，用 $l_k$ 表示。标准跨径是划分大、中、小桥及涵洞的指标之一。

（5）标准化跨径。为了便于编制标准设计，增强构件间的互换性，当跨径在 50m 及以下时，通常采用标准化跨径。《公路工程技术标准》（JTG B01—2014）规定了标准化跨径为 0.75～50m，共 21 级，常用的为 10m、16m、20m、40m 等。采用标准化跨径设计，有利于桥梁制造和施工的机械化，也有利于桥梁的养护维修。

（6）总跨径。总跨径是指多孔桥梁中各孔净跨径的总和（$\sum l_0$），它反映了桥梁排泄洪水的能力。

（7）桥下净空高度。设计洪水位或计算通航水位与桥跨结构最下缘之间的高差，称为桥下净空高度。桥下净空高度应满足排洪、通航或通车的要求。

（8）桥梁建筑高度。桥梁建筑高度是指桥面路拱中心顶点到桥跨结构最下缘（拱式桥为拱脚线）的高差。线路定线中所确定的桥面高程，与通航（或桥下通车、人）净空界限顶部高程之差，称为容许建筑高度。城市多层立交桥对桥梁建筑高度有着较严格的限制。桥梁建筑高度不得大于容许建筑高度。

（9）桥梁高度。桥梁高度是指桥面路拱中心顶点到低水位或桥下线路路面之间的垂直距离。

（10）净矢高。净矢高是指拱桥从拱顶截面下缘至相邻两拱脚截面下缘最低点连线的垂直距离，用 $f_0$ 表示。

（11）计算矢高。矢高是指从拱顶截面形心至相邻两拱脚截面形心之连线的垂直距离，用 $f$ 表示。

（12）矢跨比。矢跨比是指拱桥中拱圈（或拱肋）的计算矢高与计算跨径之比（$f/L$），也称拱矢度。它是反映拱桥受力特性的一个重要指标。

### 1.1.2 桥梁的分类

桥梁有各种不同的分类方式，每一种分类方式均反映出桥梁在某一方面的特征。

**1. 按工程规模划分**

根据桥梁多孔跨径总长 $L$ 和单孔跨径 $l_k$，可将桥梁划分为特大桥、大桥、中桥、小桥和涵洞，见表 1.1。它是我国公路和城市桥梁级别划分的依据。

**表 1.1** 　　　　　　　　　　　　桥 涵 按 跨 径 分 类 　　　　　　　　　单位：m

| 桥涵分类 | 多孔跨径总长 $L$ | 单孔跨径 $l_k$ | 桥涵分类 | 多孔跨径总长 $L$ | 单孔跨径 $l_k$ |
|---|---|---|---|---|---|
| 特大桥 | $L>1000$ | $l_k>150$ | 小桥 | $8{\leqslant}L{\leqslant}30$ | $5{\leqslant}l_k<20$ |
| 大桥 | $100{\leqslant}L{\leqslant}1000$ | $40{\leqslant}l_k{\leqslant}150$ | 涵洞 | | $l_k<5$ |
| 中桥 | $30<L<100$ | $20{\leqslant}l_k<40$ | | | |

**2. 按桥梁结构体系划分**

根据结构体系及其受力特点，桥梁可划分为梁式桥、拱式桥、刚架桥、悬索桥、斜拉桥和组合体系桥 6 种型式的结构体系。不同的结构体系对应于不同的力学型式，表现出不同的受力特点。

（1）梁式桥。梁式桥是古老的结构体系之一。梁作为承重结构，主要是以其抗弯能力来承受荷载。在竖向荷载的作用下，其支承反力也是竖直的，一般梁体结构只受弯、受剪，不承受轴向力，如图 1.3 所示。

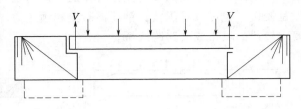

图 1.3　简支梁桥

简支梁［图 1.4（a）］的跨越能力有限，因此，悬臂梁［图 1.4（b）］和连续梁［图 1.4（c）］得到发展。它们通过改变或增强中间支承来减小跨中弯矩，以便更合理地分配内力，加大跨越能力。悬臂梁采用铰接或简支跨（称为挂孔）来连接其两端，其为静定结构，受力明确，计算简便；但因其结构变形在连接处不连续而对行车和桥面养护产生不利影响，因此，近年来已很少采用；连续梁因桥跨结构连续，克服了悬臂梁的不足，是目前采用较多的梁式桥型。

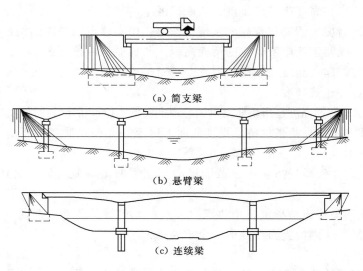

图 1.4　梁式桥

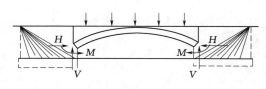

图 1.5　拱桥示意图

（2）拱式桥。拱式桥（图 1.5）的主要承重结构是具有曲线外形的拱（其拱圈的截面型式可以是实体矩形、肋形、箱形及桁架等）。在竖向荷载的作用下，拱主要承受轴向压力，同时也承受弯矩和剪力。支承反力不仅有竖向反力，也承受较大的水平推力。

根据拱的受力特点，多采用抗压能力较强且经济合理的圬工材料和钢筋混凝土来修建拱桥。拱对墩台有较大的水平推力，对地基的要求较高，故一般宜建于地基良好之处。

（3）刚架桥。刚架桥（也称为刚构桥）是指梁与立柱（墩柱）或竖墙整体刚性连接的桥梁（图 1.6），其主要特点是：立柱具有相当大的抗弯刚度，故可分担梁部跨中正弯矩，达到降低梁高、增大桥下净空的目的。在竖向荷载作用下，主梁与立柱（或竖墙）的连接处会产生负弯矩；主梁、立柱承受弯矩，也承受轴力和剪力；柱底约束处既有竖直反力，又有水平反力刚架桥的型式大多是立柱直立的单跨（也可斜向布置，如图 1.7 所示）。柱底约束可以是铰接，也可以是固接。钢筋混凝土和预应力混凝土刚架桥适用于中小跨径、对建筑高度要求较严的城市或公路跨线桥。

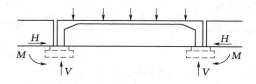

图 1.6　直腿（门形）刚架桥

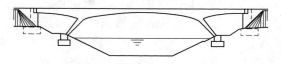

图 1.7　斜腿刚架桥

斜腿刚架桥的墩柱斜置并与梁部刚性连接，其受力特点介于梁和拱之间，如图 1.7 所示。在竖向荷载作用下，斜腿以承压为主，两斜腿之间的梁部也受到较大的轴向力。斜腿底部可采用铰接或固接的型式，对于受到较大的水平推力在跨越深沟峡谷、两侧地形不宜建造直立式桥墩的情况，斜腿刚架桥表现出其独特之处。

（4）悬索桥。悬索桥（也称为吊桥）主要由索（又称缆索）、塔、锚碇和加劲梁等组成，如图 1.8 所示。对于跨径较小（如小于 300m）、活载较大且加劲梁较刚劲的悬索桥，可以视其为缆与梁的组合体系。但大跨径（1000m 左右）悬索桥的主要承重结构为缆索，组合体系的效应可以忽略。在竖向荷载作用下，其缆索受拉，

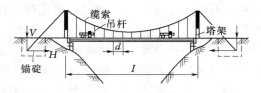

图 1.8　悬索桥

锚碇处会产生较大的竖向（向上）和水平反力。缆索通常用高强度钢丝制成圆形大缆；加劲梁多采用钢桁架或扁平箱梁；桥塔可采用钢筋混凝土或钢结构。因缆索的抗拉性能得以充分发挥且大缆尺寸基本上不受限制，故悬索桥的跨越能力一直在各种桥型中名列前茅。不过，由于其结构的刚度不足，悬索桥较难以满足当代铁路桥梁的要求。

（5）斜拉桥。斜拉桥（图 1.9）主要由梁、塔和斜索（拉索）组成，结构型式多样，造型优美壮观。在竖向荷载作用下，梁以受弯为主，塔以受压为主，斜索则承受拉力。梁体被斜索多点扣拉，表现出弹性支承连续梁的特点。因此，梁体荷载弯矩减小，梁体高度可以降低，从而减轻了结构自重，并节省了材料。另外，塔和斜索的材料性能也能得到较充分的发挥。因此，斜拉桥的跨越能力仅次于悬索桥，是近几十年来发展很快的一种桥型。但由于刚度问题，斜拉桥在铁路桥梁上的应用极为有限。

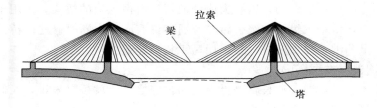

图 1.9　斜拉桥

（6）组合体系桥。将上述几种结构型式进行合理的组合应用，即形成组合体系桥梁，如图 1.10 所示。常见的组合方式是梁、拱结构的组合。梁、拱、吊杆组合体系［图 1.10（a）］同时具备梁的受弯和拱的承压的特点，可以是刚性拱及柔性拉杆，也可以是柔性拱及刚性梁。这类结构的主要优点是利用梁部受拉，来承受和抵消拱在竖直荷载作用下产生的水平推力。这样，桥跨结构既具有拱的外形和承压的特点，又不存在很大的水平推力，可在一般地基条件下修建。相对而言，这种组合体系桥的施工较为复杂。

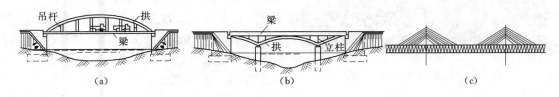

图 1.10　组合体系桥

3. 桥梁的其他分类

（1）按桥梁上部结构的建筑材料分类。按桥梁上部结构的建筑材料的不同，桥梁可分为

木桥、石桥、混凝土桥、钢筋混凝土桥、预应力混凝土桥（有时三者统称混凝土桥）和钢桥等。

（2）按用途分类。按用途的不同，桥梁可分为公路桥、铁路桥、公铁两用桥、人行桥、给水桥（渡桥）和供油、供气、供煤粉的管道桥等。

（3）按跨越障碍的类型分类。按跨越障碍的类型不同，桥梁可分为跨河桥、跨谷桥、跨线桥和高架线路桥等。

（4）按桥面位置分类。按上部结构的行车道位置的不同，可分为上承式桥、中承式桥、下承式桥和双层桥。将桥面布置在主要承重结构之上的称为上承式桥［图1.10（b）］，桥面在主要承重结构之下的称为下承式桥［图1.10（a）］，介于上、下之间的称为中承式桥［图1.10（c）］，上、下均设桥面的称为双层桥。上承式桥具有构造简单、容易养护、制造架设方便、节省墩台圬工数量以及视野开阔等优点，在桥梁设计中常优先选用。中承式桥、下承式桥都具有桥梁建筑高度小的优点，根据设计要求而定。双层桥多用于公路铁路两用桥。

（5）按建造方法分类。混凝土桥分现场浇筑和装配式两类。装配式混凝土桥的构件在工厂（场）中预制，运往工地拼装架设，其优点是可使桥梁施工工业化、机械化、降低成本，提高施工速度，且质量也有保证。也有两者结合的装配、现浇式混凝土桥。钢桥一般都是装配式的。

（6）其他特殊桥梁。其他特殊桥梁包括活动桥、军用桥和漫水桥等。活动桥又称开启桥，是桥跨结构可以移动或转动，以扩大或开放桥下自由通道的桥梁，多用于河流下游靠近入海的港口处。漫水桥是三级、四级公路在交通容许有限度中断时修建的桥梁，桥面建在设计洪水位之下，汛期洪水漫顶而过，常采用圬工材料建造。

### 1.1.3 桥梁的建设与发展概况

我国历史悠久、文化源远流长，是世界文明古国之一。就桥梁来讲，我们的祖先在世界桥梁建筑史上曾写下辉煌灿烂的一页。

据史料记载，远在约3000年前的周朝，宽阔的渭河上就出现过浮桥。鉴于浮桥的架设具有简便快速的特点，故常被用于军事中。汉唐以后，浮桥的运用日趋普遍。在公元前550年左右，汾水上建有木柱木梁桥；秦代在长安（今西安）所修建的渭河桥、灞河桥等，在史书中均有确凿记载。这些桥屡毁屡建，多采用木柱木梁或木梁石柱桥式。

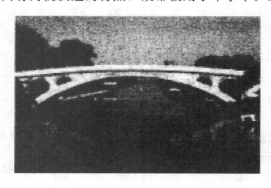

图1.11　河北赵县赵州石拱桥

在秦汉时期，我国已广泛修建石桥。在隋大业元年（约605年），李春在河北赵县修建了赵州石拱桥（又称安济桥，桥长64.4m，净跨37.02m，宽9m，拱矢高度7.23m），该桥是典型的空腹式坦拱，如图1.11所示。该桥构思巧妙、造型美观、工艺精致，历经1400多年而无恙，举世闻名，被誉为"国际土木工程里程碑建筑"，该桥不愧为桥梁文物宝库中的精品，1991年被列为世界文化遗产。

我国古代的石梁桥也同样著名。目前世界上保存时间最长、工程最艰巨的石梁桥，就是我国建于宋朝的福建泉州万安桥，又称洛阳桥（1053—1059年）。此桥现长834m，共47

孔。在建桥时，先顺着桥的轴线向水中抛投大量块石，在水面上形成一条长堤，然后在块石上放养牡蛎，靠蛎壳与块石相胶结形成的整体基础来抵抗风浪。在这水下长堤上，用大条石纵横叠置（不用灰浆）形成桥墩，而后再架设石梁。

我国是世界公认最早有索桥的国家。据记载，最晚在唐朝中期，我国就从藤索、竹索发展到用铁链建造索桥，而西方到 16 世纪才开始建造铁索桥。我国至今保存下来的古代索桥有四川都江堰的竹索桥（世界上最古老的索桥）和沪定县的大渡河铁索桥。都江堰竹索桥始建于宋朝（990 年），1803 年仿旧制重建，名安澜桥，桥长 340m，分为 8 孔，最大跨径 61m，竹索现已被换为钢丝索。

古代桥梁是指大致从 19 世纪中叶及其以前所修建的桥梁。这些桥梁的设计和施工完全依靠人们的经验，没有力学知识的指导。建桥的材料主要有天然的或经加工过的木材、石材，还有竹索、藤索、铁索、铸铁乃至锻铁。在桥式方面，有梁、拱和索桥三大类。由于当时技术落后、工具简陋，无修建深水基础的技术，故施工周期也长。

现代桥梁是指 19 世纪后期以来，由工程师运用工程力学、桥涵规范及桥梁工程知识所兴建的桥梁。19 世纪 20 年代，世界上出现了铁路，现代桥梁主要是为适应铁路建设的需要，在 19 世纪后期逐步发展起来的。在铁路发展的初期，建桥材料仍是以木材、石材、铸铁和锻铁等为主，后来钢材才逐步占据建桥材料主导地位。20 世纪初，钢筋混凝土也逐渐受到桥梁界的重视，开始被用于中、小跨径桥梁的建造。同时，建桥工具得到很大发展，出现了蒸汽机、打桩机、电动工具、风动工具、起重机具、铆钉机等。在深水基础方面，开始采用沉井、压气沉箱和大直径的桩。从 20 世纪 30 年代起，公路桥梁也开始得到大力发展。

一般将在 20 世纪 50 年代左右发展起来的、主要为公路和城市道路服务的桥梁称之为当代桥梁。在材料方面，当代桥梁除采用常规钢材和钢筋混凝土外，还有预应力混凝土、高强螺栓、高强钢丝、低合金钢以及其他新型材料。用于桥梁建造的机具和设备有焊接机、张拉千斤顶、振动打桩机、水上平台、大吨位起重机和浮吊、钻孔机等。这一时期，在梁、拱和悬索桥等基本桥型的基础上，发展了许多新桥型，如连续刚构桥、斜拉桥、梁拱组合体系、箱形梁、正交异性钢桥面板等。该时期施工技术和工艺得到重视，出现了不少新的施工方法，如悬臂施工、转体施工、浮运法以及整件吊装等。

20 世纪 90 年代以后，我国公路桥梁建设得到极大发展，在长江、黄河等大江大河和沿海海域，建成了一大批有代表性的世界级桥梁。特别是进入 21 世纪后，我国共修建了 15 万余座大中型桥梁（包括公路、铁路、城市桥梁），累计总长度超过 8300km，平均每年修建 1 万多座，实现了由桥梁大国向桥梁强国的历史性跨越，这也成为向世界展示我国综合国力的窗口之一。

江苏润扬大桥（图 1.12）全部由我国自行设计、施工、监理、管理，所用建筑材料和设备也绝大部分由我国自行制造或生产。它是由南汊悬索桥和北汊斜拉桥组成，其中南汊主桥为单孔双铰钢箱梁悬索桥，主跨径长 1490m，目前位居世界第三，可通行 5 万 t 级巴拿马型货轮。润扬大桥建设条件复杂，技术含量非常高，施工难度极大，被国际桥梁专家称为"中

图 1.12　江苏润扬大桥

国奇迹"。

跨径达 1 088m 的江苏苏通长江公路大桥创造了斜拉桥型的 4 项世界之最，如图 1.13 所示，即在世界同类型桥梁中，苏通大桥的主塔最高、群桩基础规模最大、斜拉索最长、跨径最大。

青岛海湾大桥（图 1.14）是国道主干线青岛至兰州高速公路的起点段，大桥全长 36.48km，是目前世界上已建成的最长的跨海大桥。

此外，还有崇明岛过江通道、深港西部通道、珠港澳大桥等一批世界级桥梁正在建设或进行前期工作，它们的建成将会再次吸引世界的目光，并极大地丰富世界桥梁宝库。

图 1.13  江苏苏通长江公路大桥

图 1.14  青岛海湾大桥

## 学习情境 1.2  桥梁设计与建设程序

桥梁的规划设计需考虑的因素很多，涉及工程所在地区的政治、经济、文化以及人文环境，特别是对于工程比较复杂的大、中桥梁，桥梁的规划设计是一项综合性的系统工程。因此，必须建立一套严格的管理体制和有序的工作程序。在我国，基本建设程序分为前期工作和三阶段设计两个大步骤，它们的关系如图 1.15 所示。

1. 预可行性研究阶段

预可行性研究（简称"预可"）阶段着重研究建桥的必要性以及宏观经济上的合理性。在"预可"阶段研究形成的《工程预可行性研究报告书》（简称《预可报告》）中，应从经济、政治、国防等方面，详细阐明建桥理由和工程建设的必要性与重要性，同时初步探讨技术上的可行性。对于区域性线路上的桥梁，应以建桥地点（渡口等）的车流量调查（计及国民经济逐年增长）为立论依据。

"预可"阶段的主要工作目标是解决建设项目的上报立项问题，因而，在《预可报告》中，应编制几个可能的桥型方案，并对工程造价、资金来源、投资回报等问题做初步估算和设想。设计方将《预可报告》交业主后，由业主据此编制《项目建议书》并报送上级（主管）审批。

2. 工程可行性研究阶段

在《项目建议书》被审批确认后，应着手工程可行性研究（简称"工可"）阶段的工作。

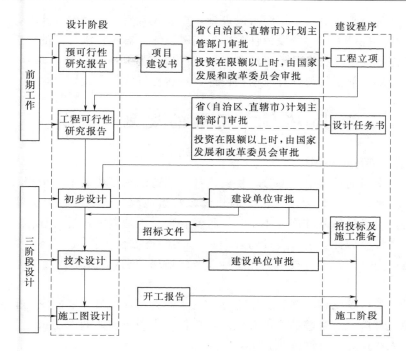

图 1.15 设计阶段与建设程序关系图

在这一阶段，着重研究选用和补充制定桥梁的技术标准，包括设计荷载标准、桥面宽度、通航标准、设计车速、桥面纵坡、桥面平纵曲线半径等，应与河道、航运、规划等部门共同研究，以共同协商确定相关的技术标准。

在"工可"阶段，应提出多个桥型方案，并按交通运输部《公路基本建设工程投资估算编制办法》估算造价，对资金来源和投资回报等问题应基本落实。

3. 初步设计

初步设计应根据批复的可行性研究报告、勘测设计合同和初测、初勘或定测、详勘资料编制。初步设计的目的是确定设计方案，应通过多个桥型方案的比选，推荐最优方案，报上级审批。在编制各个桥型方案时，应提供平、纵、横面布置图，标明主要尺寸，并估算工程数量和主要材料数量，提出施工方案，编制设计概算，提供文字说明和图表资料。初步设计经批复后，即成为施工准备、编制施工图设计文件和控制建设项目投资等的依据。

4. 技术设计

对于技术上复杂的特大桥、互通式立交或新型桥梁结构，需进行技术设计。技术设计应根据初步设计批复意见和勘测设计合同的要求，对重大、复杂的技术问题通过科学试验、专题研究、加深勘探调查及分析比较，进一步完善批复桥型方案的总体和细部各种技术问题以及施工方案，并修正工程概算。

5. 施工图设计

施工图设计应根据初步设计（或技术设计）批复意见和勘测设计合同，进一步对所审定的修建原则、设计方案、技术措施加以具体和深化。在此阶段，必须对桥梁各种构件进行详细的结构计算，并且确保强度、刚度、稳定性、裂缝、变形等各种技术指标满足规范要求，同时应绘制施工详图，提出文字说明及施工组织计划，并编制施工图预算。

国内一般（常规）的桥梁采用两阶段设计，即初步设计和施工图设计。对于技术简单、方案明确的小桥，也可采用一阶段设计，即施工图设计。对于技术复杂的大型桥梁，在初步设计之后，还需增加一个技术设计阶段，在这一阶段，要针对全部技术难点，进行如抗风、抗震试验，受力复杂部位等的计算及结构设计，然后再做施工图设计。

# 学习情境 1.3　桥梁的规划与设计

## 1.3.1　桥梁设计的基本原则

桥梁是道路交通的重要组成部分，桥梁设计、建造的规模代表了一个国家（地区）的科技和经济发展水平，特别是大、中桥梁的建设，对当地政治、经济、国防等都具有重要意义。我国公路桥梁设计的基准期为 100 年。科学合理、因地制宜地进行总体规划和设计是桥梁建设的百年大计。因此，桥梁设计与规划必须遵照"安全、适用、经济、美观"的基本原则进行，同时应充分考虑建造技术的先进性以及环境保护和可持续发展。

1. 安全

（1）所设计的桥梁结构在强度、稳定性和耐久性方面，应有足够的安全储备。

（2）防撞栏杆应具有足够的高度和强度，应做好人与车流之间的防护栏，防止车辆危及人行道上的行人或撞坏栏杆而落到桥下。

（3）对于交通繁忙的桥梁，应设计好照明设施，并有明确的交通标志，两端引桥坡度不宜太陡，以避免因发生车辆碰撞等而引起交通事故。

（4）对于河床易变迁的河道，应设计好导流设施，防止桥梁基础底部被过度冲刷；对于通行大吨位船舶的河道，除按规定加大桥孔跨径满足通航要求外，必要时对桥梁墩台应设置防撞构筑物等。

（5）对于修建在地震区的桥梁，应按抗震要求采取防震措施；对于大跨度柔性桥梁，应考虑风振效应。

2. 适用

（1）桥面宽度应能满足当前以及今后规划年限内的交通流量（包括行人通行）要求。

（2）在通过设计荷载时，桥梁结构应不出现过大的变形和过宽的裂缝。

（3）桥跨结构的下面应有利于泄洪、通航（跨河桥）或车辆和行人的通行（旱桥）。

（4）桥梁的两端应便于车辆的进入和疏散，而不致产生交通堵塞现象等。

（5）考虑综合利用，应方便各种管线（水、电气、通信等）的搭载。

3. 经济

（1）桥梁设计应遵循因地制宜、就地取材和方便施工的原则。

（2）经济的桥型应该是造价和养护费用综合最省的桥型。设计中，应充分考虑维修的方便和维修费用的节省，维修时尽可能不中断交通，或中断交通的时间最短。

（3）所选择的桥位，地质、水文条件应良好，并使桥梁长度较短。

（4）桥位选择时，应考虑缩短河道两岸的运距，以促进该地区的经济发展，使其产生最大的效益。对于收费桥梁，应能吸引更多的车辆通过，达到尽快回收投资的目的。

4. 美观

一座桥梁应具有优美的外形，而且这种外形从任何角度看都应该是优美的。结构布置必须精练，并在空间上有和谐的比例，桥型应与周围环境相协调，合理的结构布局和轮廓是桥梁美观的主要因素。另外，施工质量对桥梁美观也有很大影响。

5. 技术先进

在因地制宜的前提下，桥梁设计应尽可能采用成熟的新结构、新设备、新材料和新工艺。在认真学习国内外的先进技术、充分利用最新科学技术成果的同时，努力创新，淘汰和摒弃落后和不合理的设计思想。

6. 环境保护和可持续发展

桥梁设计应考虑环境保护和可持续发展的要求。从桥位选择、桥跨布置、基础方案、墩身外形、上部结构施工方法、施工组织设计等多方面，全面考虑环境要求，采取必要的工程控制措施，并建立环境监测保护体系，将不利影响减至最小。

### 1.3.2 桥梁布置及净空要求

1. 桥梁平面布置

桥梁设计首先要确定桥位，按照《公路工程技术标准》（JTG B01—2014）的规定，小桥和涵洞的位置与线形，一般应符合路线的总走向。为满足水文、线路弯道等要求，可设计斜桥和弯桥。对于公路上的特大桥及大、中桥桥位，原则上应服从路线走向，但应综合考虑，桥位应尽量选择在河道顺直稳定、河床地质良好、河槽能通过大部分设计流量的河段上。桥梁的平曲线半径、平曲线超高和加宽、缓和曲线、变速车道设置等，均应满足相应等级线路的规定。

2. 桥跨和孔径

桥梁纵断面设计包括确定桥梁的总跨径、桥梁的分孔、桥面的高程、桥上和桥头引道的纵坡以及基础的埋置深度等。

（1）桥梁总跨径。桥梁总跨径，一般根据水文计算来确定。其基本原则是：应使桥梁在整个使用年限内，保证设计洪水能顺利宣泄；河流中可能出现的流冰和船只、排筏等能顺利通过；避免因过分压缩河床引起河道和河岸的不利变迁；避免因桥前壅水而淹没农田、房屋、村镇和其他公共设施等。对于桥梁结构本身来说，不能因总跨径缩短而引起河水对河床过度冲刷，从而给浅埋基础带来不利的影响。

在某些情况下，为了降低工程造价，可以在不超过允许的桥前壅水和规范规定的允许最大冲刷系数的条件下，适当放宽冲刷限制，以缩短总跨长。例如，对于深埋基础，一般允许稍大一点的冲刷，使总跨径适当减小；对于平原区稳定的宽滩河段，河水的流速较小，漂流物也少，主河槽较大，这时，可以对河滩的浅水流区段作较大的压缩，即缩短桥梁总跨径，但必须慎重校核，使压缩后的桥梁壅水不得危及河滩、路堤以及附近农田和建筑物。

（2）桥梁的分孔。对于一座较长的桥梁，应当分成若干孔。孔径划分的大小，不仅影响桥梁使用效果和施工等，而且在很大程度上影响桥梁的总造价。例如，所采用的跨径越大，孔数就越少，这样虽然可以降低墩台的造价，但却使上部结构的造价大大增加；反之，上部结构的造价虽然降低了，但墩台的造价却又有所增加。因此，在满足使用和技术要求的前提下，通常采用最经济的分孔方式，使上、下部结构的总造价趋于最低，此时的跨径为经济跨径。具体要求如下：

1）对于通航河流，在分孔时，首先应满足桥下的通航要求。桥梁的通航孔应布置在航行最方便的河域，对于变迁性河流，根据具体条件，应多设几个通航孔。

2）对于平原区宽阔河流上的桥梁，通常在主河槽部分按需要布置较大的通航孔，而在两侧浅滩部分按经济跨径进行分孔。

3）当在山区的深谷、水深流急的江河以及水库上修桥时，为了减少中间桥墩，应加大跨径。条件允许时，甚至可以采用特大跨径的单孔跨越。

4）对于采用连续体系的多孔桥梁，应从结构的受力特性考虑，使边孔与中孔的跨中弯矩接近相等，合理地确定相邻跨之间的比例。

5）对于河流中存在不利地质段的情况，例如岩石破碎带、裂隙、溶洞等，在布孔时，为了使桥基避开这些区段，可以适当加大跨径。

总之，对于大、中桥梁，分孔是一个相当复杂的问题，必须根据使用要求、桥位处的地形和环境、河床地质、水文等具体情况，通过技术、经济等方面的分析比较，提出比较合理的设计方案。

**3. 桥下净空**

合理的桥面高程必须根据设计洪水位、桥下通航（通车）净空的需要，并结合桥型、跨径等一起考虑。

（1）流水净空要求。为了保证支座的安全和正常工作，对于设置支座的桥梁，支座底面高出计算水位（即设计洪水位加壅水和浪高）应不小于 0.25m，并高出最高流冰面不小于 0.50m，高出最高冰水位不小于 0.75m，如图 1.16 所示。

图 1.16　梁式桥桥下流水净空图示

对于无铰拱桥，拱脚允许被洪水淹没（图 1.17），淹没深度不宜超过拱圈矢高（$f_0$）的 2/3，并且在任何情况下，拱顶底面应高出计算水位 1.0m，拱脚的起拱线应高出最高流冰面不小于 0.25m。

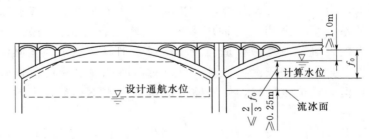

图 1.17　拱式桥桥下流水净空图示

（2）通航净空要求。为了保证桥下安全通航，通航孔桥跨结构下缘的高程应高出从设计通航水位算起的净空高度。有关通航净空的尺寸规定，参见《通航海轮桥梁通航标准》（JTJ 311—1997）及《内河通航标准》（GB 50139—2014）。

（3）跨线桥桥下的交通要求。在设计跨线路（铁路或公路）的立体交叉时，桥跨结构底缘的高程应高出规定的车辆净空高度。

综上所述，全桥位于河中各跨的桥面高程均应首先满足流水净空的要求；对于通航或桥下通车的桥孔，还应满足通航或通车净空的要求；另外，还应考虑桥的两端能够与公路或城市道路顺利衔接等问题。因此，全桥各跨的桥面高程是不相同的，必须综合考虑和规划，一般将桥梁的纵断面设计成具有单向或双向的坡度，既利于交通，美观效果好，又便于桥面排水（对于不太长的小桥，可以做成平坡桥），但桥面纵坡不宜大于 4%，桥头引道纵坡不宜大于 5%。对于位于市镇交通繁忙处的桥梁，桥上纵坡和桥头引道纵坡均不得大于 3%，并应在纵坡变更的地方按规定设置竖曲线，使坡度改变处不致出现转角。

　　4．桥涵净空

　　公路桥梁横断面的设计，主要取决于桥面的宽度和不同桥跨结构横断面的型式。桥面宽度取决于行车和行人的交通需要。我国交通运输部颁布的《公路工程技术标准》（JTG B01—2014），规定了各级公路桥面净空的限界，如图 1.18 所示，在建筑限界内，不得有任何的结构部件。

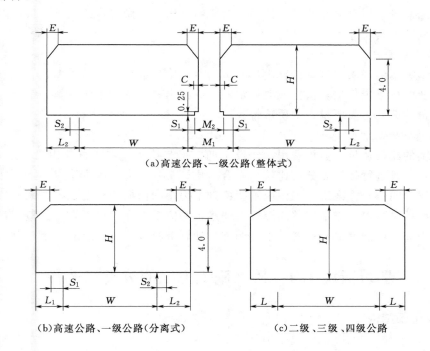

图 1.18　桥涵净空（单位：m）

$W$—行车道宽度；$L_1$—左侧硬路肩宽度；$L_2$—右侧硬路肩宽度；$S_1$—左侧路缘带宽度；$S_2$—右侧路缘带宽度；$L$—侧向宽度；$M_1$—中间带宽度；$M_2$—中央分隔带宽度；$C$—当设计速度大于 100km/h 时为 0.5m，小于或等于 100km/h 时为 0.25m；$E$—建筑限界顶角宽度，当 $L \leqslant 1m$ 时，$E=L$，当 $L>1m$ 时，$E=1m$；$H$—净空高度

## 1.3.3　桥梁设计方案的比选

　　为做出一个经济、适用和美观的桥梁设计方案，设计者必须根据当地的需要和技术条件，因地制宜，综合应用专业知识，掌握国内外新技术、新材料、新工艺，在此基础上，进行深入细致的研究和分析对比，才能科学地得出最优的设计方案。桥梁设计方案的比选和确定可按下列步骤进行。

1. 明确各种高程的要求

　　在桥位纵断面图上，先按比例绘出设计洪水位、通航水位、堤顶高程、桥面高程、通航净空、堤顶行车净空位置等控制高程。

　　2. 桥梁分孔和初拟桥型方案草图

　　在上述确定了各种高程的纵断面图上，根据泄洪总跨径的要求，画出桥梁分孔和桥型方案草图。作草图时，思路要宽广，只要基本可行，尽可能多绘几种，以免遗漏可能的桥型方案。

　　3. 方案初步比选

　　对草图各个方案做技术和经济上的初步分析和判断，剔除弱势方案，从中选出 2～4 个构思好、各具特色的方案，并作进一步详细研究和比较。

　　4. 详绘桥型方案图

　　根据不同的桥型方案，针对桥梁结构的要求，参照已建成的桥梁，拟定主要尺寸，并尽可能细致地绘制各个桥型方案的尺寸详图，对于新结构，应做初步的力学分析，以便准确拟定各方案结构的主要尺寸。

　　5. 编制估算或概算

　　根据桥型方案的详图，可以计算出各方案的主要工程数量，然后依据各省（自治区、直辖市）或行业的桥梁工程估算指标或概算定额，编制出各方案的主要材料（钢材、木材、混凝土等）用量、劳动力需要量、全桥造价。

　　6. 方案选定和文件汇总

　　对各方案的建设造价、养护费用、建设工期、工艺技术、主要材料用量、运营适用性、美观等因素，列表进行优缺点分析比较，综合考虑，最后确定一个最佳方案作为推荐方案，然后编写方案说明书。方案说明书中应阐明：方案编制的依据和标准、各方案的特点、主要施工方法、设计概算以及方案比较的综合性评述，并应重点详述推荐方案。整理各种测量资料、地质勘查和地震烈度复核资料、水文调查与计算资料等，一并组册上报。

# 学习情境 1.4　桥梁施工方法的分类与选择

## 1.4.1　桥梁下部结构

### 1.4.1.1　基础工程

　　在桥梁工程中，通常采用的基础有扩大基础、桩基础和沉井基础等。基础的施工方法大致分类如图 1.19 所示。

　　1. 扩大基础

　　所谓扩大基础，是将墩（台）及上部结构传来的荷载由其直接传递至较浅的支承地基的一种基础型式，一般采用明挖基坑的方法进行施工，故又称之为明挖扩大基础或浅基础。其主要特点是：

　　（1）由于能在现场用眼睛确认支承地基的情况下进行施工，因而其施工质量可靠。

　　（2）施工时的噪声、振动和对地下污染等建设公害较小。

　　（3）与其他类型的基础相比，施工所需的操作空间较小。

　　（4）在多数情况下，比其他类型的基础造价省、工期短。

（5）易受冻胀和冲刷产生的恶劣影响。

扩大基础施工的顺序是开挖基坑，对基底进行处理（当地基的承载力不满足设计要求时，需对地基进行加固），然后砌筑圬工或立模、绑扎钢筋、浇筑混凝土。其中，开挖基坑是施工中的一项主要工作，而在开挖过程中，必须解决挡土与止水的问题。

扩大基础施工的难易程度与地下水处理的难易有关。当地下水位高于基础的设计底面标高时，施工时则须采取止水措施，如打钢板桩或考虑采用集水坑用水泵排水、深井排水及井点法等使地下水位降低至开挖面以下，以使开挖工作能在干燥的状态下进行。还可采用化学灌浆法及围幕法进行止水或排水，但扩大基础的各种施工方法都有各自特有的制约条件，因此在选择时应特别注意。

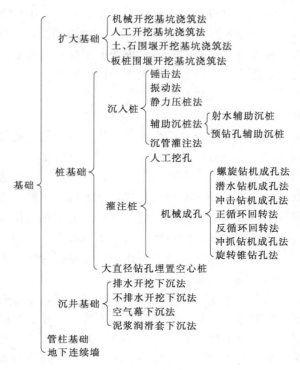

图 1.19　桥梁基础分类及施工方法

### 2. 桩基础

桩是深入土层的柱形构件，其作用是将作用于桩顶以上的荷载传递到土体中的较深处。根据不同情况，桩可以有不同的分类法。这里我们按成桩方法对桩进行分类如下。

（1）沉入桩。沉入桩是将预制桩用锤击打或振动法沉入地层至设计要求标高。预制桩包括木桩、混凝土桩和钢桩，一般有如下特点：

1）因是在预制场内制造，故桩身质量易于控制，可靠。

2）沉入时的施工工序简单，工效高，能保证质量。

3）易于在水上施工。

4）多数情况下施工噪声和振动的公害大，污染环境。

5）受运输、起吊设备能力等条件的限制，且存在现场接桩，接头工艺复杂。

6）超越较坚硬的土层时需要较多的辅助施工手段。

（2）灌注桩。灌注桩是在现场采用钻孔机械（或人工）将地层钻挖成预定孔径和深度的孔后，将预制成一定形状的钢筋骨架放入孔内，然后在孔内灌入流动的混凝土而形成桩基。水下混凝土多采用垂直导管法灌注。灌注桩特点如下：

1）与沉入桩中的锤击法和振动法相比，施工噪声和振动要小得多。

2）能修建比预制桩的直径大得多的桩。

3）与地基的土质无关，在各种地基上均可使用。

4）施工上应特别注意对钻孔时的孔壁坍塌及桩尖处地基的流砂、孔底沉淀等的处理，施工质量的好坏对桩的承载力影响很大。

5）因混凝土是在泥水中灌注的，因此混凝土质量较难控制。

（3）大直径桩。一般认为，直径 2.5m 以上的桩可称为大直径桩，目前，最大桩径已达 6m。近年来，大直径桩在桥梁基础中得到广泛应用，结构型式也越来越多样化，除实心桩外，还发展了空心桩；施工方法上不仅有钻孔灌注法还有预制桩壳钻孔埋置法等。根据桩的受力特点，大直径桩多做成变截面的型式。大直径桩与普通桩在施工上的区别主要反映在钻机选型、钻孔泥浆及施工工艺等方面。

**3. 沉井基础**

沉井基础是一种断面和刚度均比桩大得多的筒状结构，施工时在现场重复交替进行构筑和开挖井内土方，使之沉落到预定支承地基上。

在岸滩或浅水中建造沉井时，可采用"筑岛法"施工；在深水中建造时，则可采用浮式沉井，先将其浮运至预定位置，再进行下沉施工。按材料、形状和用途的不同，可将沉井分成很多种类型，但各种沉井基础有如下的共同特点：

（1）沉井基础的适宜下沉深度一般为 10～40m。

（2）与其他基础型式相比，沉井基础的抗水平力作用能力及竖直支承力均较大。

（3）由于刚度大，其变位较小。

沉井基础施工的难点在于沉井的下沉，主要是通过从井孔内除土，清除刃脚正面阻力及沉井内壁摩阻力后，依靠其自重下沉；沉井下沉的方法可分为排水开挖下沉和不排水开挖下沉，但其基本施工方法应为不排水开挖下沉，只有在稳定的土层中，而且渗水量不大时，才采用排水开挖法下沉；另外，还有压重、高压射水、炮震（必要时）、降低井内水位减少浮力以增加沉井自重、采用泥浆润滑套或空气幕等一些沉井下沉的辅助施工方法。

**4. 地下连续墙**

地下连续墙是用膨润土泥浆进行护壁，在防止开挖壁面坍塌的同时在设计位置开挖出一条狭长端圆的深槽，然后将钢筋骨架放入槽内并灌注水下混凝土，从而在地下形成连续墙体的一种基础型式。目前国内还多用于临时支挡设施，国外已有作为永久基础的实例。地下连续墙有墙式和排柱式之分，但一般多用墙式。地下连续墙的特点如下：

（1）施工时的噪声、振动小。

（2）墙体刚度大且截水性能优异，对周边地基无扰动。

（3）所获得的支承力大，可用作刚性基础，对墙体进行适当的组合后可用以代替桩基础和沉井基础。

（4）可用于逆筑法施工，并适用于多种地基条件。

（5）在挖槽时因采用泥浆护壁，如管理不当，有槽壁坍塌的问题。

**1.4.1.2　承台**

位于旱地、浅水河中采用土石筑岛施工桩基的桥梁，其承台的施工方法与扩大基础的施工方法相类似，可采取明挖基坑、简易板桩围堰后开挖基坑等方法进行施工。

对深水中的承台，可供选择的施工方法通常有钢板桩围堰、钢管桩围堰、双壁钢围堰及套箱围堰等。不论何种围堰，其目的都是为了止水，以实现承台的干处施工。钢板桩和钢管桩围堰实际上是同一类型的围堰型式，只不过所用材料不同；双壁钢围堰通常是将桩基和承台的施工一并考虑，即先在堰顶设钻孔平台，桩基施工结束后拆除平台，在堰内进行承台施工；套箱现多采用钢材制作，分有底和无底两种类型，根据受力情况不同又可设计成单壁或双壁。

#### 1.4.1.3　墩（台）身

墩（台）身的施工方法根据其结构型式的不同而各异。对结构型式较简单、高度不大的中、小桥墩（台）身，通常采取传统的方法，立模（一次或几次）现浇施工；但对高墩及斜拉桥、悬索桥的索塔，则有较多的可供选择的方法。而施工方法的多样化主要反映在模板结构型式的不同。近年来，滑升模板、爬升模板和翻升模板等在高墩及索塔上应用较多，其共同的特点是：将墩身分成若干节段，从下至上逐段进行施工。

采用滑升模板（简称滑模）施工，对结构物外形尺寸的控制较准确，施工进度平稳，安全，机械化程度较高，但因多采用液压装置实现滑升，故成本较高，所需的机具设备亦较多；爬升模板（简称爬模）一般要在模板外侧设置爬架，因此这种模板相对而言需耗用较多的材料，体积亦较庞大，但不需设另外的提升设备；翻升模板（简称翻模）结构较简单，施工亦较方便，不过需设专门用于提升的起吊设备。

高墩的施工，应根据现场的实际情况，进行综合比较后选择适宜的施工方案。中、小桥中，有的设计为石砌墩（台）身，其施工工艺虽较简单，但必须严格控制砌石工程的质量。

### 1.4.2　桥梁上部结构

桥梁上部结构的型式是多种多样的，其施工方法的种类也较多，但除一些比较特殊的施工方法之外，大致可分为预制安装和现浇两大类。现将常用的一些施工方法（图 1.20）的特点和适用性分述如下。

1. 预制安装法

预制安装可分为预制梁安装和预制节段式块件拼装两种类型。前者主要指装配式的简支梁板，如空心板梁、T 形梁、I 形梁及小跨径箱梁等的安装，尔后进行横向联结或施工桥面板而使之成为桥梁整体；后者则将梁体（一般为箱梁）沿桥轴向分段预制成节段式块件，运至现场进行拼装，其拼装方法一般多采用悬臂法。连续梁、T 构、刚构和斜拉桥都可应用这种方法进行施工。

下面简要介绍几种常用的预制安装施工方法的特点及适用场合。

（1）自行式吊车吊装法。这种吊装法多采用汽车吊、履带吊和轮胎吊等机械，有单吊和双吊之分。此法

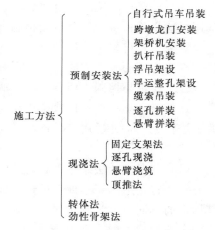

图 1.20　桥梁上部结构施工方法

一般适用于跨径在 30m 以内的简支梁板的安装作业。在现场吊装孔跨内或引道上应有足够设置吊车的场地，同时应确保运梁道路的畅通，吊车的选定应充分考虑梁体的重量和作业半径后方可决定。

（2）跨墩龙门安装法。在墩台两侧顺桥向设置轨道，在其上安置跨墩的龙门吊，将梁体在吊起状态下运至架设地点而安装在预定位置。此法一般可将梁的预制场地安排在桥头引道，以缩短运梁距离。其优点是：施工作业简单、迅速，可快速施工，容易保证施工安全；但要求架设地点的地形应平坦且良好，梁体应能沿顺桥向搬运，桥墩不能太高。因设备的费用较大，架设安装的孔跨数不能太少。

（3）架桥机安装法。这是预制梁的典型架设安装方法。在孔跨内设置安装导梁，以此作

为支承梁来架设梁体，这种作为支承梁的安装梁结构称为架桥机。目前架桥机的种类甚多，按型式的不同分为单导梁、双导梁、斜拉式和悬吊式等。悬臂拼装和逐跨拼装的节段式桥梁也经常采用专用的架桥机设备进行施工。其特点是：不受架设孔跨的桥墩高度影响，亦不受梁下条件的影响；架设速度快，作业安全度高，对于跨数较多的长大桥梁更具优越性。

（4）浮吊架设法。这种方法一般适用于河口、海上长大桥梁的架设安装，包括整孔架设和节段式块件的悬臂拼装。采用此法工期较短，但梁体的补强、趸船的补强及趸船、大型吊具、架设用的卡具等设备均较大型化，浮吊所需费用较高，且易受气象、海象和地理条件的影响。梁体安装就位时，浮力的减少会引起浮吊和趸船移动，伴随而来的是会使梁体摇动，因此应充分考虑其倾覆问题。

（5）浮运整孔架设法。浮运整孔架设法是将梁体用趸船载运至架设地点后进行架设安装的方法，可采用两种方式：第一种方式是用两套卷扬机（或液压千斤顶装置）组合提升吊装就位；第二种方式是利用趸船的吃水落差将整孔梁体安装就位。

（6）逐孔拼装法。逐孔拼装法一般适用于节段式预应力混凝土连续梁的施工。在施工的孔跨内搭设落地式支架或采用悬吊式支架，将节段预制块件按顺序吊放在支架上，然后在预留孔道内穿入预应力筋，对梁施加预应力使其成为整体，这种方法形象的通俗名称为"穿糖葫芦。"

（7）悬臂拼装法。悬臂拼装法现多用于预应力混凝土梁体的施工，其他类型的桥梁亦可选用。这是一种将梁体分节段预制，墩顶附近的块件用其他架设机械安装或现浇，然后以桥墩为对称点，将预制块件沿桥跨方向对称起吊、安装就位后，张拉预应力筋，使悬臂不断接长，直至合龙的施工方法。悬臂拼装法施工速度快，桥梁上、下部结构可平行作业，预制块件的施工质量易控制，但预制节段所需的场地较大，且拼装精度在大跨桥梁的施工中要求较高。这种施工方法可不用或少用支架，施工时不影响通航或桥下交通，宜在跨深水、山谷和海上进行施工，并适用于变截面预应力混凝土梁桥。

2. 现浇法

（1）固定支架法。这是在桥跨间设置支架，安装模板，绑扎钢筋，现场浇筑混凝土的施工方法，特别适用于旱地上的钢筋混凝土和预应力混凝土中小跨径连续梁桥的施工。支架按其构造的不同可分为满布式、柱式、梁式和梁柱式几种类型，所用材料有门式支架、扣件式支架、碗扣式支架、贝雷桁片、万能杆件及各种型钢组合构件等。固定支架法施工的特点是：梁的整体性好，施工平稳、可靠，不需大型起重设备；施工中无体系转换的问题；需要大量施工支架，并需要有较大的施工场地。

（2）逐孔现浇法。逐孔现浇法分在支架上逐孔现浇和移动模架逐孔现浇，目前较多采用后者。移动模架逐孔现浇是使用不着地移动式的支架和装配式的模板进行连续地逐孔现浇施工。此法自 20 世纪 50 年代末开始使用以来，得到了较广泛的应用，特别对于多跨长桥（如高架桥、海湾桥）使用十分方便，施工快速，安全可靠，机械化程度高，节省劳力，减轻劳动强度，少占施工场地，不会受桥下各种条件的影响。但因其模架设备的投资较大，拼装与拆除都较复杂，所以此法一般适用于跨径 20～50m 的预应力混凝土连续梁桥施工，且桥长至少应在 500m 以上。

（3）悬臂浇筑法。这种方法最常用的是采用挂篮悬臂浇筑施工，在桥墩两侧对称逐段就地浇筑混凝土，待混凝土达到一定强度后张拉预应力筋，移动挂篮继续进行施工，使悬臂不断接长，直至合龙。挂篮的构造型式很多，通常由承重梁、悬吊模板、锚固装置、行走系统和工作平台几部分组成，挂篮的功能是支承梁段模板，调整位置，吊运材料机具，浇筑混凝土，拆模和在挂篮上进行预应力张拉工作。

悬臂浇筑施工不需在跨间设置支架，使用少量施工机具设备，便可以很方便地跨越深谷和河流，适用于大跨径连续梁桥的施工；同时根据施工受力特点，悬臂施工一般宜在变截面梁中使用。

（4）顶推法。顶推施工是在桥台的后方设置施工场地，分节段浇筑梁体，并用纵向预应力筋将浇筑节段与已完成的梁体连成整体。在梁体前端安装长度为顶推跨径 0.7 倍左右的钢导梁，然后通过水平千斤顶施力，将梁体向前方顶推出施工场地，重复这些工序即可完成全部梁体的施工。顶推法特点是：由于作业场所限定在一定范围内，可设置制作顶棚而使施工不受天气影响，全天候施工。连续梁的顶推跨径以 30～50m 左右最为经济有利，若竣工跨径大于此值，则需有临时墩等辅助手段。逐段顶推施工宜在等截面的预应力混凝土连续梁桥中使用，也可在结合梁和斜拉桥的主梁上使用。

3．转体施工法

转体法多用于拱桥的施工，亦可用于斜拉桥和刚构桥。这种施工法是在岸边立支架（或利用地形）预制半跨桥梁的上部结构，然后借助上、下转轴偏心值产生的分力使两岸半跨桥梁上部结构向桥跨转动，用风缆控制其转速，最后就位合龙。该法最适用于峡谷、水深流急、通航河道和跨线桥等地形特殊的情况，具有工艺简单，操作安全，所需设备少，成本低，速度快等特点。

### 1.4.3 桥梁施工方法的选择原则

施工方法的分类乃是一种权宜的办法，在实际施工中不太可能仅采用分类中某一种施工方法，多数情况下是将几种方法组合起来应用的。另一方面，桥梁的施工方法很多，本书不可能全部包罗，即使在同一种方法中也有不同的情况，所需的机具、劳力、施工的步骤和施工期限也不一样，因此，在确定桥梁施工方法时应根据桥梁的设计要求，施工的现场、环境、设备和经验等各种因素综合分析考虑，以合理选择最佳的施工方法。

选择桥梁施工方法时应考虑的主要因素有以下几点：

（1）桥梁的结构型式和规模。

（2）桥位处的地形、自然环境和社会环境。

（3）施工机械和施工管理的制约。

（4）以往的施工经验。

（5）安全性和经济性等。

# 任 务 小 结

（1）桥梁一般由上部结构（也称桥跨结构）、下部结构、支座和附属设施 4 个基本部分组成。

（2）桥梁的主要尺寸和专业术语包括净跨径、计算跨径、标准跨径、总跨径、桥梁全长、桥下净空高度、桥梁建筑高度、桥梁高度、净矢高、计算矢高和矢跨比等。

（3）桥梁的分类。根据桥梁多孔跨径总长 $L$ 和单孔跨径 $l_k$，可将桥梁划分为特大桥、大桥、中桥、小桥和涵洞；根据结构体系及其受力特点，桥梁可划分为梁式桥、拱式桥、刚架桥、悬索桥、斜拉桥、组合体系桥 6 种型式的结构体系等。

（4）在我国，基本建设程序分为前期工作和三阶段设计两个大步骤，前期工作包括预可行性研究阶段和工程可行性研究阶段；三阶段设计是指初步设计、技术设计和施工图设计。

（5）我国公路桥梁设计的基准期为 100 年，科学合理、因地制宜地进行总体规划和设计，是桥梁建设的百年大计。因此，桥梁设计与规划必须遵照"安全、适用、经济、美观"的基本原则进行，同时应充分考虑建造技术的先进性以及环境保护和可持续发展。

（6）桥梁施工方法有多种，确定桥梁施工方法时应根据桥梁的设计要求，施工的现场、环境、设备和经验等各种因素综合分析考虑，以合理选择最佳的施工方法。

## 学 习 任 务 测 试

1. 桥梁结构由哪几部分组成？

2. 桥梁的主要名词术语有哪些？区别净跨径、计算跨径、标准跨径、标准化跨径的概念。

3. 桥梁有哪几种分类方法？按桥梁的建设规模和结构体系划分，分别有哪几种？

4. 桥梁设计应满足哪些基本要求？

5. 对于跨河桥梁，如何确定桥梁的总跨径和分孔？

6. 确定桥梁各种控制高程时，应考虑哪些因素？

7. 确定桥面总宽时，应考虑哪些因素？

8. 请简要阐述桥梁设计前期工作阶段和设计工作阶段各自的主要内容。

9. 请阐述桥梁设计方案比选的过程及其成果应包含的主要内容。

10. 桥梁上部结构的施工方法主要有哪几种？

11. 桥梁施工方法的选择原则有哪些？

# 学习任务 2  桥梁基础工程施工技术

**学习目标**

本项目应掌握桥梁基础的特点及分类，重点掌握桩基础的分类及施工方法，了解其他深基础和浅基础的施工方法。

## 学习情境 2.1  桥梁基础特点及分类

### 2.1.1  桥梁基础特点

桥梁基础起着支承桥跨结构，保持体系稳定的作用，它把上部结构、墩台自重及车辆荷载传递给地基，是桥梁结构物的一个重要组成部分。地基即基础下面的地层。作为整个桥梁的载体，地基承受基础传来的荷载。为了保证结构物的安全和正常使用，要求地基必须有足够的强度和稳定性；同时，变形也应在容许范围之内。对于浅基础而言，从地基的层次和位置看，它有持力层和下卧层之分。如图 2.1 所示，持力层即与浅基础底面相接触的那部分地层，直接承受基底压应力作用；持力层以下的地层称为下卧层。

要保证建筑物的质量，首先必须保证有可靠的地基与基础；否则，整个建筑物就可能遭到损坏或影响正常使用。从实践来看，建筑工程质量事故往往是由于地基与基础的失稳、破坏造成的，究其原因也是多方面的。一方面，从客观上看，地基和基础属于隐蔽工程，施工条件差，并且一旦出现问题，很难发现，也很难处理、修复；另一方面，地基与基础在地下或水下，往往导致主观上的轻视；再者，地基和基础所占造价比重较大。因此，要求充分重视地基和基础的设计、施工质量，严格执行现行部颁公路桥涵设计、施工相关技术规范、标准。

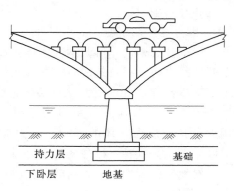

图 2.1  地基与基础

### 2.1.2  桥梁基础类型

地基可分为天然地基和人工地基。直接在其上修筑基础的地层称为天然地基；如果天然地层土质过于软弱或有不良工程地质问题时，则需要经过人工加固或处理后才能修筑基础，这种地基称为人工地基。在一般情况下，应尽量采用天然地基。

基础的类型，可按基础的刚度、埋置深度、构造型式及施工方法来分类。分类目的在于了解各种类型基础的特点，以便在设计时，根据具体情况合理地加以选用。

1. 按基础的刚度分类

根据基础受力后的变形情况，可分为刚性和柔性基础。如图 2.2（a）所示，受力后，

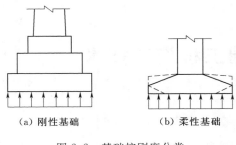

（a）刚性基础　　（b）柔性基础

图 2.2　基础按刚度分类

不发生挠曲变形的基础称为刚性基础，一般可用抗弯拉强度较差的圬工材料（如浆砌块石、片石混凝土等）做成；这种基础不需要钢材，造价较低，但圬土体积较大，且支承面积受一定限制。容许发生较大挠曲变形的基础称为柔性基础或弹性基础，如图 2.2（b）所示，其通常须用钢筋混凝土做成；由于钢筋可以承受较大的弯拉应力和剪应力，所以当地基承载力较小时，采用这种基础可以有较大的支承面积。在桥梁工程中，一般情况下，多数采用刚性基础。

2. 按基础埋置深度分类

按基础埋置深度不同，可分为浅基础（5m 以内）和深基础两种。

当浅层地基承载力较大时，可采用埋深较小的浅基础。浅基础施工方便，通常用明挖法从地面开挖基坑后，直接在基坑底面砌筑、浇筑基础，是桥梁基础首选方案。如果浅层土质不良，需将基础埋置于较深的良好土层中，这种基础称为深基础。深基础设计和施工较复杂，但具有良好的适应性和抗震性，目前高等级公路普遍采用这种设计，常见的型式有桩基础、沉井等基础型式。

3. 按构造型式分类

对桥梁基础来说，可归纳为实体式和桩柱式两类。当整个基础都由圬工材料筑成时，称为实体式基础。其特点是基础整体性好，自重较大，所以对地基承载力要求也较高，如图 2.3（a）所示。由多根基桩或小型管桩组成，并用承台联结成为整体的基础，称为桩柱式基础，如图 2.3（b）所示。这种基础较实体式基础圬工体积小，自重较轻，对地基强度的要求相对较低，桩柱本身一般要用钢筋混凝土制成。

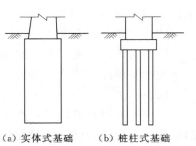

（a）实体式基础　　（b）桩柱式基础

图 2.3　基础按构造型式分类

4. 按施工方法进行分类

按施工方法不同，可分为明挖法、沉井、沉箱、沉桩、沉管灌注桩、就地钻（挖）孔灌注桩等。明挖法最为简单，但只适用于浅基础。其他方法均适用于深基础。

5. 按基础的材料分类

目前，我国公路构造物基础大多采用混凝土或钢筋混凝土结构，少部分采用钢结构。在石料丰富的地区，按照因地制宜、就地取材的原则，也常用砌石基础。只有在特殊情况下（如抢修、林区便桥），才采用临时的木结构。

# 学习情境 2.2　桥 梁 基 础 构 造

## 2.2.1　刚性浅基础构造

浅基础埋入地层深度较浅，施工一般采用敞开挖基坑修筑基础的方法，故有时称此法施工的基础为明挖基础。浅基础在设计计算时可以忽略基础侧面土体对基础的影响，基础结构型式和施工方法也较简单。深基础埋入地层较深，结构型式和施工方法较浅基础复杂，在设计计算时需考虑基础侧面土体的影响。

浅基础根据材料可分为砖基础、毛石基础、灰土基础、三合土基础，混凝土基础、钢筋混凝土基础；根据受力条件及构造可分为刚性基础和柔性基础两大类。

刚性浅基础即无筋扩展基础，系指由砖、毛石、素混凝土或毛石混凝土、灰土和三合土等材料组成的墙下条形基础或柱下独立基础，如图 2.4 所示。由于这类基础材料抗拉强度低，不能受较大的弯矩作用，稍有弯曲变形，即产生裂缝，而且发展很快，以致基础不能正常工作。因此，通常采取构造措施，控制基础的外伸宽度 $b_2$ 和基础高度 $H_0$ 的比值不能超过表 2.1 所规定的允许宽高比 $\left[\dfrac{b_2}{H_0}\right]$ 范围，基础高度及台阶形基础每阶的宽高比应符合下式的要求，即

$$\frac{b_2}{H_0} \leqslant \left[\frac{b_2}{H_0}\right] = \tan\alpha$$

式中　$\left[\dfrac{b_2}{H_0}\right]$——无筋扩展基础的允许宽高比，查表 2.1 得到；

　　　　$\alpha$——基础的刚性角，如图 2.5 所示。

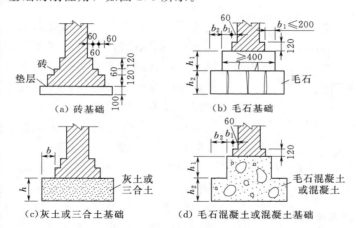

图 2.4　无筋扩展基础类型

表 2.1　　　　　　　　　　　　　无筋扩展基础台阶宽高比的允许值

| 基础材料 | 质量要求 | 台阶宽高比的允许值（$\tan\alpha$） | | |
|---|---|---|---|---|
| | | $p_k \leqslant 100$ | $100 < p_k \leqslant 200$ | $200 < p_k \leqslant 300$ |
| 混凝土基础 | C15 混凝土 | 1:1.00 | 1:1.00 | 1:1.25 |
| 毛石混凝土基础 | C15 混凝土 | 1:1.00 | 1:1.25 | 1:1.50 |
| 砖基础 | 砖不低于 MU10，砂浆不低于 M5 | 1:1.50 | 1:1.50 | 1:1.50 |
| 毛石基础 | 砂浆不低于 M5 | 1:1.25 | 1:1.50 | — |
| 灰土基础 | 体积比为 3:7 或 2:8 的灰土，其最小干密度：粉土 1.55t/m³；粉质黏土 1.50t/m³；黏土 1.45t/m³ | 1:1.25 | 1:1.50 | — |
| 三合土基础 | 体积比为 1:2:4～1:3:6（石灰：砂：骨料），每层约虚铺 220mm，夯至 150mm | 1:1.50 | 1:2.00 | — |

注　1. $p_k$ 为荷载效应标准组合时基础底面处的平均压力值，kPa。

　　2. 阶梯形毛石基础的每阶伸出宽度，不宜大于 200mm。

　　3. 当基础由不同材料叠合组成时，应对接触部分作局部受压承载力计算。

　　4. $p_k > 300$kPa 的混凝土基础，尚应进行抗剪验算。

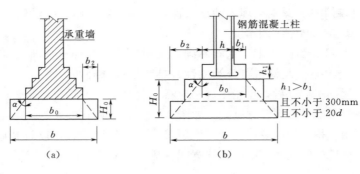

图 2.5　无筋扩展基础构造示意图
d—柱中纵向钢筋直径

按基础台阶宽高比允许值设计的基础，一般都具有较大的整体刚度，其抗拉、抗剪强度都能够满足要求，可不必验算。

刚性基础的特点是稳定性好、施工简便、能承受较大的荷载，所以只要地基强度能满足

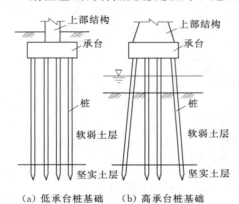

（a）低承台桩基础　（b）高承台桩基础

图 2.6　桩基础示意图

要求，它是首先考虑的基础型式。它的主要缺点是自重大，并且当持力层为软弱土时，由于扩大基础面积有一定限制，需要对地基进行处理或加固后才能采用，否则会因所受的荷载压力超过地基强度而影响结构物的正常使用。所以对于荷载大或上部结构对沉降差较敏感的结构物，当持力层的土质较差又较厚时，刚性基础作为浅基础是不适宜的。

### 2.2.2　桩基础类型与构造

根据承台与地面相对位置的高低，桩基础可分为低承台桩基础和高承台桩基础，如图 2.6 所示。

低承台桩基的承台底面位于地面以下，其受力性能好，具有较强的抵抗水平荷载的能力，在工业与民用建筑中，几乎都使用低承台桩基，而且大多采用竖直桩。

高承台桩基的承台底面位于地面以上，且常处于水下，水平受力性能差，但可避免水下施工及节省基础材料，多用于桥梁及港口工程，且较多采用斜桩，以承受较大的水平荷载。

承台下只有一根桩的桩基础称为单桩基础；而承台下有两根或两根以上桩的桩基础称为群桩基础，群桩基础中的单桩称为基桩。

**1. 按施工方法分类**

根据施工方法的不同，桩可分为预制桩和灌注桩两大类。

（1）预制桩。根据所用材料的不同，预制桩可分为混凝土预制桩、钢桩和木桩 3 类。目前木桩在工程中已很少使用，这里主要介绍混凝土预制桩和钢桩。

1）混凝土预制桩。混凝土预制桩，多为钢筋混凝土预制桩，其横截面有方形、圆形等多种形状，一般普通实心方桩的截面边长为 300～500mm。混凝土预制桩可以在工厂加工，也可以在现场预制。现场预制桩的长度一般在 25～30m 以内；工厂预制时分节长度一般不超过 12m，沉桩时在现场连接到所需桩长。分节接头应保证质量以满足桩身承受轴力、弯矩

和剪力的要求，通常可用钢板、角钢焊接，并涂以沥青以防腐蚀。也可采用钢板垂直插头加水平销连接，其施工快捷，不影响桩的强度和承载力。

混凝土预制桩的配筋主要受起吊、运输、吊立和沉桩等各阶段的应力控制，其用钢量较大。为了减少混凝土预制桩的钢筋用量、提高桩的承载力和抗裂性，可采用预应力混凝土桩。预应力混凝土管桩（图2.7）采用先张法预应力工艺和离心成型法制作。经高压蒸汽养护生产的为预应力高强度混凝土管桩（代号为 PHC 桩），其桩身混凝土强度等级不小于C80；未经高压蒸汽养护生产的为预应力混凝土管桩（代号为 PC 桩），其桩身混凝土强度等级为 C60~C80。建筑工程中常用的 PHC 桩与 PC 管桩的外径为 300~600mm，分节长度为7~13m，沉桩时桩节处通过焊接端头板接长，桩的下端设置十字形桩尖、圆锥形尖或开口形桩尖，如图2.8所示。

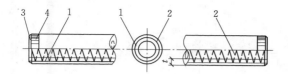

图 2.7　预应力混凝土管桩
1—预应力钢筋；2—螺旋箍筋；3—端头板；
4—钢套筋；t—壁厚

图 2.8　预应力混凝土管桩的
封口十字刃钢桩尖

2）钢桩。工程中常用的钢桩有 H 型钢桩以及下端开口或闭口的钢管桩等。H 型钢桩的横截面大都呈正方形，截面尺寸为 200mm×200mm~360mm×410mm，翼缘和腹板的厚度为 9~20mm。H 型钢桩贯入各种土层的能力强，对桩周土的扰动也较小，但其横截面面积较小，桩端阻力不高。钢管桩的直径一般为 400~3000mm，壁厚 6~50mm。端部开口的钢管桩易于打入（沉桩困难时，可在管内取土以助沉），但桩端阻力比闭口的钢管桩小。

钢管的穿透能力强，自重轻，锤击沉桩的效果好，承载力高，无论起吊、运输还是沉桩、接桩都很方便。但钢桩耗钢量大，成本高，抗腐蚀性能较差，须做表面防腐蚀处理，目前只在少数重要工程中使用，如上海宝钢工程就采用了直径 914.4mm、壁厚 16mm、长61m 等几种规格的钢管桩。

预制桩的沉桩方法主要有锤击法沉桩、振动法沉桩和静压法沉桩等。

a. 锤击法沉桩。锤击法沉桩是用桩锤（或辅以高压射水）将桩击入地基中的施工方法，适用于松散的碎石土（不含大卵石或漂石）、砂土、粉土以及可塑状态的黏性土地基。锤击法沉桩噪声大，且存在有振动和地层扰动等问题，在城市建设中应考虑其对环境的影响。

b. 振动法沉桩。振动法沉桩是采用振动锤进行沉桩的施工方法，适用于砂土和可塑状态的黏性土地基，对受振动时土的抗剪强度有较大降低的砂土地基和自重不大的钢桩，沉桩效果更好。

c. 静压法沉桩。静压法沉桩是采用静力压桩机将桩压入地基中的施工方法。静压法沉桩具有无噪声、无振动、无冲击力、施工应力小、桩顶不易损坏和沉桩精度较高等优点。但较长桩分节压入时，接头较多会影响压桩的效果。

（2）灌注桩。灌注桩是直接在所设计桩位处成孔，然后在孔内加放钢筋笼（也有直接插筋或省去钢筋的）再浇灌混凝土而成的桩。灌注桩横截面呈圆形，可以做成大直径和扩底桩，保证灌注桩承载力的关键在于桩身的成型及混凝土质量。灌注桩适用于各类地基土，通常可分为以下几种类型：

1）沉管灌注桩。利用锤击或振动等方法沉管成孔，然后浇灌混凝土，拔出套管，其施工程序如图 2.9 所示。

利用锤击或振动等方法沉管成孔一般可分为单打、复打（浇灌混凝土并拔管后，立即在原位再次沉管及浇灌混凝土）和反插法（灌满混凝土后，先振动再拔管，一般拔 0.5～1.0m，再反插 0.3～0.5m）3 种。复打后的桩横截面面积增大，承载力提高，但其造价也相应提高。

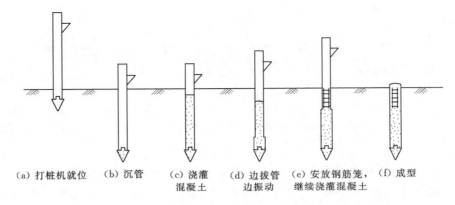

（a）打桩机就位　（b）沉管　（c）浇灌　（d）边拔管　（e）安放钢筋笼，　（f）成型
　　　　　　　　　　　　　　混凝土　　边振动　　继续浇灌混凝土

图 2.9　沉管灌注桩的施工程序示意图

振动沉管灌注桩的钢管底端带有活瓣桩尖（沉管时桩尖闭合，拔管时活瓣张开以便浇灌混凝土），或套上预制混凝土桩尖。桩径一般为 400～500mm，常用振动锤的振动力为70kN、100kN 和 160kN。在黏性土中，其沉管穿透能力比锤击沉管灌注桩稍差，承载力也比锤击沉管灌注桩要低。

锤击沉管灌注桩的常用桩径（预制桩尖的直径）为 300～500mm，桩长常在 20m 以内，可打至硬塑黏土层或中、粗砂层。其优点是设备简单、打桩进度快、成本低。但在软、硬土层交界处或软弱土层处易发生缩颈（桩身截面局部缩小）现象，此时通常可放慢拔管速度，加大灌注管内混凝土量。此外，也可能由于邻桩挤压或其他振动作用等各种原因使土体上隆，引起桩身受拉而出现断桩现象；或出现局部夹土、混凝土离析及强度不足等质量事故。

2）钻（冲）孔灌注桩。钻（冲）孔灌注桩用钻（冲）孔机具（如螺旋钻、振动钻、冲抓锥钻、旋转水冲钻等）钻土成孔，然后清除孔底残渣，安放钢筋笼，浇灌混凝土。钻孔灌注桩的施工设备简单，操作方便，适用于各种黏性土、砂性土，也适用于碎石、卵石类土和岩层。有的钻机成孔后，可撑开钻头的扩孔刀刃使之旋转切土扩大桩孔，浇灌混凝土后在底端形成扩大桩端，但扩底直径不宜大于 3 倍桩身直径。

钻（冲）孔灌注桩的最大优点是入土深，能进入岩层，刚度大，承载力高，桩身变形小，并可方便地进行水下施工。钻孔灌注桩在我国公路桥梁的设计与施工中应用十分广泛，目前国内钻孔灌注桩多用泥浆护壁，施工时泥浆水面应高出地下水面1m以上，清孔后在水下浇灌混凝土，其施工程序如图 2.10 所示。

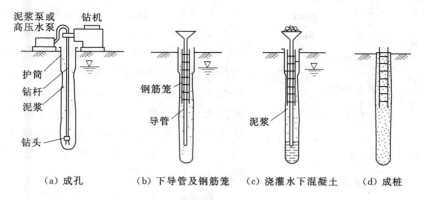

（a）成孔　　　（b）下导管及钢筋笼　（c）浇灌水下混凝土　（d）成桩

图 2.10　钻孔灌注桩施工程序示意图

3）挖孔桩。挖孔桩是采用人工或机械挖掘成孔，逐段边开挖边支护，达所需深度后再进行扩孔、安装钢筋笼及浇灌混凝土而成，如图 2.11 所示。挖孔桩一般内径应不小于 800mm，开挖直径不小于 1000mm，护壁厚不小于 100mm；为防止坍孔，每挖约 1m 深，制作一节混凝土护壁，护壁呈斜阶形，每节高 500～1000mm，可用混凝土浇筑或砖砌筑。挖孔桩身长度宜限制在 40m 以内。挖孔桩端部分可以形成扩大头，以提高承载能力，但限制扩头端直径与桩身直径之比 $D/d \leqslant 3.0$。

扩底变径尺寸一般按 $b/h = 1/3 \sim 1/2$（砂土取 1/3，粉土、黏性土和岩层取 1/2）的要求进行控制。扩底部分可分为平底和弧底两种，平底加宽部分的直壁段高（$h_1$）宜为 300～500mm，且（$h + h_1$）＞1000mm；弧底的矢高 $h_1$ 取（0.10～0.15）$D$，如图 2.12 所示。

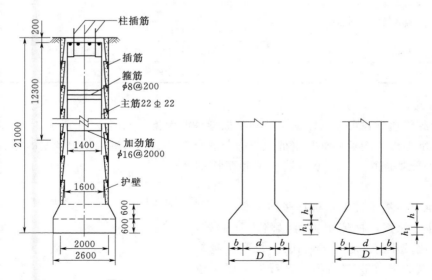

图 2.11　人工挖孔桩示例　　　　　　图 2.12　扩底桩构造

挖孔桩的优点是可直接观察地层情况，孔底易清除干净，设备简单，噪音小，场区内各桩可同时施工，且桩径大，适应性强，比较经济。缺点是桩孔内空间狭小、劳动条件差，可

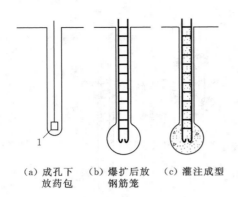

（a）成孔下　　（b）爆扩后放　　（c）灌注成型
放药包　　　　钢筋笼

图 2.13　爆扩灌注桩

能遇到流砂、塌孔、缺氧、有害气体、触电等危险，易造成安全事故。因此，施工时应严格执行有关安全操作的规定。

4）爆扩灌注桩。爆扩灌注桩是指就地成孔后，在孔底放入适量炸药并灌注适量混凝土后，用炸药爆炸扩大孔底，再安放钢筋笼，灌注桩身混凝土而成的桩，如图 2.13 所示。这种桩扩大了桩底与地基土的接触面积，提高了桩的承载能力。爆扩桩宜用于较浅持力层，最适宜在黏土中成型并支承在坚硬密实土层上的情况。

我国常用灌注桩的适用范围见表 2.2。

表 2.2　　　　　　　　　　　　各种灌注桩的适用范围

| 成孔方法 | | 适用范围 |
|---|---|---|
| 泥浆护壁成孔 | 冲抓冲击 600～1500mm、回转钻 400～3000mm | 碎石类土、砂类土、黏性土及风化岩。冲击成孔的，进入中等风化和微风化岩层的速度比回转钻快，深度可达 50m |
| | 潜水钻 450～3000mm | 黏性土、淤泥、淤泥质土及砂土，深度可达 80m |
| 干作业成孔 | 螺旋钻 300～1500mm | 地下水位以上的黏性土、粉土、砂类土及人工填土，深度可达 30m |
| | 钻孔扩底，底部直径可达 1200mm | 地下水位以上坚硬、硬塑的黏性土和中密以上的砂类土，深度在 15m 内 |
| | 机动洛阳铲 270～500mm | 地下水位以上的黏性土、黄土及人工填土，深度在 20m 内 |
| | 人工挖孔 800～3500mm | 地下水位以上的黏性土、黄土及人工填土，深度在 25m 内 |
| 沉管成孔 | 锤击 320～800mm | 硬塑黏性土、粉土、砂类土，直径 600mm 以上的可达强风化岩，深度可达 20～30m |
| | 振动 300～500mm | 可塑的黏性土、中细砂，深度可达 20m |
| 爆扩成孔，底部直径可达 800mm | | 地下水位以上的黏性土、黄土及人工填土 |

**2. 按荷载传递方式分类**

桩按荷载传递方式可分为端承型桩和摩擦型桩两大类，如图 2.14 所示。

（1）端承型桩。端承型桩是指桩顶竖向荷载全部或主要由桩端阻力承受的桩。根据桩端阻力分担荷载的比例，又可分为端承桩和摩擦端承桩两类。

1）端承桩。端承桩是指桩顶竖向荷载绝大部分由桩端阻力承担，桩侧阻力可忽略不计的桩。当桩的长径比较小（一般 $l/d \leqslant 10$），桩身穿越软弱土层，桩端设置在密实砂类、碎石类土层中或位于中等风化、微风化及新鲜岩石顶面（即入岩深度 $h_r \leqslant 0.5d$），桩顶竖向荷载绝大部分由桩端阻力承担，桩侧阻力可忽略不计。

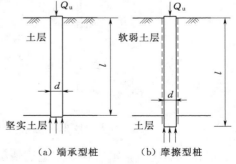

（a）端承型桩　　（b）摩擦型桩

图 2.14　桩按荷载传递方式分类

2）摩擦端承桩。摩擦端承桩是指桩顶竖向荷载由桩侧阻力和桩端阻力共同承担，但桩端阻力分担荷载较大的桩。通常桩端进入中密以上的砂类、碎石类土层，或位于中等风化、微风化及新鲜基岩顶面。这类桩的桩侧阻力虽属次要，但不可忽略，属于摩擦端承桩。

此外，当桩端嵌入完整和较完整的中等风化、微风化及新鲜硬质岩石一定深度以上（$h_r > 0.5d$）时，称为嵌岩桩。对于嵌岩桩，桩侧和桩端分担荷载的比例与孔底沉渣及进入基岩深度有关，桩的长径比不是制约荷载分担的唯一因素。

**2. 摩擦型桩**

摩擦型桩是指桩顶竖向荷载全部或主要由桩侧阻力承受的桩。根据桩侧阻力分担荷载的比例，摩擦型桩又分为摩擦桩和端承摩擦桩两类。

（1）摩擦桩。摩擦桩是指桩顶竖向荷载绝大部分由桩侧阻力承担，桩端阻力可忽略不计的桩。例如：①桩长径比很大，桩顶荷载只通过桩身压缩产生的桩侧阻力传递给桩周土，桩端土层分担荷载很小；②桩端下无较坚实的持力层；③桩底残留虚土或沉渣的灌注桩；④桩端出现脱空的打入桩等。

（2）端承摩擦桩。端承摩擦桩是指桩顶竖向荷载由桩侧阻力和桩端阻力共同承担，但桩侧阻力分担荷载较大的桩。当桩的长径比不很大，桩端持力层为较坚实的黏性土、粉土和砂类土时，除桩侧阻力外，还有一定的桩端阻力。这类桩所占比例很大。

**3. 按设置效应分类**

桩的设置方法（打入或钻孔成桩等）不同，桩周土受到的排挤作用也不同。排挤作用将使土的天然结构、应力状态和性质发生很大变化，从而影响桩的承载力，这些影响统称为桩的设置效应。根据设置效应，桩可分为挤土桩、部分挤土桩和非挤土桩3种类型。

（1）挤土桩。挤土桩是指桩在设置过程中对桩周土体有明显排挤作用的桩，如实心的预制桩、下端封闭的管桩、木桩以及沉管灌注桩等打入桩。它们在锤击、振动贯入或压入过程中，都将桩位处的土大量排挤开，使桩周附近土的结构严重扰动破坏，对土的强度和变形性质影响较大。因此，对于挤土桩应采用原状土扰动后再恢复的强度指标来估算桩的承载力。

（2）部分挤土桩。部分挤土桩是指桩在设置过程中对桩周土体稍有排挤作用的桩，如开口的钢管桩、H型钢桩和开口的预应力混凝土管桩。它们在设置过程中都对桩周土体稍有排挤作用，但土的强度和变形性质变化不大，一般可用原状土测得的强度指标估算桩的承载力。

（3）非挤土桩。非挤土桩是指桩在设置过程中对桩周土体无排挤作用的桩，如钻（冲或挖）孔灌注桩及先钻孔后再打入的预制桩。它们在设置过程中都将与桩体积相同的土体挖出，因而设桩时桩周土不但没有受到排挤，相反可能因桩周土向桩孔内移动而使土的抗剪强度降低，桩的侧阻力也会有所降低。

**4. 桩在平面上的布置**

桩的平面布置可采用对称式、梅花式、行列式和环状排列。为了使桩基在其承受较大弯矩的方向上有较大的抵抗矩，也可采用不等距排列，此时，对柱下单独桩基和整片式的桩基，宜采用外密内疏的布置方式。为了使桩基中各桩受力比较均匀，群桩横截面的重心应与竖向永久荷载合力的作用点重合或接近。布置桩位时，桩的中心距一般采用3~4倍桩径，其中心距应符合表2.3的规定。对于大面积桩群，尤其是挤土桩，桩的最小中心距宜在表2.3中值的基础上适当加大。灌注桩扩底除应符合表2.3的要求外，尚应满足表2.4的规定。

表 2.3　　　　　　　　　　　　　　　桩 的 最 小 中 心 距

| 土类与成桩工艺 | | 排数不少于 3 排且桩数不少于 9 根的摩擦型桩基 | 其他情况 |
|---|---|---|---|
| 非挤土和小量挤土灌注桩 | | 3.0$d$ | 2.5$d$ |
| 挤土灌注桩 | 穿越非饱和土 | 3.5$d$ | 3.0$d$ |
| | 穿越饱和软土 | 4.0$d$ | 3.5$d$ |
| 挤土预制桩 | | 3.0$d$ | 3.0$d$ |
| 打入式敞口管桩和 H 型钢桩 | | 3.5$d$ | 3.0$d$ |

表 2.4　　　　　　　　　　　　　　灌注桩扩底端最小中心距

| 成 桩 方 法 | 最 小 中 心 距 |
|---|---|
| 钻、挖孔灌注桩 | 1.5$d_b$ 或 $d_b+1$m（当 $d_b>2$m 时） |
| 沉管扩底灌注桩 | 2.0$d_b$ |

注　$d_b$ 为扩大端设计直径。

工程实践中，桩群的常用平面布置型式为：柱下桩基多采用对称多边形，墙下桩基采用梅花式或行列式，筏形或箱形基础下宜尽量沿柱网、肋梁或隔墙的轴线设置，如图 2.15 所示。

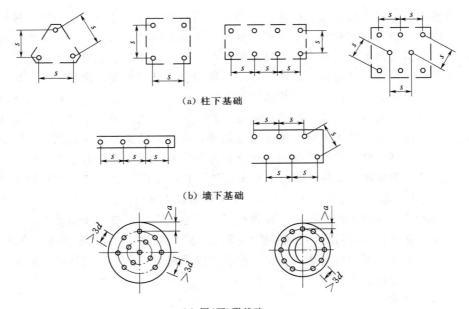

（a）柱下基础

（b）墙下基础

（c）圆（环）形基础

图 2.15　桩的常用布置型式

5. 承台的构造要求

承台的最小宽度不应小于 500mm，为满足桩顶嵌固及抗冲切的需要，边桩中心至承台边缘的距离不宜小于桩的直径或边长，且桩的外边缘至承台边缘的距离不小于 150mm。对于墙下条形承台，考虑到墙体与条形承台的相互作用可增强结构的整体刚度，并不至于产生桩顶对承台的冲切破坏，桩的外边缘至承台边缘的距离不小于 75mm。为满足承台的基本刚度、桩与承台的连接等构造需要，条形承台和柱下独立承台的最小厚度为 300mm，其最小埋深为 500mm。

筏板、箱形承台板的厚度应满足整体刚度、施工条件及防水要求。对于桩布置于墙下或基础梁下的情况，承台板厚度不宜小于 250mm，且板厚与计算区段最小跨度之比不宜小于 1/20。

承台混凝土强度等级不应低于 C20，纵向钢筋的混凝土保护层厚度不应小于 70mm，当有混凝土垫层时，不应小于 40mm。

承台的配筋，对于矩形承台，钢筋应按双向均匀通长布置［图 2.16（a）］，钢筋直径不宜小于 10mm，间距不宜大于 200mm；对于三桩承台，钢筋应按三向板带均匀布置，且最里面的 3 根钢筋围成的三角形应在柱截面范围内［图 2.16（b）］。承台梁的主筋除满足计算要求外，尚应符合《混凝土结构设计规范》（GB 50010—2010）关于最小配筋率的规定，主筋直径不宜小于 12mm，架立筋不宜小于 10mm，箍筋直径不宜小于 6mm［图 2.16（c）］。

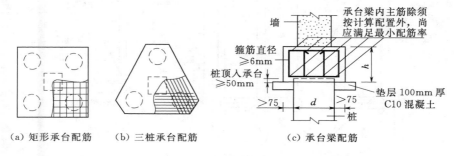

（a）矩形承台配筋　　（b）三桩承台配筋　　（c）承台梁配筋

图 2.16　承台配筋示意图

筏形和箱形承台顶、底板的配筋与筏、箱基的要求相同。

桩顶嵌入承台的长度对于大直径桩，不宜小于 100mm；对于中等直径桩不宜小于 50mm。混凝土桩的桩顶主筋应伸入承台内，其锚固长度不宜小于钢筋直径的 30 倍（HPB235 级钢筋）或 35 倍（HRB335 和 HRB400 级钢筋），对于抗拔桩基不应小于钢筋直径的 40 倍。预应力混凝土桩可采用钢筋与桩头钢板焊接的连接方法。钢桩可采用在桩头加焊锅型板或钢筋的连接方法。

### 2.2.3　沉井基础构造

沉井（图 2.17）通常是用钢筋混凝土或砖石、混凝土等材料制成的井筒状结构物，一般分数节制作。施工时，先在场地上整平地面铺设砂垫层，设支承枕木，制作第一节沉井，然后在井筒内挖土（或水力吸泥），使沉井失去支承下沉，边挖边排边下沉，再逐节接长井筒。当井筒下沉达设计标高后，用素混凝土封底，最后浇筑钢筋混凝土底板，构成地下结构物，或在井筒内用素混凝土或砂砾石填充，构成深基础。

沉井主要由井壁、刃脚、隔墙、凹槽、封底和盖板等部分组成（图 2.18）。井壁是沉井的主要部分，施工完毕后也是建筑物的基础部分。沉井在下沉过程中，井壁需挡土、挡水，承受各种最不利荷载组合产生的内力，因此应有足够的强度；同时井壁还需有足够的厚度和重量（一般壁厚 0.5～1.8m），以便在自重作用下克服侧壁摩阻力下沉至设计标高。刃脚位于井壁的最下端（图 2.18），其作用是使沉井易于切土下沉，并防止土层中的障碍物损坏井壁。刃脚应有足够的强度，以免挠曲或破坏。靠刃脚处应设置深约 0.15～0.25m、高 1.0m

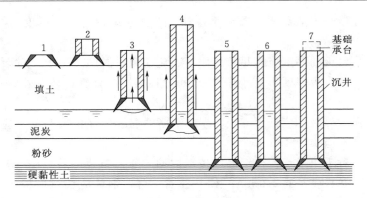

图 2.17　沉井施工顺序示意图

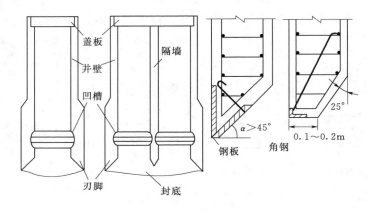

图 2.18　一般沉井的构造

的凹槽，使封底混凝土嵌入井壁形成整体结构，需要时，井筒内可设置隔墙以减少外壁的净跨距，加强沉井的刚度，同时把沉井分成若干个取土小间，施工时便于掌握挖土位置以控制沉降和纠偏。当沉井下沉到达设计标高后，在井底用混凝土封底，以防止地下水渗入井内。封底混凝土强度等级一般不低于 C15。当井孔内不填料或填以砂砾等时，还应在井顶浇筑钢筋混凝土盖板。

沉井的横截面形状，根据使用要求可做成方形、矩形、圆形、椭圆形等多种。井筒内的井孔有单孔、单排多孔及多孔等。当沉井下沉困难时，其立面也可做成台阶形。

沉井的优点是占地面积小，井筒在施工过程中可做支承围护，不需另外的挡土结构，技术上操作简便，不需放坡，挖土量少，节约投资，施工稳妥可靠。通常适用于地基深层土的承载力大，而上部土层比较松软、易于开挖的地层；或由于建筑物的使用要求，基础埋深很大；或因施工原因，例如在已有浅基础邻近修建深埋较大的设备基础时，为了避免基坑开挖对已有基础的影响，也可采用沉井法施工。

沉井在下沉过程中常会发生各种问题：如遇到大块石、残留基础或大树根等障碍物阻碍下沉；穿过地下水位以下的细、粉砂层时，大量砂土涌入井内，使沉井倾斜；这些都会对施工造成很大困难，甚至工作无法进行。因此，对于准备用沉井法施工的场地，必须事先做好地基勘探工作，并对可能发生的问题事先加以预防。当问题发生时，要及时采取措施进行处理。

# 学习情境 2.3 浅 基 础 施 工

## 2.3.1 基坑定位放样

在桥梁施工过程中，首先要建立施工控制网；其次进行桥梁轴线标定和墩台中心定位；最后进行墩台施工放样，定出基础和基坑的各部分尺寸（图 2.19）。桥梁的施工控制网除了用来测定桥梁长度外，还要用于各个位置控制，保证上部结构的正确连接。施工控制网常用三角控制网，其布设应根据总平面图设计和施工地区的地形条件来确定，并作为整个工程施工设计的一部分。布网时要考虑施工程序、方法以及施工场地的布置情况，可以用桥址地形图拟定布网方案。

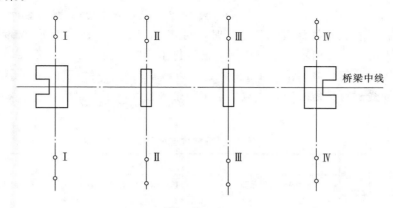

图 2.19 基础定位放样

桥梁轴线的位置是在桥梁勘测设计中根据路线的总走向、地形、地质、河床情况等选定的，在施工时必须现场恢复桥梁轴线位置，并进行墩台中心定位。中小桥梁一般采用直接丈量法标定桥轴线长度并定出墩台的中心位置，有条件的可以用测距仪或全站仪直接确定。

施工放样贯穿于整个施工过程，是质量保证的一个方面。施工放样的目的是将设计图上的结构物位置、形状、大小和高低在实地标定出来，以作为施工的依据。桥梁施工放样的主要内容如下：

（1）墩台纵横向轴线的确定。

（2）基坑开挖及墩台扩大基础的放样。

（3）桩基础的桩位放样。

（4）承台及墩身结构尺寸、位置放样。

（5）墩帽和支座垫石的结构尺寸、位置放样。

（6）各种桥型的上部结构中线及细部尺寸放样。

（7）桥面系结构的位置、尺寸放样。

（8）各阶段的高程放样。

基础放样是根据实地标定的墩台中心位置为依据来进行的，在无水地点可直接将经纬仪安置在中心位置，用木桩准确固定基础纵横轴线和基础边缘。由于定位桩随着基坑开挖必将被挖去，所以必须在基坑开挖范围以外设置定位桩的保护桩，以备施工中随时检查基坑位置

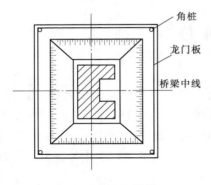

图 2.20  基坑放样

或基础位置是否正确，基坑外围通常用龙门板固定或在地上用石灰线标出，如图 2.20 所示。

对于建筑物标高的控制，常将拟建建筑物区域附近设置的水准点引测到施工现场附近不受施工影响的地方，设置临时水准点。

### 2.3.2  旱地基坑施工

#### 1. 旱地基坑开挖

旱地基坑开挖分为无围护开挖和围护开挖，当基坑较浅、地下水位较低时基坑可以不加围护，一般采用放坡开挖方法，基坑边坡坡度可以参考表 2.5 选用，表 2.5 中 $n$ 称为边坡系数，表示斜坡的竖向尺寸为 1 时对应的水平尺寸。当基坑开挖深度大于 5m 时，可将坑壁适当放缓或在适当部位加设 0.5～1.0m 的平台，如图 2.21 所示。基坑周围应设置排水沟防止地面水流入基坑，当基坑顶缘有动荷载时，顶缘与动荷载之间留有 1m 的护道，以减小动荷载对坑壁的不利影响。当基坑边坡稳定性差，或受建筑场地限制，或放坡给工程带来过大的工程量时，可以采用设置围护结构的直立坑壁。

表 2.5                                               无围护基坑坑壁坡度

| 坑壁土类别 | 坑壁坡度（1：$n$） | | |
| --- | --- | --- | --- |
| | 基坑壁顶缘无荷载 | 基坑壁顶缘有静荷载 | 基坑壁顶缘有动荷载 |
| 砂类土 | 1：1 | 1：1.25 | 1：1.5 |
| 碎石、卵石类土 | 1：0.75 | 1：1 | 1：1.25 |
| 亚砂土 | 1：0.67 | 1：0.75 | 1：1 |
| 亚黏土、黏土 | 1：0.33 | 1：0.5 | 1：0.75 |
| 极软土 | 1：0.25 | 1：0.33 | 1：0.67 |
| 软质岩 | 1：0 | 1：0.1 | 1：0.25 |
| 硬质岩 | 1：0 | 1：0 | 1：0 |

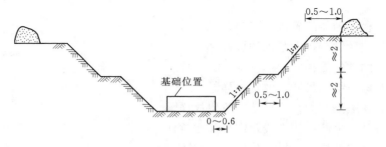

图 2.21  基坑边坡设置（单位：m）

2. 基坑型式

（1）垂直坑壁基坑。天然湿度接近于最佳含水量，构造均匀，不致发生坍塌、移动、松散或不均匀下沉的基土开挖时可以采用垂直坑壁，如图 2.22（a）所示。

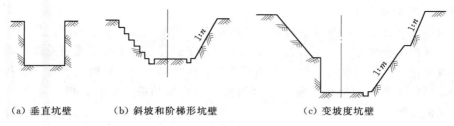

|（a）垂直坑壁|（b）斜坡和阶梯形坑壁|（c）变坡度坑壁|

图 2.22　坑壁型式示意图

（2）斜坡和阶梯形基坑。基坑深度在 5m 以内，土的湿度正常、构造均匀，基坑坑壁可以参照表 2.5 选用坡度，可做斜坡或台阶开挖，如图 2.22（b）所示。采用台阶开挖时，每阶高度以 0.5～1.0m 为宜，台阶可兼用于人工运土。当基坑深度大于 5m 时，可以在表 2.5 基础上适当放缓或做平台。

（3）变坡度坑壁基坑。开挖穿过不同土层时，可以采用变坡坑壁，如图 2.22（c）所示，当下层土为密实黏质土或岩石时，下层可以采用垂直坑壁。在变坡处可根据需要设置小于 0.5m 宽的平台。

3. 无水基坑施工方法

一般小桥、涵基础、工程量不大的基坑可以用人工施工方法；大中桥基础工程，基坑深、基坑平面尺寸大、开挖方量多，可以用机械施工方法；无水基坑开挖方法可以参见表 2.6。

表 2.6　　　　　　　　　　无水基坑施工方法

| 地质及支撑状况 | 挖掘方式 | 提升方法 | 运输方式 | 附　注 |
|---|---|---|---|---|
| 土质、无支撑 | 挖土机（正铲） | 挖土机（正铲） | 挖土机直接装车 | 挖土机在坑底 |
| 土质、无支撑 | 挖土机（反铲） | 挖土机（反铲） | 挖土机回旋弃土 | 挖土机在坑缘上 |
| 土质、无支撑 | 挖土机（拉铲） | 挖土机（拉铲） | 挖土机回旋弃土 | 挖土机在坑缘上 |
| 土质、无支撑或有支撑 | 起重机抓泥斗：软土（无齿双开）、硬土（有齿双开）、大砾石或漂石（四开） | 抓泥斗 | 吊臂回旋弃土或直接装车 | — |
| 土质、无支撑或有支撑 | 人工挖掘 | 用锹向上翻弃（$H<2m$）或人工接力上翻 | 弃土或装车 | — |
| 土质或石质、无支撑或有支撑 | 人工或风动工具 | 传送带（$H<4.5m$） | 传送带接运 | 传送带可分设在坑底或坑上 |
| 土质或石质、无支撑或有支撑 | 人工或风动工具 | 起重机、各种动臂起重机或摇头扒杆，配带活底吊斗 | 回旋弃土或直接装车 | 起重机具设在坑缘或坑下，必要时可在坑上脚手平台接运 |
| 土质或石质、无支撑或有支撑 | 人工或风动工具 | 爬坡车：有轨（石质坑）、无轨（土质坑）、用卷扬机或绞车 | 爬坡车、接斗车或手推车 | — |

4. 基坑坑壁的支护和加固

在下列情况下宜采用挡板支护或加固基坑坑壁：①基坑坑壁不易稳定，并有地下水的影响；②放坡开挖工程量过大，不符合工程经济的要求；③受施工场地或邻近建筑物限制，不能采用放坡开挖。常用坑壁支护结构有挡板支护、板桩墙支护、临时挡土墙支护和混凝土加固等型式。挡板支护有木挡板、钢木结合挡板、钢结构挡板等型式；板桩墙支护有悬臂板桩、锚拉式板桩等。

（1）挡板支护。挡板支护结构适用于开挖面积不大、深度较浅的基坑，挡板的作用是挡土，工作特点是先开挖后设置围护结构，挡板支护型式包括木挡板、钢木结合挡板。木挡板支护有垂直挡板式支护、水平挡板式支护以及垂直挡板和水平挡板混合支护等型式。垂直挡板直立放置，挡板外用横枋加横撑木支撑，如图 2.23（a）所示；水平挡板横向放置，挡板外用竖枋加横撑木支撑，如图 2.23（b）所示；垂直挡板和水平挡板混合支护是上层支护采用水平挡板连续支护到一定深度后改用垂直挡板，如图 2.24 所示。

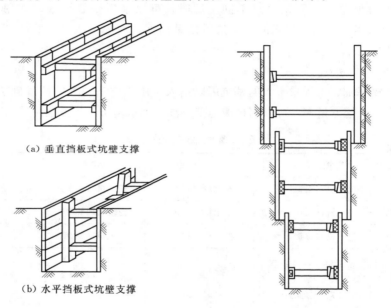

（a）垂直挡板式坑壁支撑

（b）水平挡板式坑壁支撑

图 2.23　挡板支撑　　　　图 2.24　水平、垂直挡板混合支护

挡板支撑方式有连续式和间断式。一般可以一次开挖到基底后再安装支撑，对于黏性差、易坍塌的土，可以分段下挖，随挖随撑。采用间断支撑时应以保证土不从挡板间隙中坍落为前提。

对于大型基坑，土质较差或地下水位较高时，宜采用钢木混合支护或钢结构支护基坑，采用定型钢模板作为挡板，用型钢做立木和纵横支撑，如图 2.25 所示。钢结构支护的优点是便于安装、拆卸，材料消耗少，有利于标准化、工具化发展。其缺点是刚度较弱，施工中应根据土质和荷载情况，合理布置千斤顶位置。

（2）板桩墙支护。当基坑面积较大，且深度较深，尤其基坑底面在地下水位以下超过1m，涌水量较大不宜用挡板支护时，可以在基坑四周先沉入板桩，然后开挖基坑，必要时加内撑或锚杆。这种板桩支护既能挡土，又能挡水。板桩墙分为无支撑式、支撑式和拉锚式，如图 2.26 所示。无支撑式只适用于基坑较浅的情况，并且要求板桩有足够的入土深度，

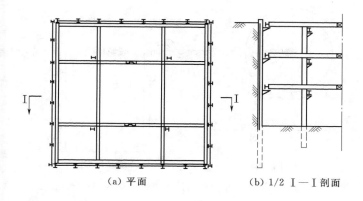

（a）平面 　　　　　（b）1/2 Ⅰ—Ⅰ剖面

图 2.25　钢结构支护结构示意图

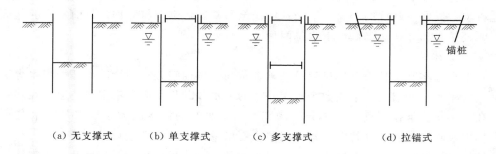

（a）无支撑式　　（b）单支撑式　　（c）多支撑式　　（d）拉锚式

图 2.26　板桩墙

以保证板桩的稳定性；支撑式板桩适用于较深基坑的开挖，按照设置支撑的层数可分为单支撑板桩和多支撑板桩。板桩墙按照材料分为木板桩、钢板桩和钢筋混凝土板桩等。钢板桩强度较大、结构轻，能穿过较坚硬的土层，不易漏水，并可以重复使用，在桥梁施工中应用较为广泛。

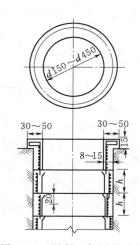

图 2.27　混凝土加固坑壁钢模板示意图（单位：cm）

（3）混凝土加固。常用方式有现浇混凝土和喷射混凝土护壁等型式。现浇混凝土是采用逐节向下开挖进行支模、浇筑混凝土，基坑每节开挖深度视土质或定型钢模板尺寸而定，一般以 1.0～1.5m 为一节，在开挖深度内架立模板，并在模板上部预留混凝土浇筑口，通过浇筑口浇筑混凝土支护结构，如图 2.27 所示。混凝土厚度一般为 8～15cm，强度等级不低于 C15，混凝土一般要掺早强剂。

喷射混凝土支护是以高压空气为动力，用喷混凝土机械将混凝土喷涂于坑壁表面，并在坑壁形成混凝土加固层，对土体起加固和保护作用，防止坑壁风化、雨水冲刷和浅层坍塌剥落。宜用于土质较稳定、渗水量不大、深度小于 10m、直径为 6～12m 的圆形基坑。施工时在基坑口开挖环形沟槽做土模，浇筑混凝土坑口护筒，然后分层开挖，喷护混凝土，如图 2.28 所示，每层高度约 1m 左右，渗水较大时不宜超过 0.5m。

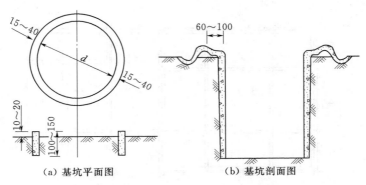

（a）基坑平面图　　　　　　（b）基坑剖面图

图 2.28　喷混凝土支护示意图（单位：cm）

### 2.3.3　基坑排水

基坑如在地下水位以下，随着基坑的下挖，渗水将不断涌入基坑，因此施工过程中必须不断地排水，以保持基坑的干燥，便于基坑挖土和基础的砌筑与养护。目前常用的基坑排水方法有明式排水和井点法降低地下水位两种。

#### 1. 明式排水法

明式排水是在基坑整个开挖过程及基础砌筑和养护期间，在基坑四周开挖集水沟汇集坑壁及基底的渗水，并引向一个或数个更深一些的集水井。集水沟和集水井一般设在基础范围以外。在基坑每次下挖以前，必须先挖沟和井，集水井的深度应大于抽水泵吸水龙头的高度，在抽水泵吸水龙头上套竹笼围护，以防土石堵塞龙头。

这种排水方法设备简单、费用低，一般土质条件下均可采用。但当地基土为饱和粉细砂等黏聚力较小的细粒土层时，由于抽水会引起流砂现象，造成基坑的破坏和坍塌，因此这类土应避免采用表面明式排水法。

#### 2. 井点法降低地下水位

对粉质土、粉砂类土等如采用明式排水法极易引起流砂现象，影响基坑稳定，可采用井

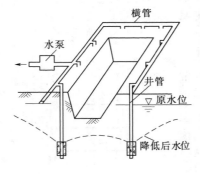

图 2.29　井点降水示意图

点法降低地下水位排水。根据使用设备的不同，主要有轻型井点、喷射井点、电渗井点和深井泵井点等类型，可根据土的渗透系数、要求降低水位的深度及工程特点选用。

轻型井点降水布置示意如图 2.29 所示，即在基坑开挖前预先在基坑四周打入（或沉入）若干根井管，井管下端 1.5m 左右为滤管，滤管部分钻有若干直径约 2mm 的滤孔，外面包扎过滤层。各个井管用集水管连接抽水。由于使井管两侧一定范围内的水位逐渐下降，各井管相互影响形成了一个连续的疏干区。在整个施工过程中仍不断抽水，保证在基坑开挖和基坑施工期间处于无水状态。

## 学习情境 2.4　桩 基 础 施 工

桩基础施工前应根据已定出的墩台纵横中心轴线直接定出桩基础轴线和各基桩桩位，目

前，已普遍应用全站仪设置固定标志或控制桩，以便施工时随时校核。常用的施工方法有预制沉桩、钻孔灌注桩、挖孔灌注桩等。

### 2.4.1　预制沉桩施工

#### 1. 沉桩前准备

桩可在预制厂预制，当预制厂距离较远且运桩不经济时，宜在现场选择合适的场地进行预制，但应注意：场地布置要紧凑，尽量靠近打桩地点，要考虑到防止被洪水所淹；地基要平整密实，并应铺设混凝土地坪或专设桩台；制桩材料的进场路线与成桩运往打桩地点的路线，不应互受干扰。

预制桩的混凝土必须连续一次浇筑完成，宜用机械搅拌和振捣，以确保桩的质量。桩上应标明编号、制作日期，并填写制桩记录。桩的混凝土强度必须大于设计强度的 70% 方可吊运；达到设计强度时方可使用。核验沉桩的尺寸和质量，并在每根桩的一侧用油漆画上长度标记（便于随时检查沉桩入土深度）。

此外，应备好沉桩地区的地质和水文资料、沉桩工艺施工方案以及试桩资料等。

预制的钢筋混凝土桩由预制场地吊运到桩架内，在起吊、运输、堆放时，都应该按照设计计算的吊点位置起吊（一般吊点应在桩内预埋直径 20～25mm 的钢筋吊环，或以油漆在桩身标明），否则桩身受力情况与计算不符，可能引起桩身混凝土开裂。预制钢筋混凝土桩主筋是沿桩长按设计内力配置的，吊运时吊点位置，常根据吊点处由桩重产生的负弯矩与吊点间由桩重产生的正弯矩相等原则确定，这样较为经济。一般的桩在吊运时，采用两个吊点，如桩长为 $L$，吊点离每端距离为 $0.207L$，如图 2.30（a）所示；插桩时为单点起吊，为了使桩内正、负弯矩相等，可将吊点设在 $0.293L$ 处，如图 2.30（b）所示，如桩长不超过 10m，也可

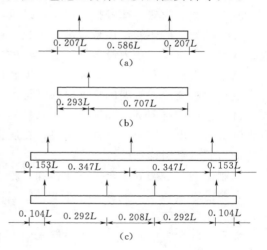

图 2.30　吊点布置

利用 $0.207L$ 吊点。吊运较长的桩，为减少内力，节省钢筋，采用三点或四点起吊，吊点的布置如图 2.30（c）所示。根据相应的弯矩值，即可进行桩身配筋，或验算其吊运时的强度。

#### 2. 锤击沉桩法

锤击沉桩法是靠桩锤的冲击能量将桩打入土中，因此桩径不能太大（在一般土质中桩径不大于 0.6m），桩的入土深度也不宜太深（在一般土质中不超过 40m），否则打桩设备要求较高，打桩效率很差。一般适用于松散、中密砂土、黏性土。

所用的基桩主要为预制的钢筋混凝土桩或预应力混凝土桩。

锤击沉桩常用的设备是桩锤和桩架。此外，还有射水装置、桩帽和送桩等辅助设备。

（1）桩锤。常用的桩锤有坠锤、单动汽锤、双动汽锤、柴油机锤及液压汽垫锤等几种。坠锤是最简单的桩锤，它是由铸铁或其他材料做成的锥形或柱形重块，锤击力为 2～20kN，用绳索或钢丝绳通过吊钩由人力或卷扬机沿桩架导杆提升 1～2m，然后使锤自由落下锤击桩顶。此法打桩效率低，每分钟仅能打数次，但设备较简单，适用于小型工程中打木桩或小直

径的钢筋混凝土预制桩。

单动汽锤、双动汽锤是利用蒸汽或压缩空气将桩锤在桩架内顶起下落锤击基桩，单动汽锤锤击力为 10～100kN，每分钟冲击 20～40 次，冲程 1.5m 左右；双动汽锤锤击力为 3～10kN，每分钟冲击 100～300 次，冲程数百毫米，打桩效率高。单动汽锤适用于打钢桩和钢筋混凝土实心桩，双动汽锤冲击频率高，一次冲击动能较小，适用于打较轻的钢筋混凝土桩或钢板桩，它除了打桩还可以拔桩。

柴油锤实际上是一个柴油汽缸，工作原理同柴油机，利用柴油在汽缸内压缩发热点燃而爆炸将汽缸沿导向杆顶起，下落时锤击桩顶。导杆式柴油锤适用于木桩、钢板桩；筒式柴油锤宜用于钢筋混凝土管桩、钢管桩。柴油锤不适宜在过硬或过软的土中沉桩。另外，施工中还应考虑防音罩，从能准确地获得桩的承载力看，锤击法是一种较为优越的施工方法，但因噪声高故在市区内难以采用，防音罩是为了防止噪声，用它将整个柴油锤包裹起来，可达到防止噪声扩散和油烟发散的目的。

打桩施工时，应适当选择桩锤重量，桩锤过轻桩难以打下，效率太低，还可能将桩头打坏，所以一般认为应重锤轻打，但桩锤过重，则各机具、动力设备都需加大，不经济。

（2）桩架。桩架的作用是装吊桩锤、插桩、打桩、控制桩锤的上下方向，由导杆、起吊设备（滑轮、绞车、动力设备等）、撑架（支撑导杆）及底盘（承托以上设备）等组成。

桩架在结构上必须有足够强度、刚度和稳定性，保证在打桩过程中的动力作用下桩架不会发生移动和变位。桩架的高度应保证桩吊立就位时的需要及锤击的必要冲程。

桩架常用的有木桩架和钢桩架，木桩架只适用于坠锤或小型的单动汽锤。柴油锤本身带有钢制桩架，由型钢装成。桩移动时可在底盘托板下面垫上滚筒，或用轮子和钢轨等方式，利用动力装置牵引移动。

钢制万能打桩架的底盘带有转台和车轮（下面铺设钢轨），撑架可以调整导向杆的斜度，因此它能沿轨道移动，能在水平面做 360°旋转，也能打斜桩，施工很方便，但桩架本身笨重，拆装运输较困难。

在水中的墩台桩基础，应先打好水中支架桩（小型的钢筋混凝土桩或木桩），上面搭设打桩工作平台，当水中墩台较多或河水较深时，也可采用船上打桩架施工。

（3）射水装置。在锤击沉桩过程中，若下沉遇到困难，可用射水方法助沉，因为利用高压水流通过射水管冲刷桩尖或桩侧的土，可减小桩的下沉阻力，从而提高桩的下沉效率。图 2.31 所示为设置于管桩中的内射水装置，高压水流由高压水泵提供。

（4）桩帽与送桩。桩帽的作用是直接承受锤击、保护桩顶，并保证锤击力作用于桩的断面中心。因此，要求桩帽构造坚固，桩帽尺寸与锤底、桩顶及导向杆相吻合，顶面与底面均平整且与中轴线垂直，还应设吊耳以便吊起。桩帽上部为由硬木制成的垫木，下部套在桩顶上，桩帽与桩顶间宜填麻袋或草垫等缓冲物。

送桩构造如图 2.32 所示，可用硬木、钢或钢筋混凝土制成。当桩顶位于水下或地面以下，或打桩机位置较高时，可用一定长度的送桩套连在桩顶上，就可使桩顶沉到设计标高。送桩长度应按实际需要确定，为施工方便，应多备几根不同长度的送桩。

（5）锤击沉桩施工要点及注意事项。

1）桩帽与桩周围应有 5～10mm 间隙，以便锤击时桩在桩帽内可做微小的自由转动，避免桩身产生超过允许的扭转应力。

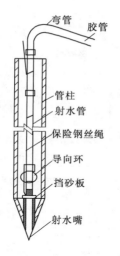

图 2.31 空心管桩的射水装置图

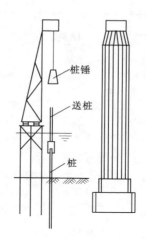

图 2.32 送桩构造

2) 打桩机的导向杆件应固定,以便施打时稳定桩身。

3) 桩在导向杆件上不应钳制过死,更不允许施打时导向杆件发生位移或转动,使桩身产生超过许可的拉力或扭矩。

4) 导向杆件的设置应使桩锤上、下活动自由。

5) 在有条件的情况下,导向杆件宜有足够的长度,以便不再使用送桩。

6) 钢筋混凝土或预应力混凝土桩顶面,应附有适合桩帽大小的桩垫,其厚度视桩垫材料、桩长及桩尖所受抗力大小决定,桩垫因承受高压力而炭化或破碎时,应及时更换。

7) 如桩顶的面积比桩锤底面积小,则应采用适当的桩帽,将锤的冲击力均匀分布到整个顶面上。

（6）沉桩施工常见问题及预防与处理措施,见表2.7。

表 2.7　　　　　　　　　　　　沉桩施工常见问题及预防与处理措施

| 问　题 | 产　生　原　因 | 一般预防与处理措施 |
|---|---|---|
| 桩顶破损 | （1）桩顶部分混凝土质量差,强度低。<br>（2）锤击偏心,即桩顶面与桩轴线不垂直,锤与桩面不垂直。<br>（3）未安置桩帽或帽内无缓冲垫或缓冲垫不良没有及时调换。<br>（4）遇坚硬土层,或中途停歇后土质恢复阻力增大,用重锤猛打所致 | （1）加强桩预制、装、运的管理,确保桩的质量要求。<br>（2）施工中及时纠正桩位,使锤击力顺桩轴方向。<br>（3）采用合适桩帽,并及时调换缓冲垫。<br>（4）正确选用合适桩锤,且施工时每桩要一气呵成 |
| 桩身破裂 | （1）桩质量不符合设计要求。<br>（2）装卸中吊装时吊点或支点不符合规定,悬臂过长或中跨过多所致。<br>（3）打桩时,桩的自由长度过大,产生较大纵向挠曲和振动。<br>（4）锤击或振动过甚 | （1）加强预制、装、运、卸管理。<br>（2）木桩可用8号镀锌铁丝捆绕加强。<br>（3）混凝土桩当破裂位置位于水上部位时,用钢夹箍加螺栓拉紧焊接补强加固,水中部位时用套筒横板浇筑混凝土加固补强。<br>（4）适当减小桩锤落距或降低锤击频率 |
| 桩身扭转或位移 | 桩尖制造不对称,或桩身有弯曲 | 用棍撬、慢锤低击纠正;偏心不大,可不处理 |

| 问　题 | 产　生　原　因 | 一般预防与处理措施 |
|---|---|---|
| 桩身倾斜或位移 | （1）桩头不平，桩尖倾斜过大。<br>（2）桩接头破坏。<br>（3）一侧遇石块等障碍物，土层有陡的倾斜角。<br>（4）桩帽桩身不在一直线上 | （1）偏差过大，应拔出移位再打。<br>（2）入土深小于1m，偏差不大时，可利用木架顶正，再慢锤打入。<br>（3）障碍物如不深时，可挖除回填后再继续沉桩 |
| 桩涌起 | 在较软土或遇流砂现象 | 应选择涌起量较大桩做静载试验，如合格可不再复打，如不合格，进行复打或重打 |
| 桩急剧下沉，有时随着发生倾斜或位移 | （1）遇软土层、土洞。<br>（2）接头破裂或桩尖劈裂。<br>（3）桩身弯曲或有严重的横向裂缝。<br>（4）落锤过高，接桩不垂直 | （1）应暂停沉桩查明情况，再决定处理措施。<br>（2）如不查查明时，可将桩拔起，检查改正。<br>（3）重打，或在靠近原桩位做补桩处理 |
| 桩贯入深度突然减小 | （1）桩由软土层进入硬土层。<br>（2）桩尖遇到石块等障碍物 | （1）查明原因，不能硬打。<br>（2）改用能量较大桩锤。<br>（3）配合射水沉桩 |
| 桩不易沉入或达不到设计标高 | （1）遇旧埋设物、坚硬土夹层或砂夹层。<br>（2）打桩间歇时间过长，摩阻力增大。<br>（3）定错桩位 | （1）遇障碍或硬土层，用钻孔机钻透后再复打。<br>（2）根据地质资料正确确定桩长，如确实已达要求时，可将桩头截除 |
| 桩身跳动，桩锤回弹 | （1）桩尖遇障碍物如树根或坚硬土层。<br>（2）桩身弯曲，接桩过长。<br>（3）落锤过高。<br>（4）冻土地区沉桩困难 | （1）检查原因，穿过或避开障碍物。<br>（2）如入土不深，应将桩拔起避开或换桩重打。<br>（3）应先将冻土挖除或解冻后进行。如用电热解冻，应在切断电源后沉桩 |

### 3. 振动沉桩法

振动沉桩法是用振动打桩机（振动桩锤）将桩打入土中的施工方法。其原理是由振动打桩机使桩产生上下方向的振动，在清除桩与周围土层间摩擦力的同时使桩尖地基松动，从而使桩贯入或拔出。一般适用于砂土，硬塑及软塑的黏性土和中密及较软的碎石土。振动法施工不仅可有效地用于打桩，也可用以拔桩；虽然振动下沉，但噪声较小；在砂性土中最有效，硬地基中难以打进；施工速度快；不会损坏桩头；不用导向架也能打进；移位操作方便；需要的电源功率大。桩的断面大和桩身长者，桩锤重量应大；随地基的硬度加大，桩锤的重量也应增大；振动力大则桩的贯入速度快。

振动沉桩施工要点及注意事项：

（1）振动时间的控制。每次振动时间应根据土质情况及振动机能力大小，通过实地试验决定，一般不宜超过 10～15min。振动时间过短，则对土的结构尚未彻底破坏，振动时间过长，则振动机的部分零件易于磨损。在有射水配合的情况下，振动持续时间可以减短。一般当振动下沉速度由慢变快时，可以继续振动，由快变慢，如下沉速度小于 5cm/min 或桩头冒水时，即应停振。当振幅过大（一般不应超过 14～16mm）而桩不下沉时，则表示桩尖端土层坚实或桩的接头已振松，应停振继续射水，或另作处理。

（2）振动沉桩停振控制标准。应以通过试桩验证的桩尖标高控制为主，以最终贯入度（cm/min）或可靠的振动承载力公式计算的承载力作为校核。如果桩尖已达标高而最终贯入度或计算承载力相差较大时，应查明原因，报有关单位研究后另行确定。

（3）管桩改用开口桩靴振动吸泥下沉。当桩基土层中含有大量卵石、碎石或破裂岩层。如采用高压射水振动沉桩尚难下沉时，可将锥形桩尖改为开口桩靴，并在桩内用吸泥机配合吸泥，非常有效。

（4）振动沉桩机、机座、桩帽应连接牢固。沉桩机和桩中心轴应尽量保持在同一直线上。

（5）开始沉桩时宜用自重下沉或射水下沉，桩身有足够稳定性后，再采用振动下沉。

4．射水沉桩法

射水沉桩法是利用小孔喷嘴以 $300\sim500\mathrm{kPa}$ 的压力喷射水，使桩尖和桩周围土松动的同时，桩受自重作用而下沉的方法。它极少单独使用，常与锤击和振动法联合使用。当射水沉桩到距设计标高尚差 $1\sim1.5\mathrm{m}$ 时，停止射水，用锤击或振动恢复其承载力。这种施工方法对黏性土、砂性土都可适用，在细砂土层中特别有效。射水沉桩对较小尺寸的桩不会损坏；施工时噪声和振动极小。

射水沉桩施工注意以下事项：

（1）射水沉桩前，应对射水设备如水泵、输水管道、射水管水量、水压等及其与桩身的连接进行设计、组装和检验，符合要求后，方可进行射水施工。

（2）水泵应尽量靠近桩位，减少水头损失，确保有足够水压和水量。采用桩外射水时，射水管应对称等距离地装在桩周围，并使其能沿着桩身上下移动，以便能在任何高度处冲刷土壁。为检查射水管嘴位置与桩长的关系和射水管的入土深度，应在射水管上自上而下标志尺寸。

（3）沉桩过程中，不能任意停水，如因停水导致射水管或管桩被堵塞，可将射水管提起几十厘米，再强力冲刷疏通水管。

（4）细砂质土中用射水沉桩时，应注意避免桩下沉过快造成射水嘴堵塞或扭坏。

（5）射水管的进入管应设安全阀，以防射水管万一被堵塞时，水泵设备损坏。

（6）管桩下沉到位后，如设计需要以混凝土填芯时，应用吸泥等方法清除泥渣以后，用水下混凝土填芯。在受到管外水压影响时，管桩内的水头必须保持高出管外水面 $1.5\mathrm{m}$ 以上。

5．静力压桩法

用液压千斤顶或桩头加重物以施加顶进力将桩压入土层中的施工方法。其特点为：施工时产生的噪声和振动较小；桩头不易损坏；桩在贯入时相当于给桩做静载试验，故可准确知道桩的承载力；压入法不仅可用于竖直桩，而且也可用于斜桩和水平桩；但机械的拼装移动等均需要较多的时间。

## 2.4.2 钻孔灌注桩施工

钻孔灌注桩施工应根据土质、桩径大小、入土深度和机具设备等条件选用适当的钻具和钻孔方法，以保证能顺利达到预计孔深；然后，清孔、吊放钢筋笼架、灌注水下混凝土。现按施工顺序介绍其主要工序。

1．准备工作

（1）准备场地。施工前应将场地平整好，以便安装钻架进行钻孔。当墩台位于无水岸滩时钻架位置处应整平夯实，清除杂物，挖换软土；场地有浅水时，宜采用土或草袋围堰筑岛，如图 2.33（c）所示；当场地为深水或陡坡时，可用木桩或钢筋混凝土桩搭设支架，安装施工平台支承钻机（架）。深水中在水流较平稳时，也可将施工平台架设在浮船上，就位锚固稳定后在水上钻孔。水中支架的结构强度、刚度和船只的浮力、稳定都应事前进行验算。

（2）埋置护筒。护筒的作用是固定钻孔位置；开始钻孔时对钻头起导向作用；保护孔口防止孔口土层坍塌；隔离孔内孔外表层水，并保持钻孔内水位高出施工水位以产生足够的静水压力稳重孔壁。护筒要求坚固、耐用、不易变形、不漏水、装卸方便和能重复使用。一般用木材、薄钢板或钢筋混凝土制成，护筒内径应比钻头直径稍大，旋转钻须增大 0.1～0.2m，冲击或冲抓钻增大 0.2～0.3m。

护筒埋设方式如下：下埋式适于旱地埋置，如图 2.33（a）所示，上埋式适于旱地或浅水筑岛埋置，如图 2.33（b）、（c）所示；下沉埋设适于深水埋置，如图 2.33（d）所示。护筒埋置时应注意下列几点：

1）护筒平面位置应埋设正确，偏差不宜大于 50mm。

2）护筒顶标高应高出地下水位和施工最高水位 1.5～2.0m。无水地层钻孔因护壁顶部设有溢浆口，筒顶也应高出地面 0.2～0.3m。

3）护筒底应低于施工最低水位（一般低于 0.1～0.3m 即可）。深水下沉埋设的护筒应沿导向架借自重、射水、振动或锤击等方法将护筒下沉至稳定深度，入土深度黏性土应达到 0.5～1m，砂性土则为 3～4m。

4）下埋式及上埋式护筒挖坑不宜太大（一般比护筒直径大 0.1～0.6m），护筒四周应夯填密实的黏土，护筒应埋置在稳固的黏土层中，否则应换填黏土并密实，其厚度一般为 0.5m。

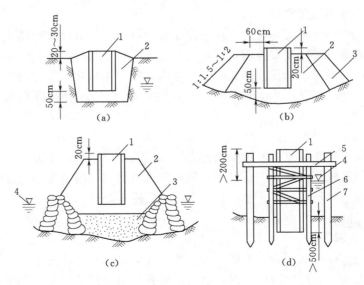

图 2.33　护筒的埋置

1—护筒；2—夯实黏土；3—砂土；4—施工水位；5—工作平台；6—导向架；7—脚手桩

（3）泥浆制备。泥浆在钻孔中的作用是在孔内产生较大的静水压力，可防止坍孔；泥浆向孔外土层渗漏，在钻进过程中，由于钻头的活动，孔壁表面形成一层胶泥，具有护壁作用；同时。将孔外水流切断，能稳定孔内水位；泥浆比重大，具有挟带钻渣作用，利于钻渣的排土。因此，在钻孔过程中，孔内应保持一定稠度的泥浆，一般比重以 1.1～1.3 为宜，在冲击钻进大卵石层时可用1.4以上，黏度为20Pa·s，含砂率小于3％。在较好的黏性土层中钻孔，也可灌入清水，使钻孔时孔内自造泥浆，达到固壁效果。调制泥浆的黏土塑性指数不宜小于15，粒径大于0.1mm的砂粒不宜超过6％。

（4）安装钻机或钻架。钻架是钻孔、吊放钢筋笼、灌注混凝土的支架。我国生产的定型旋转钻机和冲击钻机都附有定型钻架，其他还有木制的和钢制的四脚架、三脚架或人字扒杆。在钻孔过程中，成孔中心必须对准桩位中心，钻机（架）必须保持平稳，不发生位移、倾斜和沉陷。钻机（架）安装就位时，应详细测量，底座应用枕木垫实塞紧，顶端应用缆风绳固定平稳，并在钻进过程中经常检查。

2. 钻孔

（1）钻孔方法和钻具。

1）旋转钻进成孔。由于旋转钻进成孔的施工方法受到机具和动力的限制，适用于较细软的土层，如各种塑性状态的黏性土、砂土、夹少量粒径小于100～200mm的砂卵石土层，在软岩中也可使用。这种钻孔方法的深度可达100m以上。旋转钻进成孔的方法有普通旋转钻机成孔法、人工机动推钻与全叶式螺旋钻成孔法、潜水钻机钻孔法。

a. 普通旋转钻机成孔法（正、反循环回转钻）。利用钻具的旋转切削体钻进，并在钻进的同时采用循环泥浆的方法护壁排渣，继续钻进成孔。旋转钻机成孔按泥浆循环的程序有正、反循环回转之分。泥浆以高压通过空心钻杆，从底部射出，随着泥浆上升而溢出流至井外沉浆池，待沉淀净化后再循环使用的方式，称为正循环，如图 2.34 所示。泥浆由钻杆外流入井孔，旧泥浆由钻杆吸上排走的方式称为反循环。反循环钻机的钻进及排渣效率较高，但在接长钻杆时装卸较麻烦，如钻渣粒径超过钻杆内径（一般为120mm）易堵塞管路，则不宜采用。

b. 人工机动推钻与全叶式螺旋钻成孔法。用人工或机动旋转钻具钻进，钻孔时利用电动机带动钻杆转动，使钻头螺旋叶片旋转削土成孔，土块随叶片上升排出孔外，一般孔深8～12m，钻进速度较慢，遇大卵石、漂石土层不易钻进，如图 2.35 所示。

c. 潜水钻机钻孔法。利用密封电动机、变速机构带动钻头在水中旋转削土，并在端部喷出高速水流冲刷土体，以水力排渣。同正循环一样，压入泥浆，钻渣随泥浆上升溢出井口。如此连续钻进、排土而成孔，如图 2.36 所示。

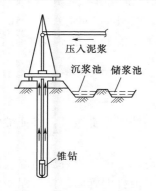

图 2.34 旋转钻机成孔

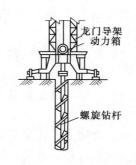

图 2.35 旋叶式螺旋钻成孔

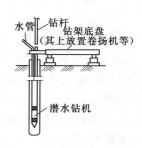

图 2.36 浅水钻机钻孔

2）冲击钻进成孔。如图 2.37 所示，利用钻锥（冲击力为 10～35kN）不断地提锥、落锥，反复冲击孔底土层，把土层中泥砂、石块挤向四壁或打成碎渣，钻渣悬浮于泥浆中，利用掏渣筒取出，重复上述过程冲击钻进成孔。

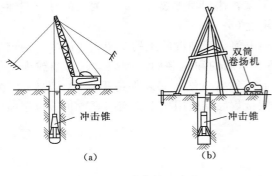

图 2.37　冲击钻机成孔

主要采用的机具有定型的冲击式钻机（包括钻架、动力、起重装置等）、冲击钻头、转向装置和掏渣筒等，也可用冲击力为 30～50kN 带离合器的卷扬机配合钢、木钻架及动力组成简易冲击钻机，如图 2.37（b）所示。冲击钻孔适用于含有漂卵石、大块石的土层及岩层，也能用于其他土层。成孔深度一般不宜大于 50m。

3）冲抓钻进成孔。此法是利用冲抓锥张开的锥瓣向下冲击切入土石中，收紧锥瓣将土石抓入锥中，提升出孔外卸去土石，然后再向孔内冲击抓土，如此循环钻进的成孔方法。施工时，泥浆仅起护壁作用，当土层较好时，可不用泥浆，而用水头护壁。冲抓成孔适用于较松或紧密黏性土、砂性土及夹有碎卵石的砂砾土层，成孔深度一般小于 30m。用冲抓钻钻进时，应以小冲程稳而准地开孔，待锥具全部进入护筒后，再松锥进行正常冲抓。提锥应缓慢，冲击高度一般为 1.0～2.5m。

（2）钻孔注意事项。在钻孔过程中应防止坍孔、孔形扭歪或孔斜，钻孔漏水、钻杆折断，甚至把钻头埋住或掉进孔内等事故，因此钻孔时应注意下列各点：

1）在钻孔过程中，始终要保持孔内外既定的水位差和泥浆浓度，以起到护壁、固壁作用，防止坍孔。若发现有漏水（漏浆）现象，应找原因及时处理。如为护筒本身漏水或因护筒埋置太浅而发生漏水，应堵塞漏洞或用黏土在护壁周围夯实加固，或重埋护筒；若因孔壁土质松散，泥浆加固孔壁作用较差，应在孔内重新回填黏土，待沉淀后再钻进，以加强泥浆护壁。

2）在钻孔过程中，应根据土质等情况控制钻进速度、调整泥浆稠度，以防止坍孔及钻孔偏斜、卡钻和旋转钻机负荷超载等情况发生。

3）钻孔宜一气呵成，不宜中途停钻以避免坍孔，若坍孔严重应回填重钻。

4）钻孔过程中应加强对桩位、成孔情况的检查工作。终孔时应对桩位、孔径、形状、深度、倾斜度及孔底土质等情况进行检验，合格后立即清孔、吊放钢筋笼，灌注混凝土。

（3）钻孔中常见的施工事故及预防与处理措施见表 2.8。

3. 清孔及吊装钢筋笼骨架

清孔目的是除去孔底沉淀的钻渣和泥浆，以保证灌注的钢筋混凝土质量，保证桩的承载力。常用清孔方法有以下几种：

（1）抽浆清孔。用空气吸泥机吸出含钻渣的泥浆而达到清孔。由风管将压缩空气输进排泥管，使泥浆形成密度较小的泥浆空气混合物，在水柱压力下沿排泥管向外排出泥浆和孔底沉渣，同时用水泵向孔内注水，保持水位不变直至喷出清水或沉渣厚度达到设计要求为止，

表 2.8　　　　　　　　　　　　钻孔中常见的施工事故及预防与处理措施

| 事故种类 | 原因分析 | 预防与处理措施 |
|---|---|---|
| 坍孔 | （1）护筒埋置太浅，周围封填不密实而漏水。<br>（2）操作不当，如提升钻头、冲击（抓）锥或掏渣筒倾倒，或放钢筋骨架时碰撞孔壁。<br>（3）泥浆稠度小，起不到护壁作用。<br>（4）泥浆水位高度不够，对孔壁压力小。<br>（5）向孔内加水时流速过大，直接冲刷孔壁。<br>（6）在松软砂层中钻进，进尺太快 | （1）孔口坍塌时，可拆除护筒、回填钻孔、重新埋设护筒再钻。<br>（2）轻度坍孔，可加大泥浆相对密度和提高水位。<br>（3）严重坍孔，用黏土泥膏（或纤维素）投入，待孔壁稳定后采用低速钻进。<br>（4）汛期或潮汐地区水位变化过大时，应采取升高护筒、增加水头或用虹吸管等措施保证水头相对稳定。<br>（5）提升钻头、下钢筋笼架保持垂直，尽量不要碰撞孔壁。<br>（6）在松软砂层钻进时，应控制进尺速度，且用较好泥浆护壁。<br>（7）坍塌情况不严重时，可回填至坍孔位置以上 1～2m，加大泥浆比重继续钻进。<br>（8）遇流砂坍孔情况严重，可用砂夹黏土或小砾石夹黏土，甚至块片石加水泥回填，再行钻进 |
| 钻孔偏斜 | （1）桩架不稳，钻杆导架不垂直，钻机磨耗，部件松动。<br>（2）土层软硬不匀，致使钻头受力不匀。<br>（3）钻孔中遇有较大孤石或探头石。<br>（4）扩孔较大处，钻头摆偏向一方。<br>（5）钻杆弯曲，接头不正 | （1）将桩架重新安装牢固，并对导架进行水平和垂直校正，检修钻孔设备。<br>（2）偏斜过大时，填入石子黏土，重新钻进，控制钻速，慢速提升、下降，往复扫孔纠正。<br>（3）如有探头石，宜用钻机钻透，用冲孔机时用低锤击密，把石打碎，基岩倾斜时，可用混凝土填平，待凝固后再钻 |
| 卡钻 | （1）孔内出现梅花孔、探头石、缩孔等未及时处理。<br>（2）钻头被坍孔落下的石块或误落入孔内的大工具卡住。<br>（3）入孔较深的钢护筒倾斜或下端被钻头撞击严重变形。<br>（4）钻头尺寸不统一，焊补的钻头过大。<br>（5）下钻头太猛，或吊绳太长，使钻头倾斜卡在孔壁上 | （1）对于向下能活动的上卡可用上下提升法，即上下提动钻头，并配以将钢丝绳左右拔移、旋转。<br>（2）上卡时还可用小钻头冲击法。<br>（3）对于下卡和不能活动的上卡，可采用强提法，即除用钻机上卷扬机提拉外，还可采用滑车组、杠杆、千斤顶等设备强提 |
| 掉钻 | （1）卡钻时强提强拉、操作不当，使钢丝绳或钻杆疲劳断裂。<br>（2）钻杆接头不良或滑丝。<br>（3）电动机接线错误，使不应反转的钻机反转钻杆松脱 | （1）卡钻时应设有保护绳才准强提，严防钻头空打。<br>（2）经常检查钻具、钻杆、钢丝绳和联结装置。<br>（3）掉钻后可采用打捞叉、打捞钩、打捞活套、偏钩和钻锥平钩等工具打捞 |
| 扩孔及缩孔 | （1）扩孔是因孔壁坍塌而造成的结果。<br>（2）缩孔原因有 3 种：钻锥补焊不及时；磨耗后的钻锥直径缩小；以及地层中有软塑土，遇水膨胀后使孔径缩小 | （1）如扩孔不影响进尺，则可不必处理，如影响钻进，则按坍孔事故处理。<br>（2）对缩孔可采用上下反复扫孔的方法以扩大孔径 |

此法清孔较彻底，适用于孔壁不易坍塌的各种钻孔方法的柱桩和摩擦桩，一般用反循环钻机、空气吸泥机（图 2.38）、水力吸泥机或真空吸泥泵（图 2.39）等进行。

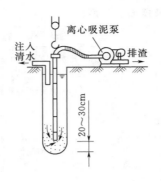

图 2.38　空气吸泥机清孔

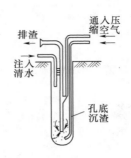

图 2.39　真空吸泥机泵清孔

（2）掏渣清孔。该法是用抽渣筒、大锅锥或冲抓锥清掏孔底粗钻渣，仅适用于机动推钻、冲抓、冲击钻孔的各类土层摩擦桩的初步清孔。掏渣前可先投入水泥 1～2 袋，再以钻锥冲击数次，使孔内泥浆、钻渣和水泥形成混合物，然后用掏渣工具掏渣。当要求清孔质量较高时，可使用高压水管插入孔底射水，使泥浆相对密度逐渐降低。

（3）换浆清孔。适用于正循环钻孔法的摩擦桩，钻孔完成后，提升钻锥距孔底 10～20cm，继续循环，以相对密度较低（1.1～1.2）的泥浆压入，把钻孔内的悬浮钻渣和相对密度较大的泥浆换出。

（4）喷射清孔。只宜配合其他清孔方法使用，是在灌注混凝土前对孔底进行高压射水或射风数分钟，使剩余少量沉淀物飘浮后，立即灌注水下混凝土。

清孔时应注意以下事项：

1）不论采用何种清孔方法，在清孔排渣时，必须注意保持孔内水头，防止坍孔。

2）柱桩应以抽浆法清孔，清孔后，将取样盒（即开口铁盒）吊到孔底，待灌注水下混凝土前取出检查沉淀在盒内的渣土，渣土厚度应符合规定要求。

3）用换浆法或掏渣法清孔后，孔口、孔中部和孔底提出的泥浆的平均值应符合质量标准要求；灌注水下混凝土前，孔底沉淀厚度应不大于设计规定。

4）不得用加深孔底深度的方法代替清孔。

钻孔桩的钢筋应按设计要求预先焊成钢筋骨架，整体或分段就位，吊入钻孔。钢筋骨架吊放前应检查孔底深度是否符合设计要求；孔壁有无妨碍骨架吊放和正确就位的情况。钢筋骨架吊装可利用钻架或另立扒杆进行。吊放时应避免骨架碰撞孔壁，并保证骨架外混凝土保护层厚度，应随时校正骨架位置。钢筋骨架达到设计标高后，即将骨架牢固定位于孔口，立即灌注混凝土。

**4. 灌注水下混凝土**

（1）灌注方法。目前我国多采用直升导管法灌注水下混凝土，导管法的施工过程如图 2.40 所示。将导管居中插入到离孔底 0.30～0.40m（不能插入孔底沉积的泥浆中），导管上口接漏斗，在接口处设隔水栓，以隔绝混凝土与导管内水的接触。在漏斗中储备足够数量的混凝土后，放开隔水栓，储备的混凝土连同隔水栓向孔底猛落，这时孔内水位骤涨外溢，说明混凝土已灌入孔内。当落下有足够数量的混凝土时，则将导管内水全部压出，并使导管下口埋入孔内混凝土内 1～1.5m 深，保证钻孔内的水不可能重新流入导管。随着混凝土不断通过漏斗、导管灌入钻孔，钻孔内初期灌注的混凝土及其上面的水或泥浆不断被顶托升高，相应地不断提升导管和拆除导管，这时应保持导管的埋入深度为 2～4m，最大不宜大于 4m，拆除导管时间不超过 15min，直至钻孔灌注混凝土完毕。

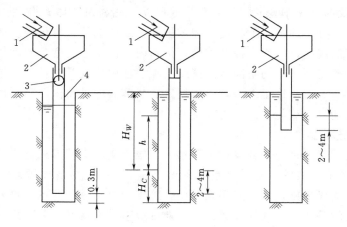

图 2.40　灌注水下混凝土
1—通混凝土储料槽；2—漏斗；3—隔水栓；4—导管

（2）对混凝土材料的要求。为了保证水下灌注混凝土的质量，应按设计强度等级提高 20％进行设计混凝土的配合比；混凝土坍落度宜在 180～220mm 范围内；每立方米混凝土中水泥用量不少于 350kg，水灰比宜用 0.5～0.6，并可适当将含砂率提高 40％～50％，使混凝土有较好的和易性；为防止卡管，石料尽可能用卵石，适宜粒径为 5～30mm，最大粒径不应超过 40mm。

（3）混凝土浇筑。为了随时掌握钻孔内混凝土顶面的实际高度，可用测绳和测深锤直接测定。测深锤一般用锥形锤，锤底直径 15cm 左右，高 20cm，质量为 5kg，外壳可用钢板焊制，内装铁砂配重后密封。为保证灌注桩成桩后的质量，现在可用超声波法等进行无损检测。

（4）灌注水下混凝土注意事项。

1）灌注首批混凝土时导管下口至孔底的距离一般宜为 25～40cm；导管埋入混凝土中的深度不得小于 1m。

2）灌注开始后应连续地进行，并应尽可能缩短拆除导管的时间。当导管内混凝土不满时，应徐徐地灌注，防止在导管内造成高压气囊；在灌注过程中，特别是潮汐地区，应经常保持井孔水头，防止坍孔；应经常探测井孔内混凝土面位置，及时地调整导管埋深，导管的埋深一般不宜小于 2m 或大于 6m，当拌和物掺有缓凝剂、灌注速度较快、导管较坚固并有足够起重能力时，可适当加大埋深；在灌注过程中，应将井孔内溢出的泥浆引流至适当地点处理，防止污染环境；灌注的桩顶标高应预加一定高度，一般应比设计高出不小于 0.5～1.0m，预加高度可于基坑开挖后凿除，凿除时须防止损毁桩身。

3）混凝土面位置应采用较为精确的器具进行探测。若无条件时，可采用测探锤，禁止使用其他不符合要求的方法。灌注将近结束时，可用取样盒等容器直接取样，鉴定良好混凝土面位置。

4）混凝土面接近钢筋骨架时，宜使导管保持稍大的埋深，并放慢灌注速度，以减少混凝土的冲击力；混凝土面进入钢筋骨架一定深度后，应适当提升导管，使钢筋骨架在导管下口有一定的埋深。

5）护筒拔出及提升操作时，处于地面及桩顶以下的井口整体式刚性护筒，应在灌注完混凝土后立即拔出；处于地面以上、能拆卸的护筒，须待混凝土抗压强度达到 5MPa 后方可拆除；使用全护筒灌注时，应逐步提升护筒，护筒内的混凝土高度应考虑本次护筒将提升的高度及为填充提升护筒所产生的空隙所需高度。在灌注中途提升时，尚应包括提升护筒后应保留的混凝土高度（一般不小于 1m），以防提升后脱节。但护筒内混凝土也不得过高，以防护筒内外侧摩阻力超过起拔能力。

### 2.4.3　挖孔灌注桩施工

挖孔灌注桩适用于无地下水或少量地下水，且较密实的土层或风化岩层。桩的直径（或边长）不宜小于 1.4m，孔深一般不宜超过 20m。若孔内产生的空气污染物超过规定的浓度限值时，必须采用通风措施，方可采用人工挖孔施工。每一桩孔开挖、提升出土、排水、支撑、立模板、吊装钢筋骨架、灌注混凝土等作业都应事先准备好，紧密配合。

#### 1.开挖桩孔

一般采用人工开挖，开挖之前应清除现场四周及山坡上悬石、浮土等，排除一切不安全的因素，做好孔口四周临时围护和排水设备。孔口应采取措施防止土石掉入孔内，并安排好排土提升设备（卷扬机或木绞车等），布置好弃土通道，必要时孔口应搭雨棚。

挖孔过程中要随时检查桩孔尺寸和平面位置，防止误差。注意施工安全，下孔人员必须配戴安全帽和安全绳，提取土渣的机具必须经常检查。孔深超过 10m 时，应经常检查孔内二氧化碳含量，如超过 0.3% 应增加通风措施。孔内如用爆破施工，采用浅眼爆破法，严格控制炸药用量并在炮眼附近要加强支护，以防止振坍孔壁。孔深大于 5m 时，应采用电雷管引爆，爆破后应先通风排烟 15min 并经检查孔内无毒后施工人员方可下孔继续开挖。

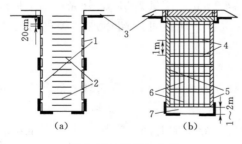

图 2.41　护壁与支撑

1—就地灌注混凝土护壁；2—固定在护壁上供人上下用的钢筋；3—孔口围护；4—木框架支撑；5—支撑木板；6—木框架间支撑；7—不设支撑地段

#### 2.护壁和支撑

挖孔桩开挖过程中，开挖和护壁两个工序必须连续作业，以确保孔壁不坍塌。应根据地质、水文条件、材料来源等情况因地制宜选择支撑及护壁方法。桩孔较深，土质较差，出水量较大或遇流砂等情况时，宜采用就地灌注混凝土护壁，每下挖 1～2m 灌注一次，随挖随支，如图 2.41（a）所示。护壁厚度一般采用 0.15～0.20m，混凝土强度等级为 C15～C20，必要时可配置少量的钢筋，也可采用下沉预制钢筋混凝土圆管护壁。如土质较松散而渗水量不大时，可考虑用木料做框架式支撑或在木框架后面铺架木板做支撑，如图 2.41（b）所示。木框架或木框架与木板间应用扒钉钉牢，木板后面也应与土面塞紧。如土质情况尚好，渗水不大时也可用荆条、竹笆作护壁，随挖随护壁，以保证挖土安全进行。

#### 3.排水

孔内如渗水量不大，可采用人工排水（手摇木绞车或小卷扬机配合提升）；渗水量较大，可用高扬程抽水机或将抽水机吊入孔内抽水。若同一墩台有几个桩孔同时施工，可以安排一孔超前开挖，使地下水集中在一孔排除。

4. 吊装钢筋骨架及灌注桩身混凝土

挖孔达到设计深度后，应进行孔底处理。必须做到孔底表面无松渣、泥、沉淀土，以保证桩身混凝土与孔壁及孔底密贴，受力均匀。如地质复杂，应钎探了解孔底以下地质情况是否能满足设计要求，否则应与监理、设计单位研究处理。吊装钢筋骨架及灌注水下混凝土的有关方法及注意事项与钻孔灌注桩基本相同。

# 学习情境2.5 沉井基础施工

沉井的施工方法与墩台基础所在地点的地质和水文情况有关。如沉井要在水中施工则应对河流汛期、通航、河流冲刷、航道等情况调查研究，并制定施工计划，尽量安排在枯水季节施工。对需在施工中度汛的沉井，应有可靠的措施以确保安全。常用方法有旱地施工、水中筑岛施工及浮运沉井施工等方法。

## 2.5.1 旱地沉井施工

旱地沉井施工可以就地进行，施工内容包括定位放样、平整场地、浇筑底节沉井、拆模和抽除垫木、挖土下沉沉井、接高沉井、地基检验及处理、封底、填充井孔及浇筑盖板等（图2.42）。

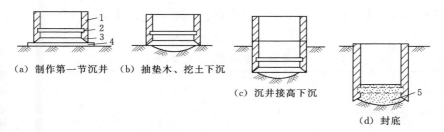

图2.42 沉井施工顺序图

1—井壁；2—凹槽；3—刃脚；4—承垫木；5—素混凝土封底

1. 定位放样、平整场地、浇筑底节沉井

在定位放样以后，应将基础所在地的地面进行整平和夯实，在地面上铺设厚度不小于0.5m的砂或砂砾垫层。然后铺垫木、立底节沉井模板和绑扎钢筋。在砂垫层上先在刃脚踏面处对称地铺设垫木，垫木一般为方木（可用200mm×200mm方木），其数量可按垫木底面压力不大于100kPa计算。垫木的布置应考虑抽除方便。然后在垫木上面放出刃脚踏面大样，铺上踏面底模，安放刃脚的型钢，立刃脚斜面底模、隔墙底模和沉井内模，绑扎钢筋，最后立外模和模板拉杆，如图2.43所示。在场地土质较好处，也可采用土模。

在浇筑混凝土之前，必须检查核对模板各

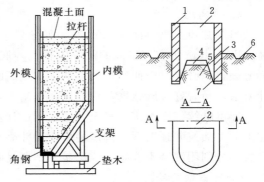

图2.43 沉井刃脚立模

1—井壁；2—隔墙；3—隔墙梗肋；4—木板；
5—黏土土模；6—排水坑；7—水泥砂浆

部尺寸和钢筋布置是否符合设计要求，支承及各种紧固联系是否安全可靠。浇筑混凝土要随时检查有无漏浆和支撑是否良好。混凝土浇好后要注意养护，夏季防暴晒，冬季防冻结。

**2. 拆模和抽除垫木**

混凝土达到设计强度的 25% 时可拆除内外侧模，达到设计强度的 75% 时可拆除各墙底面和刃脚斜面模板，强度达到设计强度后才能抽撤垫木。抽撤垫木应按一定的顺序进行，以免引起沉井开裂、移动或倾斜。其顺序是：先撤除内隔墙下的垫木，再撤除沉井短边下的垫木，最后撤除长边下的垫木。撤除长边下的垫木时，以定位垫木（最后抽撤的垫木）为中心，对称地由远到近拆除，最后拆除定位垫木。注意在抽垫木过程中，抽除一根垫木应立即用砂回填并捣实。

**3. 挖土下沉沉井**

垫木抽完后，应检查沉井位置是否有移动或倾斜，位置正确，即可在井内挖土。沉井下沉施工可分为排水下沉和不排水下沉。当沉井穿过稳定的土层，不会因排水产生流砂时，可采用排水挖土下沉，可采用人工挖土或机械除土。人工挖土时应采取施工安全措施，挖土要有规律、分层、对称、均匀的开挖，使沉井均匀下沉。通常是先挖井孔中心，再挖隔墙下的土，后挖刃脚下的土，一般情况下高差不宜超过 50cm。挖到一定程度，沉井即可借自重切土下沉一定深度，这样不断地挖土、下沉。不排水下沉一般采用抓土斗或水力吸泥机。使用吸泥机时要不断向井内补水，使井内水位高出井外水位 1~2m 以免发生流砂或涌土现象。在井孔内均需均匀除土，否则易使沉井产生较大的偏斜。不排水挖土可参考表 2.9 选用合适的机械和方法。

表 2.9　　　　　　　　　　不排水时挖土方法的使用

| 土质 | 除土方法 | 说明 |
|---|---|---|
| 砂土 | 抓土、吸泥 | 抓土时宜用两瓣式抓斗 |
| 卵石 | 吸泥、抓土 | 以直径大于卵石粒径的吸泥机为好；若抓土，宜用四瓣抓斗 |
| 黏性土 | 吸泥、抓土 | 一般以高压射水，冲散土层 |
| 风化岩 | 射水、冲击锤、放炮 | 冲击锤钻进，碎块用抓斗或吸泥机除去 |

在沉井下沉过程中，要经常检查沉井的平面位置和垂直高度。有偏斜就要及时纠正，否则下沉越深纠偏越难。

**4. 接高沉井**

当沉井顶面离地面 1~2m 时，如还要下沉，应停止挖土，接筑上一节沉井。每节沉井高度以 4~6m 为宜。接高的沉井中轴应与底节沉井中轴重合。为防止沉井在接高时突然下沉或倾斜，必要时应回填刃脚下的土，接高时应尽量对称均匀加重。混凝土施工接缝应按设计要求，布置好接缝钢筋，清除浮浆并凿毛，然后立模浇筑混凝土，待接筑沉井达到设计强度，即可继续挖土下沉，直至井底达到设计标高。如最后一节沉井顶面在地面或水面下，应在沉井上加筑井顶围堰，围堰的平面尺寸略小于沉井，其下端与井顶预埋锚杆相连，视其高度大小分别用混凝土或砌石或砌砖。围堰是临时性的，待墩台身出水后可拆除。

**5. 地基检验及处理**

沉井下沉至设计标高后，必须检验基底的地质情况是否与设计资料相符，地基是否平整，能抽干水的可直接检验，否则要由潜水员下水检验，必要时用钻机取样鉴定。如检验符合要求，宜尽可能在排水的情况下立即清理和处理地基。基底应尽量整平，清除污泥，并使基底没有软弱夹层；基底为砂土或黏性土时，应铺一层砾石或碎石垫层至刃脚踏面以上20cm；基底为风化岩时，应将风化层凿掉，以保证封底混凝土、沉井与地基连接紧密。

6. 封底、填充井孔及浇筑盖板

地基经检验、处理合格后，应立即封底，宜在排水情况下进行；抽干水有困难时用水下浇筑混凝土的方法，待封底混凝土达到设计强度后方可抽水，然后填井孔。对填砂砾或空孔的沉井，必须在井顶浇筑钢筋混凝土盖板。盖板达到设计强度后，方可砌筑墩台。

## 2.5.2 水中下沉沉井的措施

当沉井下沉施工处于水中时，可以采用筑岛法和浮运法，一般根据水深、流速、施工设备及施工技术等条件选用。

### 1. 筑岛法

在河流的浅滩或施工最高水位在不超过 4m 时，可用筑岛法，即先修筑人工岛，再在岛上进行沉井的制作和挖土下沉。筑岛材料为砂或砾石，常称作砂岛，砂岛分无围堰和有围堰两种。无围堰砂岛应保证施工期在水流冲刷作用下，砂岛本身有足够的稳定性，一般用于水深不超过 1~2m，水流速度不大时，砂岛边坡坡度通常为 1:2，周围用草袋、卵石、竹笼等护坡。砂岛面的宽度应比沉井周围宽出 2.0m 以上，岛面高度应高出施工最高水位 0.5m以上。当河流较深或流速较大时，宜用钢板桩围堰筑岛。

### 2. 浮运法

在深水河流中，水深如超过 10m 时，当用筑岛法有困难或不经济时，可采用浮运沉井的方法进行施工。

采用浮运法的沉井，一种是普通沉井在刃脚处安装临时性不漏水的木底板，就位后再在井内灌水下沉，沉到河底再拆除底板，如图 2.44（a）所示；另一种是空腹薄壁沉井，如图2.44（b）所示，井壁可用钢筋混凝土、水泥钢丝网或钢壳制成，空腹中设置支撑。向空腹中灌水或混凝土即可下沉。浮运沉井一般先在岸上预制，再用滑道等方法将沉井放入水中，浮于水面上最后拉运到墩位处，如图 2.45 所示，也可用船只浮运沉井。

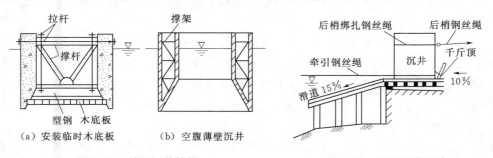

图 2.44  浮运沉井结构　　　　　图 2.45  浮运沉井下水

沉井准确就位后，用水或混凝土灌入空体，徐徐下沉直至河底。或依靠在悬浮状态下接长沉井及填充混凝土使它逐步下沉至河底，最后在土中挖土下沉。在浮运、下沉沉井过程中，沉井顶到水面的高度均不得小于 1m。

## 2.5.3 沉井下沉过程中常遇到的问题及处理方法

### 1. 突然下沉

在软土地基沉井施工中，常发生突然下沉现象。如某工程的一个沉井，一次突然下沉

3m 之多。突沉的原因是井壁外的摩阻力很小，当刃脚附近土体挖除后，沉井失去支承而剧烈下沉。这样，容易使沉井产生较大的倾斜或超沉，应予以避免。采用均匀挖土、增大踏面宽度或加设底梁等措施可以解决沉井突然下沉。

2. 沉井偏斜

沉井开始下沉阶段，井体入土不深，下沉阻力较小，且由于沉井大部分还在地面上，外侧土体的约束作用很小，容易产生偏斜。这一阶段应控制挖土的程序和深度，注意均匀挖土。继续挖土时，可在沉井高的一侧集中挖土。还可以采取不对称加重、不对称射水和施加侧向力把沉井扶正等措施，开始阶段要经常检查沉井的平面位置，注意防止较大的倾斜。在中间阶段，可能会出现下沉困难的现象，但接高沉井后，下沉又变得顺利，但易出现偏移。如沉井中心位置发生偏移，可先使沉井倾斜。均匀挖土让沉井斜着下沉，直到井底中心位于设计中心线上，再将沉井扶正。

沉井沉至设计标高时，其位置误差不应超过下述规定：

（1）底面中心和顶面中心在纵横向的偏差不大于沉井高度的 1/50，对于浮式沉井，允许偏差值还可增加 25cm。

（2）沉井最大倾斜度不大于 1/50。

（3）矩形沉井的平面扭角偏差不大于 10，浮式沉井不得大于 20。

3. 沉井下沉困难

沉井下沉至最后阶段，主要问题是下沉困难。沉井发生下沉困难的主要原因有：井外壁摩阻力太大，超过了自重，或刃脚下遇到大的障碍物。当刃脚遇到障碍物时，必须予以清除后再下沉。清除方法可以是人工排除，如遇树根或钢材可锯断或烧断，遇大孤石宜用炸药炸碎，以免损坏刃脚。在不能排水的情况下，由潜水员进行水下切割或水下爆破。解决摩阻力过大而使下沉困难的方法可从增加沉井自重和减小井壁摩阻力两方面来考虑。

（1）增加沉井自重。可以在沉井顶面铺设平台，然后在平台上放置重物，如砂袋、块石、铁块等，但应防止重物倒塌。对不排水下沉的沉井，可从井孔中抽出一部分水，从而减小浮力，增加向下压力使沉井下沉。此法对渗水性大的砂、卵石层效果不大，对易发生流砂的土也不宜用此法。

（2）减小沉井外壁的摩阻力。可以将沉井设计成台阶形、倾斜形，或在施工中尽量使外壁光滑；也可在井壁内埋设高压射水管组，利用高压水流冲松井壁附近的土，水沿井壁上升润滑井壁，减小井壁摩阻力，帮助沉井下沉。沉井下沉至一定深度后，如有下沉困难，可用炮震法强迫沉井。此法是在井孔的底部埋置适量的炸药，一般每个爆炸点用药 0.2kg 左右为宜，引爆产生的震动力迫使沉井下沉，但要避免震坏沉井。

对下沉较深的沉井，为减小井壁摩阻力常用泥浆润滑套或空气幕帮助沉井下沉。泥浆润滑是把按一定比例配置好的泥浆灌注在沉井井壁周围形成一个具有润滑作用的泥浆套。可大大减小沉井下沉时的井壁摩阻力，使沉井顺利下沉。

射口挡板可用角钢或钢板制作，置于每个泥浆射出口处固定在井壁台阶上。它的作用是防止泥浆管射出的泥浆直冲土壁而起缓冲作用，防止土壁局部坍落堵塞射浆口。为了保持土壁的稳定性及一定数量的泥浆储备，压入泥浆应高出地面以上。因此，需在地面设置围圈。围圈是由混凝土或钢板制成，高约 1.5～2.0m，顶面高出约 0.5m，圈顶面加盖，以防土石掉入泥浆套。泥浆套的施工按压浆管与井壁位置关系分为内管法和外管法。厚壁沉井多采用内管法，薄壁沉井宜采用外管法，如图2.46所示。

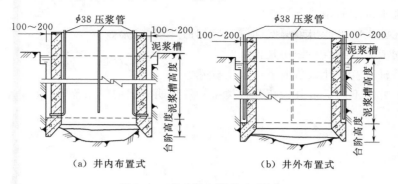

（a）井内布置式　　　　　　　（b）井外布置式

图2.46　井内外压浆管布置图

沉井在下沉过程中要不断补充泥浆，泥浆面不得低于地表围圈的底面。同时，要注意使沉井孔内外水位相近，以防发生流砂、漏水，而使泥浆套受到破坏。当沉井达到设计标高时，应压进水泥砂浆把触变泥浆挤出，使井壁与四周的土重新获得新的摩阻力。在卵石、碎石层中采用泥浆润滑套效果一般较差。

空气幕法是井壁四周按喷气管分担范围设置空气管喷射高压气流，气流沿喷气孔喷出。再沿沉井外井壁上升，形成一圈空气幕。使井壁周围土松动，减少井壁摩阻力，促使沉井顺利下沉。

施工时喷气管分层设置，由竖管和水平横管组成。每层水平横管上钻有很多小孔，压缩空气通过小孔向外喷射。压气沉井所需的压力可取静水压力的2.5倍，空气幕法在停气后可恢复土对井壁的摩阻力。下沉量易于控制，施工设备简单，可以水下施工，经济效果好。空气幕法主要适用于细、粉砂类土和黏性土中。

# 任 务 小 结

本学习任务主要介绍了桥梁基础的特点、构造及施工方法。

（1）桥梁基础特点。

（2）刚性浅基础构造。

（3）桩基础分类及构造。

（4）明挖扩大基础施工：基坑放样、旱地基坑开挖方法以及基坑排水的方式。

（5）预制沉桩施工：锤击法、射水法、静力压桩等。

（6）钻孔灌注桩施工：应选择合适的钻具和钻孔方法，然后清孔，吊装钢筋笼，灌注混凝土。

（7）挖孔灌注桩施工：一般人工开挖，注意开挖时护壁和支撑的作业，并及时排水。

（8）沉井基础施工：分旱地沉井和水下沉井施工。

# 学 习 任 务 测 试

1. 基坑坑壁的支护型式有哪些？

2. 如何保证钻孔灌注桩的施工质量？

3. 基坑排水常用的型式有哪些？

4. 沉井在施工中可能出现哪些问题？应如何处理？

5. 泥浆润滑套的特点和作用是什么？

6. 什么是桩基？在什么情况下可采用桩基？

7. 按施工方法不同，桩分为哪几种类型？并说明它们的应用范围。

# 学习任务 3 桥梁墩台施工技术

**学习目标**

通过本项目的学习，使学生能够掌握桥梁墩台的组成及构造要求，并掌握不同构造墩台的适用范围。熟悉桥梁墩台上的各种作用，了解桥梁墩台作用效应组合及重力式桥墩的截面强度计算、稳定性验算方法。同时需重点掌握混凝土墩台与石砌墩台、装配式墩台、滑动模板等桥梁墩台施工方法的适用特点、施工方法、施工工序并能合理进行应用。

## 学习情境 3.1 桥 梁 墩 台 构 造

### 3.1.1 概述

桥梁墩台是桥梁下部结构的重要组成部分，它主要由墩（台）帽、墩身和基础 3 部分组成，如图 3.1 所示。

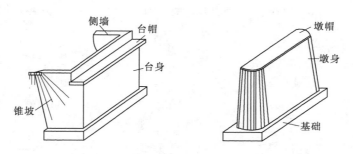

图 3.1 桥梁墩台

桥梁墩台承担着桥梁上部结构所产生的荷载，并将荷载有效地传递给地基基础，起着"承上启下"的作用。

桥墩一般系指多跨桥梁中的中间支承结构物。它除承受上部结构产生的竖向作用、水平作用和弯矩外，还承受风荷载、流水压力及可能发生的地震作用、冰压力、船只和漂流物的撞击作用。桥台设置在桥梁两端，除了支承桥跨结构外，又是衔接两岸接线路堤的构筑物；既要能挡土护岸，又能承受台背填土及填土上车辆荷载所产生的附加侧压力。因此，桥梁墩台不仅自身应有足够的强度、刚度和稳定性，而且对地基的承载能力、沉降量、地基与基础之间的摩阻力等也都提出一定的要求，避免在上述荷载作用下产生危害桥梁整体结构的水平位移、竖向位移和转角位移。

确定桥梁下部结构应遵循安全耐久，满足交通要求，造价低，维修养护少，预制施工方便，工期短，与周围环境协调，造型美观等原则。桥梁的墩台设计与结构受力有关；与土质构造和地质条件有关；与水文、流速及河床性质有关。因此，桥梁墩台要置于稳定可靠的地基上，要通过设计和计算确定基础型式和埋置深度。从桥梁破坏的实例分析，桥梁下部结构要经受洪水、地震、桥梁活载等的动力作用，要确保安全、耐久，必须充分考虑上述各种因素的组合。

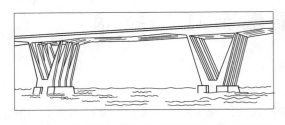

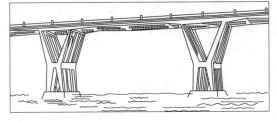

图 3.2　V 型和 X 型桥墩

墩台的施工方法与结构型式有关，桥梁墩台的施工主要有在桥位处就地施工与预制装配两种。就桥墩来说，目前较多的采用滑动模板连续浇筑施工，它对于高桥墩、薄壁直墩和无横隔板的空心墩有较高的经济效益。而装配式墩常在带有横隔板的空心墩、V 型墩、X 型墩（图 3.2）等型式中采用。在墩台施工中，今后应从实际情况出发，因地制宜地提高机械化程度，大力采用工业化、自动化和施加预应力的施工工艺，提高工程质量，加快施工速度。

对于城市的立交桥，为能从上面承托较宽的桥面，在下面能减少墩身和基础尺寸，在地面以上又给人以艺术的享受和起到美化

城市的作用，常常将桥墩在横向上做成独柱式或排柱式［图 3.3（a）、（b）］、倾斜式［图3.3（c）］、双叉型［图 3.3（d）］、T 型与 V 型［图 3.3（e）、（f）］等各种轻型桥墩型式。

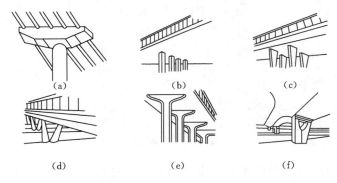

(a)　　　　　　　　(b)　　　　　　　　(c)

(d)　　　　　　　　(e)　　　　　　　　(f)

图 3.3　各种轻型桥墩型式

### 3.1.2　桥墩构造

#### 3.1.2.1　重力式桥墩

这类墩的主要特点是靠自身重量来平衡外部作用而保持稳定。因此，墩身比较厚实，可不用钢筋，而采用天然石材或片石混凝土砌筑。它适用于地基良好、承受作用值较大的大、中型桥梁，或流冰、漂浮物较多的河流中。在砂石料充足的地区，小桥也往往采用重力式墩台。其主要缺点是圬工体积大、材料用量多、自重大，因而要求地基承载力高，同时阻水面积也较大。

在公路梁桥和拱桥中，重力式桥墩用得比较普遍。它们除在墩帽构造上有所差别外，其他部分的构造外形大致相同。

1. 梁桥重力式桥墩

实体桥墩由墩帽、墩身和基础构成的一个实体结构。

（1）墩帽。墩帽是桥墩顶端的传力部分，它通过支座承托着上部结构，并将相邻两孔桥上的恒载和活载传到墩身上，应力较集中。因此，墩帽的强度要求较高，一般采用 C20 以上的混凝土或钢筋混凝土做成。墩帽平面尺寸的合理确定，将直接影响着墩身的平面尺寸和材料的选用。例如，当顺桥向的墩帽宽度较小，而桥墩又较高时，墩身就显得很薄，因此需要采用钢筋混凝土结构。如果墩身在横桥向的长度较小，或者做成柱子的型式，那么又会反过来影响墩帽（又称帽梁）的受力和尺寸及其配筋数量。因此，精心地拟定墩帽尺寸对整个桥墩设计具有重要意义。在一些桥面较高的桥梁中，为了节省墩身及基础的圬工体积，常常利用挑出的悬臂或托盘来缩短墩身的横向长度。悬臂或托盘式墩帽一般采用 C20 或 C25 钢筋混凝土，如图 3.4 所示。

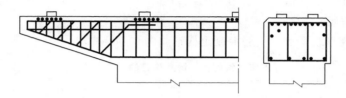

图 3.4　悬臂式墩帽

《公路桥涵设计通用规范》（JTG D60—2004）规定，墩帽的厚度，对于大跨径的桥梁不得小于 40cm；对于中、小跨径的桥梁不得小于 30cm。墩帽顶面常做成 10% 的排水坡，墩帽的四周较墩身出檐 5～10cm，并在其上做成沟槽形滴水，如图 3.5 所示。

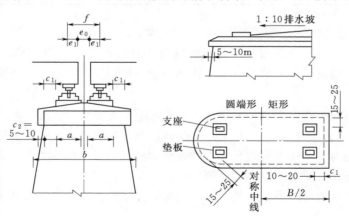

图 3.5　墩帽构造尺寸（单位：cm）

墩帽的平面形状应与墩身形状相配合。墩帽的平面尺寸首先应满足桥梁支座布置的需要，可按下式确定。

顺桥方向的墩帽最小宽度为

$$b \geqslant f + \frac{a}{2} + \frac{a'}{2} + 2c_1 + 2c_2 \tag{3.1}$$

其中

$$f = e_0 + e_1 + e_1' \geqslant \frac{a}{2} + \frac{a'}{2}$$

式中　$f$——相邻两跨支座的中心距；

　　　$e_0$——伸缩缝，中、小桥为 2～5cm；大跨径桥梁可按温度变化及施工放样、安装构件可能出现的误差等决定；

$e_1$、$e_1'$——各桥跨结构伸过支座中心线的长度；

$a$、$a'$——各桥跨结构支座垫板顺桥向宽度；

$c_1$——顺桥向支座垫板至墩身边缘最小距离，见表3.1及图3.5；

$c_2$——檐口宽度，一般为5～10cm。

温度变化引起的变位为

$$e_0 = lta$$

式中 $l$——桥梁的计算长度；

$t$——温度变化幅度值，可采用当地最高和最低月平均气温及桥跨浇筑完成时的温度计算决定；

$a$——材料线膨胀系数，钢筋混凝土构造物为0.000010。

表 3.1　　　　　支座边缘到台、墩身边缘的最小距离　　　　　单位：cm

| 跨径 \ 横向 | 顺桥向 | 横 桥 向 | |
| --- | --- | --- | --- |
| | | 圆弧形端头（自支座边角量起） | 矩形端头 |
| 大桥 | 25 | 25 | 40 |
| 中桥 | 20 | 20 | 30 |
| 小桥 | 15 | 15 | 20 |

注　1. 采用钢筋混凝土悬臂式墩台时，上述最小距离为支座至墩台帽边缘的距离。

　　2. 跨径100cm以上的桥梁，应按实际情况决定。

对墩身最小顶宽的要求可根据《公路桥涵设计通用规范》（JTG D60—2004）有关规定确定，一般情况墩帽纵桥向宽度，对于小跨径桥梁不得小于100cm，中等跨径桥梁不宜小于100～120cm。

横桥向的墩帽最小宽度 $B$ 为：$B$＝两侧主梁间距＋支座横向宽度＋$2c_1$＋$2c_2$

《公路桥涵设计通用规范》（JTG D60—2004）中对支座边缘至墩台身边缘的最小距离所作规定，其目的是为了避免支座过分靠近墩身侧面边缘而导致的应力集中；另一个原因是为了提高混凝土的局部抗压强度以及考虑施工误差和预留锚栓孔的要求。墩帽宽度除了满足上式的要求以外，还应符合墩身顶宽的要求，安装上部结构的需要，以及抗震的设防措施所需要的宽度。

对于大、中跨径的桥梁，在墩帽内应设置构造钢筋；小跨径桥梁除在严寒地区外，可以不设构造钢筋。构造钢筋直径一般为8～16mm，采用间距为15～25cm的网格布置。另外在支座支承垫板的局部范围内设1～2层钢筋网，其平面分布尺寸约为支承垫板面积的两倍，钢筋直径为8～12mm，网格间距为5～10cm，这样支座传来的较大集中力能较均匀地分布到墩身上。

在同一座桥墩上，当支承相邻两孔桥跨结构的支座高度不相同时，就应在墩顶上设置用钢筋混凝土制成的支承垫石来调整（一般垫石为C25～C30以上混凝土，但也有用石料制成）在钢筋混凝土梁式大、中桥墩台顶帽上可设钢筋混凝土支承垫石，在其上安放支座，以更利于压力分布。支承垫石的平面尺寸、配筋数量，可根据桥跨结构压力大小、支座底板尺寸大小，混凝土设计强度和标准强度等确定。一般垫石较支座底板每边大 15～20cm，垫石厚度为其长度的 1/2 ～ 1/3。图 3.6 所示为普通墩帽和带有支承垫石墩榭的钢筋构造示例。

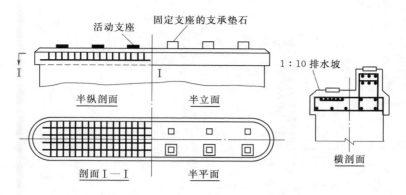

图 3.6 墩帽钢筋构造图

（2）墩身。墩身是桥墩的主体。常用 C15 或大于 C15 的片石混凝土浇筑，或用浆砌块石或料石，也可用混凝土预制块砌筑。重力式桥墩墩身的顶宽：对于小跨径桥不宜小于 80cm，对中跨径桥不宜小于 100cm，对大跨径桥视上部构造类型而定。侧坡坡度一般为 20：1～30：1，小跨径桥的桥墩也可采用直坡。

为了便于水流和漂浮物通过，墩身平面形状可以做成圆端形 ［图 3.7（a）］ 或尖端形 ［图 3.7（b）］；无水的岸墩或高架桥墩可做成矩形 ［图 3.7（c）］；在水流与桥梁斜交或流向不稳定时，就宜做成圆形 ［图 3.7（d）］；在有强烈流冰或大量漂浮物的河道（冰厚大于 0.5m，流冰速度大于 1m/s）上，桥墩的迎水端应做成破冰棱体 ［图 3.7（e）］。破冰棱可由强度较高的石料砌成，也可以用高强度等级的混凝土辅以钢筋加固。

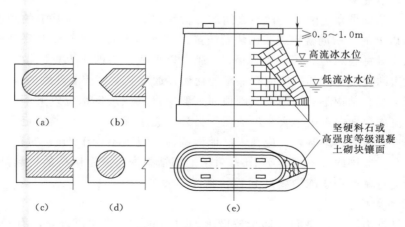

图 3.7 墩身平面及破冰棱

当河流属于中等流冰情况（冰厚 30～40cm，流速不大于 1.2m/s）或河道上经常有大量漂浮物时，对于混凝土重力式桥墩的迎水面可以用直径 10～12mm 的钢筋加强，钢筋的垂直间距为 10～20cm，水平距离约为 20cm，如图 3.8 所示。

在一些高大的桥墩中，为了减少圬工体积，节约材料，或为了减轻自重，降低基底的承载压应力，也可将墩身内部做成空腔体，即空心桥墩（图 3.9）。这种桥墩在外形上与实体重力式桥墩无大的差别，只是自重较实体重力式的轻，介于重力式与轻型桥墩之间。

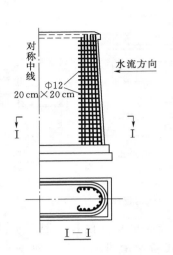

图 3.8  混凝土墩身钢筋网        图 3.9  空心桥墩

空心桥墩在构造尺寸上应符合下列规定：

1）墩身最小壁厚，对于钢筋混凝土不宜小于 30cm，对于混凝土不宜小于 50cm。

2）墩身内应设横隔板或纵、横隔板，以加强墩壁的局部稳定。

3）墩身周围应设置适当的通风孔或泄水孔，孔的直径不小于 20cm；墩顶实体段以下应设带门的进人洞或相应的检查设备。

空心桥墩抵抗碰撞的能力较差。因此，在通航，有流筏、流冰，以及流速大并带有磨损物质的河流上，不宜采用。

（3）基础。基础是介于墩身与地基之间的传力结构。对于天然地基上的刚性扩大基础。它一般用 C15 以上的片石混凝土或浆砌块石筑成。基础的平面尺寸较墩身底截面尺寸略大，四周放大的尺寸对每边约为 0.25～0.75m。基础可以做成单层的，也可以做 2～3 层台阶式的。台阶或襟边的宽度与它的高度应有一定的比例，通常其宽度控制在刚性角以内。

为了保持美观和结构不受碰损，基础顶面一般应设置在最低水位以下不少于 0.5m；在季节性流水河流或旱地上，则不宜高出地面。另外，为了保证持力层的稳定性和不受扰动，基础的埋置深度，除岩石地基外，应在天然地面或河底以下不少于 1m；如有冲刷，基底埋深应在设计洪水位冲刷线以下不少于 1m；对于上部结构为超静定结构的桥涵基础，除了非冻胀土外，均应将基底埋于冻结线以下不小于 0.25m。

2. 拱桥重力式桥墩

拱桥是一种推力结构，拱圈传递给桥墩上的力，除了垂直力以外，还有较大的水平推力，这是拱桥与梁桥的最大不同之处。

从抵御恒载水平力的能力来看，拱桥桥墩又可以分为普通墩和单向推力墩两种。普通墩除了承受相邻两跨结构传来的垂直反力外，一般不承受恒载水平推力，或者当相邻孔不相同时，只承受经过相互抵消后尚余的不平衡推力。单向推力墩又称制动墩，它的主要作用是在它的一侧的桥孔因某种原因遭到毁坏时,能承受住单向的恒载水平推力,以保证其另一侧的拱桥不致遭到倾塌。另外施工时为了拱架的多次周转;或者当缆索吊装设备的工作跨径受到限制时,为了能按桥台与某墩之间或者按某两个桥墩之间作为一个施工段进行分段施工,也要设置能承受部分恒载单向推力的制动墩。因此,为了满足结构强度和稳定的要求,普通墩的墩身可以做得薄一些 [图 3.10 (a)~(c)],单向推力墩则要做得厚实一些 [图 3.10 (d)]。

拱桥与梁桥重力式桥墩相比,拱桥桥墩在构造上还有以下的特点。

(1) 拱座。拱桥桥墩与梁桥桥墩的一个不同点是:梁桥桥墩的顶面要设置传力的支座,且支座距顶面边缘保持一定的距离;而无支架吊装的拱桥桥墩则在其顶面的边缘设置呈倾斜

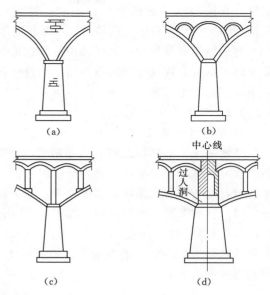

图 3.10 拱桥普通墩与单向推力墩

面的拱座,直接承受由拱圈传来的压力。故无铰拱的拱座总是设置成与拱轴线呈正交的斜面。由于拱座承受着较大的拱圈压力,故一般采用 C20 以上的整体式混凝土、混凝土预制块或 MU40 以上的块石砌筑。肋拱桥的拱座由于压力比较集中,故应用高强度等级混凝土及数层钢筋网加固;装配式肋拱以及双曲拱桥的拱座,也可预留供插入拱肋的孔槽,如图 3.11 所示。就位以后再浇混凝土封固。为了加强肋底与拱座的连接,底部可设 U 形槽浇筑混凝土,混凝土强度等级应不低于 C25。有时孔底或孔壁还应增设一些加固钢筋网。

(2) 拱座的位置。当桥墩两侧孔径相等时,则拱座均设置在桥墩顶部的起拱线标高上,有时考虑桥面的纵坡,两侧的起拱线标高可以略有不同。当桥墩两侧的孔径不等、恒载水平推力不平衡时,将拱座设置在不同的起拱线标高上。此时,桥墩墩身可在推力小的一侧变坡或增大边坡。从外形美观上考虑,变坡点一般设在常水位以下(图 3.12)。墩身两侧边坡坡度和梁桥的一样,一般为 20:1~30:1。

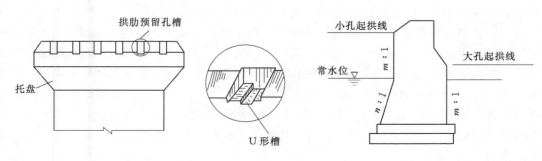

图 3.11 拱座构造　　　　　　　　　　图 3.12 拱桥墩身边坡的变化

3. 墩顶以上构造

由于上承式拱桥的桥面与墩顶顶面相距一段高度,故墩顶以上结构常采用几种不同型式。对于实腹式石拱桥,其墩顶以上部分通常做成与侧墙平齐的型式 [图 3.10 (a)]。对于

空腹式石拱桥或双曲拱桥的普通墩，常采用立墙式、立柱加盖梁式或者采用跨越式 [图 3.10（b）、（c）]。对于单向推力墩常采用立墙式和框架式 [图 3.10（d）]。

为了缩减墩身长度，拱桥墩顶部分也可做成托盘型式（图 3.11）。托盘可采用 C20 纯混凝土圬工结构，或仅布置构造钢筋。墩身材料可采用块石、片石或混凝土预制块砌筑，也可采用片石混凝土浇筑。

### 3.1.2.2 轻型桥墩

#### 1. 梁桥轻型桥墩

当地基土质条件较差时，为了减轻地基的负担，或者为了减轻墩身重量、节约圬工材料，常采用各种轻型桥墩。轻型桥墩的墩帽尺寸及构造也由上部结构及其支座的尺寸等要求来确定，这与重力式桥墩无多大差异。在梁桥中，通常采用以下几种类型。

（1）钢筋混凝土薄壁桥墩。如图 3.13 所示为钢筋混凝土薄壁桥墩，其高度一般不大于 7 m，墩身厚度约为高度的 1/15，即 30～50cm。一般配用托盘式墩帽，其两端为半圆头。墩身材料采用 C15 以上的混凝土。根据外力作用情况，沿墩身高度配置适量钢筋，通常其钢筋含量约为 $60kg/m^3$。

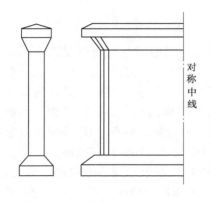

图 3.13 钢筋混凝土薄壁桥墩

薄壁桥墩的特点是：圬工体积小，结构轻巧，比重力式桥墩可节约圬工量 70% 左右，且施工简便，外形美观，过水性良好，故适用于地基土软弱的地区。它的缺点是：当采用现浇混凝土时，需耗费用于立模的支架材料和一定数量的钢筋。

（2）柱式桥墩。柱式桥墩的结构特点是其墩身由分离的两根或多根立柱（或桩柱）组成。它的外形美观，圬工体积小，而且重量较轻。柱式桥墩的型式主要有单柱式、双柱式、哑铃式及混合双柱式 4 种（图 3.14）。在桥宽较大的城市桥和立交桥中，常采用多柱式桥墩。

单柱式桥墩 [图 3.14（a）]，适用于水流与桥轴线斜交角大于 15°的桥梁，或河流急弯、流向不固定的桥梁，在具有抗扭刚度的上部结构中，这种单根立柱还能一起参与承受上部结构的扭力。在水流与桥轴线斜交角小于 15°，仅有较小的漂流物或轻微的流冰河流中，可采用双柱式或多柱式墩，配以钻孔灌注桩基础，这种桩柱式桥墩具有施工便利、速度快、圬工体积小、工程造价低和比较美观等优点，是桥梁建筑中较多采用的型式之一 [图 3.14（b）]。在有较多的漂流物或较严重的流冰河流上，当漂流物在两柱中间可能使桥梁发生危险或有特殊要求时，在双柱间加做 40～60cm 厚的横隔墙，成为哑铃式桥墩 [图 3.14（c）]。在有较严重的漂流物或流冰的河流上，当墩身较高时，可把高水位以上的墩身做成双柱式，高水位以下部分做成实体式的混合双柱式墩 [图 3.14（d）]，这样既减少了水上部分的圬工体积，也增加了抵抗漂流物的能力。

（3）柔性排架桩墩。柔性排架桩墩（图 3.15）是由单排或双排的钢筋混凝土桩与钢筋混凝土盖梁连接而成。其主要特点是：可以通过一些构造措施，将上部结构传来的水平力（制动力、温度影响作用等）传递到全桥的各个柔性墩台或相邻的刚性墩台上，以减少单个柔性墩所受到的水平力，从而减小桩墩截面。由于其材料最省，修建简单，在我国各地特别是平原地区较为广泛采用。

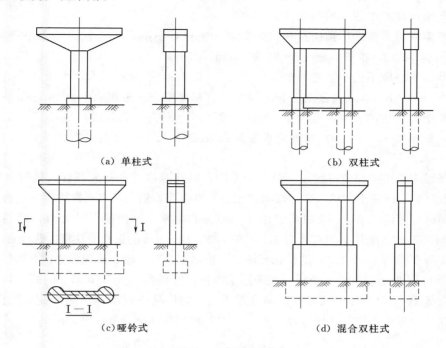

（a）单柱式　　　　　　　　　（b）双柱式

I — I

（c）哑铃式　　　　　　　　　（d）混合双柱式

图 3.14　柱式桥墩

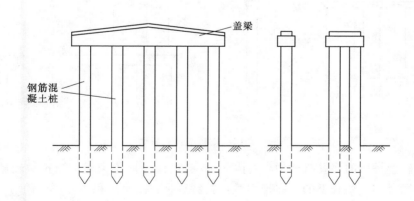

盖梁

钢筋混凝土桩

图 3.15　柔性排架桩墩

　　柔性排架桩墩多用在墩高度 3～5m，跨径一般不超过 13m 的中、小型桥梁上。因排架桩墩的尺寸较小，所以对于山区河流、流冰或漂流物严重的河流，墩柱易被损坏，故不宜采用。对于石质或砾石河床，沉入桩也不宜采用。

　　柔性排架桩墩分单排架墩和双排架墩。单排架墩一般适用于高度不超过 4～5m 的桩墩。桩墩高度大于 5m 时，为避免行车时可能发生的纵向晃动，宜设双排架墩。当受桩上荷载或支座布置等条件限制不能采用单排架墩时，也可采用双排架墩。当采用钻孔灌注桩时，可采用单排架墩。

　　柔性排架桩墩适用的桥长，应根据温度变化幅度决定，一般为 50～80m。温差大的地区桥长应短些，温差小的地区桥长可以适当长些。桥长超过50～80m，受温度影响很大，需要设置滑动支座或设刚度较大的温度墩。

柔性排架柱墩通常采用预制普通钢筋混凝土方桩，一般当桩长在10m以内时，横截面尺寸为30cm×30cm；桩长大于10m时为35cm×35cm；大于15m时，采用40cm×40cm。桩与桩之间的中心距不应小于桩径的3倍或1.5～2.0m。盖梁一般为矩形截面，单排桩盖梁的宽度为60～80cm。盖梁高度对各种跨径和单、双排架桩均采用40～50cm。如果采用钻孔灌注桩排架墩，其桩的直径不宜大于90cm，桩间距离不少于2.5倍的成孔直径，其盖梁的宽度一般比桩径大10～20cm，高度应根据受力情况拟定。

2. 拱桥轻型桥墩

拱桥桥墩中采用的轻型桥墩，一般是为了配合钻孔灌注桩基础的桩柱式桥墩（图3.16），从外形上看，它与梁桥上的桩柱式桥墩非常相似。其主要差别是：在梁桥墩帽上设置支座，而在拱桥墩顶部分则设置拱座。当拱桥跨径在10m左右时常采用两根直径为1m的钻孔灌注桩，跨径在20m左右时可采用2根直径为1.2m或3根直径为1m的钻孔灌注桩，跨径在30m左右时可采用3根直径为1.2～1.3m的钻孔灌注桩。桩墩较高时，应在桩间设置横系梁以增强桩柱刚性，如图3.16所示。桩柱式桥墩一般采用单排桩，跨径在40～50m以上的高墩，可采用双排桩，如图3.16（b）所示。可在桩顶部设置承台，与墩柱连成整体。如果桩与柱直接连接，则应在连接处设置横系梁。若柱高大于6～8m时，还应在柱的中部设置横系梁。

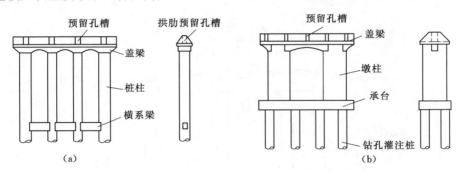

图3.16　拱桥桩柱式桥墩

在采用轻型桥墩的多孔拱桥中，每隔3～5孔应设单向推力墩。当桥墩较矮或单向推力不大时，可以考虑一些轻型的单向推力墩，其特点是：阻水面积小，可节约圬工体积。轻型的单向推力墩有以下两种：

（1）带三角杆件的单向推力墩。这种桥墩的特点是：在普通墩的墩柱上，两侧对称地增设钢筋混凝土斜撑和水平拉杆，以提高抵抗水平推力的能力，如图3.17（a）所示。为了提高构件的抗裂性，可以采用预应力混凝土结构。这种桥墩只在桥不太高的旱地上采用。

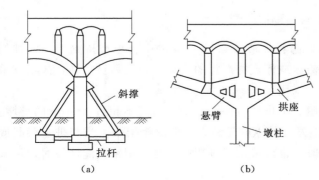

图3.17　拱桥轻型单向推力墩

（2）悬臂式单向推力墩。悬臂式

单向推力墩［图 3.17（b）］的工作原理是：当该墩的一侧桥孔遭到破坏以后，可以通过另一侧拱座上的竖向分力与悬臂所构成的稳定力矩来平衡由拱的水平推力所导致的倾覆力矩。这种型式适用于两铰双曲拱桥。但由于墩身较薄，在受力后悬臂端会有一定位移，因而对于无铰拱来说会产生附加内力。

### 3.1.3　桥台构造

#### 3.1.3.1　重力式桥台

梁桥和拱桥上常用的重力式桥台为 U 形桥台，由台帽、台身和基础 3 部分组成。由于台身是由前墙和两个侧墙构成的 U 形结构，故而得名。其构造示意图如图 3.18 所示。从图中比较可以看出，梁桥和拱桥的 U 形桥台除在台帽部分有所差别外，其余部分基本相同；从尺寸上看，拱桥桥台一般较梁桥者要大。U 形桥台墙身多数为石砌坼工，适用于填土高度为 4～10m 的单孔及多孔桥。它的结构简单，基础底承压面大，应力较小。但坼工体积较大，两侧墙间的填土容易积水，除增大土压力外还易受冻胀而使侧墙产生裂缝。所以桥台中间多用集料或渗水性较好的土填筑，并要求设置较完善的排水设备，如隔水层及台后排水盲沟，避免填土中积水。

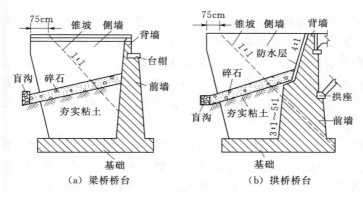

（a）梁桥桥台　　　　　　　　（b）拱桥桥台

图 3.18　U 形桥台

U 形桥台的各部分构造如下。

1. 台帽

梁桥台帽的构造和尺寸要求与相应的桥墩墩帽有许多共同之处，不同的是台帽顶面只设单排支座，在另一侧则要砌筑挡住路堤填土的矮雉墙，或称背墙。背墙的顶宽，对于片石砌体不得小于 50cm，对于块石、料石砌体及混凝土砌体不宜小于 40cm。背墙一般做成垂直墙体，并与两侧侧墙连接。如果台身放坡时，则靠路堤一侧的坡度应与台身一致。在台帽放置支座部分的构造尺寸、钢筋配置及混凝土强度等级可按相应的墩帽构造进行设计。

拱桥桥台只在向河心一侧设置拱座，其构造、尺寸可参照相应桥墩的拱座拟定。对于空腹式拱桥，在前墙顶面上还要砌筑背墙，用来挡住路堤填土和支承腹拱。

2. 台身

台身由前墙和侧墙构成。前墙任一水平截面的宽度，不宜小于该截面至墙顶高度的 0.4 倍，背坡坡度一般采用 5：1～8：1，前坡坡度为 10：1 或直立。侧墙与前墙结合成一体，兼有挡土墙和支撑墙的作用。侧墙顶宽一般为 60～100cm。任一水平截面的宽度，对于片石砌体不小于该截面至墙顶高度的 0.4 倍，对于块石、料石砌体或混凝土则不小于 0.35 倍。如桥台内填料为透水性良好的砂性土或砂砾，则上述两项可分别相应减为 0.35 和 0.3 倍。侧墙正面一般是直立的，其长度视桥台高度和锥坡坡度而定。前墙的下缘一般与锥坡下缘相齐。因此，桥台越高，则锥坡越平坦，侧墙越长。侧墙尾端，应有不小于 0.75m 的长度伸入路堤内，以保证与路堤有良好的衔接，台身宽度通常与路基同宽，如图 3.19 所示。

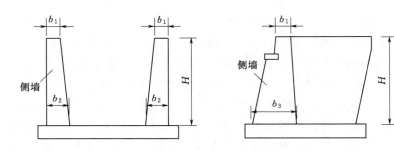

图 3.19　U 形桥台尺寸

$b_1 \geqslant 40 \sim 50 \text{cm}$（防护墙）；$b_1 \geqslant 60 \sim 100 \text{cm}$（侧墙）；$b_2 \geqslant (0.3 \sim 0.4)H$；$b_3 \geqslant 0.4H$

两个侧墙之间应填以渗透性较好的土壤。为了排除桥台前墙后面的积水，应于侧墙间在略高于高水位的平面上铺一层向路堤方向设有斜坡的夯实黏土作为不透水层，并在黏土层上铺一层碎石，将积水引向设于台后横穿路堤的盲沟内，如图 3.18（a）所示。

桥台两侧的锥坡坡度，一般由纵向为 1∶1 逐渐变至横向 1∶1.5，以便和路堤的边坡一致。锥坡的平曲形状为 1/4 椭圆。锥坡用土夯实而成，其表面用片石砌筑。

### 3.1.3.2　轻型桥台

与重力式桥台不同，轻型桥台力求体积轻、自重小，它借助结构物的整体刚度和材料强度承受外力，从而节省材料，降低对地基强度的要求和扩大应用范围。

轻型桥台适用于小跨径桥梁，桥跨孔数与轻型桥墩配合使用时不宜超过 3 个，单孔跨径不大于 13m，多孔全长不宜大于 20m。

常用的型式有八字形和一字形两种（图 3.20），为了节省圬工材料，也可做带耳墙的轻型桥台（图 3.21）。八字形的八字墙与台身间是设断缝分开的，一字形桥台的翼墙是与台身连成一整体的，带耳墙的桥台是由台身、耳墙和边柱 3 部分组成。

轻型桥台的主要特点如下：

（1）利用上部构造及下部的支撑梁作为桥台的支撑，以防止桥台向跨中移动。

（2）整个构造物成为四铰刚构系统。

（3）除台身按上下铰接支承的简支竖梁承受水平土压力外，桥台还应作为弹性地基上的梁加以验算。

为了保持轻型桥台的稳定，除构造物牢固地埋入土中外，还必须保证铰接处有可靠的支撑，故锚固上部块件的栓钉孔、上部构造与台背间及上部构造各块件之间的连接缝均需用与上部构造同强度等级的小石子混凝土（或 M12.5 砂浆）填实。

上部构造与台帽间的锚固构造如图 3.22 所示。台帽上的栓钉孔应按上部构造各块件的相应位置预留，栓钉的直径不小于上部构造主筋的直径，锚固长度为台帽的厚度加上台帽上的三角垫层厚和板厚。

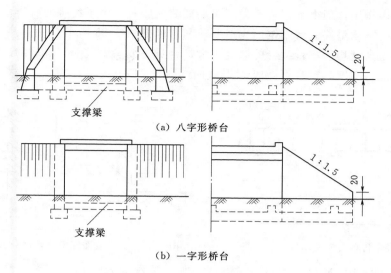

（a）八字形桥台

（b）一字形桥台

图 3.20 轻型桥台

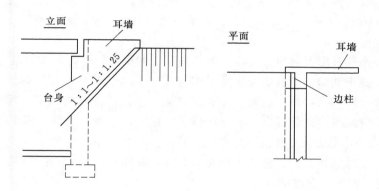

图 3.21 带耳墙的轻型桥台

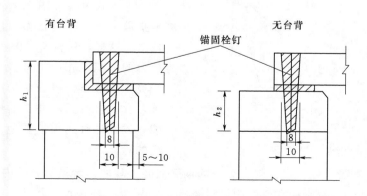

图 3.22 轻型桥台上部构造与台帽间的锚固构造尺寸（单位：cm）

台帽用钢筋混凝土浇筑，混凝土强度等级不宜低于 C20。台帽的厚度不应小于 25～30cm，台帽应有 5～10cm 的挑檐。当填土高度较高或跨径较大时，宜采用有台背的台帽，它有较好的支撑作用。当上部构造不设三角形铺装垫层时，为了使桥面有排水横坡，可在台帽上做有斜坡的三角垫层。台帽钢筋构造要求和布置如图 3.23 所示。

由于跨径与高度均较小，台身的厚度不大，台身一般多做成上下等厚的。为了增加承受水平土压力的抗弯刚度，台身可做成 T 形截面（图 3.24）。

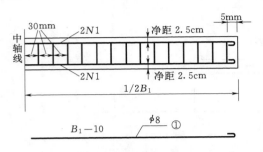

图 3.23　轻型桥台台帽钢筋构造及布置

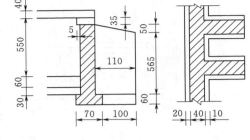

图 3.24　T 形截面轻型桥台台身（单位：cm）

台身可用混凝土或浆砌块石砌筑，混凝土强度等级为 C15 以上，砂浆强度等级不低于M5，块石的强度等级不低于 MU25。也可用强度不低于 MU3.5 的砖及不低于 M5 的砂浆砌筑。台身厚度（包括一字翼墙）对于块石砌体不宜小于 40～50cm，混凝土不宜小于 30～40cm。对于八字翼墙的顶面宽度，混凝土不宜小于 30cm，块石砌体不宜小于 50cm；其端部顶面应高出地面 20cm。

轻型桥台沿基础长度方向应按支承于弹性地基上的梁进行验算，为使基础有较好的整体性，一般采用混凝土基础，当基础长度大于 12m 时，应按构造要求配置钢筋。

基础的埋置深度，一般在原地面（无冲刷河流）或局部冲刷线以下不小于 1m。当河底有冲刷可能时，应用石料进行铺砌。为保持桥台的稳定，一般均需设下部支撑梁，支撑梁可用 20cm×30cm 的钢筋混凝土筑成。为节省钢筋，也可用尺寸不小于 40cm×40cm 的素混凝土或块石砌筑。支撑梁按基础长度之中线对称布置，其间距约 2～4m；如果基础嵌入风化岩层 15～25cm 时，可不设支撑梁。

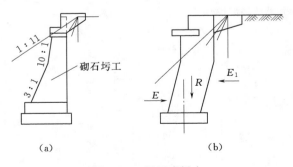

图 3.25　埋置式桥台

### 3.1.3.3　埋置式桥台

埋置式桥台（图 3.25）将台身埋在锥形护坡中，只露出台帽以安置支座及上部构造。这样，桥台所受的土压力大为减小，桥台的体积也相应地减少。但是由于台前护坡是用片石作表面防护的一种永久性设施，存在着被洪水冲毁而使台身裸露的可能，故设计时必须慎重地进行强度和稳定性的验算。

埋置式桥台不需要侧墙，仅附有短小的钢筋混凝土耳墙。台帽部分的内角到护坡表面的距离不应小于 50cm，否则应在台帽两侧设置挡板，用以挡住护坡的填土，并防止土、雪等涌入支承平台。耳墙与路堤衔接，伸入路堤的长度一般不少于 50cm。

埋置式桥台实质上属于一种实体重力式桥台，它的工作原理是：靠台身后倾，使重心落在基底截面的形心之后，以平衡台后填土的倾覆力矩，减少恒载产生的偏心距，但应注意后倾斜度需适当。下部台身和基础为 MU5 浆砌块石，上部台身、台帽及耳墙为 C15 混凝土，其中台帽和耳墙都配有钢筋。这种桥台稳定性好，可用于高达 10m 以上的高桥台。

埋置式桥台的缺点是：由于护坡伸入到桥孔，压缩河道。如果不压缩河道，就要适当增加桥长。

### 3.1.3.4 框架式桥台

框架式桥台是一种配合桩基础的轻型桥台，适用于地基承载力较低，台身高大于 4m，跨径大于 10m 的桥梁。其构造型式常用的有双柱式（图 3.26）、四柱式、墙式（图 3.27）、构架式及半重力式等。

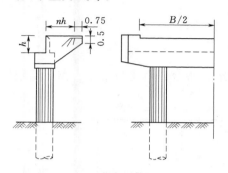

图 3.26 双柱框架式桥台（单位：m）

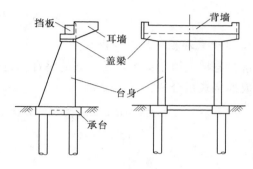

图 3.27 墙式桥台

双柱式（或四柱式）桥台一般在填土高度小于 5m 时采用，为了减少桥台水平位移，也可先填土后钻孔。填土高度大于 5m 时采用墙式或构架式，墙厚一般为 0.4～0.8m，设少量钢筋。台帽可做成悬臂式或简支式，需要配置受力钢筋。半重力式构造与墙式相同，墙较厚，不设钢筋。

墙式及半重力式桥台常用钻孔灌注桩作基础，桩径一般为 0.6～1.0m，桩数根据受力情况结合地基承载力决定。

### 3.1.3.5 组合桥台

由桥台本身主要承受桥跨结构传来的竖向力和水平力，而台后的土压力由其他结构来承受，这种型式的桥台称为组合式桥台。

1. 锚碇（拉）板式桥台

锚碇（拉）板式桥台有分离式和结合式两种。分离式 [图 3.28（a）] 是台身与锚碇（拉）板、挡土结构分开，台身主要承受上部结构传来的竖向力和水平力，由锚碇（拉）板承受台后土压力。锚碇（拉）板结构由锚碇（拉）板、立柱、拉杆和挡土板组成、桥台与挡土板之间预留空隙（上端做伸缩缝，下端与基础分离），使桥台与挡土板互不影响，各自受力明确，但结构复杂，施工不方便。结合式锚碇（拉）板桥台的构造如图 3.28（b）所示，它的挡土板与桥台结合在一起，台身兼做立柱和挡土板，作用在台身的所有水平力假定均由锚碇板的抗拔力来平衡，台身仅承受竖向荷载。结合式结构简单，施工方便，工程量较省，但受力不很明确。若桥台顶位移量计算不准，可能会影响施工和营运。

锚碇板可用混凝土或钢筋混凝土制作，根据试验结果，采用矩形为好。为便于机械化填土作业，锚碇板的层数一般不宜多于两层。立柱和挡土板通常采用钢筋混凝土，锚碇板的位置以及拉杆等结构均要通过计算确定。

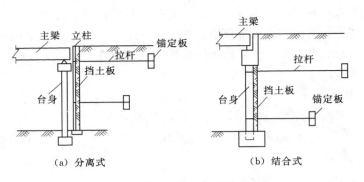

（a）分离式　　　　　　　　　（b）结合式

图 3.28　锚碇（拉）板式桥台构造

2. 过梁式和框架式组合桥台

桥台与挡土墙用梁组合在一起的桥台称过梁式组合桥台。当梁与桥台、挡土墙刚接时，则形成框架式组合桥台，如图 3.29 所示。

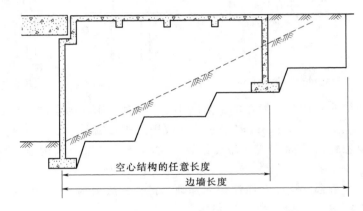

图 3.29　框架式组合桥台

框架的长度及过梁的跨径，由地形及土方工程比较确定。组合式桥台越长，梁的材料用量越多，而桥台及挡土墙的材料数量相应的就有所减少。

3. 桥台-挡土墙组合桥台

如图 3.30 所示，这种组合式桥台由轻型桥台支承上部结构，台后设挡土墙承受土压力，

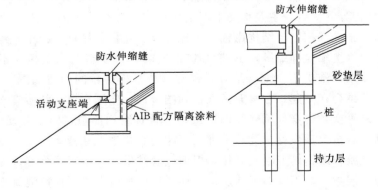

图 3.30　桥台-挡土墙组合桥台

台身与挡土墙分离，上端做伸缩缝，使其受力明确。当地基比较好时，也可将桥台与挡土墙放在同一个基础之上。这种组合式桥台可以不压缩河床，但构造较复杂，是否经济，需通过比较确定。

4. 后座式组合桥台

图 3.31 所示为后座式组合桥台，由台身和后座两部分组成，台身主要承受竖向力和部分水平力，后座主要承受水平推力。后座多采用重力式 U 形桥台。台身与后座之间设构造缝，构造缝必须严格按要求施工，既不能约束后座桥台的垂直位移，又不能使前面部分受力后产生较大的塑性变形。水平推力是由台后土压力和摩阻力来平衡（或者部分平衡），若推力很大不足以平衡时，则按桥台与土壤共同变形来承受水平力。这种结构型式的桥台适用于覆盖层较厚的地质情况，或中间推力较大的拱桥。它能大大减少主体台身的基础工程量，稳定可靠，不会产生很大的水平、竖直位移。

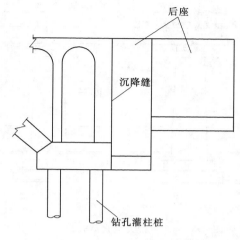

图 3.31 后座式组合桥台

# 学习情境 3.2 桥梁墩台设计计算

## 3.2.1 桥梁墩台作用及其作用效应组合

### 3.2.1.1 桥梁墩台作用

桥梁墩台上的永久作用有结构重力、土的重力和土侧压力、混凝土收缩及徐变的作用、水的浮力；可变作用有汽车荷载、汽车冲击力、离心力、汽车引起的土侧压力、人群荷载、风荷载、汽车制动力、流水压力、冰压力、支座摩擦力，在超静定结构中尚需考虑温度作用；偶然作用有船舶或漂流物撞击作用，施工荷载和地震作用。

以上各种作用的计算，可参见《公路桥涵设计通用规范》（JTG D60—2004）有关条文。

### 3.2.1.2 作用效应组合

墩台计算时，需要对各种可能同时出现的作用进行效应组合，以满足最不利作用的要求。墩台的计算需按顺桥向（沿行车方向）及横桥向分别进行，故在作用效应组合时也需按顺桥向及横桥向分别进行。

在所有的作用中，汽车荷载的变动对作用效应组合起主导作用。桥墩计算中，一般需验算墩身截面的强度、墩身截面上的合力偏心距及其稳定性等。因此要根据不同的验算内容选择各种可能的最不利效应组合。例如将汽车荷载沿纵向布置在相邻的两孔桥跨上，并将重轴布置在计算墩处，这时桥墩上的汽车竖向荷载最大，但偏心较小，如图 3.32（a）所示。当汽车荷载只在一孔桥跨上布置时，同时有其他水平荷载，如风荷载、船舶或漂流物的撞击作用、流水压力或冰压力等作用在墩身上，这时竖向荷载最小，而水平荷载引起的弯矩作用大，可能使墩身截面产生很大的合力偏心距，或者此时桥墩的稳定性也是最不利的，如图

3.32（b）所示。在横向计算时，桥跨上的汽车荷载可能是一列靠边行驶，这时产生最大横向偏心距；也可能是多列满布，使竖向力较大而横向偏心较小，如图 3.33 所示。

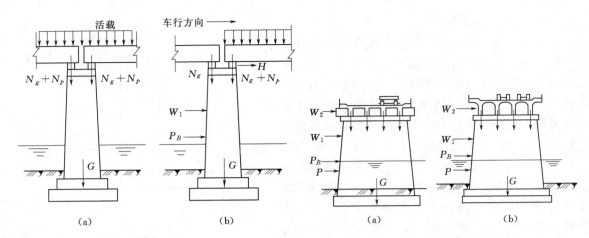

图 3.32　产生最大竖直荷载时的外力组合　　　图 3.33　桥梁横向布载情况

综上所述，在桥墩计算中，可能出现的作用效应组合如下：

（1）桥墩在顺桥向承受最大竖向荷载的组合。

（2）桥墩在顺桥向承受最大水平荷载的组合。

（3）桥墩承受最大横桥方向的偏心距、最大竖向荷载的组合。

（4）桥墩在施工阶段的作用效应。

（5）需要进行地震力验算的桥墩，要有偶然组合。

桥台的作用效应组合也和桥墩一样，根据可能出现的作用按《公路桥涵设计通用规范》（JTG D60—2004）规定进行作用效应组合。由于活载可以布置在桥跨结构上，也可布置在台后，因此在确定最不利效应组合时，通常按活载满布桥跨〔图 3.34（a）〕，桥上无活载而在台后布置活载〔图 3.34（b）〕和在桥上、台后同时布置活载〔图 3.34（c）〕等几种不利情况，分别进行组合和验算。

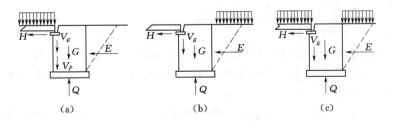

图 3.34　作用在梁桥桥台上的荷载

### 3.2.2　重力式桥墩计算

墩台在拟定结构各部分尺寸后要进行墩台的计算。重力式墩台的计算包括截面强度验算、墩台整体稳定性验算、基底应力和偏心距验算等。对于高度超过 20m 的墩台还需要验算墩台顶的弹性水平位移。

**3.2.2.1 截面强度验算**

1. 选取验算截面

桥梁墩台的强度验算截面通常选取墩台身的基础顶面与墩台身截面突变处。采用悬臂式墩台帽的墩身还应对与墩台帽交界处的墩身截面进行验算。当墩台较高时，由于危险截面不一定在墩身底部，需沿墩身每隔 2～3m 选取一个验算截面。

2. 验算截面的内力计算

按照各种作用（或荷载）效应组合分别对各验算截面计算其竖向力、水平力和弯矩，得到 $\sum N$、$\sum H$ 及 $\sum M$，并按式（3.2）计算各种组合的竖向力设计值：

$$N_j = \gamma_{so} \psi \sum \gamma_{s1} N \tag{3.2}$$

式中　$N_j$——各种组合中最不利效应组合设计值（竖向力）；

　　　$\gamma_{so}$——结构的重要性系数，按《公路桥涵设计通用规范》（JTG D60—2004）采用；

　　　$\psi$——荷载组合系数，按《公路桥涵设计通用规范》（JTG D60—2004）采用；

　　　$\gamma_{s1}$——荷载安全系数，按《公路桥涵设计通用规范》（JTG D60—2004）采用；

　　　$N$——各种组合中按不同荷载算得的竖向力。

3. 按轴心或偏心受压验算墩身各验算截面的强度

验算强度时，可按式（3.3）计算：

$$N_j \leqslant \alpha A R_a^j / \gamma_m \tag{3.3}$$

式中　$A$——验算截面的面积；

　　　$R_a^j$——材料的抗压极限强度；

　　　$\gamma_m$——材料或砌体的安全系数，按《公路桥涵设计通用规范》（JTG D60—2004）采用；

　　　$\alpha$——竖向力的偏心影响系数。

4. 截面偏心距验算

桥墩承受偏心受压荷载时，各验算截面对各种荷载组合的偏心距 $e_0$ 均不应超过《公路桥涵设计通用规范》（JTG D60—2004）规定的容许值。

**3.2.2.2 墩台的稳定验算**

1. 弯曲平面内纵向稳定验算

墩台为偏心受压构件，不但要按其在弯曲平面内纵向稳定性进行验算，还需按中心受压验算非弯曲平面内的稳定。

2. 墩台整体稳定性验算

（1）抗倾覆稳定性验算。墩台的倾覆稳定性验算可按式（3.4）进行：

$$K_1 = \frac{M_稳}{M_倾} \geqslant K_{01} \tag{3.4}$$

其中

$$M_稳 = y_1 \sum P_i$$

$$M_倾 = \sum P_i e_i + \sum T_i h_i$$

式中　$K_1$——倾覆稳定安全系数；

$M_稳$——稳定力矩，如图3.35所示；

$\sum P_i$——作用在墩台上的竖向力组合；

$y_1$——桥台基础底面重心至偏心方向外缘 A 的距离；

$M_倾$——倾覆力矩，当车辆荷载布置在台后破坏棱体时产生的最大倾覆力矩；

$e_i$——各竖向力到底面重心的距离；

$h_i$——各水平力到基础底面的力臂；

$T_i$——作用在墩台上的水平力；

$K_{01}$——抗倾覆稳定系数，其值为1.2～1.5，可按《公路桥涵设计通用规范》(JTG D60—2004)采用。

桥墩抗倾覆稳定性验算时，一般只考虑桥墩在顺桥方向的稳定性。

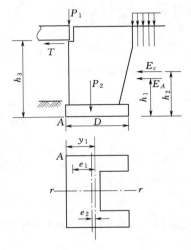

图3.35　重力式桥台的
抗倾覆稳定性验算

（2）抗滑移稳定性验算。墩台的抗滑移稳定性验算，可按式（3.5）进行：

$$K_2 = \frac{f\sum P}{\sum T} \geq K_{02} \tag{3.5}$$

式中　$f$——基础底面与地基土之间的摩擦系数，其值为0.25～0.7，可根据土质情况参照《公路桥涵设计通用规范》(JTG D60—2004)采用；

$K_{02}$——抗滑稳定系数，其值为1.2～1.3，可按《公路桥涵设计通用规范》(JTG D60—2004)采用。

在墩台抗倾覆、抗滑移稳定性验算时，应分别按最高设计水位和最低设计水位的不同浮力进行组合。

### 3.2.2.3　基底应力和偏心距验算

**1. 基底应力验算**

基底土的承载力一般按顺桥方向和横桥方向分别进行验算。当偏心荷载的合力作用在基底截面的核心半径以内时，应按式（3.6）验算基底应力：

$$\sigma_{min}^{max} = \frac{N}{A} \pm \frac{\sum M}{W} \leq [\sigma] \tag{3.6}$$

式中　$N$——作用在基底的合力的竖向分力；

$\sum M$——作用于墩台的水平力和竖向力对基底重心轴的弯矩；

$A$——基础底面积；

$W$——基础底面的截面抵抗矩；

$[\sigma]$——地基土修正后的容许承载力。

当设置在基岩上的桥墩基底的合力偏心距 $e_0$ 超出核心半径时，其基底的一边将会出现拉应力，由于不考虑基底承受拉应力，故需按基底应力重分布（图3.36）重新验算基底最大压应力，其验算公式如下：

顺桥方向　　　　　　　　　　$$\sigma_{max} = \frac{2N}{ac_x} \leq [\sigma] \tag{3.7}$$

横桥方向

$$\sigma_{\max}=\frac{2N}{bc_y}\leqslant[\sigma] \tag{3.8}$$

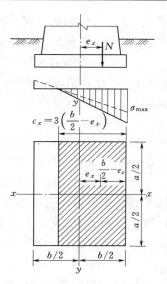

图 3.36 基底应力重分布

式中　$a$、$b$——横桥方向和顺桥方向基础底面积的边长；

　　　$c_x$——顺桥方向验算时，基底受压面积在顺桥方向的长度，即 $c_x=3\left(\dfrac{b}{2}-2e_x\right)$；

　　　$c_y$——横桥方向验算时，基底受压面积在横桥方向的长度，即 $c_y=3\left(\dfrac{a}{2}-2e_y\right)$。

　　2. 基底偏心距验算

　　为了使恒载基底应力分布比较均匀，防止基底最大拉压应力 $\sigma_{\max}$ 与最小压应力 $\sigma_{\min}$ 相差过大，导致基底产生不均匀沉陷和影响桥墩的正常使用，在设计时，应对基底合力偏心距加以限制，在基础纵向和横向，其计算的荷载偏心距 $e_0$ 应满足表 3.2 的要求。

表 3.2　　　　　　　　　墩台基础合力偏心距的限制

| 作用情况 | 地基条件 | 合力偏心距 | 备　注 |
|---|---|---|---|
| 墩台仅受恒载作用时 | 非岩石地基 | 桥墩 $e_0\leqslant0.1\rho$ | 对于拱桥墩台，其恒载合力作用点应尽量保持在基底中线附近 |
| | | 桥台 $e_0\leqslant0.75\rho$ | |
| 墩台承受各种作用（偶然作用除外）时 | 非岩石地基 | $e_0\leqslant\rho$ | 建筑在岩石地基上的单向推力墩，当满足强度和稳定性要求时，合力偏心距不受限制 |
| | 石质较差的岩石地基 | $e_0\leqslant1.2\rho$ | |
| | 坚密岩石地基 | $e_0\leqslant1.5\rho$ | |

　　表 3.2 中 $\rho$ 和 $e_0$ 分别为

$$\left.\begin{aligned}\rho&=\frac{W}{A}\\e_0&=\frac{\sum M}{N}\end{aligned}\right\} \tag{3.9}$$

式中　$\rho$——墩台基础底面的核心半径；

　　　$W$——墩台基础底面的截面模量；

　　　$A$——墩台基础底面的面积；

　　　$N$——作用于基底的合力的竖向分力；

　　$\sum M$——作用于墩台的水平力和竖向力对基底形心轴的弯矩。

### 3.2.2.4　墩台顶水平位移的验算

　　对于高度超过 20m 的墩台，应验算墩台顶水平方向的弹性位移，并使其符合《公路桥涵设计通用规范》（JTG D60—2004）要求。墩台顶面水平位移的容许极限值为

$$\Delta\leqslant0.5\sqrt{L} \tag{3.10}$$

式中　L——相邻墩台间的最小跨径，m。跨径小于 25m 时仍以 25m 计算；

　　　　Δ——墩台顶水平位移值，cm，它的数值应包括墩台水平方向的弹性位移和由于地基不均匀沉降而产生的水平位移值的总和。

### 3.2.3　桩柱式桥墩的计算

#### 3.2.3.1　盖梁（帽梁）计算

1. 计算图式

桩柱式墩台通常采用钢筋混凝土构件。在构造上，桩柱的钢筋伸入到盖梁内，与盖梁的钢筋绑扎成整体，因此盖梁与桩柱呈刚架结构。双柱式墩台，当盖梁的刚度与桩柱的刚度比大于 5 时，为简化计算可以忽略桩柱对盖梁的弹性约束，一般可按简支梁或悬臂梁进行计算和配筋，多根桩柱的盖梁可按连续梁计算。当跨高比 $l/h>5$ 时，可按钢筋混凝土一般构件计算。此处 $l$ 为盖梁的计算跨径，$h$ 为盖梁的高度。当刚度比小于 5 时，或桥墩承受较大横向力时，盖梁应作为横向刚架的一部分予以验算。

2. 外力计算

外力包括上部结构恒载支点反力、盖梁自重和活载。活载的布置要使各种效应组合为桥上最不利情况，求出最大支反力作为盖梁的活载。活载的横向分布计算，当活载对称布置时，按杠杆原理法计算；当活载非对称布置时，可考虑按刚接梁法（或偏心压力法或 G - M 法）计算。在盖梁内力计算时，可考虑桩柱支承宽度对削减负弯矩尖峰的影响。

盖梁在施工过程中，荷载的不对称性很大，各截面将产生较大的内力，因此要根据当时的架桥施工方案，对各截面进行受弯、受剪承载力的验算。

3. 内力计算

公路桥桩柱式墩台的帽梁通常采用双悬臂式，计算时的控制截面选取在支点截面和跨中截面。在计算支点负弯矩时，采用非对称布置活载与恒载的反力计算；在计算跨中正弯矩时，采用对称布置活载与恒载的反力计算。桥墩沿纵向的水平力以及当盖梁在沿桥纵向设置两排支座时，上部结构活载的偏心力对盖梁将产生扭矩，应予以考虑。

桥台的盖梁计算，一般可不考虑背墙与盖梁共同受力，此时背墙仅起挡土墙作用。必要时也可考虑背墙与盖梁的共同受力，盖梁按 L 形截面计算。桥台耳墙视为单悬臂固端梁，水平方向承受土压力及活载水平压力。

4. 配筋验算

工程实践中常采用钢筋混凝土盖梁，其配筋验算方法与钢筋混凝土梁配筋类同，即根据弯矩包络图配置受弯钢筋，根据剪力包络图配置弯起钢筋和箍筋。在配筋时，还应计算各控制截面扭矩所需要的箍筋及纵向钢筋。

当采用预应力混凝土盖梁时，预应力钢筋及普通钢筋的配置同预应力混凝土梁。

#### 3.2.3.2　墩台桩柱的计算

1. 外力计算

桥墩桩柱的外力有上部结构恒载、盖梁的恒载反力以及桩柱自重；活载按设计荷载布置汽车荷载几列，得到最不利效应组合。桥墩的水平力有支座摩阻力和汽车制动力等。

桥台桩柱（包括双片墙式台身）除上述各力之外还有台后土侧压力、活载引起的水平土压力及溜坡主动土压力等。土侧压力的计算宽度及溜坡主动土压力的计算方法见《公路桥涵设计通用规范》（JTG D60—2004）中有关规定。

### 2. 内力计算

桩柱式墩台按桩基础有关内容计算桩柱的内力和桩的入土深度。对于单柱式墩，计算弯矩应考虑两个方向弯矩的合力，纵、横方向弯矩合力值为 $\sum M = \sqrt{M_x^2 + M_y^2}$。

计算墙式台身内力时，应按盖梁底面、墙身中部、墙身底面、承台底面等分别进行内力计算和应力验算。

### 3. 配筋验算

在最不利的效应组合之后，先配筋、再验算，验算方法按钢筋混凝土偏心受压构件计算。

# 学习情境 3.3　钢筋混凝土墩台施工

就地浇筑的混凝土墩台施工有两个主要工序，一个是制作与安装墩台模板；另一个是混凝土浇筑。

## 3.3.1　墩台模板

### 3.3.1.1　模板设计原则

根据《公路桥涵施工技术规范》（JTJ 041—2000）的规定，模板的设计原则如下。

（1）宜优先使用胶合板和钢模板。

（2）在计算荷载作用下，对模板结构按受力程序分别验算其强度、刚度及稳定性。

（3）模板板面之间应平整，接缝严密，不漏浆，保证结构物外露面美观，线条流畅，可设倒角。

（4）结构简单，制作、拆装方便。

模板可采用钢材、胶合板、塑料和其他符合设计要求的材料制成。浇筑混凝土之前，木板应涂刷脱模剂，外露面混凝土模板的脱模剂应采用同一种品种，不得使用废机油等油料，且不得污染钢筋及混凝土的施工缝处。重复使用的模板应经常检查、维修。

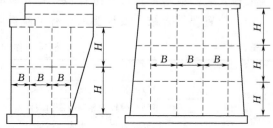

图 3.37　墩台模板划分示意图

### 3.3.1.2　常见模板类型

#### 1. 拼装式模板

拼装式模板系将各种尺寸的标准模板利用销钉连接，并与拉杆、加劲构件等组成墩台所需形状的模板。如图 3.37 所示，将墩台表面划分为若干小块，尽量使每部分板扇尺寸相同，以便于周转使用。板扇高度通常与墩台分节灌注高度相同。一般可为 3～6m，宽度可为 1～2m，具体视墩台尺寸和起吊条件而定。拼装式模板由于在厂内加工制造，因此板面平整、尺寸准确、体积小、质量轻，拆装容易、快速，运输方便，故应用广泛。

#### 2. 整体吊装模板

整体吊装模板系将墩台模板水平分成若干段，每段模板组成一个整体，在地面拼装后吊装就位（如图 3.38）。分段高度可视起吊能力而定，一般可为 2～4m。整体吊装模板的优点是：安装时间短，无需设施工接缝，加快了施工进度，提高了施工质量；将拼装模板的高空作业改为平地操作，有利于施工安全；模板刚性较强，可少设拉筋或不设拉筋，节约钢材；

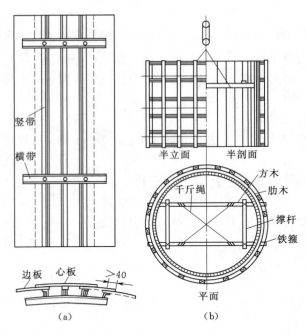

图 3.38　圆形桥墩整体模板

可利用模外框架作简易脚手架，不需搭施工脚手架；结构简单，装拆方便，对建造较高的桥墩较为经济。

3. 组合型钢模板

组合型钢模板系以各种长度、宽度及转角标准构件，用定型的连接件将钢模拼成结构用模板，具有体积小、质量轻、运输方便、装拆简单、接缝紧密等优点，适用于在地面拼装，整体吊装的结构上。

4. 滑动钢模板

滑动钢模板适用于各种类型的桥墩。各种模板在工程上的应用，可根据墩台高度、墩台型式、机具设备、施工期限等条件，因地制宜，合理选用。

模板的设计可参照交通部标准《公路桥涵钢结构及木结构设计规范》（JTJ 025—1986）的有关规定。验算模板的刚度时，其变形值不得超过下列数值：结构表面外露的模板，挠度为模板构件跨度的 1/400；结构表面隐蔽的模板，挠度为模板构件跨度的 1/250；钢模板的面板变形为 1.5mm，钢模板的钢棱、柱箍变形为 3.0mm。

模板安装前应对模板尺寸进行检查；安装时要坚实牢固，以免振捣混凝土时引起跑模漏浆；安装位置要符合结构设计要求。有关模板制作与安装的允许偏差见表 3.3 和表 3.4。

表 3.3　　　　　　　　　　　　　模板制作的允许偏差

| 项　次 | 项　　目 | | 允许偏差/mm |
|---|---|---|---|
| 木模板 | (1) 模板的长度和宽度 | | ±5.0 |
| | (2) 不刨光模板相邻两板表面高低差 | | 3.0 |
| | (3) 刨光模板相邻两板表面高低差 | | 1.0 |
| | (4) 平板模板表向最大的局部不平（用 2m 直尺检查） | 刨光模板 | 3.0 |
| | | 不刨光模板 | 5.0 |
| | (5) 拼合板中木板间的缝隙宽度 | | 2.0 |
| | (6) 楔槽嵌接紧密度 | | 2.0 |
| 钢模板 | (1) 外形尺寸 | 长和宽 | 0, −1 |
| | | 肋高 | ±0.5 |
| | (2) 面板端偏斜 | | ±0.5 |
| | (3) 连接配件（螺栓、卡子等）的孔眼位置 | 孔中心与板面的间距 | ±0.3 |
| | | 板端孔中心与板端的间距 | 0, −0.5 |
| | | 沿板长、宽方向的孔 | ±0.6 |
| | (4) 板眼局部不平（用 300mm 长平尺检查） | | 1.0 |
| | (5) 面和板侧挠度 | | ±1.0 |

表 3.4　　　　　　　　　　　　　　模板安装的允许偏差

| 项　次 | 项　　　目 | | 允许偏差/mm |
|---|---|---|---|
| 1 | 模板高程 | （1）基础 | ±15 |
| | | （2）墩台 | ±10 |
| 2 | 模板内部尺寸 | （1）基础 | ±30 |
| | | （2）墩台 | ±20 |
| 3 | 轴线偏位 | （1）基础 | ±15 |
| | | （2）墩台 | ±10 |
| 4 | 装配式构件支承面的高程 | | ±2，−5 |
| 5 | 模板相邻两板表面高低差 | | 2 |
| | 模板表面平整（用 2m 直尺检查） | | 5 |
| 6 | 预埋件中心线位置 | | 3 |
| | 预留孔洞中心线位置 | | 10 |
| | 预留孔洞截面内部尺寸 | | ＋10，0 |

## 3.3.2　混凝土浇筑施工要点

墩台身混凝土施工前，应将基础顶面冲洗干净，凿除表面浮浆，整修连接钢筋。灌注混凝土时，应经常检查模板、钢筋及预埋件的位置和保护层的尺寸，确保位置正确，不发生变形。混凝土施工中，应切实保证混凝土的配合比、水灰比和坍落度等技术性能指标满足规范要求。

### 3.3.2.1　混凝土的运输

墩台混凝土的水平与垂直运输相互配合方式与适用条件可参照表 3.5。如混凝土数量大，浇筑捣固速度快时，可采用混凝土皮带运输机或混凝土输送泵。运输带速度应不大于 1.0～1.2m/s。其最大倾斜角：当混凝土坍落度小于 40mm 时，向上传送为 18°，向下传送为 12°；当坍落度为 40～80mm 时，则分别为 15°与 10°。

表 3.5　　　　　　　　　　　　　混凝土的运输方式及适用条件

| 水平运输 | 垂直运输 | 适用条件 | 附　　注 |
|---|---|---|---|
| 人力混凝土手推车、内燃翻斗车、轻便轨人力推运翻斗车或混凝土吊车 | 手推车 | $H<10m$ | 搭设脚手平台，铺设坡道，用卷扬机拖拉手推车上平台 |
| | 轨道爬坡翻斗车 | $H<10m$ | 搭设脚手平台，铺设坡道，用卷扬机拖拉手推车上平台 |
| | 皮带运输机 | 中小桥梁水平运距较近 $H<10m$ | 倾角不宜超过 15°，速度不超过 1.2m/s。高度不足时，可用 2 台串联使用 |
| | 履带（或轮胎）起重机起吊高度 | $10<H<20m$ | 用吊斗输送混凝土 |
| | 木制或钢制扒杆 | $10<H<20m$ | 用吊斗输送混凝土 |
| | 墩外井架提升 | $H>20m$ | 在井架上安装扒杆提升吊斗 |
| | 墩内井架提升 | $H>20m$ | 适用于空心桥墩 |
| | 无井架提引 | $H>20m$ | 适用于滑动模板 |

续表

| 水平运输 | 垂直运输 | | 适用条件 | | 附　注 |
|---|---|---|---|---|---|
| 轨道牵引车输送混凝土、翻斗车或混凝土吊斗汽车倾卸车、汽车运送混凝土吊斗、内燃翻斗车 | 脚带（或轮胎）起重机起吊高度≈30m | 大中桥、水平运距较远 | 20＜H＜30m | 用吊斗输送混凝土 | |
| | 塔式吊机 | | 20＜H＜50m | 用吊斗输送混凝土 | |
| | 墩外井架提升 | | H＜50m | 井架可用万能杆件组装 | |
| | 墩内井架提升 | | H≥50m | 适用于空心桥墩 | |
| | 无井架提升 | | H≥50m | 适用于滑动模板 | |
| 索道吊机 | | | H＞50m | | |
| 混凝土输送泵 | | | H＜50m | 可用于大体积实心墩台 | |

注　H为墩高。

**3.3.2.2** 混凝土的灌注速度

为保证灌注质量，混凝土的配制、输送及灌注的速度应符合式（3.11）的规定：

$$v \geqslant Sh/t \tag{3.11}$$

式中　$v$——混凝土配料、输送及灌注的允许最小速度，$m^3/h$；

　　　$S$——灌注的面积，$m^2$；

　　　$h$——灌注层的厚度，m；

　　　$t$——所用水泥的初凝时间，h。

如混凝土的配制、输送及灌注需时较长，则应采用式（3.12）计算：

$$v \geqslant Sh/(t-t_0) \tag{3.12}$$

式中　$t_0$——混凝土配制、输送及灌筑所消费的时间，h；

　　　其余符号意义同前。

混凝土灌筑层的厚度 $h$，可根据使用捣固方法按规定数值采用。

墩台是大体积圬工，为避免水化热过高，导致混凝土因内外温差引起裂缝，可采取如下措施：

（1）用改善集料级配、降低水灰比、掺加混合材料与外加剂、掺入片石等方法减少水泥用量。

（2）采用C3A、C3S含量小，水化热低的水泥，如大坝水泥、矿渣水泥、粉煤灰水泥、低强度水泥等。

（3）减小浇筑层厚度，加快混凝土散热速度。

（4）混凝土用料应避免日光曝晒，以降低初始温度。

（5）在混凝土内埋设冷却管通水冷却。

当浇筑的平面面积过大，不能在前层混凝土初凝或能重塑前浇筑完成次层混凝土时，为保证结构的整体性，宜分块浇筑。分块时应注意：各分块面积不得小于 50m²；每块高度不宜超过 2m；块与块间的竖向接缝面应与墩台身或基础平截面短边平行，与平截面长边垂直；上下邻层间的竖向接缝应错开位置做成企口，并应按施工接缝处理。

**3.3.2.3** 混凝土浇筑

为防止墩台基础第一层混凝土中的水分被基底吸收或基底水分渗入混凝土，对墩台基底处理除应符合天然地基的有关规定外，尚应满足以下要求：

（1）基底为非黏性土或干土时，应将其湿润。

（2）如为过湿土时，应在基底设计高程下夯填一层 10～15cm 厚的片石或碎（卵）石层。

（3）基底面为岩石时，应加以润湿，铺一层厚 2～3cm 厚的水泥砂浆，然后于水泥砂浆凝结前浇筑第一层混凝土。

墩台身钢筋的绑扎应和混凝土的灌注配合进行。在配置第一层垂直钢筋时，应有不同的长度，同一断面的钢筋接头应符合施工规范的规定，水平钢筋的接头，也应内外、上下互相错开。钢筋保护层的净厚度，应符合设计要求。如无设计要求时，则可取墩台身受力钢筋的净保护层不小于 30mm，承台基础受力钢筋的净保护层不小于 35mm。墩台身混凝土宜一次连续灌注，否则应按《公路桥涵施工技术规范》（JTJ 041—2000）的要求，处理好连接缝。墩台身混凝土未达到终凝前，不得泡水。混凝土墩台的位置及外形尺寸允许偏差见表 3.6。

表 3.6　　　　　　　　混凝土、钢筋混凝土基础及墩台允许偏差　　　　　　单位：mm

| 项次 | 项　目 | | 基础 | 承台 | 墩台身 | 柱式墩台 | 墩台帽 |
|---|---|---|---|---|---|---|---|
| 1 | 端面尺寸 | | ±50 | ±30 | ±20 | | ±20 |
| 2 | 垂直或倾斜 | | | | 0.2%$H$ | 0.3%$H$≤20 | |
| 3 | 底面高程 | | ±50 | | | | |
| 4 | 顶面高程 | | ±30 | ±20 | ±10 | ±10 | |
| 5 | 轴线偏位 | | 25 | 15 | 10 | 10 | 10 |
| 6 | 预埋件位置 | | | | 10 | | |
| 7 | 相邻间距 | | | | | ±15 | |
| 8 | 平整度 | | | | | | |
| 9 | 跨径 | $L_0$≤60m | | | ±20 | | |
| | | $L_0$>60m | | | ±$L_0$>3000 | | |
| 10 | 支座处顶面高程 | 简支梁 | | | | | ±10 |
| | | 连续梁 | | | | | ±5 |
| | | 双支座梁 | | | | | ±2 |

# 学习情境3.4　砌筑墩台施工

## 3.4.1　石砌墩台的砌筑

### 3.4.1.1　对石料、砂浆与脚手架的要求

**1. 对石料与砂浆的要求**

石砌墩台系用片石、块石及粗料石以水泥砂浆砌筑的，石料与砂浆的规格要符合有关规定。浆砌片石一般适用于高度小于 6m 的墩台身、基础、镶面以及各式墩台身填腹；浆砌块石一般用于高度大于 6m 的墩台身、镶面或应力要求大于浆砌片石砌体强度的墩台；浆砌粗料石则用于磨耗及冲击严重的分水体及破冰体的镶面工程以及有整齐美观要求的桥墩台身等。

**2. 对脚手架的要求**

将石料吊运并安砌到正确位置是砌石工程中比较困难的工序。当重量小或距地面不高时，可用简单的马凳跳板直接运送；当重量较大或距地面较高时，可采用固定式动臂吊机、桅杆式吊机或井式吊机将材料运到墩台上，然后再分运到安砌地点。用于砌石的脚手架应环绕墩台搭设，用以堆放材料并支承施工人员砌镶面定位行列及勾缝。脚手架一般常用固定式轻型脚手架（适用于6m以下的墩台）、简易活动脚手架（适用于25m以下的墩台）以及悬吊式脚手架（用于较高的墩台）。

**3.4.1.2　砌筑要点与砌筑方法**

**1. 砌筑要点**

砌筑前应按设计图放出实样，挂线砌筑。砌筑基础的第一层砌块时，如果基底为土质，只在已砌石块的侧面铺上砂浆即可，不需坐浆；如果基底为石质，应将其表面清洗、润湿后，先坐浆再砌石。砌筑斜面墩台时，斜面应逐层放坡，以保证规定的坡度。砌块间用砂浆黏结并保持一定的缝宽，所有砌缝要求砂浆饱满。形状比较复杂的工程，应先做出配料设计图（图3.39），注明块石尺寸；形状比较简单的，也要根据砌体高度、尺寸、错缝等，先行放样配好料石再砌。

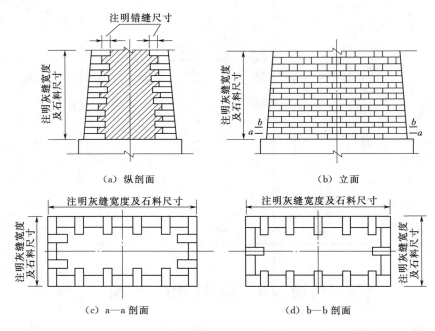

图3.39　桥墩配料大样图

**2. 砌筑方法**

同一层石料及水平灰缝的厚度要均匀一致，每层按水平砌筑，丁顺相间，砌石灰缝应互相垂直，灰缝宽度和错缝按表3.7进行控制。砌石顺序为先角石，再镶面，后填腹。填腹石的分层高度应与镶面相同；圆端、尖端及转角形砌体的砌石顺序应自顶点开始，按丁顺排列安砌镶面石。砌筑图例如图3.40所示，圆端形桥墩的圆端顶点不得有垂直灰缝，砌石应从顶端开始先砌石块①［图3.40（a）］，然后依丁顺相间排列，安砌四周的镶面石；尖端形桥墩的尖端及转角处不得有垂直灰缝，砌石应从两端开始，先砌石块①［图3.40（b）］，再砌侧面转角②，然后依丁顺相间排列，接砌四周的镶面石。

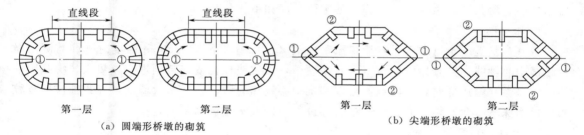

（a）圆端形桥墩的砌筑　　　　　　　　　　（b）尖端形桥墩的砌筑

图 3.40　桥墩的砌筑

表 3.7　　　　　　　　　　　　　　　　浆砌镶面石灰缝规定　　　　　　　　　　　　　　单位：cm

| 种　类 | 灰缝宽度 | 错缝（层间或行列间） | 3 块石料相接处空隙 | 砌筑行列高度 |
|---|---|---|---|---|
| 粗料石 | 1.5～2 | ≥10 | 1.5～2 | 每层石料厚度一致 |
| 半细料石 | 1～1.5 | ≥10 | 1～1.5 | 每层石料厚度一致 |
| 细料石 | 0.8～1 | ≥10 | 0.8～1 | 每层石料厚度一致 |

砌体质量应符合以下规定：

（1）砌体所用各项材料类别、规格及质量符合要求。

（2）砌缝砂浆或小石子混凝土铺填饱满、强度符合要求。

（3）砌缝宽度、错缝距离符合规定，勾缝坚固、整齐，深度和型式符合要求。

（4）砌筑方法正确。

（5）砌体位置、尺寸不超过允许偏差。

墩台砌体位置及外形尺寸允许偏差见表 3.8。

表 3.8　　　　　　　　　　　　　　　墩台砌体位置及外形尺寸允许偏差

| 项次 | 检查项目 | 砌体类别 | 允许偏差/mm |
|---|---|---|---|
| 1 | 跨径 $L_0$ | $L_0 \leq 60m$ | ±20 |
| | | $L_0 > 60m$ | $\pm L_0/3000$ |
| 2 | 墩台宽度及长度 | 片石镶面砌体 | +40，−10 |
| | | 块石镶面砌体 | +30，−10 |
| | | 粗料石镶面砌体 | +20，−10 |
| 3 | 大面平整度（2m 直尺检查） | 片石镶面 | 30 |
| | | 块石镶面 | 20 |
| | | 粗料石镶面 | 10 |
| 4 | 竖直度或坡度 | 片石镶面 | 0.5%H |
| | | 块石、粗料石镶面 | 0.3%H |
| 5 | 墩台顶面高程 | | ±10 |
| 6 | 轴线偏位 | | 10 |

注　$L_0$ 为标准跨径，$H$ 为结构高度。

## 3.4.2　墩（台）帽施工

墩（台）帽是用以支承桥跨结构的，其位置、高程及垫石表面平整度等均应符合设计要求，以避免桥跨结构安装困难，或使墩（台）帽、垫石等出现碎裂或裂缝，影响墩台的正常使用功能与耐久性。墩（台）帽施工的主要工序如下。

1. 墩（台）帽放样

墩（台）混凝土（或砌石）灌筑至距离墩（台）帽底下 30～50cm 高度时，即需测出墩台纵横中心轴线，并开始竖立墩（台）帽模板，安装锚栓孔或安装预埋支座垫板、绑扎钢筋等。墩（台）帽放样时，应注意不要以基础中心线作为墩（台）帽背墙线，浇筑前应反复核实，以确保墩（台）帽中心、支座垫石等位置方向及水平标高不出差错。

2. 墩（台）帽模板施工

墩（台）帽系支承上部结构的重要部分，其尺寸、位置和水平标高的准确度要求严格，浇筑混凝土应从墩（台）帽下约 30～50cm 处至墩（台）帽顶面一次浇筑，以保证墩（台）帽底有足够厚度的密实混凝土。如图 3.41 所示为混凝土桥墩墩帽模板图，墩帽模板下面的一根拉杆可利用墩帽下层的分布钢筋，以节省铁件。台帽背墙模板应特别注意纵向支撑或拉条的刚度，防止浇筑混凝土时发生鼓肚，侵占梁端空隙。

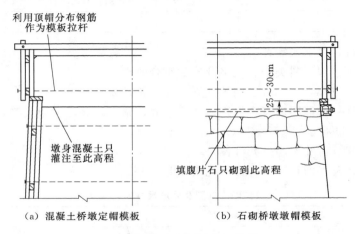

图 3.41　混凝土桥墩墩帽模板

3. 钢筋和支座垫板的安设

墩（台）帽钢筋绑扎应遵照《公路桥涵施工技术规范》（JTG/TF 50—2011）有关钢筋工程的规定。墩（台）帽上支座垫板的安设一般采用预埋支座垫板和预留锚栓孔的方法。前者需在绑扎墩（台）帽和支座垫石钢筋时，将焊有锚固钢筋的钢垫板安设在支座的准确位置上，即将锚固钢筋和墩（台）帽骨架钢筋焊接固定，同时将钢垫板做一木架，固定在墩（台）帽模板上。此法在施工时垫板位置不易准确定出，应经常检查与校正。后者需在安装墩（台）模板时，安装好预留孔模板，在绑扎钢筋时注意将锚栓孔位置留出。此法安装支座施工方便，支座垫板位置准确。

# 学习情境 3.5　装配式墩台施工

装配式墩台适用于山谷架桥、跨越平缓无漂流物的河沟、河滩等的桥梁，特别是在工地干扰多、施工场地狭窄，缺水与砂石供应困难地区，其效果更为显著。装配式墩台有砌块式、柱式、管节式和环圈式墩台等。

### 3.5.1 砌块式墩台施工

砌块式墩台的施工大体上与石砌墩台相同，只是预制砌块的型式因墩台型式不同有很多变化。例如1975年建成的兰溪大桥，主桥身系采用预制的素混凝土壳块分层砌筑而成。壳块按平面形状分为Ⅱ型和Ⅰ型两大类，再按其砌筑位置和具体尺寸又分为5种型号，每种块件等高，均为35cm，块件单元重力为0.9～1.2kN，每砌3层为一段落。该桥采用预制砌块建造桥墩，不仅节约混凝土约26%，节省木材50m³ 和大量铁件，而且砌缝整齐，外形美观，更主要的是加快了施工速度，避免了洪水对施工的威胁。图3.42所示为预制块件与空腹墩施工示意图。

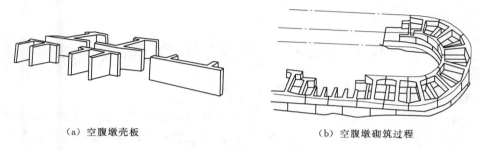

（a）空腹墩壳板 （b）空腹墩砌筑过程

图 3.42 兰溪大桥预制砌块墩身施工示意图

### 3.5.2 柱式墩施工

装配式柱式墩系将桥墩分解成若干轻型部件，在工厂或工地集中预制，再运送到现场装配桥梁。其型式有双柱式、排架式、板凳式和刚架式等。

（1）施工工序为预制构件、安装连接与混凝土养护等。其中拼装接头是关键工序，既要牢固、安全，又要结构简单便于施工。常用的拼装接头有以下几种型式。

1）承插式接头：将预制构件插入相应的预留孔内，插入长度一般为1.2～1.5倍的构件宽度，底部铺设2cm砂浆，四周以半干硬性混凝土填充。此接头常用于立柱与基础的接头连接。

2）钢筋锚固接头：构件上预留钢筋或型钢，插入另一构件的预留槽内，或将钢筋互相焊接，再灌注半干硬性混凝土。此接头多用于立柱与顶帽处的连接。

3）焊接接头：将预埋在构件中的铁件与另一构件的预埋铁件用电焊连接，外部再用混凝土封闭。这种接头易于调整误差，多用于水平连接杆与立柱的连接。

4）扣环式接头：相互连接的构件按预定位置预埋环式钢筋，安装时柱脚先坐落在承台的柱芯上，上下环式钢筋互相错接，扣环间插入U形短钢筋焊牢，四周再绑扎钢筋一圈，立模浇筑外围接头混凝土。要求上下扣环预埋位置正确，施工较为复杂。

5）法兰盘接头：在相互连接的构件两端安装法兰盘，连接时用法兰盘连接，要求法兰盘预埋位置必须与构件垂直。接头处可不用混凝土封闭。

（2）装配式柱式墩台应注意以下几个问题：

1）墩台柱构件与基础顶面预留环形基座应编号，并检查各个墩、台高度是否符合设计要求；基杯口四周与柱边的空隙不得小于2cm。

2）墩台柱吊入基坑内就位时，应在纵横方向测量，使柱身垂直度或倾斜度以及平面位置均符合设计要求；对重大、细长的墩柱，需用风缆或撑木固定，方可摘除吊钩。

3）在墩台柱顶安装盖梁前，应先检查盖梁口预留槽眼位置是否符合设计要求，否则应先修凿。

4）柱身与盖梁（顶帽）安装完毕并检查符合要求后，可在基坑空隙与盖梁槽眼处灌注稀砂浆，待其硬化后，撤除楔子、支撑或风缆，再在楔子孔中灌填砂浆。

在基础或承台上安装预制混凝土管节、环圈作墩台的外模时，为使混凝土基础与墩台联结牢固，应由基础或承台中伸出钢筋插入管节、环圈中间的现浇混凝土内，插入钢筋的数量和锚固长度应按设计规定或通过计算决定。管节或环圈的安装、管节或环圈内的钢筋绑扎和混凝土浇筑，应按《公路桥涵施工技术规范》（JTJ 041—2000）有关章节的规定执行。

# 学习情境3.6　高墩滑模施工

### 3.6.1　滑动模板构造

滑动模板系将模板悬挂在工作平台上，沿着所施工的混凝土结构截面的周界组拼装配，并随着混凝土的灌注由千斤顶带动向上滑升。滑动模板的构造，由于桥墩类型、提升工具的类型不同，模板构造也稍有差异，但其主要部件与功能则大致相同，一般主要由工作平台、内外模板、混凝土平台、工作吊篮和提升设备等组成，如图3.43所示。

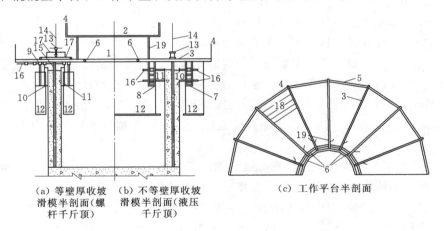

**图3.43　滑动模板构造示意图**

1—工作平台；2—混凝土平台；3—辐射梁；4—栏杆；5—外钢环；6—内钢环；7—外立柱；
8—内立柱；9—滚轴；10—外模板；11—内模板；12—吊篮；13—千斤顶；14—顶杆；
15—导管；16—收坡螺杆；17—顶架横梁；18—步板；19—混凝土平台柱

（1）工作平台由外钢环、辐射梁、内钢环、栏杆、步板组成，除提供施工操作的场地外，还用它把滑模的其他部分与顶杆相互连接起来，使整个滑模结构支承在顶杆上。可以说，工作平台是整个滑模结构的骨架，因此，应具有足够的强度和刚度。

（2）内模板、外模板采用薄钢板制作，用于上下壁厚相同的直坡空心桥墩的滑模。内模板、外模板均通过内立柱、外立柱固定在工作平台的辐射梁上，用于上下壁厚相同的斜坡空心墩的收坡滑模。内模板、外模板仍固定在立柱上，但立柱架（或顶架横梁）不是固定在辐射梁上，而是通过滚轴悬挂在辐射梁上，并可利用收坡螺杆沿辐射方向移动立柱架及内模板、外模板位置。用于斜坡式不等壁厚空心墩的收坡滑模，则内立柱、外立柱固定在辐射梁上，而在模板与立柱间安装收坡丝杆，以便分别移动内模板、外模板的位置。

（3）混凝土平台由辐射梁、步板、栏杆等组成，利用混凝土平台柱支承在工作平台的辐射梁上，供堆放及灌注混凝土的施工操作用。

（4）工作吊篮系悬挂在工作平台的辐射梁和内外模板的立柱上，它随着模板的提升而向上移动，供施工人员对刚脱模的混凝土进行表面修饰和养生等施工操作之用。

（5）提升设备由千斤顶、顶杆、顶杆导管等组成，通过顶升工作平台的辐射梁使整个滑模提升。

### 3.6.2　滑动模板提升工艺

滑动模板提升设备主要有提升千斤顶、支承顶杆及液压控制装置等几部分。以下讲解其提升过程。

#### 3.6.2.1　螺旋千斤顶提升步骤（图 3.44）

（1）转动手轮使螺杆旋转，使千斤顶顶座及顶架上的横梁带动整个滑模徐徐上升。此时，上卡头、卡瓦、卡板卡住顶杆，而下卡头、卡瓦、卡板则沿顶杆向上滑行，当滑至与上下卡瓦接触或螺杆不能再旋转时，即完成一个行程的提升。

（2）向相反方向转动手轮，此时，下卡头、卡瓦、卡板卡住顶杆，整个滑模处于静止状态。仅上卡头、卡瓦、卡板连同螺杆、手轮沿顶杆向上滑行，至上卡头与顶架上横梁接触或螺杆不能再旋转时为止，即完成一整个循环。

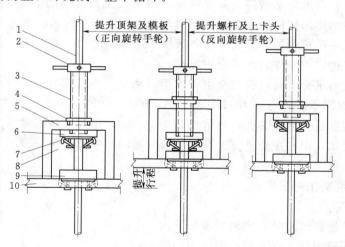

图 3.44　螺旋千斤顶提升示意图

1—顶杆；2—手轮；3—螺杆；4—顶座；5—顶架上的横梁；6—上卡头；
7—卡瓦；8—卡板；9—下卡头；10—顶梁下横梁

#### 3.6.2.2　液压千斤顶提升步骤（图 3.45）

（1）进油提升：利用油泵将油压入缸盖与活塞间，在油压作用时，上卡头立即卡紧顶杆，使活塞固定于顶杆上。随着缸盖与活塞间进油量的增加，使缸盖连同缸筒、底座及整个滑模结构一起上升，直至上卡头、下卡头顶紧时，提升暂停。此时，缸筒内排油弹簧完全处

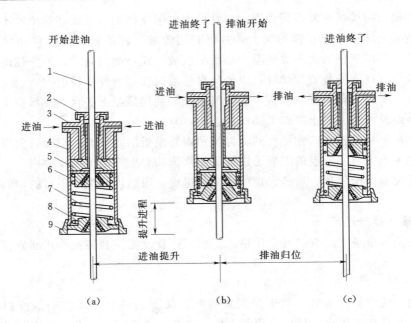

图 3.45　液压千斤顶提升步骤

1—顶杆；2—行程调整帽；3—缸盖；4—缸筒；5—活塞；6—上卡头；

7—排油弹簧；8—下卡头；9—底座

于压缩状态。

（2）排油归位：开通回油管路，解除油压，利用排油弹簧推动下卡头使其与顶杆卡紧，同时推动上卡头将油排出缸筒，在千斤顶及整个滑模位置不变的情况下，使活塞回到进油前位置。至此，完成一个提升循环。为了使各液压千斤顶能协同一致地工作，应将油泵与各千斤顶用高压油管连通，由操作台统一集中控制。

提升时，滑模与平台上临时荷载全由支撑顶杆承受。顶杆多用 A3 与 A5 圆钢制作，直径 25mm，A5 圆钢的承载能力约为 12.5kN（A3 则为 10kN）。顶杆一端埋置于墩、台结构的混凝土中，一端穿过千斤顶芯孔，每节长 2.0～4.0m，用工具锚或焊接。为了节约钢材使支承顶杆能重复使用，可在顶杆外安上套管，套管随同滑模整个结构一起上升，待施工完毕后，可拔出支承顶杆。

### 3.6.3　滑模浇筑混凝土施工要点

#### 3.6.3.1　滑模组装

在墩位上就地进行组装时，安装步骤如下：

（1）在基础顶面搭枕木垛，定出桥墩中心线。

（2）在枕木垛上先安装内钢环，并准确定位，再依次安装辐射梁、外钢环、立柱、千斤顶、模板等。

（3）提升整个装置，撤去枕木垛，再将模板落下就位，随后安装余下的设施；内外吊架待模板滑升至一定高度，及时安装；模板在安装前，表面需涂润滑剂，以减少滑升时的摩阻力；组装完毕后，必须按设计要求及组装质量标准进行全面检查，并及时纠正偏差。

#### 3.6.3.2　灌注混凝土

滑模宜灌注低流动度或半干硬性混凝土，灌注时应分层、分段对称地进行，分层厚度

20～30cm 为宜，灌注后混凝土表面距模板上缘宜有不小于 10～15cm 的距离。混凝土入模时，要均匀分布，应采用插入式振动器捣固，振捣时应避免触及钢筋及模板，振动器插入下一层混凝土的深度不得超过 5cm；脱模时混凝土强度应为 0.2～0.5MPa，以防在其自重压力下坍塌变形。为此，可根据气温、水泥强度等级经试验后掺入一定量的早强剂，以加速提升；脱模后 8h 左右开始养生，用吊在下吊架上的环绕墩身的带小孔的水管来进行。养生水管一般设在距模板下缘 1.8～2.0m 处效果较好。

### 3.6.3.3 提升与收坡

整个桥墩灌注过程可分为初次滑升、正常滑升和最后滑升 3 个阶段。从开始灌筑混凝土到模板首次试升为初次滑升阶段；初灌混凝土的高度一般为 60～70cm，分几次灌注，在底层混凝土强度达到 0.2～0.4MPa 时即可试升。将所有千斤顶同时缓慢起升 5cm，以观察底层混凝土的凝固情况。现场鉴定可用手指按刚脱模的混凝土表面，若基本按不动，但留有指痕，砂浆不沾手，用指甲划过有痕，滑升时能耳闻"沙沙"的摩擦声，这些现象表明混凝土已具有 0.2～0.4MPa 的出模强度，可以开始再缓慢提升 20cm 左右。初升后，经全面检查设备，即可进入正常滑升阶段。即每灌注一层混凝土，滑模提升一次，使每次灌注的厚度与每次提升的高度基本一致。在正常气温条件下，提升时间不宜超过 1h。最后滑升阶段是混凝土已经灌注到需要高度，不再继续灌注，但模板尚需继续滑升的阶段。灌完最后一层混凝土后，每隔 1～2h 将模板提升 5～10cm，滑动 2～3 次后即可避免混凝土模板胶合。滑模提升时应做到垂直、均衡一致，顶架间高差不大于 20mm，顶架横梁水平高差不大于 5mm。并要求 3 班连续作业，不得随意停工。

随着模板的提升，应转动收坡丝杆，调整墩壁曲面的半径，使之符合设计要求的收坡坡度。

### 3.6.3.4 接长顶杆、绑扎钢筋

模板每提升至一定高度后，就需要穿插进行接长顶杆、绑扎钢筋等工作。为了不影响提升时间，钢筋接头均应事先配好，并注意将接头错开。对预埋件及预埋的接头钢筋，滑模抽离后，要及时清理，使之外露。

在整个施工过程中，由于工序的改变，或发生意外事故，使混凝土的灌注工作停止较长时间，即需要进行停工处理。例如，每隔 0.5h 左右稍微提升模板一次，以免黏结；停工时在混凝土表面要插入短钢筋等，以加强新老混凝土的黏结；复工时还需将混凝土表面凿毛，并用水冲走残渣，湿润混凝土表面，灌注一层厚度为 2～3cm 的 1∶1 水泥砂浆，然后再灌注原配合比的混凝土，继续滑模施工。

爬升模板施工与滑动模板施工相似，不同的是支架通过千斤顶支承于预埋在墩壁中的预埋件上。待浇筑好的墩身混凝土达到一定强度后，将模板松开。千斤顶上顶，把支架连同模板升到新的位置，模板就位后，再继续浇筑墩身混凝土。如此往复循环，逐节爬升。每次升高约 2m。

翻升模板施工是采用一种特殊钢模板，一般由 3 层模板组成一个基本单元，并配置有随模板升高的混凝土接料工作平台。当浇筑完上层模板的混凝土后，将最下层模板拆除翻上来拼装成第 4 层模板，以此类推，循环施工。翻升模板也能够用于有坡度的桥墩施工。

## 任 务 小 结

（1）桥梁墩台主要由墩台帽、墩台身和基础3部分组成。

（2）桥梁墩台可分为重力式墩台和轻型墩台两大类。重力式墩台是靠自身重量来平衡外部作用，保持其稳定，它应用于地基良好的大、中型桥梁；轻型墩台的体积和自重较小，刚度小，适用于中、小跨径桥梁。

（3）梁桥和拱桥常用的重力式桥台为U形桥台，它们由台帽、台身和基础3部分组成。除U形桥台外，桥台还有常支撑梁的轻型桥台、埋置式桥台、框架式桥台和组合式桥台等构造型式。

（4）梁桥墩台计算通常需要对多种可能出现的作用进行效应组合，以满足各种不同的要求。墩台计算要按顺桥向及横桥向分别进行，在梁桥墩台上的作用中，汽车荷载的变动对效应组合起主导作用。

（5）桥梁墩台的施工方法很大程度上取决于桥梁墩台的型式。对于钢筋混凝土的墩台，一般采用就地浇筑的施工方法；对于石砌墩台，则采用现场砌筑的施工方法；而对于现场施工难度大的墩台，也可根据实际情况采用预制装配式的方法施工。而高墩则较多采用滑动模板施工。高桥墩的施工设备与一般桥墩所用设备基本相同，但其模板却另有特色。一般有滑动模板、爬升模板、翻升模板等几种，这些模板都是依附于灌注的混凝土墩壁上，随着墩台的逐步加高而向上升高。目前滑动模板的施工已达百米。

## 学 习 任 务 测 试

1. 说明重力式桥墩台和轻型墩台的特点及适用范围。
2. 梁桥桥墩有哪几种类型？桥台有哪几种类型？
3. 简述柱式桥墩的构造，分析柱式桥墩为何在桥梁中广泛采用？
4. 拱桥的墩台与梁式墩台的差别有哪些？
5. 拱桥何时设单向推力墩？常用的推力墩有哪几种？
6. 什么叫U形桥台？
7. 叙述设有支撑的轻型桥台的特点。
8. 埋式桥台有何特点，它的适用范围有哪些？
9. 不同型式桥梁墩台的设计计算各应考虑哪些作用效应组合？
10. 简述桥梁墩台各有哪些施工方法，及其各自的适用条件。

# 学习任务 4　钢筋混凝土梁桥施工技术

**学习目标**

通过本任务的学习，重点理解并掌握钢筋混凝土梁桥的施工方法；掌握支架和模板的制作、安装和拆除的要求和方法；掌握钢筋制作和安装的要求和方法；掌握混凝土施工工艺及注意事项；熟悉桥梁上部结构预制构件的起吊、运输、存放和安装的要求和方法。

## 学习情境 4.1　支 架 与 模 板 施 工

模板是指为使混凝土结构或构件在浇筑过程中保持设计要求的形状和尺寸而制作的临时模型板；模板宜采用钢材、胶合板、木材或其他适宜的材料制作。支架是指在混凝土浇筑和硬化过程中或在砌体砌筑过程中，支撑上部结构的临时结构物；支架宜采用钢材或其他常备式定型钢构件等材料制成。模板和支架使用的钢材、胶合板、木材以及常备式定型钢构件应符合国家现行的标准和技术规范的要求。

模板和支架应满足以下的技术要求：

（1）模板和支架应具有足够的强度、刚度和稳定性，应能承受施工过程中所产生的各种荷载。

（2）模板和支架的构造应简单合理，结构受力应明确，安装、拆除应方便。拆除时应尽量减少模板和杆件的损坏，以提高其使用周转率。

（3）模板应与混凝土结构或构件的特征、施工条件以及混凝土的浇筑方法相适应，以保证结构物各部位形状、尺寸和相互位置的准确性。

（4）模板的板面应平整，接缝处应严密不漏浆；模板与混凝土接触面应涂刷脱模剂，但不得采用废机油等油料，不得污染钢筋及混凝土的施工缝。

（5）支架应稳定、坚固，应能抵抗在施工过程中可能发生的振动和偶然撞击。

### 4.1.1　支架的类型和构造

就地浇筑混凝土梁桥的上部结构，首先应在桥孔位置搭设支架，以支承模板、混凝土以及其他施工荷载。

支架按其构造分为立柱式支架、梁式支架和梁-柱式支架；按材料可分为木支架、钢支架、钢木混合结构和万能杆件拼装的支架等。如图 4.1 所示给出了按构造分类的几种支架构造图。其中图 4.1 (a)、(b) 为立柱式支架，可用于旱桥、不通航河道以及桥墩不高的小桥施工；图 4.1 (c)、(d) 为梁式支架，钢板梁适用于跨径小于 20m，钢桁梁适用于跨径大于 20m 的情况；图 4.1 (e)、(f) 为梁-柱式支架，适用于桥墩较高、跨径较大且支架下需要排洪的情况。

支架按材料可分为以下几种。

1. 满布式木支架

满布式木支架主要适用于跨度和高度都不大的工程量较小的引桥、通道、立交桥高度大于 6m，跨度大于 16m，桥位处水位深的桥梁，很少采用木支架施工。其型式根据支架所需跨径的大小等条件，可采用排架式、人字撑式或八字撑式。排架式为最简单的满布式支架，主要由排架及纵梁等部件组成。其纵梁为抗弯构件。因此，跨径一般不大于 4m。人字撑式和八字撑式的支架构造较复杂，其纵梁需加设人字撑式、八字撑式为可变形结构。因此，需在浇筑混凝土时适当安排浇筑程序和保持均匀、对称地进行，以防止发生较大变形。这类支架的跨径可达 8m 左右。由于我国木材资源日趋匮乏，使用木支架费工多、安全可靠性差、重复利用率低且成本高。因此，木支架在桥梁建设中已逐步被品种繁多的钢支架所代替。

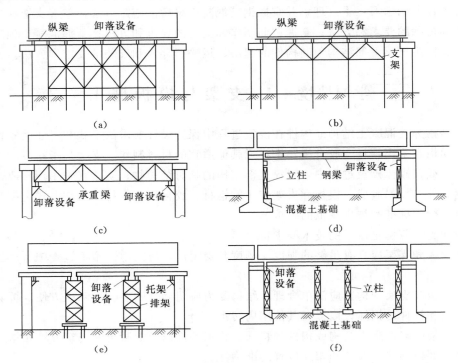

图 4.1　常用支架的主要结构

满布式木支架的排架，可设置在枕木土或桩基上，基础需坚实可靠，以保证排架的沉陷值不超过规定。当排架较高时，为保证排架横向的稳定，除在排架上设置撑木外，尚需在排架两端外侧设置斜撑木或斜立柱。

满布式木支架的卸落设备一般采用斜度为 1:8 的木楔、木马或砂筒（图 4.2）等，可设置在纵梁支点处或桩顶帽木上面。

**2. 钢木混合支架**

为加大支架跨径、减少排架数量，支架的纵梁可采用工字钢，其跨径可达 10m。但在这种情况下，支架多采用木框架结构，以提高支架的承载力及稳定性。这类钢木混合支架的构造通常如图 4.3 所示。所需热轧普通工字钢如图 4.4 所示，其各项参考数值可查看《五金手册》。

**3. 万能杆件拼装支架**

用万能杆件可拼装成各种跨度和高度的支架，其跨度需与杆件本身长度成整数倍。

用万能杆件拼装的桁架的高度，可达 2m、4m、6m 或 6m 以上。当高度为 2m 时，腹杆

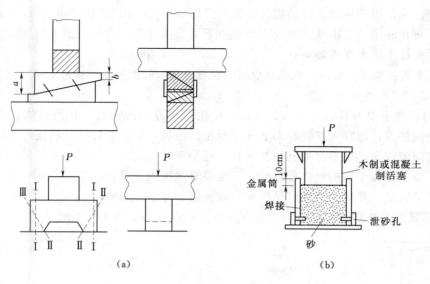

图 4.2 支架支垫型式

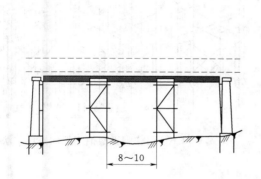

图 4.3 钢木混合支架（单位：m）

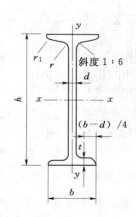

图 4.4 热轧普通工字钢截面形状

拼为三角形；高度为 4m 时，腹杆拼为菱形；高度超过 6m 时，则拼成多斜杆的型式。

用万能杆件拼装墩架时，柱与柱之间的距离应与桁架之间的距离相同。桩高除柱头及柱脚外应为 2m 的倍数。

用万能杆件拼装的支架，在荷载作用下的变形较大，而且难以预计其数值。因此，必要时应考虑预压重，预压质量相当于浇筑的混凝土及其模板和支架上机具、人员的质量。

4. 装配式公路钢桥桁架节拼装支架

用装配式公路钢桥桁架节可拼装成桁架梁和支架。为加大桁架梁孔径和利用墩台做支承，也可拼成八字斜撑以支撑桁架梁。桁架梁与桁架梁之间，应用抗风拉杆和木斜撑等进行横向联结，以保证桁架梁的稳定。

用装配式公路钢桥桁架节拼装的支架，在荷载作用下的变形很大，因此应进行预压。

5. 轻型钢支架

桥下地面较平坦、有一定承载力的梁桥，为节省木料，宜采用轻型钢支架。轻型钢支架的梁和柱，以工字钢、槽钢或钢管为主要材料，斜撑、联结系等可采用角钢。构件应制成统一的规格和标准；排架应预先拼装成片或组，并以混凝土、钢筋混凝土枕木或本板作为支承基底。为了防止冲刷，支承基底需埋入地面以下适当的深度。为适应桥下高度，排架下应垫以一定厚度的枕木或木楔等。

为便于支架和模板的拆卸，纵梁支点处应设置木楔。轻型钢支架构造示例如图 4.5 所示。

6. CKC 门式脚手架钢支架

CKC 门式脚手架因其具有轻巧、灵活、使用简单方便的特点，在桥梁建设中曾广泛应用。其品种规格多，适宜支撑各种形状的混凝土构造物，但因其轻巧且刚度小，采用插接和销接，连接间隙较大，虽本身配有小交叉杆，还是容易晃动，特别是在多层门架叠合使用时更为明显。为了保证支架的整体稳定性，一定要有纵横大交叉杆，常用 $\phi48\times3mm$ 的钢管将门架纵横交叉联结。联结用管扣（排栅夹）较方便，亦安全可靠。

CKC 门式脚手架钢支架的安装型式有 6 种，搭设方法如图 4.6 所示。

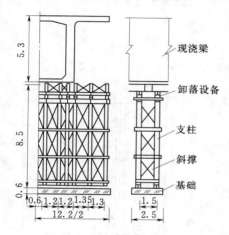

图 4.5　轻型钢支架（单位：m）

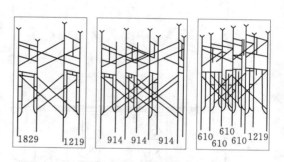

图 4.6　CKC 门式脚手架钢支架的搭设方法

7. WDJ 碗扣式多功能脚手架钢支架

WDJ 碗扣式多功能脚手架是一种先进的承插式钢管脚手架，已广泛应用于建筑、市政及交通的各个领域。

8. 墩台自承式支架

在墩台上留下承台式预埋件，上面安装横梁及架设适宜长度的工字钢或槽钢，即构成模板的支架。这种支架适用于跨径不大的梁桥，但支立时仍需考虑梁的预拱度、支架梁的伸缩以及支架和模板的卸落等所需条件。

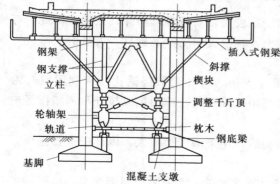

图 4.7　模板车式支架

9. 模板车式支架

这种支架适用于跨径不大，桥墩为立柱式的多跨梁桥的施工，形状如图 4.7 所示。在墩柱施工完毕后即可立即铺设轨道，拖进孔间，进行模板的安装，这种方法可简化安装工序和节省安装时间。

当上部构造混凝土浇筑完毕，强度达到要求后，模板车即可整体向前移动。但移动时需将斜撑取下，将插入式钢梁节段推入中间钢梁节段内，并将千斤顶放松。

### 4.1.2　模板

就地浇筑的桥梁模板主要有木模和钢模。模板型式的选择主要取决于同类桥跨结构的数量和模板材料的供应。当建造单跨或跨度不等的多跨桥梁结构时，一般采用木模；而对于多跨相同跨径的桥梁，可采用大型模板块件组装或采用钢模。模板制造宜选用机械化的方法，以保证模板形状的正确和尺寸的精度。模板制作尺寸偏差、表面平整度和安装偏差均应符合有关规定，尤其要保证模板具有足够的强度、刚度和稳定性。

木模包括用胶合板制成的大型整体定型的块件模板，以及局部构造较复杂部位采用的模板。大型整体定型的块件模板可按结构要求预先制作，然后在支架上用连接件迅速拼装。钢模大多数做成块件，由钢板和加劲骨架焊接而成。钢板厚度通常为 4～8mm。骨架由水平肋和竖向肋组成，肋由钢板或角钢做成。大型钢模块件用螺栓或销钉连接。对于多次周转使用的钢模，在使用前应用化学方法或机械方法清扫，在浇筑混凝土前，应在模板内壁涂脱模剂，以利脱模。

### 4.1.3　模板和支架的制作、安装与拆除

1. 模板的制作与安装

（1）模板的制作。钢模板应按批准的施工图进行制作，成品经检验合格后方可使用。组装前应对零部件的几何尺寸和焊缝进行全面检查，合格后方可进行组装。制作钢木组合模板时，钢与木之间接触面应贴紧，木模板与混凝土接触的表面应刨光且应保持平整，所有接缝应严密、平整。

（2）模板的安装。模板的设计要求准确就位，且不应与脚手架连接；安装侧模板时，支撑应牢固，防止模板在浇筑混凝土时产生侧移；模板在安装过程中，必须设置防倾覆的临时固定设施；固定在模板上的预埋件和预留孔洞均不得遗漏，安装牢固，位置应准确。

模板的制作、安装精度应符合规范的要求。

2. 支架的制作与安装

（1）支架的制作。支架宜采用标准化、系列化、通用化的钢构件制作拼装；制作木支架时，两相邻立柱的连接接头宜分设在不同的水平面上，并应减少长杆件接头主要压力杆的接长连接，宜使用对接法，并宜采用木夹板或铁夹板夹紧；次要构件的连接可采用搭接法。

（2）支架的安装。支架应按施工图设计的要求进行安装，立柱应垂直，节点连接应可靠；支架在纵桥向和横桥向均应加强水平、斜向连接，增强整体的稳定。高支架应设置足够的斜向连接、扣件或缆风绳。横向稳定应有保证措施，应通过预压的方式，消除支架地基的不均匀沉降和支架的非弹性变形并获取弹性变形参数，或检验支架的安全性预压荷载宜为支架需承受全部荷载的 1.05～1.10 倍，预压荷载的分布应模拟需承受的结构荷载及施工荷载支架在安装完成后，应对其平面位置、顶部高程、节点连接及纵、横向稳定性进行全面检查，符合要求后，方可进行下一道工序。

3. 支架应结合模板的安装设置预拱度和卸落装置

设置的预拱度值，应包括结构本身需要的预拱度和施工需要的预拱度两部分。专用支架应按其产品的要求进行模板的卸落，自行设计的普通支架应在适当部位设置相应的木楔、木

马、砂筒或千斤顶等卸落模板的装置，并应根据结构型式、承受的荷载大小确定卸落量。支架的制作、安装和其质量应分别符合规范的有关规定。

4. 支架与模板的拆除

（1）模板、支架的拆除期限和拆除程序等应严格按施工图设计的要求进行，设计未要求时，应根据结构物的特点、模板部位和混凝土所应达到的强度要求决定。

（2）非承重侧模板应在混凝土抗压强度达到 2.5MPa，且能保证其表面及棱角不致因拆模而受损坏时，方可拆除。

（3）芯模和预留孔道的内模，应在混凝土强度能保证其表面不发生塌陷或裂缝现象时，方可拆除。

（4）钢筋混凝土结构的承重模板、支架，应在混凝土强度能承受其自重荷载及其他可能的叠加荷载时，方可拆除。

（5）对预应力混凝土结构，在符合规范规定的条件下，其侧模应在预应力钢束张拉前拆除；底模及支架应在结构建立预应力后方可拆除。

（6）模板、支架的拆除应遵循后支先拆、先支后拆的原则顺序进行；墩、台的模板宜在其上部结构施工前拆除。

（7）拆除梁、板等结构的承重模板时，在横向应同时、在纵向应对称均衡卸落。简支梁、连续梁结构的模板宜从跨中向支座方向依次循环卸落；悬臂梁结构的模板宜从悬臂端开始顺序卸落。

（8）在低温、干燥或大风环境下拆除模板时，应采取必要的措施，防止混凝土表面产生裂缝。

（9）拆除模板、支架时，不得损伤混凝土结构。

### 4.1.4　施工预拱度

1. 确定预拱度时应考虑的因素

在支架上浇筑梁式上部构造时，在施工时和卸架后，上部构造要发生一定的下沉和产生一定的挠度。因此，为使上部构造在卸架后能满意地获得设计规定的外形，须在施工时设置一定数值的预拱度。在确定预拱度时应考虑下列因素：

（1）卸架后上部构造本身及活载 1/2 所产生的竖向挠度 $\delta_1$。

（2）支架在荷载作用下的弹性压缩 $\delta_2$。

（3）支架在荷载作用下的非弹性变形 $\delta_3$。

（4）支架基底在荷载作用下的非弹性沉陷 $\delta_4$。

（5）由混凝土收缩及温度变化而引起的挠度 $\delta_5$。

2. 预拱度的计算

上部构造和支架的各项变形值之和，即为应设置的预拱度各项变形值可按下列方法计算和确定：

（1）桥跨结构应设置预拱度，其值等于恒载和 1/2 静活载所产生的竖向挠度 $\delta$。当恒载和静载产生的挠度不超过跨径的 1/1600 时，可不设预拱度。

（2）满布式支架，当其杆件长度为 $L$、压应力为 $\delta$ 时，其弹性变形为

$$\varphi_2 = \frac{\sigma L}{E}$$

当支架为桁架等型式时，应按具体情况计算其弹性变形。

支架在每一个接缝处的非弹性变形，见表 4.1。

**表 4.1** 预留施工沉落值参考数据 单位：mm

| 项目 | | 沉落值 |
| --- | --- | --- |
| 接头承压非弹性变形 | 木与木 | 每个接头顺纹约 2，横纹为 3 |
| | 木与钢 | 每个接头约为 2 |
| 卸落设备的压缩变形 | 砂筒 | 2～4 |
| | 木楔与木马 | 每个接缝为 1～3 |
| 支架基础沉陷 | 底梁置于砂土上 | 5～10 |
| | 底梁置于黏土上 | 10～20 |
| | 底梁置于砌石或混凝土上 | 约为 3 |
| | 打入砂土中的桩 | 约为 5 |
| | 打入黏土中的桩 | 5～10（桩承受极限荷载时用 10，低于极限荷载时用 5） |

### 4.1.5 预拱度的设置

根据梁的挠度和支架的变形所计算出来的预拱度之和，为预拱度的最高值，应设置在梁的跨径中点。其他各点的预拱度，应以中间点为最高值，以梁的两端为零，按直线或二次抛物线比例进行分配。

# 学习情境 4.2 钢筋的制作与安装

钢筋混凝土中的钢筋和预应力混凝土中的非预应力钢筋，其力学、工艺性能必须符合现行国家规范的要求。钢筋应具有出厂质量证明书和试验报告单，对桥涵所用的钢筋应抽取试样做力学性能试验。

钢筋必须按不同钢种、等级、牌号、规格及生产厂家分批验收、分别堆置、不得混杂，且应设立识别标志。钢筋在运输过程中，应避免锈蚀和污染，钢筋宜堆置在仓库（棚）内；露天堆置时，应垫高并加遮盖。

钢筋表面上的油渍、漆污和锤击能剥落的浮皮、铁锈应清除干净，带有颗粒状或片状老锈的钢筋不得使用。钢筋除锈通常可在冷拉或调直过程中除锈，少量的除锈可采用电动除锈机或喷砂，局部除锈可采用人工除锈，即用钢丝刷或砂轮等方法进行除锈，亦可将钢筋通过砂箱往返搓动除锈。如除锈后钢筋表面有严重的麻坑、斑点，已伤蚀截面时，应降级使用或剔除不用。

### 4.2.1 钢筋的下料

1. 钢筋调直和清除污锈要求

（1）钢筋的表面应洁净，使用前应将表面油渍、漆皮、鳞锈等清除干净。

（2）钢筋应平直、无局部弯折，成盘的钢筋和弯曲的钢筋均应调直。

（3）采用冷拉方法调直钢筋时，R235 钢筋的冷拉率不宜大于 2%；HRB330、HRB400 牌号钢筋的冷拉率不宜大于 1%。

2. 钢筋的弯制和末端弯钩要求

钢筋的弯制和末端弯钩的设计，如设计无规定时，应符合表 4.2 的规定。

表 4.2　　　　　　　　　　　　　受力主钢筋制作和末端弯钩形状

| 弯曲部位 | 弯曲角度 | 形状图 | 钢筋种类 | 公称直径 $d$ /mm | 弯曲直径 $D$ | 平直段长度 |
|---|---|---|---|---|---|---|
| 末端弯钩 | 180° | | HPB235 HPB300 | 6~22 | ≥2.5$d$ | ≥3$d$ |
| | 135° | | HRB335 | 6~25 | ≥3$d$ | ≥5$d$ |
| | | | | 28~40 | ≥4$d$ | |
| | | | | 50 | ≥5$d$ | |
| | | | HRB400 | 6~25 | ≥4$d$ | |
| | | | | 28~40 | ≥5$d$ | |
| | | | | 50 | ≥6$d$ | |
| | | | RRB400 | 8~25 | ≥3$d$ | |
| | | | | 28~40 | ≥4$d$ | |
| | 90° | | HRB335 | 6~25 | ≥3$d$ | ≥10$d$ |
| | | | | 28~40 | ≥4$d$ | |
| | | | | 50 | ≥5$d$ | |
| | | | HRB400 | 6~25 | ≥4$d$ | |
| | | | | 28~40 | ≥5$d$ | |
| | | | | 50 | ≥6$d$ | |
| | | | RRB400 | 8~25 | ≥3$d$ | |
| | | | | 28~40 | ≥4$d$ | |
| 中间弯钩 | ≤90° | | 各种钢筋 | | ≥20$d$ | — |

**注**　表中 $d$ 为钢筋直径。采用环氧树脂涂层钢筋时，除应满足表内规定外，当钢筋直径 $d \leq 20$mm 时，弯钩内直径 $D$ 不应小于 $4d$；当 $d \geq 20$mm 时，弯钩内直径 $D$ 不应小于 $6d$；直径段长度不应小于 $5d$。

3. 用 HPB235 钢筋制作箍筋的要求

用 HPB235 钢筋制作的箍筋，其末端应做弯钩，弯钩的弯曲直径应大于受力主钢筋的直径，且不小于箍筋直径的 2.5 倍。弯钩平直部分的长度，一般结构不宜小于箍筋直径的 5 倍，有抗震要求的结构，不应小于箍筋直径的 10 倍。弯钩的型式，如设计无要求时，可按图 4.8（a）、（b）进行加工；有抗震要求的结构，应按图4.8（c）进行加工。

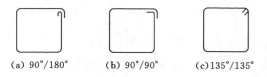

(a) 90°/180°　　　(b) 90°/90°　　　(c)135°/135°

图 4.8　箍筋的弯钩型式

### 4.2.2　钢筋连接

钢筋的连接方式有绑扎连接、焊接和机

械连接3种方式，其中机械连接又有套筒挤压接头、锥螺纹接头及墩粗直螺纹接头等方法。

**1. 钢筋的连接宜采用焊接接头或机械连接接头**

绑扎接头仅当钢筋构造复杂、施工困难时方可采用，绑扎接头的钢筋直径不宜大于28mm，对轴心受压和偏心受压构件中的受压钢筋可不大于32mm；轴心受拉和小偏心受拉构件不应采用绑扎接头。

**2. 受力钢筋的连接接头应设置在内力较小处，并应错开布置**

对焊接接头和机械连接接头，在接头长度区段内，同一根钢筋不得有两个接头；对绑扎接头，两接头间的距离应不小于1.3倍的搭接长度，配置在接头长度区段内的受力钢筋，其接头的截面面积占总截面面积的百分率，应符合表4.3的规定。

表4.3　　　　　　　　　接头长度区段内受力钢筋接头面积的最大百分率

| 接头型式 | 接头面积最大百分率/% | |
| --- | --- | --- |
| | 受拉区 | 受压区 |
| 主钢筋绑扎接头 | 25 | 50 |
| 主钢筋焊接接头 | 50 | 不限制 |

注　1. 焊接接头长度区段内是指35$d$（$d$为钢筋直径）长度范围内，但不得小于500mm，绑扎接头长度区段是指1.3倍搭接长度。
　　2. 在同一根钢筋上宜少设接头。
　　3. 装配式构件连接处的受力钢筋焊接接头可不受此限制。
　　4. 绑扎接头中钢筋的横向净距不应小于钢筋直径且不应小于25mm。

**3. 钢筋的焊接接头**

钢筋的焊接接头宜采用闪光对焊，或采用电弧焊、电渣压力焊或气压焊，但电渣压力焊仅可用于竖向钢筋的连接，不得用作水平钢筋和斜筋的连接钢筋焊接的接头型式。焊接的方法和材料应符合现行行业标准《钢筋焊接及验收规程》（JGJ 18—2012）的规定。

每批钢筋焊接前，应先选定焊接工艺和焊接参数，按实际条件进行试焊，并检验接头外观质量及规定的力学性能，试焊质量经检验合格后方可正式施焊。焊接时，对施焊场地应有适当的防风、防雨、防雪、防严寒的设施。

电弧焊宜采用双面焊缝，仅在双面焊无法施焊时，方可采用单面焊缝。采用搭接电弧焊时，两钢筋搭接端部应预先折向一侧，两接合钢筋的轴线应保持一致；采用帮条电弧焊时，绑条应采用与主筋相同的钢筋，其总截面面积不应小于被焊接钢筋的截面面积。电弧焊接头的焊缝长度，对双面焊缝不应小于5$d$，单面焊缝不应小于10$d$（$d$为钢筋直径），电弧焊接与钢筋弯曲处的距离不应小于10$d$，且不宜位于构件的最大弯矩处。

**4. 钢筋的机械连接**

钢筋的机械连接宜采用墩粗直螺纹、滚轧直螺纹或套筒挤压连接接头。墩粗直螺纹和滚轧直螺纹连接接头适用于直径不小于25mm的HRB335、HRB400级热轧带肋钢筋；套筒挤压连接接头适用于直径在16～40mm的HRB335、HRB400级热轧带肋钢筋，各类接头的性能均应符合现行行业标准《钢筋机械连接技术规程》（JGJ 107—2010）的规定。

**5. 钢筋的绑扎接头**

绑扎接头的末端距钢筋弯折处的距离，不应小于钢筋直径的 10 倍，接头不宜位于构件的最大弯矩处。

受拉钢筋绑扎接头的搭接长度，应符合表 4.4 的规定。受压钢筋绑扎接头的搭接长度，应取受拉钢筋绑扎接头搭接长度的 0.7 倍。

表 4.4 受拉钢筋绑扎接头的搭接长度

| 钢 筋 类 型 | 混凝土强度等级 | | |
|---|---|---|---|
| | C20 | C25 | >C25 |
| HPB235 | $35d$ | $30d$ | $25d$ |
| HRB335 | $45d$ | $40d$ | $35d$ |
| HRB400、RRB400 | — | $50d$ | $45d$ |

注 1. 当带肋钢筋直径 $d$ 大于 25mm 时，其受拉钢筋的搭接长度应按表中值增加 $5d$ 采用；当带肋钢筋直径 $d$ 小于或等于 25mm 时，其受拉钢筋的搭接长度按表中值减少 $5d$ 采用。

2. 当混凝土在凝固过程中受力钢筋易受扰动时，其搭接长度应增加 $5d$。

3. 在任何情况下，纵向受拉钢筋的搭接长度均不应小于 300mm，受压钢筋的搭接长度均不应小于 200mm。

4. 环氧树脂涂层钢筋的绑扎接头搭接长度，受拉钢筋按表值的 1.5 倍采用。

5. 两根不同直径的钢筋的搭接长度，以较细的钢筋直径计算。

### 4.2.3 钢筋的安装

（1）安装钢筋时应符合下列规定：

1）钢筋的级别、直径和根数等应符合设计的规定。

2）对于多层多排钢筋，宜根据安装需要在其间隔外设立一定数量的架立钢筋或短钢筋，但架立钢筋或短钢筋端头不得伸入混凝土的保护层内。

3）当钢筋过密影响到混凝土质量时，应及时与设计人员协商解决。

（2）钢筋与模板之间应设置垫块，垫块应与钢筋绑扎牢固，且其绑丝的丝头不应进入混凝土保护层内。混凝土浇筑前，应对垫块的位置、数量和紧固程度进行检查，不符合要求时应及时处理，保证钢筋混凝土保护层的厚度应满足设计要求和规范的规定。

（3）钢筋骨架的焊接拼装应在坚固的工作台上进行。

拼装前应按设计图纸放样，放样时应考虑焊接变形的预留。拱度拼装时，在需要焊接的位置宜采用楔形卡卡紧，防止焊接时局部变形。骨架焊接时，不同直径钢筋的中心线应在同一平面上，较小直径的钢筋在焊接时，下面宜垫以厚度适当的钢板，施焊顺序宜由中到边对称地向两端进行，先焊骨架下部，后焊管架上部、相邻的焊缝应采用分区对称跳焊，不得顺方向一次焊成。钢筋骨架拼装的允许偏差不得超过表 4.5 的规定。

表 4.5 钢筋焊接骨架质量标准 单位：mm

| 项 目 | 允 许 偏 差 | 项 目 | 允 许 偏 差 |
|---|---|---|---|
| 骨架的宽及高 | ±5 | 箍筋间距 | ±10 |
| 骨架长度 | ±10 | | |

绑扎或焊接的钢筋网和钢筋骨架不得有变形、松脱和开焊，钢筋安装质量应符合表 4.6 的规定。

| 表 4.6 | 钢 筋 安 装 质 量 标 准 | | | 单位：mm |
|---|---|---|---|---|
| **检 查 项 目** | | | | **允许偏差** |
| 受力钢筋间距 | 两排以上排距 | | | ±5 |
| | 同排 | 梁、板、拱肋 | | ±10 |
| | | 基础、锚碇、墩台、柱 | | ±20 |
| | 灌注桩 | | | ±20 |
| 箍筋、横向水平钢筋、螺旋筋间距 | | | | ±10 |
| 钢筋骨架尺寸 | 长 | | | ±10 |
| | 宽、高或直径 | | | ±5 |
| 弯起钢筋位置 | | | | ±20 |
| 保护层厚度 | 柱、梁、拱肋 | | | ±5 |
| | 基础、锚碇、墩台 | | | ±10 |
| | 板 | | | ±3 |

# 学习情境4.3 混 凝 土 工 程

## 4.3.1 原材料的检测

1. 水泥

（1）公路桥涵工程采用的水泥应符合现行国家标准《通用硅酸盐水泥》（GB 175—2007）的规定，水泥的品种和强度等级应通过混凝土配合比试验选定，且其特性应不会对混凝土的强度、耐久性和工作性能产生不利影响。当混凝土中采用碱活性集料时，宜选用含碱量不大于 0.6% 的低碱水泥。

（2）水泥进场时，应附有生产厂的品质试验检验报告等各种合格证明文件，并应按批次对同一生产厂、同一品种、同一强度等级及同一出厂日期的水泥进行强度、细度、安定性等方面的复验。凝结时 500t 为一批，袋装水泥应以每 200t 为一批，不足 500t 或 200t 时，亦按一批计，当对水泥质量有怀疑或受潮或存放时间超过 3 个月时，应重新取样复验，并应按其复验结果使用。水泥的检验试验方法应符合现行行业标准《公路工程水泥及水泥混凝土试验规程》（JTG E30—2005）的规定。

（3）公路桥涵混凝土工程宜用散装水泥，散装水泥在工地上应用专用水泥罐储存；采用袋装水泥时，在运输和储存过程中应防止受潮，且不得长时间露天堆放，临时露天堆放时应设支垫并覆盖。不同品种、强度和出厂日期的水泥应分别按批存放。

2. 细集料

（1）细集料的选择。细集料宜用级配良好、质地坚硬、颗粒洁净且粒径小于 5mm 的河砂；当河砂不易得到时，可采用符合规定的其他天然砂或人工砂；细集料不宜采用海砂，不得不采用时，应经冲洗处理，细集料的技术指标应符合规范的要求。

（2）细集料试验。细集料宜按同产地、同规格、连续进场数量不超过 400m³ 或 600t 为一验收批，小批量进场的宜以不超过 200m³ 或 300t 为一验收批进行检验；当质量稳定且进料量较大时，可以 1000t 为一验收批。检验内容应包括外观、筛分、细度模数、有机物含量、含泥量、泥块含量及人工砂的石粉含量等；必要时应对坚固性、有害物质含量、氮离子含量及碱活性等指标进行检验。检验试验方法应符合现行行业标准《公路工程集料试验规程》（JTG E42—2005）的规定。

　　3. 粗集料

　　粗集料宜采用质地坚硬、洁净、级配合理、粒形良好、吸水率小的碎石或卵石，其技术指标应符合规范的要求。

　　粗集料宜根据混凝土最大粒径采用连续两级配或连续多级配，不宜采用单粒级配或间断级配配制。必须使用时，通过试验验证粗集料的级配范围应符合规范要求。粗集料最大粒径宜按混凝土结构情况及施工方法选取，但最大粒径不得超过结构最小边尺寸的 1/4 和钢筋最小净距的 3/4；在两层或多层密布钢筋结构中，最大粒径不得超过钢筋最小净距的 1/2，同时不得超过 75.0mm。混凝土实心板的粗集料最大粒径不宜超过板厚的 1/3 且不得超过 37.5mm。泵送混凝土时的粗集料最大粒径，除应符合上述规定外，对碎石不宜超过输送管径的 1/3；对卵石不宜超过输送管径的 1/2.5。

　　施工前应对所用的粗集料进行碱活性检验，在条件许可时宜避免采用有碱活性反应的粗集料，必须采用时应采取必要的抑制措施。粗集料的进场检验组批应符合规范规定，检验内容应包括外观、颗粒级配、针片状颗粒含量、含泥量、泥块含量及压碎值指标等，检验试验方法应符合现行行业标准《公路工程集料试验规程》（JTG E42—2005）的规定。

　　无论是粗集料，还是细集料，在进场之前，必须报请监理抽验，填写进场材料检验申请单，经监理工程师检验合格并签证后方可进场使用。

　　此外，组成混凝土的材料还有水、外加剂以及混合材料。人畜可用的洁净水可用来拌制混凝土。主要的外加剂类型有普通减水剂和高效减水剂、早强减水剂、缓凝减水剂、引气减水剂、抗冻剂、膨胀剂、阻锈剂和防水剂等；混合材料包括粉煤灰、火山灰质材料以及粒化高炉矿渣等。混凝土用的外加剂、混合材料应符合规范的要求。

### 4.3.2　混凝土的配合比

　　由于大部分桥梁施工远离城市，特别是中、小桥以及涵洞工程混凝土数量不大，基本上都是采用现场拌制混凝土，除非是城市桥梁施工，采用商品混凝土（预拌混凝土）。因此，工程技术人员要设计并控制好现场混凝土的配合比，确保混凝土的质量。

　　混凝土的配合比应以质量比表示，并应通过计算和试配选定。试配时，应使用施工实际采用的材料，配制的混凝土拌和物应满足和易性、凝结时间等施工技术条件，制成的混凝土应满足强度、耐久性（抗冻、抗渗、抗侵蚀）等质量要求。

　　普通混凝土的配合比，可按照《普通混凝土配合比设计规程》（JGJ 55—2011）的规定进行计算，并应通过试配确定混凝土的试配强度，应根据设计强度等级并考虑施工条件的差异和变化以及原材料质量可能的波动，按照规范进行计算来确定。混凝土的坍落度和工作性能宜根据结构物情况和施工工艺的要求确定。在满足工艺要求的前提下，宜采用低坍落度的混凝土施工。通过设计和试配确定的配合比，应经批准后方可使用，且应在混凝土拌制前将理论配合比换算为施工配合比。

　　混凝土的最大水胶比、最小水泥用量及最大氯离子含量应符合表 4.7 的规定。在混凝土中掺入外加剂时，应符合下列规定：

　　（1）在钢筋混凝土和预应力混凝土中，均不得掺用氯化钙、氯化钠等氯盐。

（2）当从各种组成材料引入的氯离子含量（折合氯盐含量）大于表4.7规定的限值时，宜在混凝土中采取掺加阻锈剂、增加保护层厚度、提高密实度等防腐蚀措施。

（3）掺入引气剂的混凝土，其含气量宜为3.5%～5.5%。

表4.7　　　　　混凝土的最大水胶比、最小水泥用量及最大氯离子含量表

| 环境类别 | 环　境　条　件 | 最大水胶比 | 最小水泥用量/(kg/m³) | 最低混凝土强度等级 | 最大氯离子含量/% |
|---|---|---|---|---|---|
| I | 温暖或寒冷地区的大气环境、与无侵蚀的水或土接触的环境 | 0.55 | 275 | C25 | 0.30 |
| II | 严寒地区的大气环境、使用除冰盐环境、滨海环境 | 0.50 | 300 | C30 | 0.15 |
| III | 海水环境 | 0.45 | 300 | C35 | 0.10 |
| IV | 受侵蚀性物质影响的环境 | 0.40 | 325 | C35 | 0.10 |

注　1. 水胶比、氯离子含量系指其与胶凝材料用量的百分比。
　　2. 最小水泥用量，包括掺合料。当掺用外加剂且能有效地改善混凝土的和易性时，水泥用量可减少25kg/m³。
　　3. 严寒地区系指最冷月平均气温低于或等于-10℃，且日平均温度低于或等于5℃的天数在145d以上的地区。
　　4. 预应力混凝土结构中的最大氯离子含量为0.06%，最小水泥用量为350kg/m³。
　　5. 封底、垫层及其他临时工程的混凝土，可不受表4.7的限制。

除应对由各种组成材料带入混凝土中的碱含量进行控制外，尚应控制混凝土的总碱含量。每立方米混凝土的总碱含量，对一般桥涵不宜大于3.0kg/m³；对特大桥、大桥和重要桥梁不宜大于1.8kg/m³；对混凝土结构处于受严重侵蚀的环境，不得使用有碱活性反应的集料。

### 4.3.3　混凝土拌制

混凝土应采用机械拌制，人工拌制仅用于小量的辅助或修补工程。混凝土的配料宜采用自动计量装置，各种衡器的精度应符合要求，计量应准确。计量器具应定期标定，迁移后应重新进行标定。拌制混凝土所用的各项材料应按质量投料，材料数量的允许质量偏差应符合表4.8的规定。

表4.8　　　　　　　　材料数量允许质量偏差

| 材　料　类　别 | 允　许　偏　差/% | |
|---|---|---|
|  | 现场拌制 | 预制场或集中搅拌站拌制 |
| 水泥、干燥状态的掺合料 | ±2 | ±1 |
| 粗、细集料 | ±3 | ±2 |
| 水、外加剂 | ±2 | ±1 |

混凝土拌制时，自全部材料加入搅拌筒开始搅拌至开始出料的最短拌制时间，应按搅拌机产品说明书的要求并经试验确定。混凝土拌和物应搅拌均匀，颜色一致，不得有离析和泌水现象。

混凝土搅拌完毕后，应检测混凝土拌和物的坍落度及损失。必要时，尚宜对工作性能、泌水率及含气量等混凝土拌和物的其他指标进行检测。

### 4.3.4　混凝土的运输

运输能力应与混凝土的凝结速度和浇筑速度相适应，应使浇筑工作不间断且混凝土运到

浇筑地点时仍能保持其均匀性和规定的坍落度。混凝土的运输宜采用搅拌运输车，或在条件允许时采用泵送方式输送；采用吊斗或其他方式运输时，运距不宜超过 100m 且不得使混凝土产生离析。

采用搅拌运输车运输混凝土时，途中应以 2～4r/min 的慢速进行搅动，卸料前应以常速再次搅拌。混凝土运至浇筑地点后发生离析、泌水或坍落度不符合要求时，应进行第二次搅拌，二次搅拌时不宜任意加水，确有必要时，可同时加水、相应的胶凝材料和外加剂，并保持其原水胶比不变；二次搅拌仍不符合要求时，则不得使用。

混凝土采用泵送方式时，混凝土的供应宜使输送混凝土的泵能连续工作，泵送的间歇时间不宜超过 15min。在泵送过程中，受料斗内应具有足够的混凝土，应防止吸入空气产生阻塞；输送管应顺直，转弯处应圆缓，接头应严密不漏气；向低处泵送混凝土时，应采取必要的措施，防止混凝土离析或堵塞输送管。

### 4.3.5　混凝土的浇筑

浇筑前应做好准备工作，应根据待浇筑结构物的情况、环境条件及浇筑量等制定合理的浇筑方案，工艺方案应对施工缝的设置、浇筑顺序、浇筑工具、防裂措施保护层的控制等作出明确的规定；应对支架、模板、钢筋和预埋件进行检查，模板内的杂物、积水及钢筋上的污物应清理干净，模板如有缝隙或孔洞，应堵塞严密不漏浆；应对混凝土的坍落度和均匀性进行检测。

自高处向模板内倾卸混凝土时，应防止混凝土的离析。直接倾卸时，其自由倾落高度不宜超过 2m；超过 2m 时，应通过串筒、溜管等设施下落；倾落高度超过 10m 时，应设置减速装置。

#### 1. 混凝土的浇筑厚度

混凝土应按一定的厚度、顺序和方向分层浇筑，应使在下层混凝土初凝或能重塑前完成上层混凝土的浇筑；上下层同时进行的浇筑时，上层与下层的前后浇筑距离应保持 1.5m 以上；在倾斜面上浇筑混凝土时，应从低处开始逐层扩展升高，并保持水平分层。混凝土分层浇筑的厚度不宜超过表 4.9 的规定。

表 4.9　　　　　　　　　　　　　混凝土分层浇筑厚度　　　　　　　　　　单位：mm

| 振　捣　方　式 | | 浇筑层厚度 |
| --- | --- | --- |
| 采用插入式振动器 | | 300 |
| 采用附着式振动器 | | 300 |
| 采用表面振动器 | 无筋或配筋稀疏时 | 250 |
| | 配筋较密时 | 150 |

#### 2. 混凝土的浇筑顺序

在考虑主梁混凝土的浇筑顺序时，不应使模板和支架产生有害的下沉；为了使混凝土振捣密实，应采用相应的分层浇筑；当在斜面或曲面上浇筑混凝土时，一般应从低处开始。

（1）水平分层浇筑对于跨径不大的简支梁桥，可在钢筋全部扎好以后，将梁和板沿一跨全长内水平分层浇筑，在跨中合龙。分层的厚度视振捣器的能力而定，一般为 0.15～0.3m；当采用人工捣实时，可采用 0.15～0.20m。为避免支架受不均匀沉陷的影响，浇筑工作应尽量快速进行，以便在混凝土失去塑性之前完成。

（2）斜层浇筑。跨径不大的简支梁桥混凝土的浇筑，还可用斜层法从主梁两端对称地向跨中进行，并在跨中合龙。T梁和箱梁采用斜层浇筑的顺序如图4.9（a）所示。当采用梁式支架、支点不设在跨中时，应在支架下沉量大的位置先浇混凝土，使应该发生的支架变形及早完成。其浇筑顺序如图4.9（b）所示。采用斜层浇筑时，混凝土的倾斜角与混凝土的稠度有关，一般为20°～25°。

对于较大跨径的简支梁桥，可用水平分层或斜层法先浇筑纵横梁，待纵横梁浇筑完毕后，再沿桥的全宽浇筑桥面板混凝土。在桥面板与纵横梁间应按设置工作缝处理。

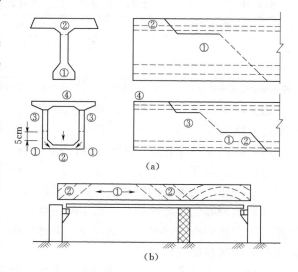

图4.9　简支梁桥在支架上的浇筑顺序

（3）单元浇筑法。当桥面较宽且混凝土数量较大时，可分成若干纵向单元分别浇筑。每个单元的纵横梁可沿其长度方向水平分层浇筑或用斜层法浇筑，在纵梁间的横梁上设置工作缝，并在纵横梁浇筑完成后填缝连接。之后，桥面板可沿桥全宽全面积一次浇筑完成，不设工作缝。桥面板与纵横梁间设置水平工作缝。

**3. 混凝土的振捣**

混凝土的振捣分为人工振捣（用铁钎）和机械振捣两种。人工振捣一般用于坍落度大、混凝土数量少或钢筋过密部位的振捣。大规模的混凝土浇筑，必须用机械振捣。

机械振捣设备有插入式、附着式、平板式振动器和振动台等。平板式振动器用于大面积混凝土施工，如桥面；附着式振动器可设在侧模板上，但附着式振动器是借助振动模板来振捣混凝土，故对模板要求较高，常用于薄壁混凝土部分的振捣，如梁肋上和空心板两侧部分。插入式振动器常用的是软管式，只要构件断面足够，而钢筋又不太密时，采用插入式振动器的振捣效果比平板式振动器和附着式振动器都要好。

采用振动器振捣混凝土时，应符合下列规定：

（1）插入式振动器的移位间距应不超过振动器作用半径的1.5倍，与侧模应保持50～100mm的距离，且插入下层混凝土中的深度宜为50～100mm。

（2）平板式振动器的移位间距应使振动器平板能覆盖已振实部分，且不小于100mm。

（3）附着式振动器的布置距离，应根据结构物形状和振动器的性能通过试验确定。

（4）每一振点的振捣延续时间宜为20～30s，以混凝土停止下沉、不出现气泡、表面呈现浮浆为度。

**4. 混凝土浇筑的注意事项**

混凝土的浇筑宜连续进行，因故中断间歇时，其间歇时间应小于前层混凝土的初凝时间或重塑时间。混凝土的运输、浇筑及间歇的全部时间不宜超出表4.10的规定。

**表 4.10**　　　　　　　混凝土的运输、浇筑时间及间歇的全部允许时间　　　　　单位：min

| 混凝土强度等级 | 气温≤25℃ | 气温＞25℃ |
| --- | --- | --- |
| ≤C30 | 210 | 180 |
| ＞C30 | 180 | 150 |

**注**　当混凝土中掺有促凝剂或缓凝剂时，其允许时间应通过试验确定。

施工缝的位置应在混凝土浇筑之前确定，且宜留置在结构受剪力和弯矩较小并便于施工的部位，施工缝宜设置成水平面或垂直面。对施工缝的处理应符合下列规定：

（1）处理层混凝土表面的松弱层应予以凿除。对处理层混凝土的强度，当采用水冲洗凿毛时，应达到 0.5MPa；人工凿毛时，应达到 2.5MPa；采用风动机凿毛时，应达到 10MPa。

（2）经凿毛处理后的混凝土面，应采用洁净水冲洗干净。

（3）重要部位及有抗震要求的混凝土结构或钢筋稀疏的钢筋混凝土结构，宜在施工缝处补插锚固钢筋；有抗渗要求的混凝土，其施工缝宜做成凹形、凸形或设置止水带；施工缝为斜面时宜浇筑或凿成台阶状。

在环境相对湿度较小、风速较大的条件下浇筑混凝土时，应采取适当措施防止混凝土表面过快失水。浇筑混凝土期间，应随时检查支架、模板、钢筋、预应力管道和预埋件等的稳固情况，并应及时填写混凝土施工记录。新浇筑混凝土的强度达到 2.5MPa 之前，不得使其承受行人、运输工具、模板、支架及脚手架等荷载。

### 4.3.6　混凝土的养护

对新浇筑混凝土的养护，应满足其对温度、湿度和时间的要求。应根据施工对象、环境条件、水泥品种、外加剂或掺合料以及混凝土性能等因素，制订具体的养护方案，并严格实施。

混凝土浇筑完成后，应在其收浆后尽快予以覆盖并洒水保湿养护。对于硬性混凝土、高强度和高性能混凝土、炎热天气浇筑的混凝土以及桥面等大面积裸露的混凝土，应加强初始保湿养护，具备条件的可在浇筑完成后立即加设棚罩，待收浆后再予以覆盖量和洒水养护，覆盖时不得损伤或污染混凝土的表面。混凝土面有模板覆盖时，应在养护期间使模板保持湿润。

混凝土的养护不得采用海水或含有害物质的水。混凝土的洒水保湿养护时间应不少于 7d，对重要工程或有特殊要求的混凝土，应根据环境的湿度、温度，水泥品种以及掺用的外加剂和掺合料等情况，酌情延长养护时间，并应使混凝土表面始终保持湿润状态。当气温低于 5℃时，应采取保温养护的措施，不得向混凝土的表面洒水。当采用喷洒养护剂对混凝土进行养护时，所使用的养护剂应不会对混凝土产生不利影响，且应通过试验验证其养护效果。

新浇筑的混凝土与流动的地表水或地下水接触时，应采取临时防护措施，保证混凝土在 7d 以内且强度达到设计强度的 50％以前，不受水的冲刷侵袭；当环境水具有侵蚀作用时，应保证混凝土在 10d 以内且强度达到设计强度的 70％以前，不受水的侵袭。混凝土处于冻融循环作用的环境时，宜在结冰期到来 4 周前完成浇筑施工，且在混凝土强度未达到设计强度等级的 80％前不得受冻，否则应采取技术措施，防止发生冻害。

### 4.3.7　混凝土的质量检验

混凝土的质量宜分为施工前、施工过程和施工后 3 个阶段进行检验。施工前检验的项目应全部合格方可进行施工；施工过程中如果遇到检验项目不合格时，应分析原因，采取措施调整，待合格后方可继续施工；施工后的检验应与施工前、施工过程的检验共同作为混凝土质量评定和验收的依据。

（1）混凝土施工前的检验项目应包括下列内容：

1）施工设备和场地。

2）混凝土的原材料和各种组成材料的质量。

3）混凝土配合比及其拌和物的工作性能、力学性能及抗裂性能等，对耐久性混凝土，尚应包括耐久性的性能。

4）钢筋、预埋件及支架、模板。

5）混凝土的运输、浇筑和养护方法及设施、安全设施。

（2）混凝土施工过程中的检验项目应包括下列内容：

1）混凝土组成材料的外观及配料、拌制，每一工作班应不少于 2 次，必要时应抽样试验。

2）混凝土的和易性、坍落度及扩展度等工作性能；每一工作班检验不少于 2 次。

3）砂石材料的含水率，每日开工前应检测 1 次，天气变化较大时应随时检测。

4）钢筋、预应力管道、模板、支架等安装位置及稳定性。

5）混凝土的浇筑质量。

6）外加剂的使用效果。

（3）对混凝土应制取试件检验其在标准养护条件下 28d 龄期的抗压强度。不同强度等级及不同配合比的混凝土应分别制取试件，试件在浇筑地点从同一盘混凝土或同一车混凝土中随机制取，试件组数应符合规范的要求。

（4）除另有规定外，混凝土应对标准养护条件下 28d 龄期试件的抗压强度进行评定，其合格条件应符合规范的规定。

（5）高性能混凝土的质量除了常规检验外，尚应对其耐久性质量进行检验。耐久性质量应根据不同的要求和处于不同环境作用下的工程，对混凝土的拌和物及实体结构分别进行相应的检验。质量检验的结果应符合设计的规定，同时应符合规范的相关规定；当质量检验评定结果不合格时，应委托专门的咨询机构就其耐久性质量进行评价，并应按其评价结论采取措施进行处理。

# 学习情境 4.4　装配式构件的起吊、运输和安装

装配式桥施工的一般要求应符合下列规定：装配式桥的构件在脱底模、移运、存放和吊装时，混凝土的强度应不低于设计规定的吊装强度；设计未规定时，应不低于设计强度的80％；构件安装前应检查其外形、预埋件的尺寸和位置，允许偏差不得超过设计规定；设计未规定时，不得超过规范的有关规定安装构件时，支承结构（墩台和盖梁）的混凝土强度和预埋件（包括预留锚栓孔、锚栓和支座钢板等）的尺寸、高程及平面位置应符合设计要求构件安装就位完毕并经检查校正符合要求后，方可焊接或浇筑混凝土固定构件。跨径 25m 以上预应力混凝土简支梁的安装应验算裸梁的稳定性。

## 4.4.1　预制构件的起吊、堆放

### 1. 起吊位置

构件移运时的起吊位置应按设计规定，一般即为吊环或吊孔的位置。如设计无规定，又无预埋的吊环或吊孔时，对上、下面有相同配筋的等截面直杆构件的吊点位置，一点吊可设

在离端头 0.29L 处，两点吊可设在离端头 0.21L 处（L 为构件长）。其他配筋型式的构件应根据计算决定吊点位置。

2. 起吊方法

（1）三脚扒杆偏吊法。将手拉葫芦斜挂在三脚扒杆上，偏吊一次，移动一次扒杆，把构件逐步移出，如图 4.10 所示。

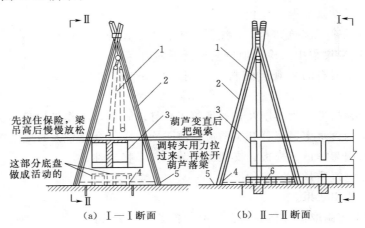

先拉住保险，梁吊高后慢慢放松

这部分底盘做成活动的

葫芦变直后把绳索调转头用力拉过来，再松开葫芦落梁

（a）Ⅰ—Ⅰ断面　　（b）Ⅱ—Ⅱ断面

图 4.10　三角扒杆偏吊法

1—手拉葫芦；2—二角扒杆；3—梁；4—绊脚绳；5—木楔；6—底座

（2）横向滚移法。横向滚移法就是把构件从预制底座上抬高后，在构件底面两端装置横向移动设备，用手拉葫芦牵引，把构件移出底座，如图 4.11 所示。

在装置横向滚移设备时，从底座上抬高构件的办法有吊高法和顶高法。吊高法是用小型门架配神仙葫芦把构件从底座吊起，如图 4.12 所示。顶高法是用如图 4.13 所示的特制的凹形托架配千斤顶把构件从底座顶起，如图 4.14 所示。滚移设备包括走板、滚筒和滚道3 部分，如图 4.15 所示。走板托在构件底面，与构件一起行走。滚筒放在走板与滚道之间，

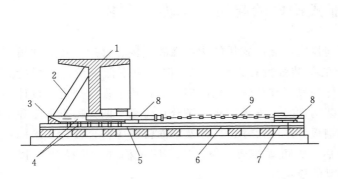

图 4.11　横向滚移法

1—梁；2—临时支撑；3—保险三角木；4—走板及滚筒；5—端横隔板下垫木板；6—滚道；7—手拉葫芦用木块垫平；8—千斤索；9—手拉葫芦

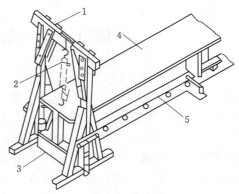

图 4.12　小型门架吊梁

1—小型门架；2—手拉葫芦；3—滚移设备；4—梁；5—梁的底座

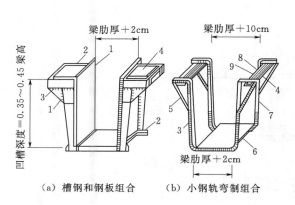

图 4.13 凹形托架

1—钢板；2—槽钢；3—焊缝；4—加强钢板；5—圆钢加强
6—支承钢板；7—小钢轨骨架；8—定位钢板；9—钢轨

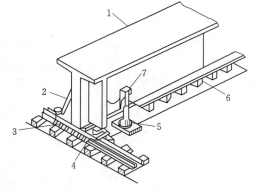

图 4.14 千斤顶顶梁

1—梁；2—斜支撑；3—滚移设备；4—端横隔梁下用木
楔塞紧；5—千斤顶；6—梁的底座；7—凹形托梁

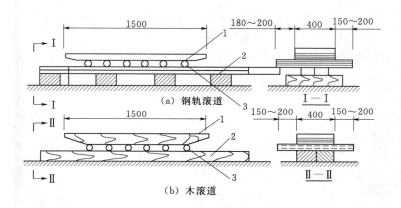

图 4.15 滚移设备（单位：cm）

1—走板；2—滚道；3—滚筒

由于它的滚动而使构件行走。滚筒用硬木或无缝钢管制成，其长度比走板宽度每边长出15～20cm，以便操作。滚道是滚筒的走道，有木滚道和钢轨滚道两种。

（3）龙门吊机法。龙门吊机法就是用专设的龙门吊机把构件从底座上吊起，横移至运输轨道，卸落在运构件的平车上。

龙门吊机（也称龙门架）是由底座、机架和起重行车3部分组成，运行在专用的轨道上。吊机的运动方向有一个，即荷重上下升降、行车的横向移动和机架的纵向运动。推动这3种运动的动力可用电力或人力。

龙门吊机的结构有钢木组合和钢桁架组合两种。如图 4.16 所示为钢木组合龙门吊机。它是以工字梁为行车梁、以原木为支柱组成的支架，安装在窄轨平车和方木组成的底座上，可以在专用的轨道上纵向运行。

如图 4.17 所示为钢桁架组合龙门吊机。它以钢桁架片为主要构件，配上少量原木组成的机架，安装在由平车和方木组成的底座上，也在专用的轨道上纵向运行。

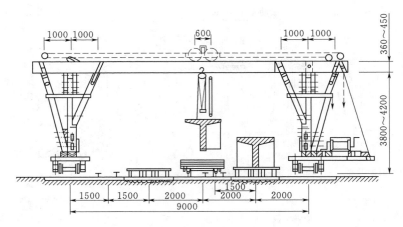

图 4.16　钢木组合龙门吊机

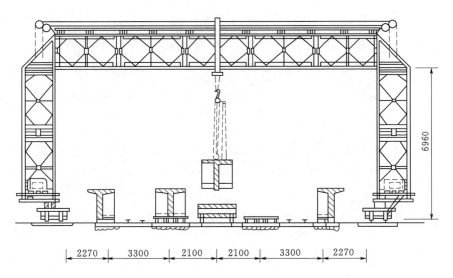

图 4.17　钢桁架组合龙门吊机

3. 预制构件场内移运时的注意事项

（1）对后张预应力混凝土梁、板，在施加预应力后可将其从预制台座吊移至场内的存放台座上后再进行孔道压浆，但必须满足下列要求：

1）从预制台座上移出梁、板仅限一次，不得在孔道压浆前多次倒运。

2）移吊的范围必须限制在预制场内的存放区域，不得移往他处。

3）吊移过程中不得对梁、板产生任何冲击和碰撞。

（2）张预应力混凝土梁、板在孔道压浆后进行移运的，其压浆浆体强度应不低于设计强度的 80%。

（3）梁、板构件移运时的吊点位置应符合设计规定。如设计未规定时，应根据计算决定。构件的吊环必须采用未经冷拉的 HPB235 钢筋制作，且吊环应顺直。吊绳与起吊构件的交角小于 60°时，应设置吊架或扁担，尽量使吊环垂直受力。吊移板式构件时，不得吊错上、下面。

4. 预制构件存放时的注意事项

（1）存放台座应坚固稳定，且宜高出地面 200mm 以上。堆放场地应有相应的防排水设施，并应保证梁、板等构件在存放期不致因支点沉陷而受到破坏。

（2）梁、板构件存放时，其支点应符合设计规定的位置，支点处应采用垫木或其他适宜的材料进行支承，不得将构件直接支承在坚硬的存放台座上。存放时混凝土养护期未满的，应继续洒水养护。

（3）构件应按其安装的先后顺序编号存放，预应力混凝土的梁、板的存放时间不宜超过 3 个月，特殊情况下不宜超过 5 个月。

（4）层与层之间应以垫木隔开，各层垫木的位置应设在设计规定的支点处，上下层垫木必须在一条竖直线上；叠放的高度应按构件强度、地基承载力、垫木强度以及叠放的稳定性等经计算确定，大型构件宜为 2 层，不应超过 3 层；小型构件一般宜为 6～10 层。

（5）雨季和春季融冻期间，应采取有效措施防止因地面软化下沉而造成构件断裂及损坏。

## 4.4.2　构件的运输

装配式混凝土预制板、梁及其他预制构件通常在桥头附近的预制场或桥梁预制厂内预制。为此，需配合吊装架梁的方法，通过一定的运输工具将预制梁运到桥头或桥孔下，从工地预制场到桥头或桥孔下的运输称为场内运输，将预制梁从桥梁预制厂（或场）运往桥孔或桥头的运输称为厂外运输。

1. 场内运输

（1）纵向滚移法运梁。用滚移设备，以人力或电动绞车牵引，把构件从工地预制场运往桥位。其设备和操作方法与横向滚移基本相同，不过走板的宽度要适当加宽，以便在走板装置斜撑，使 T 形梁具有足够的稳定性。这种方法运梁的布置如图 4.18 所示。

（2）轨道平车法运梁。把构件吊装在轨道平车上，用电动绞车牵引，沿专用临时铁路线运往桥位。轨道平车设有转盘装置，以便装上车后能在曲线轨道上运行。同时装设制动装置，以便在运行过程中发生情况时制动。运构件时，牵引的钢丝绳必须挂在后面一辆平车上，或从整根构件的下部缠绕一周后再引向导向轮至绞车。对于 T 形梁，还应加设斜撑，以确保稳定。这种方法运梁的布置如图 4.19 所示。

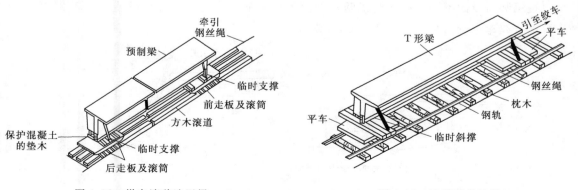

图 4.18　纵向滚移法运梁　　　　图 4.19　轨道平车运梁

### 2. 场外运输

距离较远的场外运输，通常采用汽车、大型平板拖车、火车或驳船。

受车厢长度、载质量的限制，一般中、小跨径的预制板、梁或小构件（如栏杆和扶手等）可用汽车运输。重 50kN 以内的小构件可用汽车吊装卸；重大于 50kN 的构件可用轮胎吊、履带吊、龙门架或扒杆装卸。要运较长构件时，可在汽车上先垫以长的型钢或方木，再搁放预制构件，构件的支点应放在近两端处，以避免道路不平、车辆颠簸引起的构件开裂。特别长的构件应采用大型平板拖车或特制的运梁车运输。运输道路应平整，如有坑洼而高低不平时，应事先修理平整，或采取如图 4.20 所示的措施，防止构件产生负弯矩。使用大型平板拖车运梁时，车长应满足支承间距的要求，构件下的支点需设活动转盘，以免搓伤混凝土。梁运输时应顺高度方向竖立放置，同时应设固定措施防止倾倒。用斜撑支撑梁时，应支在梁腹上，不得支在梁翼缘板上，以防止根部开裂。装卸梁时，必须等支撑稳妥后，才许卸除吊钩。

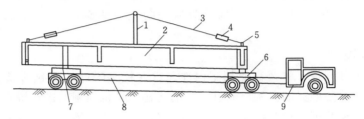

图 4.20　防止构件发生负弯矩的措施

1—立柱；2—构件；3—钢丝绳；4—花篮螺丝；5—吊环；6、7—转盘装置；
8—连接杆；9—主车

### 4.4.3　构件的安装

简支式梁、板构件的架设，不外乎起吊、纵移、横移、落梁等工序。从架梁的工艺类别来分，可分为陆地架梁法、浮运架梁法和高空架梁法等。下面简要介绍各种常用的架梁方法的工艺特点。

#### 1. 陆地架梁法

（1）自行式吊机架梁法。当桥梁跨径不大、质量较轻时可以采用自行式吊车（汽车吊车或履带吊车）架梁。其特点是机动性好、架梁速度快。如果是岸上的引桥或者桥墩不高时，可以视吊装质量的不同，用一台或两台（抬吊）吊车直接在桥下进行吊装［图 4.21（a）］，也可配合绞车进行吊装［图 4.21（b）］。

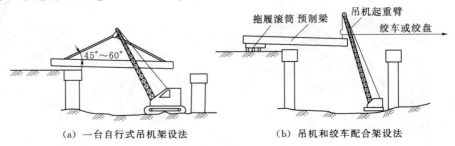

（a）一台自行式吊机架设法　　　　（b）吊机和绞车配合架设法

图 4.21　自行式吊机架梁法

（2）跨墩或墩侧龙门架架梁法。对于桥不太高，架桥孔数又多，沿桥墩两侧铺设轨道不困难的情况下，可以采用跨墩或墩侧龙门吊车（图 4.22）来架梁，通过运梁轨道或者用拖车将梁运到后，就用门式吊车起吊、横移，并安装在预定位置。当一孔架完后，吊车前移，再架设下一孔。用本方法的优点是架设安装速度较快，河滩无水时也较经济，而且架设时不需要特别复杂的技术工艺，作业人员较少。但龙门吊机的设备费用一般较高，尤其在高桥墩的情况。

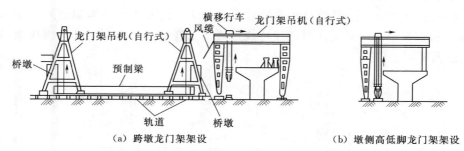

图 4.22　龙门架架梁法

（3）移动支架架梁法。对于高度不大的中、小跨径桥梁，可在桥下顺桥轴线方向铺设轨道，其上设置可移动支架来架梁。如图 4.23 所示，预制梁的前端搭在支架上，通过移动支架将梁移运到要求的位置后，再用龙门架或人字扒杆吊装；或者在桥墩上设枕木垛，用千斤顶卸下，再将梁横移就位。

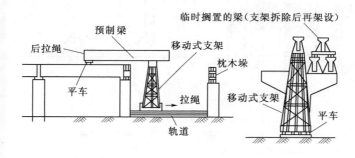

图 4.23　移动式支架架梁法

（4）摆动式支架架梁法。摆动式支架架梁法较适宜用于桥梁高跨比稍大的场合。本方法是将预制梁沿路基牵引到桥台或已架成的桥孔上并稍悬出一段，悬出距离根据梁的截面尺寸和配筋确定。从桥孔中心河床上悬出的梁端底下设置人字扒杆或木支架，如图 4.24 所示，前方用牵引绞车牵引梁端，此时支架随之摆动而到对岸。

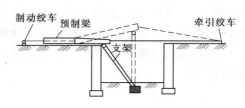

图 4.24　摆动式支架架梁法

为防止摆动过快，应在梁的后端用制动绞车牵引制动，配合前牵引逐步放松。

当河中有水时也可用此方法架梁，但需在水中设一个简单小墩，以供设立木支架用。

2. 浮运架梁法

浮运架梁法是将预制梁用各种方法移装到浮船上，并浮运到架设孔以后就位安装。采用浮运架梁法时，要求河流须有适当的水深，以浮运预制梁时不致搁浅为准；同时水位应平稳或涨落有规律，流速及风力不大，河岸能修建适宜的预制梁装卸码头，具有坚固适用的船只。本方法的优点是桥跨中不需设临时支架，可以用一套浮运设备架设多跨同跨径的预制梁，设备利用率高，较经济，架梁时浮运设备停留在桥孔的时间很少，不影响河流的通航。

浮运架设的方法有如下 3 种。

（1）将预制梁装船浮运至架设孔起吊就位安装法。此方法吊装预制梁的浮船结构如图 4.25 所示。预制梁上船可采用在引道栈桥或岸边设置栈桥码头，在码头上组拼龙门架，用龙门架吊运预制梁上船。

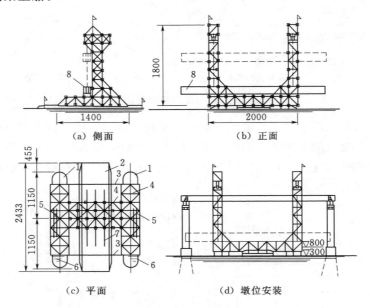

图 4.25　预制梁装船浮运架设法（单位：cm）

1—190kN 浮运船；2—800kN 铁驳船；3—联结 36 号工字钢；4—万能杆件；

5—吊点位置；6—50kN 卷扬机；7—56 号工字钢；8—预制梁

（2）对浮船充排水架设法。将预制梁装载在一艘或两艘浮船中的支架枕木垛上，使梁底的高度高于墩台支座顶面 0.2～0.3m，然后将浮船托运至架设孔，充水入浮船，使浮船吃水加深，降低梁底高度，使预制梁安装就位。在有潮汐的河流上架设预制梁时，可利用潮汐时水位的涨落来调整梁底高程，安装就位。若潮汐水位高度不够，可在浮船中用水泵充水或排水进行解决。

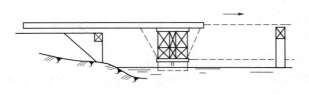

图 4.26　浮船支架拖拉架设法

（3）浮船支架拖拉架设法。将预制梁拖拉滚移到岸边，并将其一端拖至浮船支架上，再用如前所述的移动式支架架设法沿桥轴线拖拉浮船至对岸，预制梁亦相应拖拉至对岸，预制梁前端抵达安装位置后，用龙门架或人字扒杆安装就位，如图 4.26 所示。

**3. 高空架梁法**

（1）联合架桥机架梁（蝴蝶架架梁法）。此方法适用于架设安装 30m 以下的多孔桥梁，其优点是完全不设桥下支架，不受水深流急的影响，架设过程中不影响桥下通航、通车，预制梁的纵移、起吊、横移、就位都比较方便。缺点是架设设备用钢量较多，但可周转使用。

联合架桥机由两套门式吊机、一个托架（蝴蝶架）、一根两跨长的钢导梁 3 部分组成，如图 4.27 所示。钢导梁顶面铺设运梁平车和托架行走的轨道，门式吊车顶横梁上设有吊梁用的行走小车。

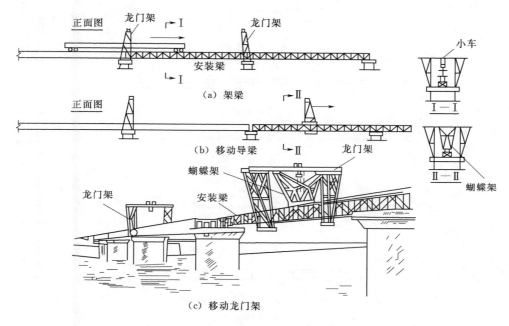

图 4.27　用导梁、龙门架及蝴蝶架联合架梁

联合架桥机架梁的顺序如下：

1）在桥头拼装导梁，梁顶铺设钢轨，并用绞车纵向拖拉导梁就位，如图 4.28（a）所示。

2）拼装蝴蝶架和门式吊机，用蝴蝶架将两个门式吊机移运至架梁孔的桥墩（台）上，如图 4.28（b）、（c）所示。

3）用平车将预制梁沿轨道运送至架梁孔位，将导梁两侧可以安装的预制梁用两个门式吊机吊起，横移并落梁就位，如图 4.28（d）所示。

4）将导梁所占位置的预制梁临时安放在已架设好的梁上。

5）用绞车纵向拖拉导梁至下一孔后，将临时安放的梁由门式吊机架设就位，并用电焊将各梁连接起来。

6）在已架设的梁上铺接钢轨，再用蝴蝶架顺序将两个门式吊机托起并运至前一孔的桥墩上。如此反复，直至将各孔梁全部架设好为止，图 4.29 为该架设法的示意图。

（2）双导梁穿行式架梁法。本方法是在架设孔间设置两组导梁，导梁上安设配有悬吊预制梁设备的轨道平车和起重行车或移动式龙门吊机，将预制梁在双导梁内吊着运到规定位置后，再落梁、横移就位。横移方法有两种：第一种方法是横移时可将两组导梁吊着预制梁整

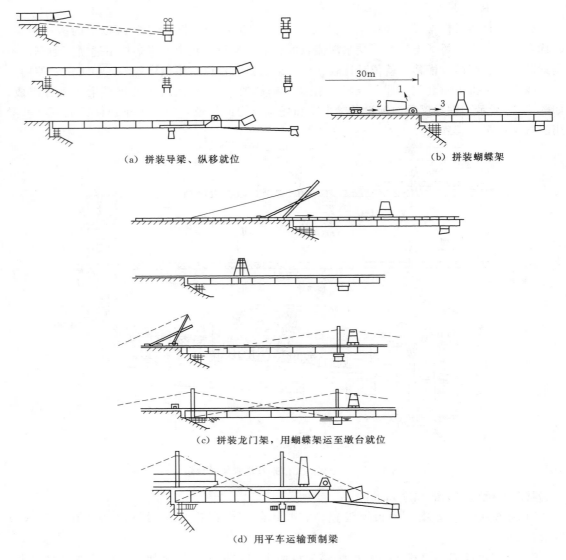

（a）拼装导梁、纵移就位　　　　　　　　　　（b）拼装蝴蝶架

（c）拼装龙门架，用蝴蝶架运至墩台就位

（d）用平车运输预制梁

图 4.28　联合架桥机架梁顺序

1—拼装蝴蝶架；2—平车前移；3—蝴蝶架吊上平车后推入桥孔

体横移；第二种方法是导梁设在宽度以外，预制梁在龙门吊机上横移，导梁不横移。第二种方法比第一种横移方法安全。

　　双导梁穿行式架梁法的优点与联合架桥机法相同，适用于墩高、水深的情况下架设多孔中小跨径的装配式梁桥，但不需蝴蝶架而配备双组导梁，故架设跨径可较大，吊装的预制梁可较重。我国用该类型的吊机架设了梁长 51m、重 1310kN 的预应力混凝土 T 形梁桥。

　　两组分离布置的导梁可用公路装配式钢桥桁节、万能杆件设备或其他特制的钢桁节拼装而成。两组导梁净距应大于待安装的预制梁宽度。导梁顶面铺设轨道，供吊梁起重行车行走。导梁设 3 个支点，前端可伸缩的支承设在架桥孔前方桥墩上，如图 4.30 所示。

　　两根型钢组成的起重横梁支承在能沿导梁顶面轨道行走的平车上，横梁上设有带复式滑

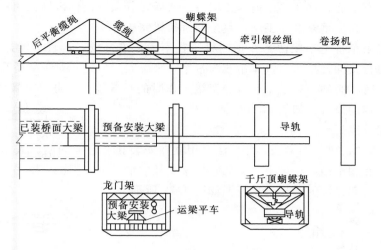

图 4.29 联合架桥机示意图

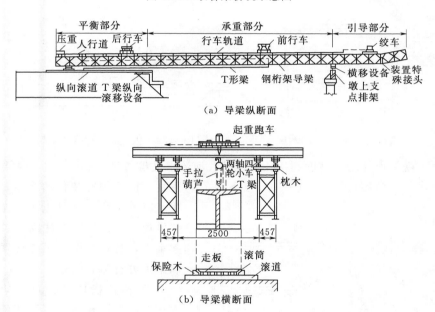

（a）导梁纵断面

（b）导梁横断面

图 4.30 双导梁穿行式架梁法

车的起重行车。行车上的挂链滑车供吊装预制梁用。其架设顺序如下：

1）在桥头路基上拼装导梁和行车，并将拼装好的导梁用绞车拖拉就位，使可伸缩支脚支承在架梁孔的前墩上。

2）先用纵向滚移法把预制梁运到两导梁间，当梁前端进入前行车的吊点下面时，将预制梁前端稍吊起，前方起重横梁吊起，继续运梁前进至安装位置后，固定起重横梁。

3）用横梁上的起重行车将梁落在横向滚移设备上，并用斜撑撑住，以防倾倒，然后在墩顶横移落梁就位（除一片中梁处）。

4）用以上步骤并直接用起重行车架设中梁。如用龙门吊机吊着预制梁横移，其方法同联合架桥机架梁。此方法预制梁的安装顺序是先安装两个边梁，再安装中间各梁。全孔各梁安装完毕并符合要求后，将各梁横向焊接联系，然后在梁顶铺设移运导梁的轨道，将导梁推向前进，安装下一孔。重复上述工序，直至便桥架梁完毕。

（3）自行式吊车桥上架梁法。在预制梁跨径不大，重量较轻，且梁能运抵桥头引道上时，可直接用自行式伸臂吊车（汽车吊或履带吊）来架梁。但是，对于架桥孔的主梁，当横向尚未连成整体时，必须核算吊车通行和架梁工作时的承载能力。此种架梁方法简单方便，几乎不需要任何辅助设备，如图4.31所示。

（4）扒杆架梁法。

1）扒杆纵向"钓鱼"架梁法。此方法是用立在安装孔墩台上的两副人字扒杆，配合运梁设备，以绞车互相牵吊，在梁下无支架、导梁支托的情况下，把梁悬空吊过桥孔，再横移落梁，就位安装的架梁法。其架梁示意图如图4.32所示。

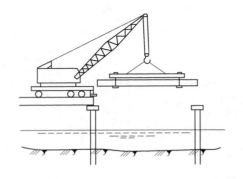

图4.31　自行式吊车桥上架梁法

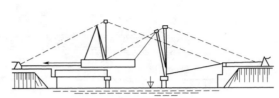

图4.32　扒杆纵向"钓鱼"架梁法

本方法不受架设孔墩台高度和桥孔下地基、河流水文等条件的影响；不需要导梁、龙门吊机等重型吊装设备而可架设30～40m以下跨径的桥梁；扒杆的安装移动简单，梁在吊着

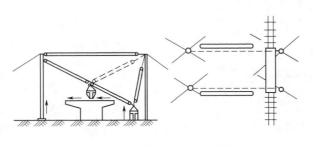

图4.33　扒杆横向"钓鱼"架梁法

状态时横移容易，且也较安全，故总的架设速度快。但本方法需要技术熟练的起重工，且不宜用于不能设置缆索锚旋和梁上方有障碍物处。

2）扒杆横向"钓鱼"架梁法。本方法是在架设孔墩上下游两侧各竖立独脚扒杆，如图4.33所示。

本方法只适用于施工时河流无水或浅水时的情况。同时，河滩较平坦。与扒杆纵向"钓鱼"架梁法相比，本方法的预制梁运送和扒杆的转移较方便、安全。

### 4.4.4　装配式混凝土梁（板）的横向联结

装配式钢筋混凝土和预应力混凝土简支梁（板）的施工工序一般为：装配式梁（板）等构件预制→构件移运堆放→运输→预制梁（板）架设安装→横向联结施工→桥面系施工。

装配式混凝土简支梁（板）桥横向一般有多片主梁（板）组成，为了使多片装配式主梁（板）能连成整体共同承受桥上荷载，必须使多片主梁（板）间有横向联结，且有足够的强度。

1. 装配式混凝土板桥的横向联结

装配式板桥的横向联结常用企口混凝土铰联结和钢板焊接联结等型式。板与板之间的联结应牢固可靠，在各种荷载作用下不松动、不解体，以保证各预制装配式板通过企口混凝土铰接缝或焊接钢板联结连成整体共同承受车辆荷载。

（1）企口混凝土铰接。企口混凝土铰接缝是在板预制时，在板两侧（边板为一侧）按设计要求预留各种形状的企口（如菱形、漏斗形和圆形等），预制板安装就位后，在相邻板间的企口中浇筑纵缝混凝土。铰缝混凝土应采用 C30 以上的细集料混凝土，施工时应注意插捣密实。实践证明，这种纯混凝土铰已能保证传递竖向剪力，使各预制板共同参与受力。有的还从预制板中伸出钢筋相互绑扎后填塞铰缝混凝土，并浇筑在桥面铺装混凝土中，如图4.34 所示。

（2）焊接钢板联结。由于企口混凝土铰接需要现场浇筑混凝土，并需待混凝土达到设计强度后才能作为整体板桥承受荷载。为了加快施工进度，可以采用焊接钢板的横向联结型式，如图 4.35 所示。板预制时，在板两侧相隔一定距离预埋钢板，待预制板安装就位后，用一块钢板焊在相邻两块预埋钢板上形成铰接构造。焊接钢板的联结构造沿纵向中距通常为0.8～1.5m，在桥跨中间部分布置密，向两端支点逐渐减疏。

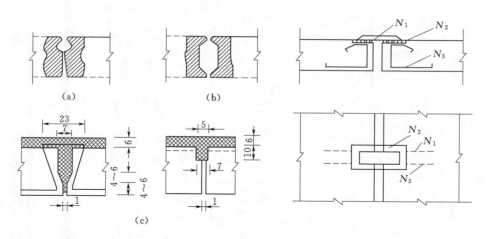

图 4.34　企口混凝土铰接缝（单位：cm）　　图 4.35　焊接钢板接头

2. 装配式混凝土简支梁桥的横向联结

预制装配式混凝土简支梁桥，待各预制梁在墩台安装就位后，必须进行横向联结施工，把各片主梁连成整体梁桥，才能作为整体桥梁共同承担二期恒载和活载。实践证明，横向联结刚度越大，各主梁共同受力性能就越好。因此，必须重视横向联结施工。

装配式简支梁桥的横向联结可分成横隔梁的联结和翼缘板的联结两种情况。

（1）横隔梁的横向联结。通常在设有横隔梁的简支梁桥中均通过横隔梁的接头把所有主梁联结成整体。接头要有足够的强度，以保证结构的整体性，并在桥梁营运过程中接头不致因荷载反复作用和冲击作用而发生松动。横隔梁接头通常有扣环式、焊接钢板和螺栓接头等型式。

1）扣环式接头。扣环式接头是在梁预制时，在横隔梁接头处伸出钢筋扣环 A（按设计计算要求布置），待梁安装就位后，在相邻构件的扣环两侧安装上腰圆形的接头扣环 B，再在形成的圆形环内插入短分布筋后，现浇混凝土封闭接缝。接缝宽度约为 0.2～0.6m。通过接缝混凝土将各主梁连成整体，如图 4.36（a）所示。

随着装配式混凝土梁主梁间距的加大，为了减小预制梁的外形尺寸和吊装重力，T 形梁的翼缘板和横隔梁都采用这种扣环式横向联结型式，以达到既经济、施工吊运又简单的目的。1983 年我国编制的装配式钢筋混凝土和预应力混凝土 T 形简支梁桥标准图，主梁间距均采用 2.2m，预制主梁的翼缘板和横隔梁宽为 1.6m，0.6m 是采用扣环式连接的接缝宽度。

2）焊接钢板接头。在预制 T 梁横隔梁接头处下端两侧和顶部的翼缘内预埋接头钢板（应焊在横梁主筋上），当 T 梁安装就位后，在横隔的预埋钢板上再加焊盖接钢板，将相邻 T 梁联结起来，并在接缝处灌筑水泥浆封闭，如图 4.36（b）所示。

3）螺钉接头。为简化接头的现场施工，可采用螺钉接头，如图 4.36（c）所示。预埋钢板和焊接钢板接头，钢盖板不是用电焊，而是用螺钉与预埋钢板联结起来，然后用水泥砂浆封闭。为此，钢板上要预留螺钉孔。这种接头不需特殊机具，施工迅速，但在营运中螺钉易松动，挠度较大。

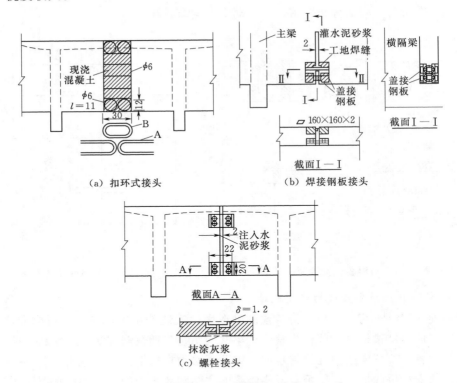

图 4.36　横隔梁横向联结（单位：cm）

（2）翼缘板的横向联结。以往具有横隔梁的装配式 T 形梁桥中，主梁间通过横隔梁连成整体，T 形梁翼缘板之间不联结，翼缘板是作为自由悬臂处理的。目前，为改善翼缘板的受力状态，翼缘板之间也进行横向联结。另外，无横隔梁的装配式 T 形梁桥，主梁是通过相邻翼缘板之间的横向联结连成整体梁桥的。

翼缘板之间通常做成企口铰接式的联结，如图 4.37 所示。由主梁翼缘板内伸出联结钢筋，横向联接施工时，将此钢筋交叉弯制，并在接缝处再安放局部的 φ6 钢筋网，然后将它们浇筑在桥面混凝土铺装层内，如图 4.37 （a）所示。也可将主梁翼缘板内的顶层钢筋伸出，施工时将它弯转并套在一根沿纵向通长布置的钢筋上，形成纵向铰，然后浇筑在桥面混凝土铺装层中，如图 4.37 （b）所示。接缝处的桥面铺装层内应安放单层钢筋网，计算时不考虑铺装层受力。该种联结构造由于连接钢筋较多，对施工增加了一些困难。

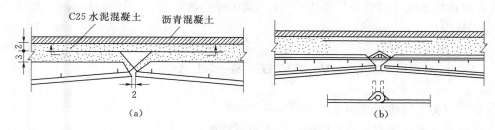

图 4.37 主梁翼缘板联结构造（单位：cm）

3. 装配式混凝土梁（板）桥横向联结施工的注意事项

横向联结施工是将单个预制梁（板）连成整体使其共同受力的关键施工工序，施工时必须保证质量，并注意以下几点：

（1）相邻主梁（板）间连接处的缺口填充前应清理干净，结头处应湿润。

（2）填充的混凝土和水泥浆应特别注意质量，在寒冷季节，要防止较薄的接缝或小截面连接处填料热量的损失，这时采取保温和蒸汽养护等措施以保证硬化。在炎热天气，要防止填料干燥太快，黏固不牢，以致开裂。若接缝处很薄（约 5mm），可灌入纯水泥浆。

（3）横向联结处有预应力筋穿过时，接头施工时应保证现浇混凝土不致压扁或损坏力筋套管。套管内的冲洗应在接头混凝土浇筑后进行。

（4）钢材及其他金属连接件，在预埋或使用前应采取防腐措施，如刷油漆或涂料等，也可用耐腐蚀材料制造预埋连接件。焊接时，应检查所用钢筋的可焊性，并应由熟练焊工施焊。

# 任 务 小 结

（1）模板是指为使混凝土结构或构件在浇筑过程中保持设计要求的形状和尺寸而制作的临时模型板；模板宜采用钢材、胶合板、木材或其他适宜的材料制作。支架是指在混凝土浇筑和硬化过程中或在砌体砌筑过程中，支撑上部结构的临时结构物；支架宜采用钢材或其他常备式定型钢构件等材料制成。

（2）预拱度的设置。根据梁的挠度和支架的变形所计算出来的预拱度之和，为预拱度的最高值，应设置在梁的跨径中点。其他各点的预拱度，应以中间点为最高值，以梁的两端为零，按直线或二次抛物线比例进行分配。

（3）钢筋的连接方式有绑扎连接、焊接和机械连接 3 种方式，其中机械连接又有套筒挤压接头、锥螺纹接头和墩粗直螺纹接头等方法。

（4）混凝土的配合比应以质量比表示，并应通过计算和试配选定。试配时应使用施工实际采用的材料，配制的混凝土拌和物应满足和易性、凝结时间等施工技术条件，制成的混凝土应满足强度、耐久性（抗冻、抗渗和抗侵蚀）等质量要求。

（5）简支式梁、板构件的架设，不外乎起吊、纵移、横移、落梁等工序。从架梁的工艺类别来分，有陆地架设、浮吊架设和高空架设法等。其中陆地架设法有自行式吊机架梁法、跨墩或墩侧龙门架架梁法、移动支架架梁法和摆动式支架架梁法等；浮吊架设法有将预制梁装船浮运至架设孔起吊就位安装法、对浮船充排水架设法和浮船支架拖拉架设法；高空架设法有联合架桥机架梁（蝴蝶架架梁法）、双导梁穿行式架梁法、自行式吊车桥上架梁法和扒杆架梁法等。

## 学 习 任 务 测 试

1. 钢筋混凝土梁式桥常用支架的类型有哪些？
2. 模板及支架在制作和安装时的注意事项有哪些？
3. 施工预拱度应如何设置？
4. 钢筋连接有哪些方法？有何要求？
5. 钢筋的焊接有何要求？
6. 混凝土的原材料有哪些？分别要检测哪些内容？
7. 简述混凝土浇筑厚度的要求。
8. 桥梁工地用的机械振捣混凝土的方法有哪几种？各适用于什么情况？
9. 混凝土外观质量检查的项目有哪些？并分析其产生原因。
10. 装配式构件在出坑、移运、堆放时，对构件混凝土的强度有何要求？
11. 简述用联合架桥机架梁的顺序。
12. 如何进行装配式钢筋混凝土简支梁桥横隔梁的联结？

# 学习任务 5　预应力混凝土桥梁施工技术

**学习目标**

通过本任务的学习，熟悉预应力混凝土的基本知识及材料；掌握先张法混凝土的施工工艺和要求；掌握后张法混凝土的施工工艺和要求。

## 学习情境 5.1　预 应 力 混 凝 土 概 述

### 5.1.1　预应力混凝土结构的特点

普通钢筋混凝土结构受弯构件在正常使用条件下，其受拉区是开裂的，影响构件的正常使用和耐久性，并限制了高强材料的应用。另外，普通钢筋混凝土结构的自重大，增加了施工的难度，大大地限制了桥梁的跨越能力。随着桥梁跨度的增大，预应力混凝土结构将更具有优势。因为预应力混凝土结构除了具有普通钢筋混凝土结构的优点外，还有下述重要特点：

（1）能最有效地利用高强钢筋、高强混凝土，减小截面，降低自重，增大跨越能力。

（2）与普通钢筋混凝土桥梁相比，一般可节省钢材 30％～40％，跨径越大，节省越多。

（3）预应力混凝土梁在正常使用条件下不出现裂缝，鉴于能全截面参与工作。故可显著减小建筑高度，使大跨径桥梁做得轻柔美观，扩大了对各种桥型的适应性，提高了结构的耐久性。

（4）预应力技术的采用，为现代装配式结构提供了最有效的装配、拼装手段。根据需要，可在纵向、横向及竖向施加预应力，使装配式结构集整成理想的整体，扩大了装配式桥梁的使用范围。

当然，预应力混凝土结构要有作为预应力筋的优质高强钢材和要可靠保证高强混凝土的制备质量，同时要有一整套专门的预应力张拉设备和材质好、精度高的锚具，并要掌握复杂的施工工艺。

### 5.1.2　施加预应力的方法

施加预应力一般是靠张拉在混凝土中配置的高强度钢筋来实现的。目前，在桥梁工程中常用的方法有先张法和后张法两种。

1. 先张法

图 5.1 为先张法施工程序示意图。先张法生产工序少、效率高，适宜工厂化大批量生产。张拉钢筋时，只需夹具，无需锚具，预应力筋自锚于混凝土之中。但先张法需要专门的张拉台座，构件中钢筋一般只能采用直线配筋，施加的应力较小，一般只适合于制作跨径在 25m 内的中小跨径梁（板）。

2. 后张法

图 5.2 为后张法的施工程序示意图。后张法的张拉设备简单，不需要专门台座，便于在

现场施工，预应力筋可布置成直线和曲线，施加的力较大，适合预制大型构件。后张法是一种极有效的拼装手段，在大跨度桥梁施工中广泛应用。但需要大量锚具且不能重复使用，施工工序多，工艺复杂。

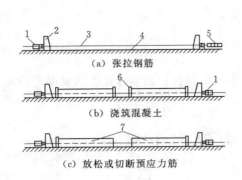

图5.1　先张法的施工程序示意图

1—锚具；2—台座；3—顶应力筋；4—台面；5—张拉
千斤顶；6—模板；7—预应力混凝土构件

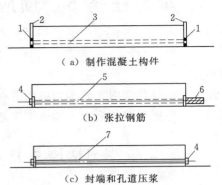

图5.2　后张法的施工程序示意图

1—预埋钢板；2—模板；3—预留孔道；4—锚具；
5—预应力构件；6—张拉千斤顶；7—孔道压浆

### 5.1.3　预应力混凝土结构的材料

采用高强度等级混凝土和高强度钢材是预应力混凝土结构的典型特点。

**1. 混凝土**

公路桥梁预应力混凝土构件的混凝土强度等级不宜低于C30；当采用碳素钢丝、钢绞线、热处理钢筋（Ⅴ级钢筋）作预应力钢筋时，混凝土强度等级不宜低于C40、C50，而普通钢筋混凝土结构常用的是C25、C30混凝土。

用于预应力混凝土结构的混凝土，不仅要求高强度，而且要求有很高的早期强度，以便能早日施加预应力，从而提高构件的生产效率和设备的利用率。

**2. 钢材**

预应力混凝土结构中的钢材有钢筋、钢丝和钢绞线三大类，桥涵工程中常用的有下列几种。

（1）冷拉钢筋及Ⅴ级钢筋。目前，使用较多的是冷拉Ⅳ级钢筋，冷拉Ⅲ级钢筋大多用作竖向及横向预应力钢筋，冷拉Ⅱ级钢筋因其强度较低，较少使用。需要注意的是冷拉Ⅳ级钢筋虽使用性能良好，但可焊性能较差，在使用时必须有合理的焊接工艺。Ⅴ级钢筋（热处理钢筋）强度较高，可直接用作预应力钢筋。

（2）高强钢丝。在预应力混凝土结构中，常用的高强钢丝有碳素钢丝和刻痕钢丝。我国生产的高强钢丝有直径为2.5mm、3.0mm、4.0mm和5.0mm共4种，直径越细强度越高，其中直径2.5mm的钢丝强度最高。

（3）冷拔低碳钢丝。冷拔低碳钢丝是由Ⅰ级钢筋（多为小直径的圆盘）经多次冷拔后得到的钢筋，有直径为3mm、4mm、5mm共3种。由于冷拔低碳钢丝材性不稳定、分散性大，所以仅用于次要结构或小型构件中。

（4）钢绞线。钢绞线是把多根平行的高强钢丝围绕一根中心芯线用绞盘绞捻成束而形成。我国生产的钢绞线的规格有7$\phi$2.5、7$\phi$3.0、7$\phi$4.0、7$\phi$5.0共4种。如7$\phi$5.0钢绞线系由 6 根直径为 5mm 的钢丝围绕一根直径为 5.15～5.20mm 的钢丝扭结后，经低温回火处理而成。

预应力混凝土用热处理钢筋应符合《预应力混凝土用热处理钢筋》（GB 4463—1984）的要求；预应力混凝土用钢丝应符合《预应力混凝土用钢丝》（GB/T 5223—2014）的要求；预应力混凝土用钢绞线应符合《预应力混凝土用钢绞线》（GB/T 5224—2014）的要求。

### 5.1.4 夹具与锚具

夹具是在张拉阶段和混凝土成型过程中夹持预应力筋的工具，可重复使用，一般用于先张法。锚具是在预应力混凝土构件上永久锚固预应力筋的工具，它与构件联成一体共同受力，不再取下，一般用于后张法。有些锚夹具既可作为锚具也可作为夹具使用，故有时也将夹具和锚具统称为锚具。

1. 夹具

夹具一般分圆锥形夹具和螺杆销片夹具两类。

（1）圆锥形夹具。圆锥形夹具有钢丝用的、钢筋用的和钢绞线用的 3 种。

钢丝用的圆锥形夹具，如图 5.3 所示，是由套筒与销子两部分组成，适用于张拉 $\phi 4$、$\phi 5$ 碳素钢丝或冷拔钢丝。图中销子上的浅槽尺寸，带括弧者是锚固 $\phi 5$ 钢丝的，不带括弧者是锚固 $\phi 4$ 钢丝的，槽内须凿毛。将销子做成一条槽时，可适用于锚固单根钢丝。

钢筋用的圆锥形夹具，是由套筒与圆锥形夹片组成，如图 5.4 所示。套筒内壁呈圆锥形，与夹片锥度吻合。夹片为 2 个或 3 个圆片，圆片的圆心部分形成半圆形凹槽，并刻有细齿，钢筋就夹紧在夹片中的凹槽内。这种夹具适用于锚固直径 12～16mm 的冷拉Ⅱ、Ⅲ、Ⅳ级钢筋。

钢绞线用的圆锥形夹具，由套筒与三片式圆锥形夹片组成，如图 5.5 所示，有两种规格，分别锚固 $\phi^s 12.7$mm（$7\phi 4$）和 $\phi^s 15.2$mm（$7\phi 5$）单根钢绞线。

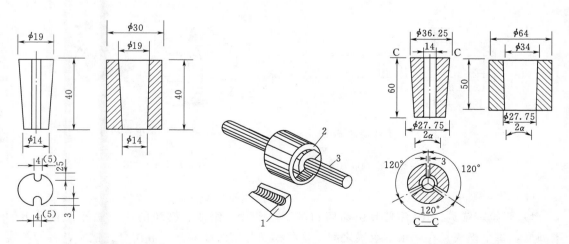

图 5.3 钢丝用的圆锥形夹具　　图 5.4 钢筋用的圆锥形夹具　　图 5.5 钢绞线用的圆锥形夹具

1—夹片；2—套筒；

3—预应力筋

（2）螺杆销片夹具。该夹具在后张自锚工艺或先张工艺中，用于成束张拉和临时锚固直径为 12mm、14mm 的冷拉Ⅱ、Ⅲ、Ⅳ级钢筋。它由锚板、销片、螺杆、螺母组成，如图

5.6 所示。锚板有 6 孔、8 孔、10 孔的 3 种，以适应不同根数的钢筋束。销片为两个半圆片，中部开有半圆形凹槽，钢筋即是被锚夹于两销片中间。

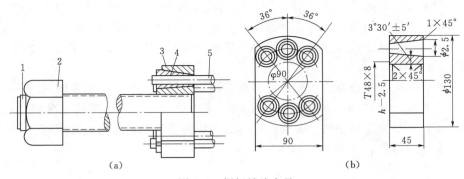

图 5.6　螺杆销片夹具

1—螺杆；2—螺母；3—锚板；4—销片；5—预应力筋

2. 锚具

常用的锚具主要有螺丝端杆锚具、锥形锚具（弗氏锚）、钢绞线束锚具、钢丝束墩头锚具等 4 类。

（1）螺丝端杆锚具。由螺丝端杆和螺母组成，如图 5.7 所示。使用时将螺丝端杆与预应力钢筋焊成一个整体（在预应力钢筋冷拉以前进行），张拉后用螺母锚固。它适用于锚固直径为 12～40mm 的冷拉Ⅲ、Ⅳ级钢筋。

（2）锥形锚具（弗氏锚）。它由锚环和锚塞两部分组成，如图 5.8 所示。锚环内壁与锚塞锥度要吻合，且锚塞上刻有细齿槽。锚固时，将锚塞塞入锚环，顶紧，钢丝就夹紧在锚塞周围。该锚具适用于锚固 18～24 根直径为 5mm 的碳素钢丝。

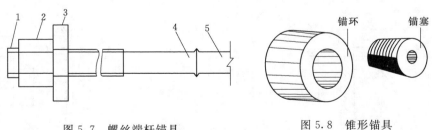

图 5.7　螺丝端杆锚具

1—螺丝端杆；2—螺母；3—垫板；

4—对焊；5—预应力筋

图 5.8　锥形锚具

（3）钢绞线束锚具。

1）张拉端锚具。JM 型锚具由锚环和楔块（夹片）组成。楔块的两个侧面设有带齿的半圆槽，每个楔块长在两根钢绞线之间，这些楔块与钢绞线共同形成组合式锚塞，将钢绞线束楔紧。JM 型锚具更换夹片后也可用于锚固冷拉粗钢筋，其构造如图 5.9 所示。

OVM 锚具由锚板和夹片组成，锚孔为直孔，夹片为二片式，并在夹片背面上部锯有一条弹性槽，以提高锚固性能。OVM 锚具实物如图 5.10 所示。

BM 型锚简称扁锚。它是由扁锚头、扁形垫板、扁形喇叭管及扁形管道等组成，构造如图 5.11 所示。这种锚具特别适用于空心板、低高度箱梁及桥面横向预应力张拉。

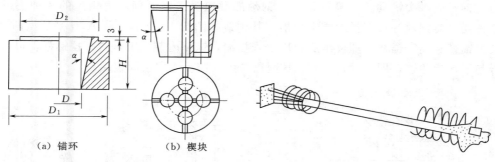

（a）锚环　　　　　　　　　　（b）楔块

图 5.9　JM 型锚具构造　　　　　　　　　　图 5.10　OVM 型锚具

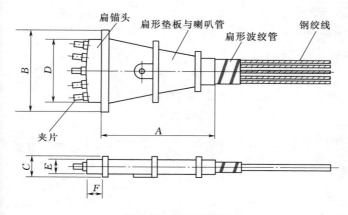

图 5.11　BM 型锚具

2）固定端锚具。钢绞线固定端锚具，除了可以采用与张拉端相同的锚具外，还可以选用挤压锚具和压花锚具。

挤压锚具是用压头机将套筒挤紧在钢绞线端头上的一种支承式锚具。套筒内衬有硬钢丝螺丝圈，在挤压后硬钢丝全部脆断，一半嵌入外钢套，一半压入钢绞线，从而增加钢套筒与钢绞线之间的摩阻力。这种锚具适用于构件端部的设计力大或端部尺寸受到限制的情况，其构造如图 5.12 所示。

压花锚具是利用液压压花机将钢绞线端部压成梨形散花状的一种黏结式锚具，如图 5.13 所示。

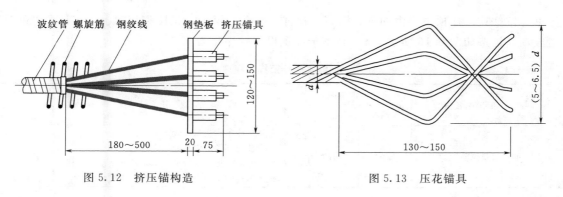

图 5.12　挤压锚构造　　　　　　　　　　图 5.13　压花锚具

（4）钢丝束墩头锚具。该锚具是利用钢丝的墩粗头来锚固预应力钢丝的一种支承式锚具，这种锚具对钢丝等长下料的要求严格。其构造如图 5.14 所示，分 A 型和 B 型两种。A型锚具由锚杯和固定锚杯的螺母组成，用于张拉端，锚杯内装上工具式张拉螺杆，再通过工具螺母与千斤顶相连，即可进行张拉。B 型锚具系一锚板，用于固定端。

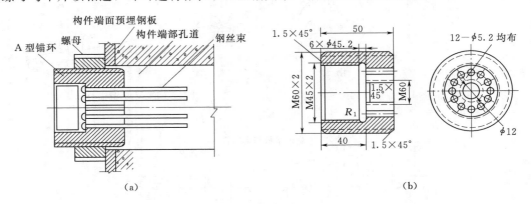

图 5.14　墩头锚具

### 5.1.5　张拉机具

张拉机具是制作预应力构件的专用设备，它主要由张拉千斤顶、高压油泵和压力表 3 部分组成。

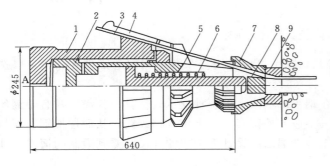

图 5.15　锥锚式千斤顶（TD-60 型）

1—张拉杆；2—顶压缸；3—钢丝；4—楔块；5—顶锚活塞杆；
6—弹簧；7—对中套；8—锚塞；9—锚环

**1. 张拉千斤顶**

液压千斤顶按其构造可分为锥锚式、拉杆式和穿心式 3 种型式。

（1）锥锚式手斤顶。锥锚式千斤顶适用于张拉用锥形锚具锚固的钢丝束。它由张拉油缸、顶压油缸、退楔装置、楔形卡盘等组成，其构造简图如图 5.15 所示。

其操作顺序见表 5.1。

（2）拉杆式千斤顶。拉杆式千斤顶适用于张拉带有螺杆式和墩头式锚具的单根粗钢筋、钢筋束、钢

丝束。拉杆式千斤顶主要由油缸、活塞、拉杆、端盖、撑脚、张拉头和动、静密封圈等部分组成，其构造如图 5.16 所示。YL60 型千斤顶操作顺序见表 5.2。

**表 5.1**　　　　　　　　　　　　　　　　　　　**锥锚式千斤顶操作顺序**

| 顺序 | 工序名称 | 进、回油情况 | | 动　作　情　况 |
| --- | --- | --- | --- | --- |
| | | A 油嘴 | B 油嘴 | |
| 1 | 张拉前准备 | 回油 | 回油 | （1）油泵停车或空载运转。<br>（2）安装锚环、对中套、千斤顶。<br>（3）开泵后将顶压油缸伸出一定长度，供退楔用。<br>（4）将钢丝按顺序嵌入卡盘槽内，用楔块夹紧 |

| 顺序 | 工序名称 | 进、回油情况 | | 动 作 情 况 |
|---|---|---|---|---|
| | | A 油嘴 | B 油嘴 | |
| 2 | 张拉预应力筋 | 进油 | 回油 | (1) 顶压缸右移顶住对中套、锚环。<br>(2) 张拉缸带动卡盘左移张拉钢丝束 |
| 3 | 顶压锚塞 | 关闭 | 进油 | (1) 张拉缸持荷，稳定在设计的张拉力。<br>(2) 顶压活塞杆右移，将锚塞强力顶入锚环内。<br>(3) 弹簧压缩 |
| 4 | 液压退楔<br>（张拉缸回程） | 回油 | 进油 | (1) 张拉缸（或顶压缸）右移（或左移）回程复位。<br>(2) 退楔翼板顶住楔块使之松脱 |
| 5 | 顶压活塞杆弹簧回程 | 回油 | 回油 | (1) 油泵停车或空载运转。<br>(2) 在弹簧力作用下，顶压活塞杆左移复位 |

表 5.2　　　　　　　　　　　　　　　　**YL60 型千斤顶操作顺序**

| 顺序 | 工序名称 | | 进、回油情况 | | 动 作 情 况 |
|---|---|---|---|---|---|
| | | | A 油嘴 | B 油嘴 | |
| 1 | 张拉前准备 | | 回油 | 回油 | (1) 油泵停车或空载运转。<br>(2) 连接头拧入螺丝端杆。<br>(3) 千斤顶对中就位 |
| 2 | 张拉预应力钢筋 | | 进油 | 回油 | (1) 油缸和撑脚顶住构件端面。<br>(2) 活塞拉杆右移张拉钢筋。<br>(3) 钢筋张拉到设计张拉力后持荷，拧紧螺丝端杆上的螺母 |
| 3 | 液压差动回程 | 单路进油回程 | 关闭 | 进油 | (1) 差动阀活塞杆顶开锥阀，A、B 油腔连通，活塞拉杆右移回程。 |
| | | 双路进油回程 | （卸荷后）进油 | 进油 | (2) 复位后，打开油泵上的控制阀。 |
| | | 带压双路进油回程 | 进油 | 进油 | (3) 油泵停车或空载运转。<br>(4) 卸下连接头 |

注　YL60 型千斤顶有张拉保护装置，满行程张拉到底时，张拉缸油压不升高。但无回程保护装置，操作时应注意防止回程超压，或调整泵上安全阀的控制压力。

　　（3）穿心式千斤顶。穿心式千斤顶主要用于张拉带有夹片式锚、夹具的单根钢筋、钢绞线或钢筋束、钢绞线束。图 5.17 所示为常用的 YC-60 型千斤顶构造，它的主要部分有张

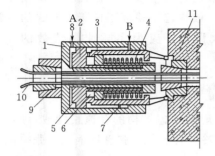

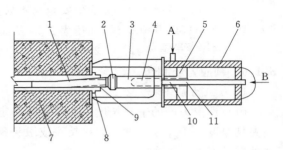

图 5.16　拉杆式千斤顶（YL60 型）　　　　　　图 5.17　穿心式千斤顶（YC-60 型）

1—大缸；2—小缸；3—顶压活塞；4—弹簧；5—张拉工作　　　1—预应力筋；2—连接器；3—拉杆；4—副缸；
油室；6—顶压工作油室；7—张拉回程油室；8—后油嘴；　　　5—主缸活塞；6—主缸；7—预留孔道；8—垫板；
9—工具式锚具；10—钢绞线；11—锚具　　　　　　　　　　　9—锚固螺母；10—副缸活塞；11—油封

拉缸、顶压缸、顶压活塞及弹簧等。YC－60 型千斤顶张拉顺序见表 5.3。

表 5.3　　　　　　　　　　　　　　　**YC－60 型千斤顶操作顺序**

| 顺序 | 工序名称 | 进、回油情况 | | 动　作　情　况 |
|---|---|---|---|---|
| | | A 油嘴 | B 油嘴 | |
| 1 | 张拉前准备 | 回油 | 回油 | (1) 油泵停车或空载运转。<br>(2) 安装锚具、穿筋后安装工具锚。<br>(3) 千斤顶对中就位 |
| 2 | 张拉预应力筋 | 进油 | 回油 | (1) 顶压缸和撑套右移顶住锚环。<br>(2) 张拉缸左移，张拉预应力筋 |
| 3 | 顶压锚固 | 关闭 | 进油 | (1) 张拉缸持荷，稳定在设计的张拉力。<br>(2) 顶压活塞右移，将夹片强力顶入锚环内。<br>(3) 顶压活塞回程弹簧压缩 |
| 4 | 张拉缸液压回程 | 回油 | 进油 | 张拉缸（或顶压缸）右移（或左移）复位，工具锚松脱 |
| 5 | 顶压活塞弹簧回程 | 回油 | 回油 | (1) 油泵停车或空载运转。<br>(2) 在弹簧力作用下，顶压活塞左移复位。<br>(3) 卸下工具锚和千斤顶 |

注　1. 顶压锚固时，张拉缸内油压将会升高，应控制其升高值，使预应力筋的应力不超过流限（钢筋束）或条件流限（钢绞线束）。
　　2. 在张拉、顶压和液压同程时，为防止误操作产生过高的油压，可调整油泵相应油路中安全阀的溢流压力。
　　3. 作为拉杆式千斤顶使用时，操作顺序为表中的 1、2、4、5。

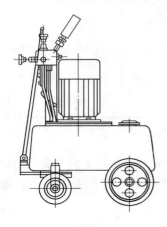

图 5.18　电动高压油泵
（ZB4/500 型）

**2. 高压油泵**

高压油泵与液压千斤顶配套使用，为千斤顶供油。常用的有电动高压油泵和手动高压油泵两种。图 5.18 为目前常用的 ZB4/500 电动高压油泵，由泵体、控制阀、油箱小车和充电设备等部分组成。

**3. 油压表**

油压表是测量压力的仪表。它安装在油泵上，从油压表的读数上反映出千斤顶工作活塞上单位面积所承受的压力。千斤顶对钢筋施加的拉力，可由油压表上的读数与千斤顶上作活塞面积的乘积求得。油压表的种类很多，为保证读数的精度，并确保安全与不易损坏，一般均选用精度不低于 1.5 级的弹簧管油压表。其表面的最大读数，应为实际使用读数的 1.5～2.0 倍。

### 5.1.6　预应力筋制作

1. 预应力筋下料

（1）预应力筋的下料长度应通过计算确定，计算时应考虑结构的孔道长度或台座长度、锚夹具厚度、千斤顶长度、焊接接头或墩头预留量、冷拉伸长值、弹性回缩值、张拉伸长值和外露长度等因素。

钢丝束两端采用墩头锚具时，同一束中各根钢丝下料长度的相对差值，当钢丝束长度不大于 20m 时，不宜大于 1/3000；当钢丝束长度大于 20m 时，不宜大于 1/5000，且不大于 5mm。长度不大于 6m 的先张构件，当钢丝成组张拉时，同组钢丝下料长度的相对差值不得大于 2mm。

（2）钢丝、钢绞线、热处理钢筋、冷拉Ⅳ级钢筋、冷拔低碳钢丝及精轧螺纹钢筋的切断，宜采用切断机或砂轮锯，不得采用电弧切割。

**2．冷拉钢筋接头**

（1）冷拉钢筋的接头，应在钢筋冷拉前采用一次闪光顶锻法进行对焊，对焊后应进行热处理，以提高焊接质量。钢筋焊接后其轴线偏差不得大于钢筋直径的 1/10，且不得大于 2mm，轴线曲折的角度不得超过 4°。采用后张法张拉的钢筋，焊接后尚应敲除毛刺，但不得减损钢筋截面面积。

（2）预应力筋有对焊接头时，除非设计另有规定，宜将接头设置在受力较小处，在结构受拉区及在相当于预应力筋直径 30 倍长度的区段（不小于 500mm）范围内，对焊接头的预应力筋截面面积不得超过该区段预应力筋总截面面积的 25%。

（3）冷拉钢筋采用螺丝端锚具时，应在冷拉前焊接螺丝端杆，并应在冷拉时将螺母置于端杆端部。

**3．预应力筋墩粗头**

预应力筋墩头锚固时，对于高强钢丝，宜采用液压冷墩；对于冷拔低碳钢丝，可采用冷冲墩粗；对于钢筋，宜采用电热墩粗，但Ⅳ级钢筋墩粗后应进行电热处理。冷拉钢筋端头的墩粗及热处理工作，应在钢筋冷拉之前进行，否则应对墩头逐个进行张拉检查，检查时的控制应力应不小于钢筋冷拉的控制应力。

**4．预应力筋的冷拉**

预应力筋的冷拉，可采用控制应力或控制冷拉率的方法。但对不能分清炉批号的热轧钢筋，不应采取控制冷拉率的方法。

（1）当采用控制应力方法冷拉钢筋时，其冷拉控制应力下的最大冷拉率，应符合表 5.4 的规定。冷拉时应检查钢筋的冷拉率，当超过表中的规定时，应进行力学性能检验。

表 5.4　　　　　　　　　　　　冷拉控制应力及最大冷拉率

| 钢筋级别 | 钢筋直径/mm | 冷拉控制应力/MPa | 最大冷拉率/% |
| --- | --- | --- | --- |
| Ⅳ级 | 10～28 | 700 | 4.0 |

（2）当采用控制冷拉率方法冷拉钢筋时，冷拉率必须由试验确定。测定同炉批钢筋冷拉率时，其试样不少于 4 个，并取其平均值作为该批钢筋实际采用的冷拉率。测定冷拉率钢筋的冷拉应力应符合表 5.5 的规定。

表 5.5　　　　　　　　　　　　测定冷拉率时钢筋的冷拉应力

| 钢筋级别 | 钢筋直径/mm | 冷拉应力/MPa |
| --- | --- | --- |
| Ⅳ级 | 10～28 | 730 |

**注**　当钢筋平均冷拉率低于1%时，仍应按1%进行冷拉。

冷拉多根连接的钢筋，冷拉率可按总长计，但冷拉后每根钢筋的冷拉率应符合表 5.4 的规定。

（3）钢筋的冷拉速度不宜过快，宜控制在5MPa/s左右。冷拉至规定的控制应力（或冷拉率）后，应停置 1～2min 再放松。冷拉后，有条件时宜进行时效处理。应按冷拉率大小分组堆放，以备编束时选料。冷拉钢筋时应做记录。

当采用控制应力方法冷拉钢筋时，对使用的测力计应经常进行校验。

**5. 预应力筋的冷拔**

预应力筋采用冷拔低碳钢丝时，应采用 6～8mm 的Ⅰ级热轧钢筋盘条拔制。拔丝模孔为盘条原直径的 0.85～0.9，拔制次数一般不超过 3 次，超过 3 次时应将拔丝退火处理。拉拔总压缩率应控制在 60%～80%，平均拔丝速度应为 50～70m/min。冷拔达到要求直径后，应按有关规定进行检验，以决定其组别和力学性能（包括伸长率）。

**6. 预应力筋编束**

预应力筋由多根钢丝或钢绞线组成时，同束内应采用强度相等的预应力钢材。编束时，应逐根理顺，绑扎牢固，防止互相缠绕。

### 5.1.7　滑丝、断丝的原因和处理

预应力筋（钢丝、钢绞线、钢筋）在张拉与锚固时，由于各种原因，不可避免地产生个别力筋滑移和断裂现象。

**1. 滑丝的原因**

滑丝的原因很多，一般是锚圈锥孔与夹片之间有夹杂物；力筋和千斤顶卡盘内有油污；锚下垫板喇叭口内有混凝土和其他残渣；锚具偏离锚下垫板止口；锚具（锚圈、锚塞、夹片）质量存在问题，由于其硬度不足且不匀而产生变形。此外，回油过猛，力筋粗细不一致也是滑丝产生的因素之一。滑丝一般退顶后发生，有时张拉结束后半天至一天内发生。

**2. 断丝的原因**

断丝的发生，一般是：钢材材质不均匀或严重锈蚀；锚圈口处分丝时交叉重叠；操作过程中没有做到孔道、锚圈、千斤顶三对中，造成钢丝偏中，受力不匀，个别钢丝应力集中；油压表失灵，造成张拉力过大；千斤顶未按规定校验。

**3. 滑丝、断丝的处理原则**

在预应力张拉过程中或锚固时，预应力筋滑丝、断丝数量超过设计或表5.6、表5.7的规定，应予以处理。

表 5.6　　　　　　　　　　　　先张法预应力筋断丝限制

| 项　次 | 类　别 | 检　查　项　目 | 按制数 |
|---|---|---|---|
| 1 | 钢丝、钢绞线 | 同一构件内断丝数不得超过钢丝总数的比例 | 1% |
| 2 | 钢筋 | 断筋 | 不容许 |

表 5.7　　　　　　后张法预应力筋断丝、滑丝限制（钢丝、钢绞线、钢筋）

| 项次 | 类别 | 检　查　项　目 | 控制数 |
|---|---|---|---|
| 1 | 钢丝束、钢绞线束 | 每束钢丝断丝或滑丝 | 1根 |
| | | 每束钢绞线断丝或滑丝 | 1丝 |
| | | 每个断面断丝之和不超过该断面钢丝总数的比例 | 1% |
| 2 | 单根钢筋 | 断筋或滑移 | 不允许 |

**注**　1. 钢绞线断丝是指钢绞线内铜丝的断丝。

　　2. 断丝包括滑丝失效的钢丝。

　　3. 滑移量是指张拉完毕锚固后部分钢丝或钢绞线向孔道内滑移的长度。

**4. 滑丝的处理**

张拉完成后应及时在钢丝（或钢绞线）上作好醒目的标记，如发现滑丝，解决的措施一般是：采用 YC 122 千斤顶和卸荷座，将卸荷座支承在锚具上，用 YC 122 千斤顶张拉滑丝钢绞线，直至将滑丝夹片取出，换上新夹片，张拉至设计应力即可。如遇严重滑丝或在滑丝过程中钢绞线受到了严重的伤害，则应将锚具上的所有钢绞线全部卸荷，找出原因并解决，再重新张拉（图 5.19）。

图 5.19　滑丝处理示意图

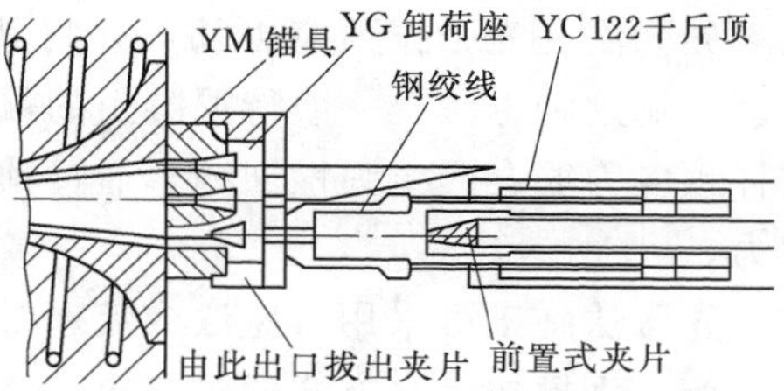

**5. 断丝的处理**

（1）断丝的处理，常用的方法有：

1）提高其他钢丝束的控制张拉力作为补偿。

2）换束。卸荷、松锚、换束、重新张拉至设计应力值。

3）启用束。对于一些重要的结构，设计时往往留有备用孔道或备用束，当施工过程中发生严重断丝的特殊情况时，即启用备用束。

（2）滑丝与断丝现象发生在顶锚以后，处理方法还可采用如下方法。

1）钢丝束放松。将千斤顶按张拉状态装好，并将钢丝在夹盘内楔紧。一端张拉，当钢丝受力伸长时，锚塞稍被带出。这时立即用钢钎住锚塞螺纹（钢钎可用 5mm 的钢丝、端部磨尖制成，长 20～30cm）。然后主缸缓慢回油，钢丝内缩，锚塞因被卡住而不能与钢丝同时内缩。主缸再次进油，张拉钢丝，锚塞又被带出。再用钢钎卡住，并使主缸回油，如此反复进行至锚塞退出为止。然后拉出钢丝束更换新的钢丝束和锚具。

2）单根滑丝单根补拉。将滑进的钢丝楔紧在卡盘上，张拉达到应力后顶压楔紧。

3）人工滑丝放松钢丝束。安装好千斤顶并楔紧各根钢丝。在钢丝束的一端张拉到钢丝的控制应力仍拉不出锚塞时，打掉一个千斤顶卡盘上钢丝的楔子，迫使 1～2 根钢丝产生抽丝。这时锚塞与锚圈的锚固力就减小了，再次拉锚塞就较易拉出。

### 5.1.8　施加预应力的一般规定

施加预应力的一般规定如下：

（1）张拉机具应与锚具配套使用，在进场时进行检查和校验。千斤顶与压力表应配套校验，以确定张拉力与压力表读数之间的关系曲线。张拉机具应由专人使用和保管，并经常维护，定期校验。

（2）预应力钢材及所有锚具、夹具应有出厂合格证书，进场时应按有关要求分批进行检验。

（3）预应力筋的张拉控制应力 $\sigma_k$ 应符合下列规定。

对于钢丝、钢绞线：$\sigma_k \leqslant 0.75 R_y^b$

对于冷拉粗钢筋：$\sigma_k \leqslant 0.90 R_y^b$

预应力筋的最大控制应力的规定为：钢丝、钢绞线不应超过 $8R_y^b$；冷拉粗钢筋不超过 $0.95R_y^b$。

（4）张拉时应采用应力和伸长值双控制，实际伸长值与理论伸长值相比较，应控制在 $\pm 6\%$ 以内，否则应暂停张拉，待查明原因并采取措施加以调整后，方可继续张拉。

# 学习情境 5.2　先 张 法 施 工

先张法是先张拉预应力筋，并将其临时锚固在张拉台座上，然后浇筑混凝土的施工方法。采用这种方法，一般待混凝土的强度和弹性模量达到规定值时，逐渐将预应力筋放松，这样预应力筋会产生弹性回缩，通过预应力筋与混凝土之间的黏结作用，使混凝土获得预压应力。

先张法施工可采用台座法或流水机组法。采用流水机组法施工时，构件在移动式的钢模中生产，钢模按流水方式通过张拉、浇筑、养护等各个固定机组完成每道工序。流动机组法能够加快生产速度，但是需要大量的钢模和较高的机械化程度，并且需要配合蒸汽养护，因此适用于在工厂内预制定型构件。采用台座法施工时，构件施工的各道施工工序全部在固定的台座上进行。台座法不需要复杂的机械设备，施工适应性强，故应用较广。

（1）台座。先张法施工的承力台座应进行专门设计，并应具有足够的强度、刚度和稳定性，台座的抗倾覆安全系数应不小于 1.5，抗滑移系数应不小于 1.3。按照结构构造的不同，先张法的台座可分为墩式和槽式两类。

1）墩式台座。墩式台座主要靠自重和土压力来平衡张拉力所产生的倾覆力矩，并且靠土体的反力和摩擦力来抵抗水平位移。台座由台面、承力架、横梁和定位钢板等组成，如图 5.20 所示。台座的台面有整体式台面和装配式台面两种，是预制构件的底模。承力架承受全部的张拉力，又分为重力式和构架式两种，重力式主要靠自重平衡张拉力所产生的倾覆力矩，构架式主要靠土压力来平衡张拉力所产生的倾覆力矩，如图 5.21 所示。横梁是将预应力筋张拉力传给承力架的构件。定位钢板用来固定预应力筋的位置，其厚度必须保证施加张拉力后具有足够的刚度；定位板上圆孔的位置则按构件中预应力筋的设计位置来确定。

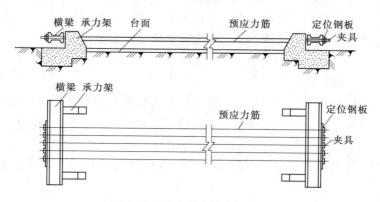

图 5.20　墩式台座构造示意图

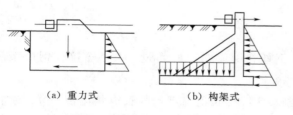

（a）重力式　　　（b）构架式

图 5.21　承力架承力示意图

2）槽式台座。当现场的地质条件较差，张拉力和倾覆力矩又较大时，一般采用槽式支座。槽式支座由台面、传力柱、横梁和横系梁等构件组成，传力柱和横系梁一般用钢筋混凝土制作，如图 5.22、图 5.23 所示。

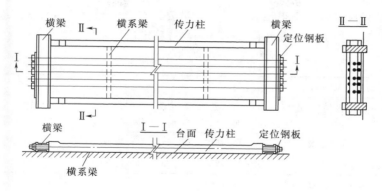

图 5.22　槽式台座构造示意图

（2）预应力筋的线形。为适应简支梁内力分布的变化，预应力筋的线形以折线形和曲线形为宜。但是，从制造工艺简单、便利的角度出发，预应力筋的线形以直线形为宜。目前，国内绝大多数先张梁的预应力筋线形为直线。近年来，针对折线配筋先张梁的研发工作已取得阶段成果，在近期的实际工程中有望被采用。

（3）预应力筋的张拉。预应力筋的张拉工作，必须严格按照设计要求和张拉操作规程进行。

图 5.23　槽式台座施工图

1）张拉前的准备。张拉前，应先在端横梁上安装预应力筋的定位钢板，检查其孔位和孔径是否符合设计要求。安装定位板时，要保证最下层和最外侧预应力筋的混凝土保护层厚度，然后在台座上安装预应力筋，并将其穿过端横梁和定位板后用锚具固定在定位板上，穿筋时应注意不碰掉台面上的隔离剂和沾污预应力筋。穿筋完成后，应对台座、端横梁及张拉设备详细检查，符合要求后才可以张拉。

预应力筋的控制张拉力通过油压表显示。从理论上讲，将油压表读数乘以千斤顶油缸内活塞面积就可得张拉力的大小。但由于油缸与活塞之间存在着摩阻损失，实际上的张拉力要小于理论计算值。另外，油压表本身也存在示值误差。因此，张拉前要用标准压力计和标准油压表，分级（一般 50kN 一级）来测定千斤顶的校正系数 $K_1$ 和油压表的校正系数 $K_2$。

2）张拉应力控制。预应力筋张拉控制应力应符合设计规定。若需要超张拉或计入锚圈口预应力损失，控制应力可比设计规定高 5％，但任何情况下均不得超过设计规定的最大张拉控制应力。当采用应力控制方法张拉时，应以伸长值校核，实际伸长值与理论伸长值的差值应符合设计规定；设计未规定时，偏差应控制在 ±6％ 以内。张拉可分单根张拉和多根同时张拉两种。多根同时张拉时，为使每根预应力筋的初应力基本相等，在整体张拉前要进行单根预应力筋初应力调整，调整一致后再进行张拉。张拉过程中，活动横梁与固定横梁应始终保持平行，并应检查预应力筋的预应力值，要保证其偏差的绝对值不超过按一个构件全部预应力筋预应力总值的 5％。

3）张拉程序。预应力筋的张拉程序应符合设计规定，设计未规定时，可按表 5.8 的规定进行。张拉时，台座两端不得站人，操作人员要站在台座侧面的油泵外侧进行工作，以保证安全。钢筋拉到张拉力后，要暂停 2～3min，待稳定后再锚固。

表 5.8　　　　　　　　　　　　　　先张法预应力筋张拉程序

| 预应力筋种类 | | 张　拉　程　序 |
|---|---|---|
| 钢丝、钢绞线 | 夹片式等具有自锚性能的锚具 | 普通松弛预应力筋：0→初应力→$1.03\sigma_{con}$（锚固）<br>低松弛预应力筋：0→初应力→$\sigma_{con}$（持荷 5min 锚固） |
| | 其他锚具 | 0→初应力→$1.05\sigma_{con}$（持荷 5min）→0→$\sigma_{con}$（锚固） |
| 螺纹钢筋 | | 0→初应力→$1.05\sigma_{con}$（持荷 5min）→$0.9\sigma_{con}$→$\sigma_{con}$（锚固） |

**注**　1. 表中 $\sigma_{con}$ 为张拉时的控制应力值，包括预应力损失值。

　　2. 超张拉数值超过规范规定的最大超张拉应力限值时，应按规范规定的限制张拉应力进行张拉。

　　3. 张拉螺纹钢筋时，应在超张拉并持荷 5min 后放张至 $0.9\sigma_{con}$ 时再安装模板、普通钢筋及预埋件等。

4）**断丝控制**。张拉过程中，预应力筋的断丝数量不得超过表 5.6 的规定。预应力筋张拉完毕后，其位置与设计位置的偏差应不大于 5mm，同时不应大于构件最短边长的 4%，且在 4h 内浇筑混凝土。

（4）**混凝土浇筑和养护**。预应力混凝土梁的混凝土，因所用强度等级较高，在配料、制备、浇筑、振捣和养护等方面更应严格要求，但其基本操作与钢筋混凝土结构相仿。为加快台座周转，一般采用蒸汽养护。此外，在台座内每条生产线上的构件，混凝土必须一次连续浇筑完毕；振捣时，应避免碰到预应力筋。

（5）**预应力筋放张**。预应力筋放张是先张法生产中的一个重要工序。放张方法选择得好坏和操作的正确与否，将直接影响预应力构件的质量。

1）**放张规定**。

a. 预应力筋的放张，必须待混凝土的强度和弹性模量（或龄期）达到设计规定值后才可以进行，若设计未规定，则混凝土强度应不低于设计强度等级值的 80%，弹性模量不低于混凝土 28d 弹性模量的 80% 时才能放张。放张过早会造成较多的预应力损失，主要是指混凝土的收缩、徐变产生的损失；或因混凝土与钢筋的黏结力不足，造成预应力筋弹性收缩滑动和在构件端部出现水平裂缝等。放张过迟，则会影响台座和模板的周转。放张前，应将限制位移的模板拆除。

b. 预应力筋放张顺序应符合设计规定；设计未规定时，应分阶段、均匀、对称、相互交错放张，放张操作时速度不应过快。对于多根整批预应力筋的放张，当采用砂筒放张时，放砂速度应均匀一致；若采用千斤顶放张，则宜分数次完成。对于单根钢筋采用拧松螺母的方法放张时，宜先两侧后中间，并不得一次将一根预应力筋松完。

c. 待预应力筋放张完成后，才能切割每个构件端部的钢筋。对于钢丝和钢绞线，应采用机械切割方式切断预应力筋；对于螺纹钢筋，可采用乙炔-氧气方式切断，但应采取措施防止高温对预应力筋产生的不利影响。对于长台座上的预应力筋，应由放张端开始，依次向另一端切断。

2）**放张方法**。放张预应力筋的方法有千斤顶放张，砂筒（箱）放张，滑楔放张，螺杆、张拉架放张等。

a. 千斤顶放张。当混凝土达到规定强度后，再安装千斤顶重新将钢筋张拉至能够拧松固定螺帽为止，随着固定螺帽的拧松，逐渐放张千斤顶，让钢筋慢慢回缩。当逐根放张预应力筋时,应严格按照有利于梁受力的次序分阶段进行。通常应自构件两侧对称地向中心放张,以免较后一根钢筋断裂时使梁承受较大的水平弯曲冲击作用。放张的分阶段次数,应视张拉台座至梁端外露钢筋长短而定,较长时分阶段次数可少些,过短时次数应增加。

b. 砂筒放张。在张拉预应力筋之前,在承力架(或传力柱)与横梁间各放置一个灌满(约达 2/3 筒身)烘干细砂子的砂筒(图 5.24)。张拉时筒内砂子被压实,需要放张预应力筋时,可将出砂口打开,使砂子慢慢流出,活塞则徐徐顶入,直至张拉力全部放张完为止。

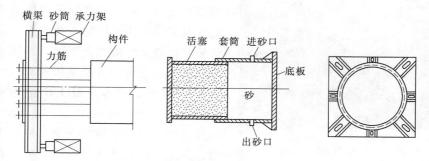

图 5.24 砂筒放张示意图

c. 滑楔放张。滑楔由三块钢楔块组成,中间一块上装有螺钉,将螺钉拧进螺杆就使 3 个楔块连成一体(图 5.25)。进行放张时,将螺钉慢慢拧松,由于钢筋的回缩力,中间楔块向上滑移,张拉力就被释放。

d. 螺杆、张拉架放张。在台座的固定端,设置锚固预应力筋的螺杆和张拉架(图 5.26)。放张时,拧松螺杆上的螺帽,钢筋慢慢回缩,张拉力即被放张。

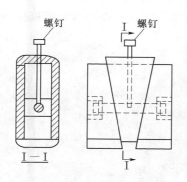

图 5.25 钢楔块

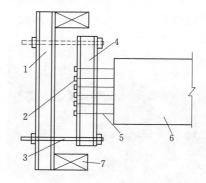

图 5.26 螺杆、张拉架放张示意图
1—横梁;2—夹具;3—螺杆;4—张拉架;
5—预应力筋;6—构件;7—承力架

# 学习情境 5.3 后 张 法 施 工

后张法制梁,是先制作留有预应力筋孔道的梁体;待梁体混凝土达到规定强度后,再进行预应力筋的张拉锚固;最后进行孔道压浆并浇筑梁封端混凝土。后张法工序较先张法复杂

（如需要留孔道、穿筋、灌浆等），而且构件上耗用的锚具和预埋件等增加了用钢量和制作的成本。但后张法不需要强大的张拉台座，便于现场施工，而且又适宜于配置曲线形预应力筋。因此，目前在公路、铁路桥梁上得到广泛的应用。

后张法预应力混凝土桥梁常用高强碳素钢丝束、钢绞线和冷拉Ⅲ、Ⅳ级粗钢筋作为预应力筋。对于跨径较小的 T 形梁，也可采用冷拔低碳钢作为预应力筋。

（1）模板制作。对于采用预制安装法进行施工的梁，模板通常可采用钢模板、木模板、钢木组合模板、钢筋混凝土模板等。模板在制作时，应保证表面平整光滑、转角圆顺、连接孔配合准确。制作钢模板时应考虑焊缝收缩对模板长度的影响，木模制作时应采取构造措施防止漏浆，底模制作时应考虑预制梁的预拱度设置。预制梁模板按使用部位，通常可分为底模、侧模、端模和内模等。

图 5.27　底模制作

1）底模。底模一般支撑在底座上或设置在流水台车上，可用 12～16mm 的钢板制成。底模的底座一般采用混凝土底座，也可采用钢轨作为底模的底座（图 5.27）底模在预制梁时不必拆除，仅在下一次使用前进行整平和校准即可。底模在构造上应注意设置底模与侧模、底模与端模、底模接长的联系构件。

2）侧模。梁的侧模沿梁长置于预制梁的两侧，对于小跨径的梁、板，侧模可采用整体模板。对于跨径较大的梁、板，考虑到起吊重量和简化构造等原因，模板单元长度一般采用 4～5m，在横隔梁处进行分隔。当横隔梁间距较大时，可在中间进行划分。侧模一般由侧板、水平加劲肋、斜撑等构件组成（图 5.28）。侧模模板一般采用 4～8mm 钢板，加劲角钢取用 50～100mm。木模板一般厚 30～50mm，加劲方木采用 80～100mm。侧模在构造上应当考虑悬挂振捣器的构件，同时要加强侧模间的连接构造，并需要设置拆模板的设施。

（a）端部　　　　　　　　　　　　　　　　　（b）外侧

图 5.28　侧模

3）端模。端模设置在梁的两端，安装时连接在侧模上，用于形成梁端形状。端模在制造时，要根据主筋或预埋件的布置设置一些预留孔（图 5.29）。如果主筋或预留孔位置有变，则需在模板上重新设预留孔，原来的预留孔处则容易漏浆。因此，端模最好专梁专用，以减少对模板的破坏。

4）内模。内模是空心截面梁、板预制的关键，内模的结构型式直接影响到其制作的经济性、施工的方便性以及周转率高低等问题。目前桥梁工程中常见的内模多为钢模，如图5.30 所示。部分横截面较小的梁体或板的内模也可采用木模或充气橡胶内模。

图 5.29 端模

图 5.30 内模

（2）高强钢丝束的制备。钢丝束的制作包括下料和编束工作。高强碳素钢丝都是盘状，若盘径小于 1.5m，则下料前应先在钢丝调直机上调直。对于在厂内先经矫直回火处理，且盘径为 1.7m 的高强钢丝，一般不必整直就可以下料。若发现局部存在波弯现象，可在木制台座上用木锤整直后下料。下料前除应抽样试验钢丝的力学性能外，还要测量钢丝的圆度。对于直径为 5mm 的钢丝，其正负允许偏差为 $+0.8$mm 和 $-0.4$mm。调直好了的钢丝，最好成直线存放。如果需将钢丝盘起来存放，其盘径应不小于钢丝直径的 400 倍，否则钢丝将发生塑性变形而又弯曲。钢丝的下料长度 $L$ 应为 $L=L_0+L_1$，$L_0$ 为构件混凝土预留孔道长度，$L_1$ 为固定端和张拉端（或两个张拉端）所需要的钢丝工作长度。

为了防止钢丝扭结，必须进行编束。编束时，可将钢丝对齐后穿入特制的梳丝板，如图5.31 所示，使排列整齐。然后一边梳理钢丝一边每隔 1.0～1.5m 衬以 3～4cm 长的螺旋衬圈或短钢管，并在设衬圈处用 2 号钢丝缠绕 20～30 道捆扎成束。如图 5.32 所示表示用 24φ5钢丝配合锥形锚编制的钢丝束断面。这种制束工艺对防锈和压浆有利，但操作较麻烦。另一种编束方式是每隔 1.0～1.5m 先用 18～20 号铅丝将钢丝编成帘子状。然后每隔 1.5m 设置一个螺旋衬圈，并将编好的帘子绕衬圈围成圆束。

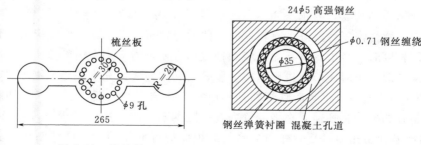

图 5.31 梳丝板

图 5.32 钢丝束断面

绑扎好的钢丝束，应挂牌标出其长度和设计编号，并应按编号分批堆放。当采用环销锚锚具时，宜先将钢丝绑扎成小束而后绑扎成大束。绑束完毕后，在钢丝束两端将其分成内外两层，并分别用铅丝编成帘状或作出明显标志，以防两端内外层钢筋出现交错张拉的情况。

（3）钢绞线束的制备。钢绞线是用若干根钢丝围绕一根中心丝绞捻而成的。如 $7\phi5$ 钢绞线是由 6 根直径为 5mm 的钢丝围绕一根直径为 5.15～5.20mm 的钢丝扭结后，再经低温回火处理而成。钢绞线出厂时缠于圆盘上，使用时按需要长度进行下料（图 5.33）。钢绞线的下料长度，同样由孔道长度和工作长度决定，下料方法主要有氧气-乙炔切割法、电弧熔割法和机械切割法 3 种。钢绞线在编束前应进行预拉，或在正式张拉前进行预拉。钢绞线的成束，也可采用与钢丝束相同的方法，即用 18～20 号铅丝每隔 1.0～1.5m 绑扎一道。当采用专门的穿束机时，钢绞线不需预拉和编束。

（4）孔道形成。后张法施工的预应力梁，在浇筑梁体混凝土前，须在预应力筋的设计位置预先安放制孔器，以便在梁体制成后在梁内形成孔道。在进行预应力施工时，即可将预应力筋穿入孔道，然后进行张拉和锚固。孔道形成根据制孔器的种类，可分为埋置式制孔和抽拔式制孔。

图 5.33    钢绞线加工

1）埋置式制孔。在预应力束设计位置上采用埋置式制孔器进行预应力孔道预制，制孔器在梁体制成后留在梁内，形成的孔道壁对预应力筋的摩阻力小，但它们的加工成本高，使用后不能回收。埋置式制孔器主要包括铁皮管和铝合金波纹管，现在也开始应用塑料波纹管。铁皮管采用薄铁皮制作，安放时应分段连接。铁皮管制作时费人工、速度慢，在接缝和接头处还容易漏浆，造成穿束和张拉的困难。波纹管是由铝合金片材用制管机卷制而成，横向刚度大，不易变形，不漏浆，与构件混凝土的黏结也较好，故较常采用。塑料波纹管的应用也越来越广泛，它主要有以下优点：耐蚀性好，能防止氯离子侵入；不导电，可防电流腐蚀；强度高，不易压坏；耐疲劳性好等。

2）抽拔式制孔。制孔器预先安放在预应力束设计位置上，待混凝土强度达到抽拔的要求后将它拔出，即在构件内形成孔道。这种方法的最大优点是制孔器能够周转使用，因此应用较广。常用的抽拔式制孔器有以下 3 种：

a. 橡胶管制孔器，分为夹布胶管和钢丝网胶管两种。一般选用具有 5～7 层夹布的高压输水（气）管作为制孔器，要求输水（气）管管壁牢固，耐磨性能好，能承受 5kN 以上的工作拉力，并且弹性恢复性能好，有良好的挠曲适应性（图 5.34）。当胶管出厂长度小于预应力孔道预留长度时，考虑到制孔器安装和抽拔的方便，常采用专门的接头。接头要牢固严密，以防止浇筑混凝土时脱节或进浆堵塞。胶管内利用充气或充水来增加刚度时，管内压力不得低于 500kPa。充气（水）后胶管的外径应符合孔道直径的要求。为了增加胶管的刚度和控制胶管位置的准确，还需要在橡胶管内置一圆钢筋（称芯棒），如图 5.34（b）所示。

b. 金属伸缩管制孔器，是一种用金属丝编织成的可伸缩网套。这种制孔器具有压缩时直径增大而拉伸时直径减小的特性。为了防止漏浆和增强刚度，网套内可衬以普通橡胶衬管和插入圆钢或钢丝束芯棒。

图 5.34 橡胶管制孔

c. 钢管制孔器，用表面平整光滑的钢管焊接制成，焊接接头应打磨平顺。钢管制孔器抽拔力大，但不能弯曲，因此仅适用于短而直的预应力孔道。混凝土浇筑完毕后，要定时转动钢管。无论采用何种制孔器，都应按设计规定或施工需要预留排气排水和灌浆用的孔眼。

制孔器可由人工逐根抽拔，也可用机械分批抽拔。抽拔完毕后，应用通孔器或压气、压水等方法进行通孔检查。抽拔时先抽芯棒，后拔胶管；先拔内层胶管，后拔外层胶管。混凝土浇筑后，选择合适的抽拔时间，是顺利抽拔和保证成孔质量的关键。如抽拔过早，混凝土容易塌陷而堵塞孔道；如抽拔过迟，则可能拔断胶管。因此，制孔器的抽拔时间要选在混凝土初凝之后和终凝之前，一般以混凝土抗压强度达到 0.4～0.8MPa 为宜。由于确定可能抽拔时间的幅度较大，施工中也可通过试验来掌握其规律。

3）预应力管道安装允许偏差。进行预应力孔道预制时，管道安装的允许偏差应符合表5.9 的规定。

表 5.9 后张预应力管道安装允许偏差

| 项 目 | | 允许偏差/mm |
|---|---|---|
| 管道坐标 | 梁长方向 | 30 |
| | 梁高方向 | 10 |
| 管道间距 | 同排 | 10 |
| | 上下层 | 10 |

（5）穿钢丝束预应力筋可在浇筑混凝土之前或之后穿入孔道。穿束前，为保证孔道内的畅通，可用空压机吹风等方法清理孔道内的污物和积水。穿束时，宜将一根钢束中的全部预应力筋编束后整体穿入预应力孔道中，束的前端宜设置穿束网套或特制的牵引头。同时应保持预应力筋的顺直，不得扭转预应力筋。钢丝束从孔道一端穿入，在孔道两头伸出的长度要大致相等。目前也常用专门的穿束机，将钢绞线从盘架上拉出后从孔道的一端快速的（速度为 3～5m/s）推送入孔道，当戴有护头的束前端穿出孔道另一端时，按规定的伸出长度截断，再将新的端头戴上护头穿第二根，直至穿完一束规定的根数。

（6）混凝土浇筑和养护预应力混凝土梁的混凝土工作，因所用强度等级较高而在配料、制备、浇筑、振捣和养护等方面更应严格要求，但其基本操作与钢筋混凝土结构中的相仿。振捣时，应避免振动棒碰击预应力孔道，以免造成孔道的破坏而漏浆，给工程施工带来不便。混凝土浇筑如图 5.35 所示，混凝土养护可采用草袋覆盖洒水养护、蒸汽养护和喷淋养护等，如图 5.36～图 5.38 所示。

图 5.35　梁体混凝土浇筑

图 5.36　洒水养护

图 5.37　蒸汽养护

图 5.38　喷淋养护

（7）预应力筋张拉。

1）准备工作。张拉前需做好的工作包括：千斤顶和压力表的校验，与张拉吨位相应的油压表读数和钢筋伸长量的计算，张拉顺序的确定和清孔、穿束等。应对千斤顶和油泵仔细检查，以保证各部分不漏油，并能正常工作；应画出油压表读数和实际拉力的标定曲线，确定预应力筋（束）中应力值和油压表读数间的直接关系。

2）张拉时混凝土性能。张拉时，结构或构件的混凝土强度、弹性模量（或龄期）应符合设计规定；若设计时未规定，则混凝土强度应不低于设计强度等级值的 80%，弹性模量应不低于混凝土 28d 弹性模量的 80%。

3）张拉方式。直线筋和螺纹钢筋可在一端张拉。曲线预应力筋应根据施工计算的要求采取两端或一端张拉的方式。当锚固损失的影响长度小于或等于结构或构件长度的一半时，应采用两端张拉；当大于结构或构件长度的一半时，可采用一端张拉。采用两端张拉时，宜选用两端同时张拉，或先张拉锚固一端，然后张拉锚固另一端。对于同一截面有多束一端张拉的预应力筋，张拉端宜分别交错设置在结构或构件的两端。预应力筋张拉如图 5.39 所示。

4）张拉方式及应力控制。各钢丝束的张拉顺序应符合设计规定；设计未规定时，应采取分批、分阶段的方式对称张拉，同时考虑不使构件的上下缘混凝土应力超过允许值。张拉时钢筋或钢丝应力用油压表读数来控制，同时测量伸长量来校核。张拉控制应力应符合设计规定。若需要超张拉或计入锚圈口预应力损失，控制应力可比设计规定高 5%，但任何情况下均不得超过设计规定的最大张拉控制应力。当采

图 5.39　预应力筋张拉

用应力控制方法张拉时，应以伸长值校核，实际伸长值与理论伸长值的差值应符合设计规定；设计未规定时，偏差应控制在 ±6% 以内。

5）张拉程序。张拉程序应符合设计规定；设计未规定时，应按表 5.10 的规定进行。

表 5.10　　　　　　　　　　　　后张法预应力筋张拉程序

| 锚具和预应力筋类别 | | 张 拉 程 序 |
| --- | --- | --- |
| 夹片式等具有自锚性能的锚具 | 钢绞线束、钢丝束 | 普通松弛预应力筋：0→初应力→1.03$\sigma_{con}$（锚固） |
| | | 低松弛预应力筋：0→初应力→$\sigma_{con}$（持荷 5min 锚固） |
| 其他锚具 | 钢绞线束 | 0→初应力→1.05$\sigma_{con}$（持荷 5min）→$\sigma_{con}$（锚固） |
| | 钢丝束 | 0→初应力→1.05$\sigma_{con}$（持荷 5min）→0→$\sigma_{con}$（锚固） |
| 螺母锚固锚具 | 螺纹钢筋 | 0→初应力→$\sigma_{con}$（持荷 5min）→0→$\sigma_{con}$（锚固） |

注　1. 表中 $\sigma_{con}$ 为张拉时的控制应力值，包括预应力损失值。

　　2. 两端同时张拉时，两端千斤顶升降压、画线、测伸长等工作应基本一致。

　　3. 超张拉数值超过规范规定的最大超张拉应力限值时，应按规范规定的限值进行张拉。

6）断丝及滑移控制。张拉过程中，预应力筋的断丝及滑移数量不得超过表 5.11 的规定。

（8）孔道压浆和封锚压浆的目的是防护预应力筋（束）免于锈蚀，并使它们与构件相黏结而形成整体。预应力筋张拉锚固后，孔道压浆应尽早进行，且应该在 48h 内完成，否则应采取措施避免预应力筋锈蚀。

表 5.11　　　　　　　　　　　　后张预应力筋断丝、滑移限制

| 类　　别 | 检 查 项 目 | 控 制 数 |
| --- | --- | --- |
| 钢丝束、钢绞线束 | 每束钢丝断丝或滑丝 | 1 根 |
| | 每束钢绞线断丝或滑丝 | 1 丝 |
| | 每个断面断丝之和不超过该断面钢丝总数的百分比 | 1% |
| 螺纹钢筋 | 断筋或滑移 | 不允许 |

注　1. 钢绞线断丝是指单根钢绞线内钢丝的断丝。

　　2. 超过表列控制数时，原则上应更换；当不能更换时，在许可的条件下，可采取补救措施，如提高其他束预应力值，但必须满足设计各阶段极限状态的要求。

1）压浆材料。孔道压浆宜采用专用压浆料或专用岩浆剂配置的浆液进行。压浆液的水泥应采用性能稳定、强度等级不低于 42.5 的低碱硅酸盐或普通硅酸盐水泥。外加剂应与水泥具有良好的相容性，且不得含有氯盐、亚硝酸盐或其他对预应力筋有腐蚀作用的成分。矿物掺合料的品种宜为Ⅰ级粉煤灰、磨细矿渣粉或硅粉。水不应含有对预应力筋或水泥有害的成分，最好采用符合国家卫生标准的清洁饮用水。膨胀剂宜采用钙矾石系或复合型膨胀剂，不得采用以铝粉为膨胀源的膨胀剂或总碱量 0.75％ 以上的高碱膨胀剂。以上材料还应符合现行国家标准的有关规定。

2）压浆设备与方法。压浆是用压浆机（拌和机加水泥泵）将水泥浆压入孔道，使水泥浆从孔道一端到另一端而充满整个孔道，并且不使水泥浆在凝结前漏掉。为此需在两端锚头上或锚头附近的构件上，设置连接带阀压浆嘴的接口和排气孔。为提高压浆效果，真空压浆法已在工程实践中应用。

3）压浆。压浆前应先压入水冲洗孔道，然后从压浆嘴慢慢压入水泥浆。这时另一端的排气孔有空气排出，直至有水泥浓浆流出为止，关闭压浆和出浆口的阀门。压浆前须将预应力筋（束）外露于锚头的部分（张拉时工作长度）截除。压浆后将所有锚头用混凝土封闭，最后完成梁的预制工作。

4）封锚。压浆完毕后，应及时对锚固端按照设计要求进行封闭保护或防腐处理。需要封锚的锚具，在压浆完成后对梁端混凝土进行凿毛并冲洗干净，然后设置钢筋网并浇筑封锚混凝土。封锚混凝土应采用与结构或构件强度相同的混凝土，同时要严格控制封锚后梁体的长度。对于长期外露的锚具，应采取必要的防锈措施。

（9）预制梁、板的施工质量标准。装配式预制梁、板的施工质量应符合表 5.12 的规定。

表 5.12　　　　　　　　　　　　预制梁、板施工质量标准

| 项　　　目 | | | 规定值或允许偏差 |
|---|---|---|---|
| 混凝土强度/MPa | | | 在合格标准内 |
| 梁（板）长度/mm | | | +5，−10 |
| 宽度/mm | 干接缝（梁翼缘、板） | | ±10 |
| | 湿接缝（梁翼缘、板） | | ±20 |
| | 箱梁 | 顶宽 | ±30 |
| | | 底宽 | ±20 |
| | 腹板或梁肋 | | +10，−0 |
| 高度/mm | 梁、板 | | ±5 |
| | 箱梁 | | +0，−5 |
| 断面尺寸/mm | 顶板厚 | | +5，−0 |
| | 底板厚 | | |
| | 腹板或梁肋 | | |
| 跨径（支座中心至支座中心）/mm | | | ±20 |
| 支座平面平整度/mm | | | 2 |
| 平整度/mm | | | 5 |
| 横系梁及预埋件位置/mm | | | 5 |

# 任 务 小 结

（1）预应力混凝土结构中的钢材有钢筋、钢丝和钢绞线 3 大类，桥涵工程中常用的有冷拉钢筋及Ⅴ级钢筋、高强钢丝、冷拔低碳钢丝和钢绞线。

（2）夹具是在张拉阶段和混凝土成型过程中夹持预应力筋的工具，可重复使用，一般用于先张法。锚具是在预应力混凝土构件上永久锚固预应力筋的工具，它与构件联成一体共同受力，不再取下，一般用于后张法。有些锚夹具既可作为锚具也可作为夹具使用，故有时也将夹具和锚具统称为锚具。

（3）先张法是先张拉预应力筋，并将其临时锚固在张拉台座上，然后浇筑混凝土的施工方法。采用这种方法，一般待混凝土的强度和弹性模量达到规定值时，逐渐将预应力筋放松，这样预应力筋会产生弹性回缩，通过预应力筋与混凝土之间的黏结作用，使混凝土获得预压应力。

（4）先张法施工的承力台座应进行专门设计，并应具有足够的强度、刚度和稳定性，台座的抗倾覆安全系数应不小于 1.5，抗滑移系数应不小于 1.3。按照结构构造的不同，先张法的台座可分为墩式和槽式两类。

（5）后张法制梁，是先制作留有预应力筋孔道的梁体；待梁体混凝土达到规定强度后，再进行预应力筋的张拉锚固；最后进行孔道压浆并浇筑梁封端混凝土。

（6）后张法张拉方式及应力控制：各钢丝束的张拉顺序应符合设计规定；设计未规定时，应采取分批、分阶段的方式对称张拉，同时考虑不使构件的上下缘混凝土应力超过允许值。张拉时钢筋或钢丝应力用油压表读数来控制，同时测量伸长量来校核。张拉控制应力应符合设计规定。若需要超张拉或计入锚圈口预应力损失，控制应力可比设计规定高 5%，但任何情况下均不得超过设计规定的最大张拉控制应力。当采用应力控制方法张拉时，应以伸长值校核，实际伸长值与理论伸长值的差值应符合设计规定；设计未规定时，偏差应控制在±6%以内。

# 学 习 任 务 测 试

1. 预应力混凝土构件的特点有哪些？施加预应力的方法有哪几种？

2. 先张法施工的台座有哪几种类型？其构造如何？分别适合于什么情况下使用？张拉程序是怎样的？

3. 先张法模板和台座有哪些构造要求？

4. 预应力张拉值如何校核？

5. 张拉前的准备工作有哪些？

6. 张拉时混凝土强度有何要求？

7. 理论伸长值如何计算？实际伸长值如何计算和量测？

8. 预应力筋放松的方法有哪几种？

9. 孔道压浆的目的是什么？怎样操作？

# 学习任务 6　悬臂梁、连续梁及钢构桥施工技术

**学习目标**

通过本任务的学习，熟悉悬臂梁、连续梁及钢构桥的受力特点；重点理解并掌握悬臂浇筑和悬臂拼装的施工方法；熟悉顶推施工法；熟悉逐孔施工法。

## 学习情境 6.1　体系及受力特点

梁式桥——结构在垂直荷载作用下，支座只产生垂直反力而无推力的梁式体系的总称，按静力特性可分为简支梁桥、悬臂梁桥、连续梁桥、T 形刚构桥及连续刚构桥 5 种体系。

### 6.1.1　简支梁桥

该梁桥由两点支承，如图 6.1 所示，它的受力最简单，梁中只有正弯矩，是梁式桥中应用最早、使用最广泛的桥型。由于简支梁是静定结构，结构内力不受地基变形的影响，对基础要求较低，能适用于地基较差的桥址上建桥。在多孔简支梁桥中，相邻桥孔各自单独受力，便于预制、架设，简化施工。目前，世界上预应力混凝土简支梁最大跨径已达 76m。

图 6.1　简支梁桥——河南开封黄河公路大桥

但是由于简支梁的设计主要受跨中正弯矩的控制，如图 6.2 所示为各种梁式体系在恒载作用下的弯矩图，图中各种梁式体系的跨径布置相同，假定恒载集度也相同，显然简支梁的各跨跨中弯矩最大，如图 6.2（a）所示，因此设计的梁高和配筋也最多，桥型显得笨重。当跨径越大时，消耗在自重上的承载力所占的比例也越大，从而限制了简支梁桥的跨越能力，我国预应力混凝土简支梁的标准跨径在 40m 以下。

### 6.1.2　悬臂梁桥

将简支梁梁体加长，并越过支点就成为悬臂梁桥。仅梁的一端悬出的称为单悬臂梁，如

图6.2（c）、图6.3所示；两端均悬出的称为双悬臂梁，如图6.2（b）所示。可见，使用悬臂梁的桥型至少有三孔，或是采用一双悬臂梁结构，或是采用单悬臂梁，中孔采用简支挂梁组合成悬臂梁桥。习惯称悬臂梁主跨为锚跨。

悬臂梁利用悬出支点以外的伸臂，使支点产生负弯矩对锚跨跨中正弯矩产生有利的卸载作用。如图6.2（b）、（c）所示，无论单悬臂梁或双悬臂梁，锚跨跨中弯矩因支点负弯矩的卸载作用而显著减小，而悬臂跨中因简支挂梁的跨径缩短，跨中正弯矩也同样显著减小，如图6.2（c）所示。因此与简支梁相比较，悬臂梁可以减小主梁高度和降低材料用量，是比较经济的。

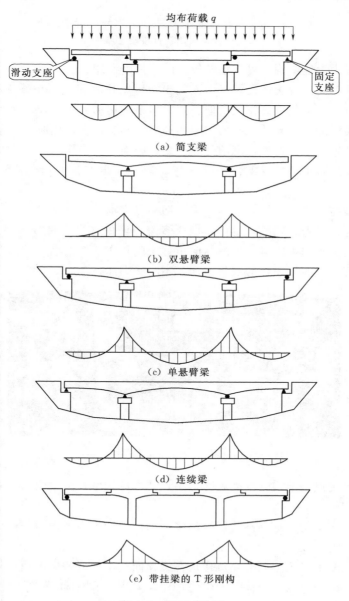

图6.2 弯矩比较图

（注：图中圆形的代表滑动支座，三角形的代表固定支座）

图6.3　成昆铁路旧庄河一号桥——24m+48m+24m
单悬臂梁，采用悬臂拼装法施工

　　悬臂梁桥一般为静定结构，可在地基较差的条件下使用。

　　但是，无论是钢筋混凝土还是预应力混凝土悬臂梁桥，在实际桥梁工程中均较少采用。悬臂梁虽然在力学性能上优于简支梁，但是判断体系的优劣还需顾及结构的使用性能，与连续梁相比，跨中要增加悬臂与挂梁间的牛腿、伸缩缝构造，在使用时，行车又不及连续梁平顺，除了是静定结构这个特点外，别的优点不多，因而较少采用。

　　预应力混凝土悬臂梁桥世界上最大跨径为150m，一般亦在100m以下。

### 6.1.3　连续梁桥

　　将简支梁梁体在支点上连接形成连续梁，即多点支承，如图6.2（d）、图6.4所示，连续梁可以做成两跨或三跨一联的，也可以做成多跨一联的。每联跨数太多，联长就要加大，受温度变化及混凝土收缩等影响产生的纵向位移也就较大，使伸缩缝及活动支座的构造复杂化；每联长度太短，则使伸缩缝的数目增加，不利于高速行车。

图6.4　连续梁桥——德国 WINNINGEN 桥

　　连续梁的突出优点是结构刚度大，变形小，动力性能好，主梁变形挠曲线平缓，有利于高速行车。

　　连续梁是超静定结构，基础不均匀沉降将在结构中产生附加内力，因此，对桥梁基础要求较高，通常用于地基较好的场合。

　　为克服钢筋混凝土连续梁因支点负弯矩在梁顶面产生裂缝，影响使用年限，在支点负弯矩区段布置预应力束筋，以承担荷载产生的负弯矩，因为预应力是消除裂缝最有效的方法；在梁的正弯矩区段仍布置普通钢筋，构成局部预应力混凝土连续梁。这种结构具有良好的经济及使用效果，施工较预应力混凝土连续梁方便。

预应力混凝土连续梁的应用非常广泛，尤其是悬臂施工法、顶推法、逐孔施工法在连续梁桥中的应用，这种充分应用预应力技术的优点使施工设备机械化，生产工厂化，从而提高了施工质量，降低了施工费用。

预应力连续梁常用跨径为 40~60m。其最大跨径受支座最大吨位限制，目前国内最大跨径尚未超过 165m，南京长江二桥北汊桥，其跨径布置为 90m＋3×165m＋90m。

### 6.1.4　T形刚构桥

T形刚构桥是一种墩梁固结、具有悬臂受力特点的梁式桥。因墩上两侧伸出悬臂，形同字母 T，由此得名。由于悬臂承受负弯矩，T形刚构几乎都是预应力混凝土结构。

预应力混凝土 T形刚构分为跨中带剪力铰和跨中设挂梁两种基本类型。如图 6.2（e）、图 6.5 所示是跨中设挂梁的类型。

图 6.5　带挂梁的 T形刚构桥——乌龙江桥

带铰的 T形刚构桥，是国外 20 世纪 50 年代初采用的一种桥型，它的上部结构全部是悬臂部分，相邻两悬臂通过剪力铰相连接。所谓剪力铰是一种只能传递竖向剪力，但不能传递水平推力和弯矩的连接构造。当在一个 T形结构单元上作用有竖向力时，相邻的 T形单元将因剪力铰的存在而同时受到作用，从而减轻了直接受荷的 T形单元的结构内力。从结构受力与牵制悬臂变形来看，剪力铰起了有利作用。带铰的、对称的 T形刚构桥在活载作用下是超静定结构，受日照温差、混凝土收缩徐变和基础不均匀沉降等因素的影响，必然产生附加内力，在运营中发现，铰处往往因下挠形成折角，导致车辆跳动，且剪力铰也易损坏。

带挂梁的 T形刚构是静定结构，与带铰的 T形刚构相比，虽由于各个 T构单元单独作用而在受力和变形方面略差一些，但它受力明确，不受各种内外因素的影响，虽增加了牛腿构造，但免去了结构复杂的剪力铰。其缺点是桥面上伸缩缝增多，对高速行车不利。目前国内主要是采用带挂梁的 T形刚构桥。与连续梁相比，同样采用悬臂施工方法，而后者要增加两道施工工序：①在墩上临时固结，以利于悬臂施工；②在跨中要合龙。

T形刚构桥虽桥墩粗大，但在大跨径桥中省去了价格昂贵的大型支座和避免今后更换支座的困难。它在跨中有一伸缩缝，行车平顺条件虽不如连续梁，但由于上述各种因素，其综合的材料用量和施工费用却比连续梁经济。当然，在结构刚度、变形、动力性能方面，T形刚构都不如连续梁。

预应力混凝土 T 形刚构的常用跨径为 60~200m。

　　预应力混凝土 T 形刚构的受力特点是长悬臂体系，全桥以承受负弯矩为主，预应力束筋布置于梁的顶面，它与节段悬臂施工方法的协调配合是它的主要特点。并为这种桥型的施工悬空作业机械化、装配化提供了有利条件，尤其对跨越深水、深谷、大河、急流的大跨径桥梁的施工十分有利，并能获得满意的经济指标。

### 6.1.5　连续刚构桥

　　连续刚构桥是预应力混凝土大跨梁式桥的主要桥型之一，它综合了连续梁和 T 形刚构桥的受力特点，将主梁做成连续梁体，与薄壁桥墩固结而成，如图 6.6、图 6.7 所示。它同连续梁一样，可以做成一联多孔。在长桥中，可以在若干中间孔以剪力铰或简支挂梁相连。

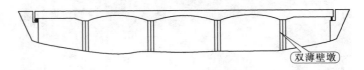

图 6.6　连续刚构示意图

图 6.7　连续刚构桥——虎门辅航道桥（1997 年建成，主跨 270m）

　　连续刚构体系上部结构的受力性能如同连续梁一样，而薄壁墩底部所承受的弯矩、梁体内的轴力，随着墩高的增大而急剧减小。在跨径大而墩高的连续刚构桥中，由于体系温度的变化，混凝土收缩等将在墩顶产生较大的水平位移。为减小水平位移在墩中产生的弯矩，连续刚构桥常采用水平抗推刚度较小的双薄壁墩，如图 6.6 所示。

　　由于连续刚构体系除保持了连续梁的各个优点外，墩梁固结节省了大型支座的昂贵费用，减少了墩及基础的工程量，并改善了结构在水平荷载作用下的受力性能。目前，在大跨径预应力混凝土梁桥中，已成为主要考虑的桥型方案，最大跨径已达 301m，挪威 Stolma 桥，跨径布置为 94m+301m+72m。

## 学习情境6.2　悬　臂　施　工　法

　　悬臂施工法也称为分段施工法，它不需要在河中搭设支架，而是以桥墩为中心向两岸对称地、逐节悬臂接长，并施加预应力，使其与已建成部分连接成整体。

悬臂施工法最早主要用于修建预应力 T 形刚构桥，由于悬臂施工方法的优越性，后来被推广用于预应力混凝土悬臂梁桥、连续梁桥、斜腿刚构桥、桁架桥、拱桥及斜拉桥等。近年来，悬臂施工法在国内外大跨径预应力混凝土桥梁中得到广泛采用。

悬臂施工法分为悬臂浇筑和悬臂拼装两类。

### 6.2.1 悬臂施工的特点

悬臂施工的特点如下：

（1）如果将悬伸的梁体与墩柱做成刚性固结，这样就构成了能最大限度发挥悬臂施工优越性的预应力混凝土 T 形刚构桥。因此，在预应力连续梁及悬臂梁桥的施工中，需要进行体系转换，即在悬臂施工时，梁体与墩柱采取临时固结，结构为 T 形刚构，合龙前，撤销梁体与墩柱的临时固结，结构呈悬臂梁受力状态，待结构合龙后形成连续梁体系。设计时应对施工状态进行配束验算。

（2）桥跨间不需搭设支架，施工不影响桥下通航或行车。施工过程中，施工机具和人员等重力均由已建梁段承受，随着施工的进展，悬臂逐渐延伸，机具设备也逐步移至梁端，需用支架作支撑。

（3）多孔桥跨结构可同时施工，加快施工进度。

（4）悬臂施工法充分利用预应力混凝土承受负弯矩能力强的特点，将跨中正弯矩转移为支点负弯矩，使桥梁跨越能力提高，并适合变截面桥梁的施工。

（5）悬臂施工用的悬拼吊机或挂篮设备可重复使用，施工费用较省，可降低工程造价。

### 6.2.2 悬臂浇筑

悬臂浇筑（简称悬浇）采用移动式挂篮作为主要施工设备，以桥墩为中心，对称向两岸利用挂篮浇筑梁段混凝土，待混凝土达到要求强度后，张拉预应力束，再移动挂篮，进行下一节段的施工。悬臂浇筑每个节段长度一般为 2～6m，节段过长，将增加混凝土自重及挂篮结构重力，同时还要增加平衡重及挂篮后锚设施；节段过短，影响施工进度。所以施工时，应根据设备情况及工期，选择合适的节段长度。

**1. 悬臂浇筑的分段及程序**

悬臂浇筑施工时，梁体一般要分 4 部分浇筑，如图 6.8 所示。Ⅰ为墩顶梁段（0 号块），Ⅱ为由 0 号块两侧对称分段悬臂浇筑部分，Ⅲ为边孔在支架上浇筑部分，Ⅳ为主梁在跨中合龙段。主梁各部分的长度视主梁型式和跨径、挂篮的型式及施工周期而定。0 号块一般为 5～10m，悬浇分段一般为 3～5m，支架现浇段一般为 2～3 个悬臂浇筑分段长，合龙段一般为 1～3m。

悬臂浇筑程序如下：

（1）在墩顶托架上浇筑 0 号块，并实施墩梁临时固结系统，如图 6.8（a）所示。

（2）在 0 号块上安装悬臂挂篮，向两侧依次对称地分段浇筑主梁至合龙前段，如图 6.8（b）所示。

（3）在临时支架或梁端与边墩间的临时托架上支模浇筑现浇梁段，如图 6.8（c）所示。当现浇梁段较短时，可利用挂篮浇筑；当与现浇段相接的连接桥是采用顶推施工时，可将现浇梁段锚固在顶推梁前端施工，并顶推到位。此法无需现浇支撑，省料省工。

（4）主梁合龙段可在改装的简支挂篮托架上浇筑，如图 6.8（d）所示。多跨合龙段浇筑顺序按设计或施工要求进行。

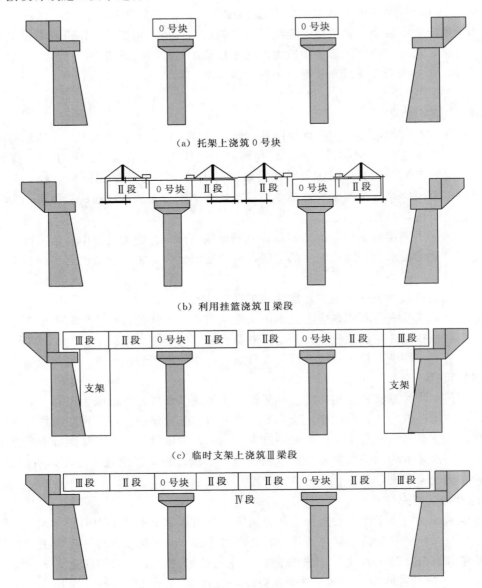

（a）托架上浇筑 0 号块

（b）利用挂篮浇筑 Ⅱ 梁段

（c）临时支架上浇筑 Ⅲ 梁段

（d）浇筑 Ⅳ 梁段合龙

图 6.8　悬臂浇筑程序示意图

**2. 墩顶 Ⅰ 梁段（0 号块）施工**

墩顶 0 号块采用在托架上立模现浇，如图 6.9 所示，并在施工过程中设置临时梁墩锚固，使 0 号块能承受两侧悬臂施工时产生的不平衡力矩。

0 号块结构复杂，预埋件、钢筋、各向预应力钢束及其孔道、锚具密集交错，梁面有纵横坡度，端面与待浇段密切相连，务必精心施工。视其结构型式及高度，一般分 2～3 层浇筑，先底板、再腹板、后顶板。

（1）施工程序。

1）安装墩顶托架平台。

2）浇筑支座垫石及临时支座。

3）安装永久盆式橡胶支座。

4）安装底、侧钢梁及降落木楔或千斤顶。

5）安装底板部分堵头模板。

6）托架平台试压。

7）调整模板位置及高程。

8）绑扎底板和腹板的伸入钢筋。

9）安装底板上的竖向预应力管道和预应力筋。

10）监理工程师验收。

11）浇筑底板第一层混凝土。

图 6.9 托架上浇筑墩顶 0 号块

12）混凝土养护。

13）绑扎腹板、横隔梁钢筋。

14）安装腹板纵向、横隔梁横向预应力管道和预应力筋。

15）安装全套模板。

16）监理工程师验收。

17）浇筑腹板横隔板。

18）混凝土养护。

19）拆除部分内模后，安装顶板模。

20）安装顶板端模。

21）绑扎顶板底层钢筋网及管道定位筋。

22）安装顶板纵向预应力管道及横向预应力管道和预应力筋。

23）安装顶板上层钢筋网。

24）监理工程师验收。

25）浇筑顶板混凝土。

26）纵向胶管抽拔。

27）管孔清理及混凝土养生。

28）拆除顶、底板端模。

29）两端混凝土连接面凿毛。

30）混凝土强度达到设计要求强度后张拉竖横向预应力筋。

31）竖横向预应力管道压浆。

32）拆除内模、侧模和底模。

33）拆除墩顶托架平台。

若墩梁刚性固结时，可省去施工程序 2）、3）。

（2）施工托架。施工托架可根据承台型式、墩身高度和地形情况，分别支承在承台、墩身或地面上。常用施工托架有扇形托架（图 6.10）、高墩托架（图 6.11）、墩顶预埋牛腿托架平台（图 6.12）、临时墩及型钢结构支承平台（图 6.13）等。托架的顶面尺寸，视拼装挂篮的需要和拟浇梁段的长度而定，横桥间的宽度一般应比箱梁底板宽出 1.5～2m，以便设立箱梁边肋的外侧模板。

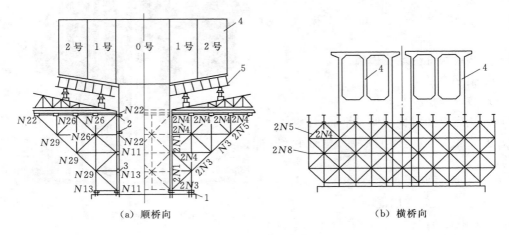

（a）顺桥向      （b）横桥向

图 6.10 扇形托架

1—φ18 预埋螺栓；2—预埋钢筋；3—硬木；4—箱梁；5—底模垫梁

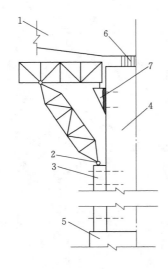

图 6.11 高墩托架

1—箱梁；2—圆柱形铰；3—承托槽钢；4—墩身；
5—承台；6—支座；7—预埋牛腿

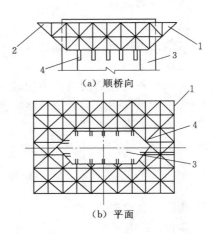

（a）顺桥向

（b）平面

图 6.12 墩顶预埋牛腿托架平台

1—万能杆件托架；2—平台面层结构；
3—桥墩；4—预埋牛腿支点

（3）支座。

1）支座垫石。垫石是永久支座的基石。由于支座安装平整度和对中精度要求高，因此垫石四角及平面高差应小于 1mm，为此垫石分两层浇筑。首层浇筑高程比设计高程低 15cm。第二层应利用带微调整平器的模板，控制浇筑高程比设计高程稍高，再利用整平器

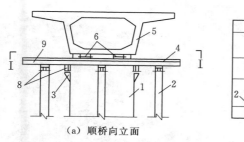

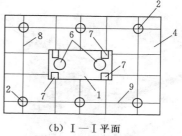

(a) 顺桥向立面　　　　　　　　　(b) Ⅰ—Ⅰ平面

图 6.13　临时墩及型钢结构支承平台
1—墩柱；2—临时墩；3—牛腿；4—支承平台；5—箱梁；6—支座；
7—临时支座；8—平台纵梁；9—平台横梁

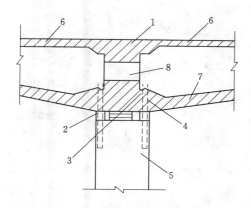

图 6.14　连续梁悬浇施工墩顶临时
锚固支座纵剖面图

1—悬浇箱梁；2—临时锚固支座；3—支座垫石及
永久支座件；4—临时支座预埋临时锚固钢筋；
5—桥墩；6—箱梁顶板；7—箱梁底板；8—通道

及精密水准仪量测，反复整平混凝土面。在安装支座前凿毛垫石，铺 2～3cm 厚与墩身等强的砂浆，砂浆浇筑高程较设计高程略高 3mm，然后安放支座就位，用锤振击，使符合设计高程，偏差不得大于 1mm；水平位置偏差不得大于 2mm。

2) 临时支座。临时支座的作用是在施工阶段临时固结墩梁，结构为 T 形刚构，能承受两侧悬臂施工时产生的不平衡力矩，并便于拆除和体系转换。

临时支座一般采用 C40 混凝土，并用塑料包裹的锚固钢筋穿过混凝土预埋梁底和墩顶中。在混凝土支座中层设有 10～20cm 厚夹有电阻丝的硫磺砂浆层，便于拆除时加热熔化，或采用静态爆破等其他方法解除固结，其布置如图 6.14 所示。

3. Ⅱ梁段悬浇施工

（1）Ⅱ梁段悬浇施工程序。施工程序如图 6.15 所示。

挂篮是悬臂浇筑施工的主要机具，悬挂在已经张拉锚固的梁段上，它是一个能沿着轨道行走的活动脚手架，悬臂浇筑时的模板安装、钢筋绑扎、管道安装、混凝土浇筑、预应力张拉、压浆等工作均在挂篮上进行。当一个梁段的施工程序完成后，挂篮解除后锚，移至下一梁段施工。所以挂篮既是空间的施工设备，又是预应力筋未张拉前梁段的承重结构。

（2）挂篮的分类。随着施工技术的不断改进，挂篮已由过去的压重平衡式，发展成现在通用的自锚平衡式。自锚式施工挂篮结构的型式主要有桁架式和斜拉式两类，如图 6.16、图 6.17 所示。

1) 桁架式。按构成形状的不同，可分为平行桁架式、平弦无平衡重式、弓弦式、菱形等多种，如图 6.18 所示。

2) 斜拉式。斜拉式挂篮也叫轻型挂篮，随着桥梁跨径越来越大，为了减轻挂篮自重，以达到减少施工阶段增加的临时钢丝束，在桁架式挂篮的基础上研制了斜拉式挂篮。

157

（a）拼装挂篮，安装底模和侧模

（b）绑扎底板和腹板钢筋，安装预应力管道

（c）安装芯模

（d）浇筑底板、腹板混凝土，绑扎顶板钢筋，安装预应力管道

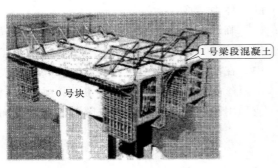

（e）浇筑顶板、腹板混凝土，达到强度后，穿束、张拉、压浆

（f）挂篮从 0 号块移至 1 号梁段，开始浇筑 2 号梁段

（g）重复上述步骤，逐节接长悬臂

图 6.15　Ⅱ梁段悬浇施工程序

图 6.16　桁架式挂篮悬浇Ⅱ梁段

图 6.17　斜拉式挂篮悬浇Ⅱ梁段

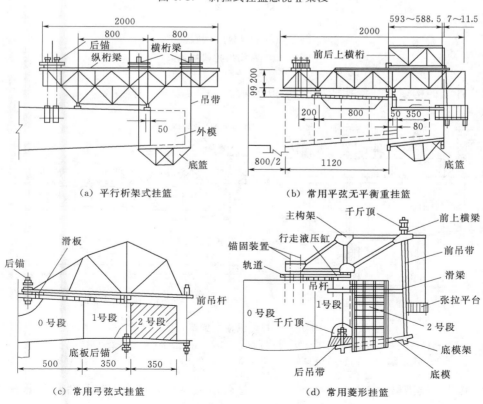

（a）平行桁架式挂篮　　　　　　　（b）常用平弦无平衡重挂篮

（c）常用弓弦式挂篮　　　　　　　（d）常用菱形挂篮

图 6.18　常用桁架式挂篮（单位：cm）

斜拉式挂篮主要有三角斜拉、预应力筋斜拉、体内斜拉等多种，如图 6.19 所示。

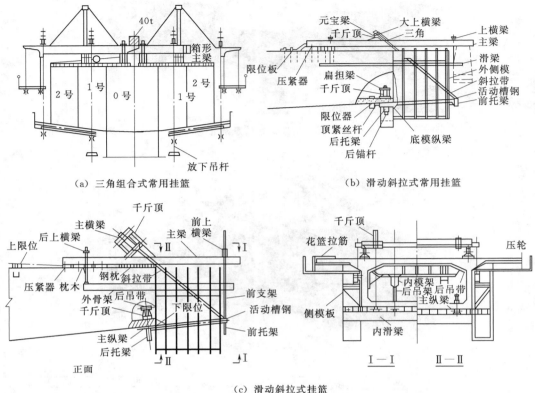

（a）三角组合式常用挂篮　　　　　（b）滑动斜拉式常用挂篮

（c）滑动斜拉式挂篮

图 6.19　常用斜拉式挂篮

（3）挂篮的构造。挂篮构造如图 6.20 所示。

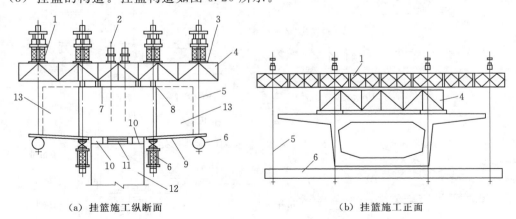

（a）挂篮施工纵断面　　　　　（b）挂篮施工正面

图 6.20　挂篮纵横桁梁系布置

1—主横桁梁；2—后锚点；3—行走滑板；4—主纵桁梁；5—吊杆；6—底篮横梁（钢管）；7—后支点；
8—前支点；9—底模；10—临时固定支座；11—永久支座；12—桥墩；13—待浇梁段

1）主纵、横桁梁。主纵、横桁梁是挂篮悬臂承重结构，可由万能杆件或贝雷桁架（或装配式公路钢桁架）组拼或型钢加工而成。

2）行走系统。行走系统包括支腿和滑道及拖移收紧设备。采用电动卷扬机牵引，通过圆棒滚动或在铺设的滑道上移动。滑道要求平整光滑，摩阻小，铺拆方便，能反复使用。目前大多采用上滑道覆一层不锈钢薄板，下滑道用槽钢，内设聚四氟乙烯板，行走方便、安全，稳定性好。

3）底篮。底篮直接承受悬浇梁段的施工重力，可供立模板、绑扎钢筋、浇筑混凝土、养生等工序用。由下横桁梁和底模纵梁及吊杆（吊带）组成。横梁可用万能杆件、贝雷桁架、型钢、钢管构成，底模纵梁用多根 24～30 号槽钢或工字钢；吊杆一般可用 Φ32mm 的精轧螺纹钢筋或 16Mn 钢带。

4）后锚系统。后锚是主纵桁梁自锚平衡装置，由锚杆压梁、压轮、连接件、升降千斤顶等组成，目的是防止挂篮在浇筑混凝土梁段时倾覆失稳。

（4）挂篮的安装。

1）挂篮组拼后，应全面检查安装质量，并做载重试验，以测定其各部位的变形量，并设法消除其永久变形。

2）在起步长度内梁段浇筑完成并获得要求的强度后，在墩顶拼装挂篮。有条件时，应在地面上先进行试拼装，以便在墩顶熟练有序地开展挂篮拼装工作。拼装时应对称进行。

3）挂篮的操作平台下应设置安全网，防止物件坠落，以确保施工安全。挂篮应呈全封闭型式，四周设围护，上下应有专用扶梯，方便施工人员上下挂篮。

4）挂篮行走时，须在挂篮尾部压平衡重，以防倾覆。浇筑混凝土梁段时，必须在挂篮尾部将挂篮与梁进行锚固。

（5）挂篮试压。为了检验挂篮的性能和安全，并消除结构的非弹性变形，应对挂篮试压。试压通常采用试验台加压法、水箱加压法等。

1）试验台加压法。新加工的挂篮可用试验台加压法检测桁架受力性能和状况。试验台可利用桥台或承台和在岸边梁中预埋的拉力筋锚住主桁梁后端，前端按最大荷载计算值施力，并记录千斤顶逐级加压变化情况，测出挂篮弹性变形和非弹性变形参数，用作控制悬浇高程依据，如图 6.21 所示。

2）水箱加压法。对就位待浇混凝土的挂篮，可用水箱试压法检查挂篮的性能和状况。加压的水箱一般设于前吊点处，后吊杆穿过紧靠墩顶梁段边的底篮和纵桁梁，锚固于横桁梁上，或穿过已浇箱梁中的预留孔，锚于梁体，在后吊杆的上端装设带压力表的千斤顶，反压挂篮上横桁梁，计算前后施加力后，分级分别进行灌水和顶压，记录全过程挂篮变化情况即可求得控制数据，如图 6.22 所示。

（6）浇筑混凝土时消除挂篮变形的措施。每个悬浇段的混凝土一般可两次或三次浇筑完成（混凝土数量少的也可采用一次浇筑完成）。为了使后浇混凝土不引起先浇混凝土的开裂，需要消除后浇混凝土引起挂篮的变形。一般可采取以下的几种措施。

1）箱梁混凝土一次浇筑法。箱梁混凝土的浇筑采用一次浇筑，并在底板混凝土凝固前全部浇筑完毕。也就是要求挂篮的变形全部发生在混凝土塑性状态之间，避免裂缝的产生。但需在浇筑混凝土前预留准确的下沉量。

2）水箱法。水箱法的布置如图 6.22 所示。浇筑混凝土前先在水箱中注入相当于混凝土质量的水，在混凝土浇筑过程中，逐步放水使挂篮的负荷和挠度基本不变。

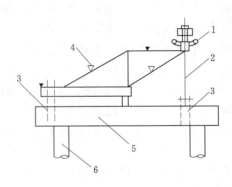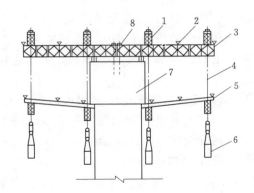

图 6.21　菱形挂篮试验台试压示意图　　　　图 6.22　挂篮水箱法试压示意图

1—压力表千斤顶；2—拉杆；3—预埋钢筋；　　1—横桁梁；2—观测点；3—纵横梁；4—吊杆；5—底篮；

4—观测点；5—承台；6—桩　　　　　　　　6—水箱；7—墩顶梁段；8—后锚固

3）抬高挂篮的后支点法。浇筑混凝土前将模板前端设计高程抬高 10～30mm，预留第一次浇筑混凝土的下沉量，同时用螺旋式千斤顶顶起挂篮后支点，使之高于滑道或钢轨顶面（一般顶高约 20～30mm）。在浇筑第一次混凝土时千斤顶不动，浇筑混凝土质量使挂篮的下沉量与模板的抬高量相抵消。在浇筑第二次混凝土时，将千斤顶分次下沉，并随即收紧后锚系的螺栓，使挂篮后支点逐步贴近滑道面或轨道面。随着后支点的下降，以前支点为轴的挂篮前端必然上升一数值，此数值应正好与第二次混凝土质量使挂篮所产生的挠度相抵消，保证箱梁模板不发生下沉变形。此法需用设备很少，较水箱法简单，但需顶起量合适，顶起量应由实测确定。

斜拉式挂篮因其总变形小，一般可在浇筑混凝土前预留下沉量，不必在浇筑过程中进行调整。也可试用某桥的施工实践，挂篮底模承重横梁采用直径 1～1.2m 加劲钢管，管内与水泵及泄水管连通，使加卸载控制灵活。在梁段混凝土浇筑过程中，逐渐泄水，保持挂篮的负荷和挠度基本不变。

4. 现浇Ⅲ梁段施工

Ⅲ梁段为边跨支架上的现浇部分，支架可在墩旁搭设临时墩支承平台，一般采用万能杆件、贝雷架等拼装，在其上分段浇筑。当与采用顶推法施工的连接桥相接时，可把Ⅲ梁段临时固结在顶推梁上，到位后再进行梁的联结。

5. Ⅳ梁段（合龙段）施工和连续梁施工的体系转换

连续梁的分段悬浇施工，常采用对称施工。全梁施工过程是从各墩顶 0 号段开始至该 T 构的完成，再将各 T 构拼接而形成整体连续梁。这种 T 构的拼接就是合龙。合龙是连续梁施工和体系转换的重要环节，合龙施工必须满足受力状态的设计要求和保持梁体线形，控制合龙段的施工误差。

利用连续梁成桥设计的负弯矩预应力筋为支承，是连续梁分段悬浇施工的受力特点。悬浇过程中各独立 T 构的梁体处于负弯矩受力状态，随着各 T 构的依次合龙，梁体也依次转化为成桥状态的正负弯矩交替分布型式，这一转化就是连续梁的体系转换。因此，连续梁悬浇施工的过程就是其应力体系转换的过程，也就是悬浇时实行支座临时固结、各 T 构的合龙、固结的适时解除、预应力的分配以及分批依次张拉的过程。

多跨连续梁合龙的原则是由边至中，即先合龙各边跨，再各次边跨，最后为中跨。

### 6.2.3　悬臂拼装

悬臂拼装（简称悬拼）是悬臂施工法的一种，它是利用移动式悬拼吊机将预制梁段起吊至桥位，然后采用环氧树脂胶和预应力钢丝束连接成整体，主要工序如图 6.23 所示。采用逐段拼装，一个节段张拉锚固后，再拼装下一节段。悬臂拼装的分段，主要决定于悬拼吊机的起重能力，一般节段长 2～5m。节段过长则自重大，需要悬拼吊机的起重能力大，节段过短则拼装接缝多，工期也延长。一般在悬臂根部，因截面积较大，预制长度比较短，以后逐渐增长。悬拼适应于预制场地及运吊条件较好，特别是工程量大和工期较短的桥梁工程。

（a）驳船将梁段运至施工点吊拼

（b）铰接缝处理

（c）在张拉平台上张拉钢筋

图 6.23　利用移动式吊车悬拼施工主要工序

1. 悬拼特点

悬拼和悬浇均利用悬臂原理逐段完成全联梁体的施工，悬浇以挂篮为支承逐段现浇，悬拼以吊机逐段完成梁体拼装。因此，悬拼和悬浇与支架现浇等施工方法相比除有许多共同优点外，悬拼还有以下特点：

（1）进度快。悬浇一节段梁在天气好时也需要 1 周时间；而采用悬拼法，梁体的预制可与桥梁下部构造施工同时进行，平行作业缩短了建桥工期。

（2）制梁条件好，混凝土质量高。悬拼法将大跨度梁化整为零，预制场或工厂化的梁段预制生产利于整体施工的质量控制。

（3）收缩和徐变小。预制梁段的混凝土龄期比悬浇成梁的长，从而减少悬拼成梁后混凝土的收缩和徐变。

（4）线形好。梁段预制采用长线法，长线法是在按梁底曲线制作的固定底模上分段浇筑混凝土的方法，能保证梁底线形。

悬拼施工的主要工序：梁段预制、运输、吊拼、悬拼梁体体系转换、合龙。

2. 梁段预制

（1）预制方法。悬拼施工是将梁沿纵轴向根据起吊能力分成适当长度的节段，在工厂或桥位附近的预制场进行预制，然后运到桥位处用吊机进行拼装。节段预制的质量直接关系着梁段悬拼的速度和质量，因此预制时应严格控制梁段断面及形体的精度，并应充分注意场地的选择与布置，台座和模架的制作，工艺流程的拟定以及养护和储运的每一环节。

梁段预制方法有长线法和短线法两类。

1）长线预制。长线预制是在预制厂或施工现场按桥梁底缘曲线制作固定台座，在台座上安装底模进行节段混凝土浇筑工作。组成 T 构半悬臂或全悬臂的诸梁段均在固定台座上的活动模板内浇筑，且相邻段的拼合面应相互贴合浇筑，缝面浇前涂抹隔离剂，以利脱模。

长线预制需要较大场地，台座两侧常设挡土墙，内填不沉降的砂石加 20cm 厚混凝土封顶并抹上高强找平砂浆，其上加铺一层镀锌铁皮，待砂浆未达到要求强度前用铁钉固定。长线法台座如图 6.24 所示。

模板常采用钢模，每段一块，以便于装拆使用。为加快施工进度，保证节段之间密贴，常采用先浇筑奇数节段，然后利用奇数节段混凝土的端面弥合浇筑偶数节段。也可以采用分阶段的预制方法。当节段混凝土强度达到设计强度 70% 以上后，可吊出预制场地。

2）短线预制。梁段在固定台位能纵移的模内浇筑，待浇梁段一端设固定模架，另一端为已浇梁段（配筑梁段），浇毕达到要求强度后运出原配筑梁段，达到要求强度梁段为下一待浇段配筑，如此周而复始。短线法台座如图 6.25 所示。

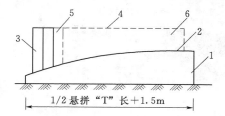

图 6.24　长线法台座

1—长线台座；2—梁底线形；3—顶制梁段；4—梁顶
线形；5—待浇梁段；6—待浇梁段位置

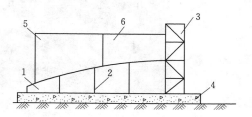

图 6.25　短线法台座

1—短线台座；2—可调底模；3—封闭式端模；
4—基础；5—配筑梁段；6—待浇梁段

长线法的优点是由于台座可靠，因而成桥后梁体线形较好，长线的台座使梁段存储有较大余地；缺点是占地较大，地基要求坚实，混凝土的浇筑和养护移动分散。

短线法的优点是场地相对较小，浇筑模板及设备基本不需移机，可调的底、侧模便于平、竖曲线梁段的预制，主要缺点是精度要求高，施工要求严，另外施工周转不便，工期相对较长。

（2）密贴预制及剪力齿、定位销的设置。

1）密贴预制。为提高预制梁段拼接面的吻合度，一般宜在长线台座上将待浇梁段与已浇梁段端接面密贴浇筑，中间用不带硬化剂的环氧树脂作为隔离层分隔，预应力束孔用金属管分隔。也可用如图6.26所示分隔板分隔。

2）剪力齿。为提高梁段拼接面的抗剪强度，拼接面做成齿合，如图6.26所示。

3）定位销。为固定两梁段位置，设有定位销。定位销一般均衡布置在顶板上，可固位，又可传递剪力。

3. 梁段的吊拼及其设备

悬拼按起重吊装的方式不同分为浮吊悬拼、连续千斤顶或卷扬机滑轮组悬拼（吊机悬拼）、缆索起重机（缆吊）悬拼及移动导梁悬拼等。

（1）浮吊悬拼。浮吊如图6.27所示，重型的起重机械装配在船舶上，全套设备在水上作业就位方便，40m的吊高范围内起重力大，辅助设备少，相应的施工速度较快，但台班费用较高。一个对称干接悬拼的工作面，一天可完成2～4段的吊拼。

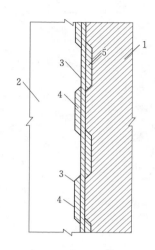

图6.26 预制箱梁拼接面剪力凹凸齿示意图

1—已浇箱梁；2—待浇箱梁；3—钢或木制分隔板；4—凹齿；5—凸齿

（2）连续千斤顶或卷扬机滑轮组悬拼（悬拼吊机）。连续千斤顶或卷扬机滑轮组吊拼时，均需架设悬臂起重桁架，其上安装起重设备，驳船将待拼梁段运至施工点吊拼。

悬臂起重桁架多采用贝雷架、万能杆件及型钢等拼配制作，由承重梁、横梁、锚固装置、起吊装置、行走系统和张拉平台等几部分组成。

如图6.28所示为移动式吊车，外形似挂篮，其工作程序如图6.23所示。

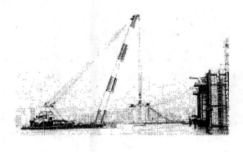

图6.27 浮吊

卷扬机

图6.28 移动式吊车

如图6.29所示为贝雷桁架拼装的悬拼吊机吊拼梁段示意图，起吊设备为卷扬机和滑轮组。

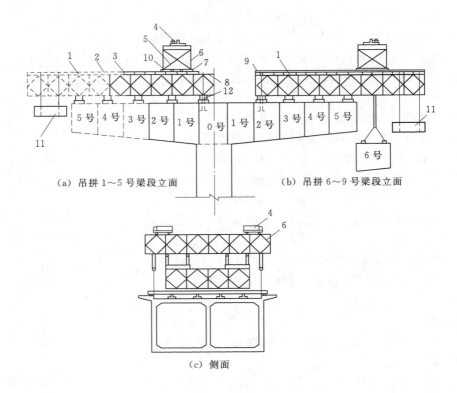

图 6.29 贝雷桁架拼装的悬拼吊机吊拼梁段示意图

1—吊机桁梁；2—钢轨；3—枕木；4—卷扬机；5—撑架；6—横向桁梁；7—平车；8—锚固吊环；

9—工字钢；10—平车之间用角钢联结成整体；11—工作吊篮；12—锚杆

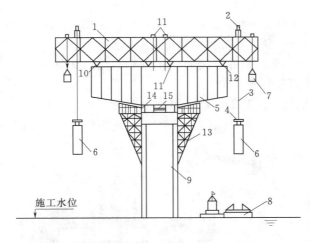

图 6.30 贝雷桁架连续千斤顶悬拼吊机吊拼梁段示意图

1—贝雷纵梁；2—ZLD-100 连续千斤顶；3—起重索；4—起重连接器；5—已安装定位梁段；6—待吊安装梁段；7—工作吊篮；8—运梁驳船；9—桥墩；10—前支点；11—锚筋；12—前支点；13—托架；14—临时支座；15—支座

如图 6.30 所示为贝雷桁架连续千斤顶悬拼吊机吊拼梁段示意图。连续千斤顶占用面积小、质量轻，起重力与吊重力之比约为 1∶100。当 0 号梁段顺桥向的长度不能满足起步长度或采用吊机悬吊 1 号梁段时，需在墩侧设立托架。

连续千斤顶或卷扬机滑轮组作业设备简单，适应性强。如图 6.31 所示为梁段吊装正面示意图。

（3）缆索起重机（缆吊）悬拼。缆吊无需考虑桥位状况，且吊运结合，机动灵活，作业的空间大，在一定设计范围内缆吊几乎可以负责全桥从下部到上部，从此岸到彼岸的施工作业，因此缆吊的利用率和工作效率很高。

其缺点是一次性设备投资大，设计跨度和起吊重力有限，一般起吊重力不宜大于 500kN，而一般混凝土预制梁段的重力多达 500kN，目前我国使用缆吊悬拼连续梁都是由两个独立单箱单室并列组合的桥型，为了充分利用缆吊的空间特性，特将预制场及存梁布设在缆吊作用面内。缆吊进行拼合作业时增加风缆和临时手拉葫芦，以控制梁段就位的精度。缆机运吊结合的优势，大大缩短了采用其他吊运方式所需的转运时间，可以将梁段从预制场直接吊至悬拼结合面。施工速度可达日拼 2 个作业面 4 段，甚至可达 3 个作业面 6 段。

如图 6.32 所示为某桥缆索起重机塔柱图。

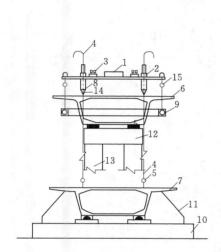

图 6.31　梁段吊装正面示意图

1—提吊中心控制台；2—ZLD-100 连续千斤顶；3—油泵；

4—9φ5 钢绞线；5—起重连接器；6—已安装定位梁段；

7—待吊安装梁段；8—贝雷主桁梁；9—贝雷梁组合工作

吊篮；10—运梁段船只；11—梁段稳定风缆；12—墩帽；

13—双柱式桥墩；14—悬梁前支点；

15—升降手拉葫芦

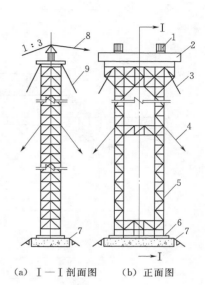

（a）Ⅰ—Ⅰ剖面图　　（b）正面图

图 6.32　缆索起重机塔柱图

1—索鞍；2—型钢；3—八字风缆；4—八字腰风缆；

5—万能杆件墩柱；6—铰接；7—基础；

8—主索；9—风缆

（4）移动式导梁悬拼。这种施工方法需设计一套比桥跨略长的可移动式导梁，如图 6.33 所示，安装在悬拼的工作位置，梁段沿已拼梁面运抵导梁旁，由导梁吊运到拼位用预应力拼合在悬臂端上。导梁设有两对固定支架，一对在导梁后面，另一对设在中间，梁段可以从支柱中间通过。导梁前端有一个活动支柱，使导梁在下一个桥墩上能形成支点。导梁下弦杆用来铺设轨道以支承运梁平车。平车可使梁段水平和垂直移动，同时还能使它转动90°。施工可分 3 个阶段进行，如图 6.33 所示。

1）吊装墩顶梁段。导梁放在 3 个支点上，即后支架，靠近已拼悬臂端头的中支架和借助临时支柱而与装在下一桥前方的前支柱相接形成第三支点。

2）导梁前移。通过后支架的滚轮滚动和前支架的滑轮装置，使导梁向前移动。

3）吊装其他梁段。拼装其他梁段时，导梁由后支架和中间支架支承。中间支架锚固在墩顶梁段上，后支架锚固在已建成的悬臂梁端。

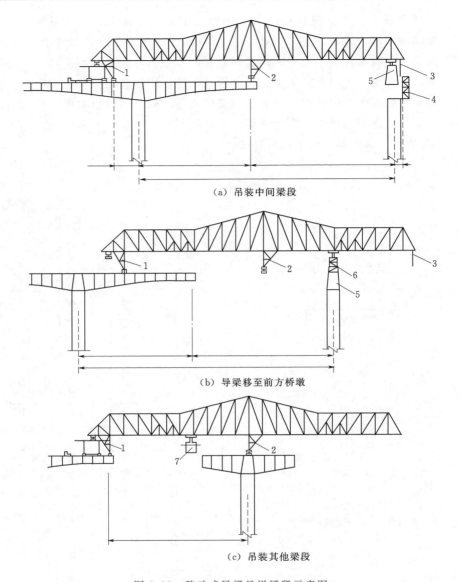

（a）吊装中间梁段

（b）导梁移至前方桥墩

（c）吊装其他梁段

图 6.33 移动式导梁悬拼梁段示意图

1—后支架；2—中支架；3—临时前支架；4—支柱；5—墩顶梁段；6—临时支柱；7—移梁段小车

4. 梁段的拼装施工

（1）支座临时固结或设置临时支架。为了确保连续梁分段悬拼施工的平衡和稳定，常与悬浇方法相同，需要临时固结成 T 构。当临时固结支座不能满足悬拼要求时，一般考虑在墩两侧或一侧加临时支架。悬拼完成，T 构合龙（合龙要点与悬浇相同），即可恢复原状，拆除支架。

（2）梁段拼装程序。梁段拼接缝有湿接、铰接两种型式，不同的施工阶段和不同部位常采用不同的接缝型式。

1）湿接缝拼装梁段。湿接缝是相邻梁段间浇筑一段 10~20cm 宽的混凝土作为接头的连接缝，用以调整随后梁段（基准梁段）的位置，使准确地控制其后续梁段的安装精度。

1号梁段是紧邻0号梁段两侧的第一个节段，也是悬拼T构的基准梁段，是全跨安装质量的关键，一般采用湿接缝连接。

1号梁段安装的允许偏差见表6.1。

表6.1                           **1号梁段安装允许偏差**                   单位：mm

| 高程 | 中线 | 平面位置长度 | 扭转高差 | 转角高差 |
| --- | --- | --- | --- | --- |
| ±1 | ±1 | 1 | 1 | 0.5/m |

2）胶接缝拼装梁段。胶接缝是在梁段接触面上涂一层约0.8mm厚的环氧树脂加水泥薄层而形成。它在施工中起润滑作用，使接缝密贴，在凝固后提高结构的抗剪能力、整体刚度和不透水性。

梁段吊上并基本定位后（此时接缝宽约10～15cm），先将临时预应力筋穿入，安好连接器，再开始涂胶及合龙，张拉临时预应力筋，使固化前铰接缝的压应力不低于0.3MPa，这时可以解除吊钩。

3）拆除吊机后，穿入永久预应力筋，张拉预应力筋后，可移动挂篮，进行下一段梁的吊装。

# 学习情境6.3 顶 推 施 工 法

## 6.3.1 概述

预应力混凝土连续梁桥顶推安装法是钢桥拖拉架设法在预应力混凝土桥型中的运用和发展。本法是沿桥纵轴方向的台后开辟预制场地，分节段预制混凝土梁身，并用纵向预应力筋连成整体，然后通过水平液压千斤顶施力，借助不锈钢板与聚四氟乙烯滑块特制的滑动装置，将梁逐段向对岸顶进，就位后落架，更换正式支座完成桥梁施工。

顶推法于1959年首次在奥地利的阿格尔桥上使用，该桥全长280m，为四跨一联预应力混凝土连续梁桥，最大跨径85m。该桥分节段预制，每段6.5m，段间采用0.5m现浇混凝土接缝，待全桥节段组拼完成后一次顶推施工。1962年在委内瑞拉建成的卡罗尼河桥，对顶推施工作了改进。该桥全长550m，主桥为六跨一联的预应力混凝土连续梁桥，最大跨径96m，采用了分节段预制、逐段顶推的工艺。它使预制场地固定，节约了大量施工场地，减少了施工程序。同时该桥在顶推梁的前端设置钢导梁，减少了梁在施工过程中的受力，并在最大跨的跨中设置临时墩，使桥梁顶推施工时的跨径减少到48m。迄今，世界各国采用顶推法施工的大桥约有近200座。不设临时支墩也无其他辅助设施的最大顶推跨径为63m，顶推法施工的最大跨径是联邦德国的沃尔斯（Worth）桥，该桥为3跨连续梁，全长404m，最大跨径168m，其间采用两个临时支墩，顶推跨径56m。

我国于1974年首先在狄家河铁路桥采用顶推法施工，该桥为4×40m预应力混凝土连续梁桥。1977年在广东省东莞市修建了40m+54m+40m三跨一联的万江桥。之后，湖南省望城沩水河桥4×38m+2×38m两联连续梁，首次使用柔性墩多点顶推，为我国采用顶推法施工创造了成功经验。

顶推法施工不仅用于连续梁桥和钢桥，也可用于其他桥型。如简支梁桥，可先连续顶推施工，就位后解除梁跨间的连续；拱桥的拱上纵梁，可在立柱间顶推施工；斜拉桥的主梁采用顶推法等。

连续梁桥采用顶推法施工的概况如图6.34、图6.35所示。

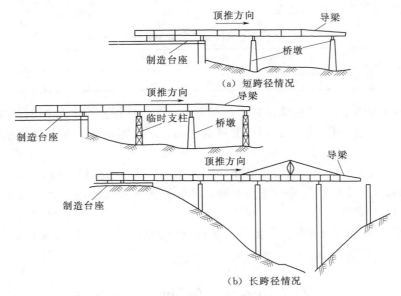

图6.34　顶推法施工的概况

图6.35　预应力混凝土连续梁顶推安装

**1. 顶推施工的优缺点**

（1）优点。

1）由于聚四氟乙烯与不锈钢板间的摩擦系数约为0.02～0.05，即使梁重达10000t，也只需500kN以下的力即可推出。因此，顶推力远比梁体自重小，所以顶推设备轻型简便，不需大型吊运机具。

2）不影响桥下通航或行车，对紧急施工、寒冷地区施工、架设场地受限制等特殊条件下，其优点更为明显。

3）仅需一套模板周转，节省材料，施工工厂化，易于质量管理。

4）施工安全，干扰少。

5）节约劳力，减轻劳动强度，改善工作条件。

（2）缺点。

1）由于顶推过程中，各截面正、负弯矩交替变化，致使施工临时预应力筋增多，且装拆与张拉繁杂，梁体截面高度比其他施工方法大。

2）由于顶推悬臂弯矩不能太大，且施工阶段的内力与营运阶段的内力也不能相差太大，所以顶推只适用较多跨（少跨不经济），且跨径不大于 50m 的桥型，以 42m 跨径受力最佳。

3）对于多孔长桥，因工作面（最多两岸对顶）所限，顶推过长，施工工期相对较长。

2. 顶推法施工程序

预应力混凝土连续梁桥上部结构采用顶推法施工的程序如图 6.36 所示。

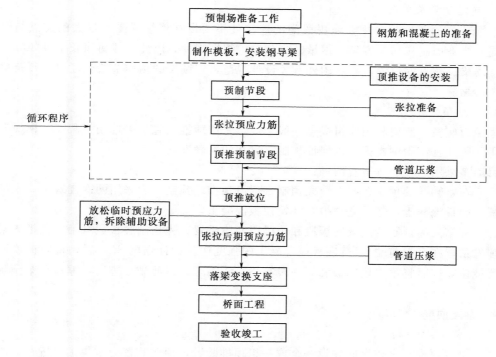

图 6.36 顶推法施工程序图

### 6.3.2 梁段预制

1. 预制场布置

顶推法的制梁有两种方法：一种是在梁轴线的预制场上连续预制逐段顶推；另一种是在工厂制成预制块件，运送桥位连接后进行顶推，在这种情况下，必须根据运输条件决定节段的长度和重量，一般不超过 5m，同时增加了接头工作，需要起重、运输设备，因此，以现场预制为宜。

主梁节段预制完成后，要将节段向前顶推，空出预制台座继续浇筑下一节段。对于顶出的梁段要求顶后无高程变化，梁的尾端不能产生转角，因此在到达主跨之前要设置过渡孔。

预制场地包括：预制台座和从预制台座到标准顶推跨之间的过渡孔。

预制场地一般设在桥台后面的引桥或者引道上。500m 左右的桥长，通常只设一端预制场。较长的桥梁，或者中间跨为不同结构时，也可在桥两端设预制场地，相向顶推。

预制场地布置应综合考虑以下因素。

（1）梁体顶推过程的抗倾覆安全度。为此，整个预制场地内滑道支承墩宜作小间距布置，使梁段在预制场地范围内逐步顶推过渡到标准跨。

（2）尽量将预制场地向前靠，充分利用设计的永久墩台的基础和墩身，少占引桥或引道位置，减小顶推工作量，避免顶推到最后时，梁的尾端出现长悬臂。

（3）预制台座、滑道支承墩均应牢固可靠，局部沉降不宜大于5mm，防止在浇筑和顶推梁体时发生沉陷现象，影响成型构件的拼装或梁体的顶推。

（4）预制场地其他设施的平面布置，例如拼装导梁的场地，设备材料的运输，起吊设备的安装，混凝土拌和站的位置以及普通钢筋、预应力筋的下料、制作、安装场地。

2. 确定分段长度

主梁节段的长度划分主要考虑段间的连接处不要设在连续梁受力最大的支点与跨中截面，同时要考虑制作加工容易，尽量减少分段，缩短工期，因此一般每段长10～30m。同时根据连续梁反弯点的位置，参考国外有关设计规范，连续梁的顶推节段长度应使每跨梁不多于2个接缩缝。

3. 梁段预制

模板由底模、侧模和内模组成。一般来说，采用顶推法施工多选用等截面，模板多次周转使用。因此宜使用钢模板，以保证预制梁尺寸的准确性。

目前多采用的预制方案有两种：

（1）在梁轴线的预制台座上分段预制，逐段顶推。预制一般采用两次浇筑法，先浇筑梁的底板、腹板混凝土，然后立顶模，浇筑顶板混凝土。

（2）在箱梁的预制台座分底板段和箱梁段两段设置，先预制底板段（第一段把导梁的下弦预埋件预埋在底板前端），待底板段混凝土的强度达到设计强度80%后，将底板顶推至箱梁位置就位，同时将第二段底板和第一段箱梁交错施工，以此循环进行，缩短箱梁预制的施工周期。

### 6.3.3 梁段顶推

1. 顶推方法的选择

（1）单点顶推。全桥纵向只设一个或一组顶推装置，顶推装置通常集中设置在梁段预制场附近的桥台或桥墩上，而在前方各墩上设置滑移支承。

按顶推装置分为两种：水平-竖直千斤顶法，拉杆千斤顶法。

1）水平-竖直千斤顶法。水平千斤顶与竖直千斤顶联合使用，施工程序为顶梁、推移、落下竖直千斤顶和收回水平千斤顶的活塞杆，如图6.37所示。顶推时，升起竖直千斤顶活塞，使临时支承卸载，开动水平千斤顶去顶推竖直千斤顶，由于竖直千斤顶下面设有滑道，千斤顶的上端装有一块橡胶板，即竖直千斤顶在前进过程中带动梁体向前移动。当水平千斤顶达到最大行程时，降下竖直千斤顶活塞，使梁体落在临时支承上，收回水平千斤顶活塞，带动竖直千斤顶后移，回到原来位置，如此反复不断地将梁顶推到设计位置。

2）拉杆千斤顶法。将水平液压千斤顶布置在桥台前端，底座紧靠桥台，由楔形夹具固定在梁底板或侧壁锚固设备的拉杆与千斤顶连接，通过千斤顶的牵引作用，带动梁体向前移动。千斤顶回程时，固定在油缸上的刚性拉杆便从楔形夹具上松开，在锚头中滑动，随后重复下一循环，如图6.38所示。

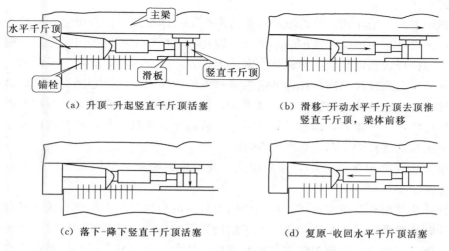

（a）升顶–升起竖直千斤顶活塞 （b）滑移–开动水平千斤顶去顶推
竖直千斤顶，梁体前移

（c）落下–降下竖直千斤顶活塞 （d）复原–收回水平千斤顶活塞

图 6.37 水平千斤顶与竖直千斤顶联用顶推

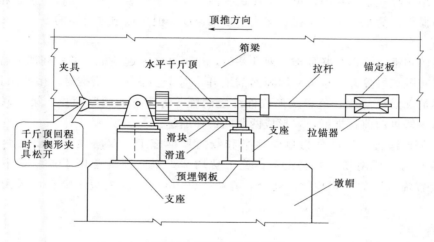

图 6.38 拉杆式顶推装置

滑移支承设在桥墩顶的混凝土垫块上，垫块上放置光滑的不锈钢板或镀铬钢板形成滑道。

组合的聚四氟乙烯滑块由聚四氟乙烯板表层和带有钢板夹层的橡胶块组成，外形尺寸有 420mm×420mm、200mm×400mm、500mm×200mm 等数种，厚度也有 21mm、31mm、40mm 等多种。顶推时，滑块在前方滑出，通过在滑道后方不断喂入滑块，使梁身前移时始终支承在滑块上。

单点顶推在国外称 TL 顶推法，单点顶推力可达 3000～4000kN。我国狄家河桥、万江桥均采用单点顶推法施工，将水平千斤顶与竖直千斤顶联用。1991 年建成的杭州钱塘江二桥，是一座公铁两用桥，主桥两侧的铁路引桥为 7×32m＋8×32m＋9×32m 三联预应力混凝土连续梁，采用单点顶推法施工。

（2）多点顶推。在每个墩台上均设置一对小吨位的水平千斤顶，将集中顶推力分散到各墩上，并在各墩上及临时墩上设置滑移支承。所有顶推千斤顶通过控制室统一控制其出力等级，同步进行。

由于利用了水平千斤顶，传给墩顶的反力平衡了梁体滑移时在桥墩上产生的摩阻力，从而使桥墩在顶推过程中承受着很小的水平力，因此在柔性墩上可以采用多点顶推施工。多点顶推通常采用拉杆式顶推装置，它在每个墩位上设置一对液压穿心式水平千斤顶。千斤顶中穿过的拉杆采用高强螺纹钢筋，拉杆的前端通过锥形楔块固定在活塞插头部，后端有特制的拉锚器、锚碇板等连接器与箱梁连接，水平千斤顶固定在墩顶的台座上。当用水平千斤顶施顶时，将拉杆拉出一个顶程，即带动箱梁前进，收回千斤顶活塞后，锥形楔块又在新的位置上将拉杆固定在活塞杆的头部，如图 6.38 所示。

多点顶推法也称 SSY 顶推法，除采用拉杆式顶推系统外也可用水平千斤顶与竖直千斤顶联合作业。

多点顶推法与单点顶推法比较，可以免用大规模的顶推设备，并能有效地控制顶推梁的偏移，顶推时桥墩承受的水平推力小，便于结构采用柔性墩。在顶推弯桥时，由于各墩均匀施加顶力，能顺利施工。在顶推时如遇桥墩发生不均匀沉降，只要局部调整滑板高度即可正常施工。采用拉杆式顶推系统，免去了在每一循环顶推中用竖直千斤顶将梁顶起和使水平千斤顶复位的操作，简化了工艺流程，加快了顶梁速度。但多点顶推所需的设备较多，操作要求也比较高。

多联桥的顶推，可以分联顶推，通联就位，也可联在一起顶推。两联间的结合面可用牛皮纸或塑料布隔离层隔开，也可采用隔离剂隔开。对于多联一并顶推时，多联顶推就位后，可根据具体情况设计解联、落梁及形成伸缩缝的施工方案，如两联顶推，第二联就位后解联，然后第一联再向前顶推就位，形成两联间的伸缩缝。

此外，顶推法施工还可分为单向顶推和双向顶推施工。双向顶推需要在两岸同时预制，因此要有两个预制场，两套设备，施工费用高。双向顶推常用于连续梁中孔跨径较大而不宜设置临时墩的三跨桥梁。此外，在 $L>600\mathrm{m}$ 时，为缩短工期也可采用双向顶推施工。

### 2. 支承系统

（1）设置临时滑动支承顶推。顶推施工的滑道是在墩上临时设置的，由光滑的不锈钢板与组合的聚四氟乙烯滑块组成，用于滑移梁体起支承作用，待主梁顶推就位后，更换正式支座。我国采用顶推法施工的几座预应力混凝土连续梁桥一般采用这种施工方法。在主梁就位后，拆除顶推设备，同时进行张拉后期预应力束和管道压浆工作，待管道水泥浆达到设计强度后，用数只大吨位竖直千斤顶同步将一联主梁顶起，拆除滑道及滑道底座混凝土垫块，安放正式支座。

（2）使用与永久支座合一的滑动支承顶推。采用施工临时滑动支承与竣工后永久支座组合兼用的支承构造进行顶推的方法。它将竣工后的永久支座安置在墩顶的设计位置上，施工时通过改造作为顶推滑道，主梁就位后，恢复为永久支座状态，它不需拆除临时滑动支承，也不需要采用大吨位千斤顶进行顶梁作业。

上述兼用支承的顶推方法在国外称 RS 施工法，它的滑动装置由 RS 支承、滑动带、卷绕装置等组成，如图 6.39 所示。RS 顶推装置的特点是采用兼用支承，滑动带自动循环，因而操作工艺简单，省工、省时，但支承本身的构造复杂，价格较高。

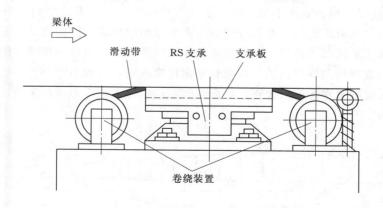

图 6.39　RS 支承的构造

## 6.3.4　导梁和临时墩

为减小顶推过程中梁的受力大小，一般可采取的方法有：顶推前端使用导梁；在架设孔跨中设置临时墩；导梁和临时墩并用；两端同时顶推至跨中合龙；在梁上设拉索加劲体系。

1. 导梁

导梁设置在主梁的前端，为等截面或变截面的钢桁架梁或钢板梁，主梁前端装有预埋件与钢导梁拴接。导梁在外形上，底缘与箱梁底应在同一平面上，前端底缘呈向上圆弧形，以便于顶推时顺利通过桥墩。

导梁设置的长度一般为顶推跨径的 0.6～0.8 倍，导梁的刚度为主梁的 1/9～1/15，过大或过小都将增加主梁顶推时的内力。为减轻自重最好采用从根部至前端为变刚度的或分段变刚度的导梁。

（1）导梁的分类。

1）钢板导梁。顶推跨径较大时，为了尽量减少导梁本身的挠度变形，宜采用刚度大的专用钢导梁为好。但一次性投资大，运输不方便，完工后无其他用途。

专用导梁多为变截面工字形实腹钢板梁，如图 6.40、图 6.41 所示，它由主梁和联系杆件组成。主梁的片数与箱梁腹板相对应，为了便于运输，纵向分成了多块，用拼接板和精制螺栓拼成整体，主梁的材料一般为 16Mn 钢板。导梁一般在专业厂家制作，运输到工地拼装成型。

图 6.40　斯威士兰科马提河桥—正在进行主梁顶推施工

2）钢桁架导梁。拼装式钢桁架导梁对于顶推跨径不大，或者桥横向又分成多个小箱顶推的桥梁，一般可用贝雷桁架、万能杆件或六四军用桁架拼装成钢桁架梁，便于周转使用。

（2）导梁和主梁端部的连接。一般是先在主梁端的顶板、底板内预埋厚钢板或型钢伸出梁端，再与拼装成型后的导梁连接，埋入长度由计算决定，一般不宜小于导梁高度。为了防止主梁端部接头混凝土在承受最大正、负弯矩时，产生过大拉应力而产生裂缝，必须在接头附近施加预应力。

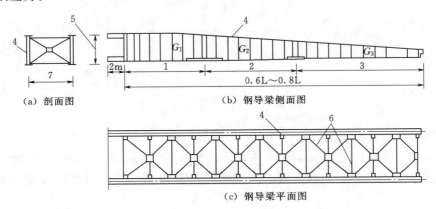

图 6.41　钢导梁示意图

1—第一节；2—第二节；3—第三节；4—导梁主桁；5—箱梁高；6—钢管（型钢）横撑杆；7—主桁宽

$G_1$、$G_2$、$G_3$—相应各节重力；$L$—跨径

## 2. 临时墩

当梁的设计跨径大于 50m 时，宜考虑设置临时墩。使用临时墩要增加桥梁的施工费用，但是可以节省上部结构材料用量，需要从桥梁分跨、通航要求、桥墩高度、水深、地质条件等方面做综合技术经济比较。

临时墩应能承受顶推时最大竖直荷载和最大水平摩阻力引发的变形。墩基可用打入桩、混凝土浅基础或钻孔灌注桩，墩身尽可能设计为能重复使用的构件。一般采用装配式空心钢筋混凝土柱或钢管柱，前者与后者比较，荷重和温度变化产生的变形小，但后者安装和拆除快，回收利用率高。

为加强临时墩的抗推能力，可以用斜拉索或水平拉索锚于永久墩下部或其墩帽，如图6.42 所示。临时墩上一般仅设滑道，而不设顶推装置。

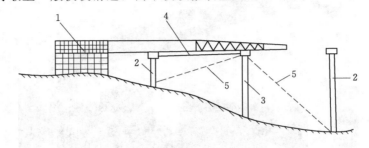

图 6.42　用斜拉索和水平拉索加强的临时墩示意图

1—工作平台；2—永久桥墩；3—临时墩；4—水平拉索；5—斜拉索

# 学习情境6.4 逐 孔 施 工 法

## 6.4.1 概述

逐孔施工法是从桥梁的一端开始，采用一套施工设备或一孔、二孔施工支架逐孔施工，周期循环，直到全部完成。它使施工单一标准化、工作周期化，降低了工程造价，自20世纪50年代末期以来得到了广泛的应用和发展。

逐孔施工可以为预制，也可以为现浇，预制又分为吊装和搭设临时支承装配两种。

1. 整孔吊装或分段吊装逐孔施工

这种方法是早期连续梁采用逐孔施工的唯一方法，近年来，由于起重能力增强，使桥梁的预制构件向大型化方向发展，从而更能体现逐孔施工速度快的特点。

2. 用临时支承组拼预制节段逐孔施工

它是将每一桥跨分成若干段，节段预制完成后，在临时支承上逐孔组拼施工。

3. 使用移动支架逐孔现浇施工

此法亦称移动模架法，它是在可移动的支架、模架上完成一孔桥梁的全部工序，即模板工程、钢筋工程、浇筑混凝土和张拉预应力筋等。待混凝土有足够强度后，张拉预应力筋，移动支架、模板，进行下一孔梁的施工。由于此法是在桥位上现浇施工，可免去大型运输和吊装设备，使桥梁整体性好，同时它又具有工厂化预制生产的特点，可提高机械设备的利用率和生产效率。

由于采用逐孔施工，随着施工的进展，桥梁结构的受力体系在不断地变化，由此结构内力也随之变化。逐孔施工的体系转换有3种：由简支梁转换为连续梁；由悬臂梁转换为连续梁；由少跨连续梁逐孔延伸转换为所要求的体系。

## 6.4.2 整孔吊装或分段吊装逐孔施工

整孔吊装和分段吊装的施工过程一般为：在工厂或现场预制整孔梁或分段梁；预制梁段的起吊、运输；采用吊装设备逐孔架设施工；根据需要进行结构体系转换。

预制梁段采用后张法预应力混凝土梁。由于施工过程中结构受力的变化，布设在梁体内的预应力钢束往往采用分阶段张拉方式，即在预制时先张拉部分预应力束，拼装就位后进行二次张拉。当然，在有些桥梁结构中，梁段预制时即将全部预应力钢束一次张拉到位。张拉顺序取决于根据施工方法确定的设计要求。

在施工中可选用的吊装机具有桁式吊、浮吊、龙门起重机、汽车吊等多种，可根据起吊重力、桥梁所在的位置以及现有设备和掌握机具的熟练程度等因素决定。梁段的预制、安装类同于装配式简支梁桥。如图6.43所示为使用桁式吊整孔吊装施工。

采用逐孔吊装施工应注意以下几个问题。

（1）采用分段组装逐孔施工的接头位置可以设在桥墩处，也可设在梁的

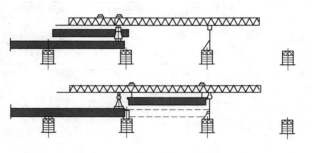

图6.43 用桁式吊整孔吊装施工

$L/5$附近，前者多为由逐孔施工的简支梁连成连续梁；后者多为悬臂梁转换为连续梁。在接头位置处可设有 $0.5\sim0.6$m 宽现浇混凝土接缝，当混凝土达到设计强度后张拉连接预应力筋，完成体系转换。

（2）桥的横向是否分隔主要根据起重能力和截面型式决定。当桥梁较宽，起重能力有限的情况下，可以采用 T 梁或工字梁截面，分片架设之后再进行横向及纵向的整体化、连续化。横向连接采用类似简支梁的构造型式，也可在主梁的翼缘板间设 0.5m 宽的现浇接头以增加横向刚度。

（3）对于先简支后连续的施工方法，通常在简支梁架设时使用临时支座，待连接和张拉后期钢束完成桥面连续后拆除临时支座，转由永久支座支承整体结构。为使临时支座便于卸落，可在橡胶支座与混凝土垫块之间设置一层硫磺砂浆。

（4）在梁的反弯点附近设置接头，在有可能的情况下，可在临时支架上进行接头。

广东省广珠公路的细滘桥，采用整孔吊装，按先简支后连续的方法施工。主桥为五跨一联预应力混凝土连续梁，分跨为 $42.5$m$+3\times54$m$+42.5$m，桥面宽 14.5m，采用 6 梁式 T 形梁截面，主梁间距 2.4m，其中预制梁宽 1.9m，各梁翼缘板之间留有 0.5m 宽作为现浇湿接缝，以加强上部结构的整体性。简支梁在现场预制，采用浮吊船分批安装。其施工程序：首先安装第一、第二、第三跨预制简支梁，如图 6.44（a）所示，安装前在墩顶设置两个临时支座，当第三跨简支梁就位后，现浇主梁接头混凝土，张拉二期预应力筋，拆除临时支座，使结构转换为三跨连续梁，如图 6.44（b）所示；架设第四、五跨简支梁，如图 6.44（c）所示，并从另一岸开始进行两跨连续梁的转换施工，如图 6.44（d）所示；最后在三跨连续梁和两跨连续梁之间合龙，成为五跨一联连续梁，如图 6.44（e）所示；在每片主梁形成五跨连续梁后，现浇横梁和横向湿接头，横向将梁连成整体。

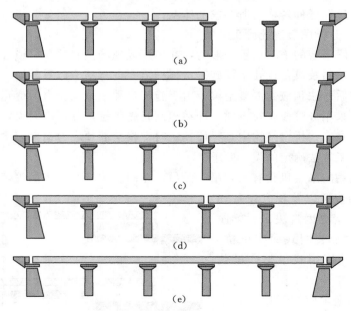

图 6.44　细滘桥整孔吊装施工程序

上海莲西大桥是采用分段吊装的预应力混凝土连续梁桥，主桥为三跨一联预应力连续梁，跨径为30m＋40m＋30m等截面，桥宽9m，采用5梁式T形截面，梁间距1.9m，预制梁宽1.4m，相邻梁翼缘板间有0.5m宽现浇接头，根据起重能力，将三跨连续梁在纵向分为几段，各段间有0.6m宽的现浇接头，在支架L完成现浇接头，其施工程序如图6.45所示。

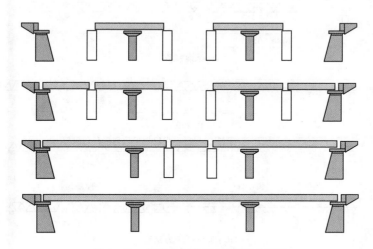

图6.45 莲西大桥分段吊装施工程序

### 6.4.3 用临时支承组拼预制节段逐孔施工

对于多跨长桥，在缺乏较大起重能力的起重设备时，可将每跨梁分成若干段，在预制厂生产，架设时采用一套支承梁临时承担组拼节段的自重力，并在支承梁上张拉预应力筋，将安装跨的梁与施工完成的桥梁结构按照设计的要求连接，完成安装跨的架梁工作，随后，移动临时支承梁至下一桥跨。或者采用递增拼装法，从梁的一端开始安装到另一端结束。

1. 节段的类型

按节段组拼进行逐孔施工，一般的组拼长度为桥梁的跨径。主梁节段长度根据起重能力划分，一般取4～6m，已成梁体与连接的梁节段的接头设在桥墩处。为结合连续梁桥结构的受力特点，并满足预应力钢束的连接、张拉及简化施工，每跨内的节段通常分为桥墩顶节段和标准节段。

节段的腹板设有齿键，顶板和底板设有企口缝，使接缝剪应力传递均匀，并便于拼装就位。前一跨墩顶节段与安装跨第一节段间可以设置就地浇筑混凝土封闭接缝，用以调整安装跨第一节段的准确程度，但也可不设。封闭接缝宽15～20cm，拼装时由混凝土垫块调整。在施加初预应力后用混凝土封填，这样可调整节段拼装和节段预制误差，但施工周期要长些。采用节段拼合可加快拼装速度，但对预制组拼施工精度要求较高。

2. 拼装架设

（1）钢桁架导梁法架设施工。按桥墩间跨长选用的钢桁架导梁支承在设置于桥墩上的横梁或横撑上，钢桁架导梁的支承处设有液压千斤顶用于调整高程，导梁上可设置不锈钢轨，配合置于节段下的聚四氟乙烯板，便于节段在导梁上移动。对钢导梁，要求便于拆装和运运，以适应多次转移逐孔拼装，同时钢梁需设预拱度，以满足桥梁纵面高程要求。

当节段组拼就位，封闭接缝混凝土达到一定强度后，张拉预应力筋与前一桥跨结构组拼

179

成整体。

图6.46为韩国江边都市高速公路上一座桥梁的施工顺序图，标准跨径50m，体外预应力体系，采用履带吊配合导梁进行吊装组拼。

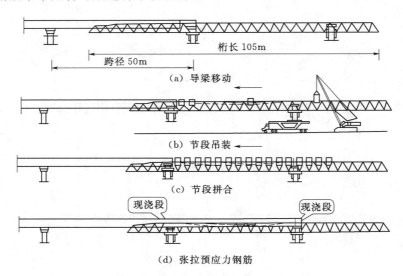

图6.46　某桥梁施工顺序图

（2）下挂式高架钢桁梁。

图6.47为用下挂式高架钢桁梁逐孔组拼施工。

施工时，预制节段可由平板车沿已安装的桥孔运至桥位后，借助架桥机的吊装设备起吊，并将第一跨梁的各节段分别悬吊在架桥机的吊杆上，当各节段位置调整准确后，完成该跨预应力束张拉工艺，并使梁体落在支座上。

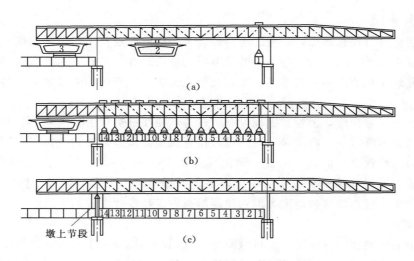

图6.47　用下挂式高架钢桁梁架桥机逐孔组拼施工

### 6.4.4　使用移动支架逐孔现浇施工

可使用移动模架法进行现浇施工的桥梁结构型式有简支梁、连续梁、刚构桥和悬臂梁桥等钢筋混凝土或预应力混凝土桥。所采用的截面型式可为 T 形或箱形截面等。

对中小跨径连续梁桥或建造在陆地上的桥跨结构，可以使用落地式或梁式移动支架，如图 6.48 所示。

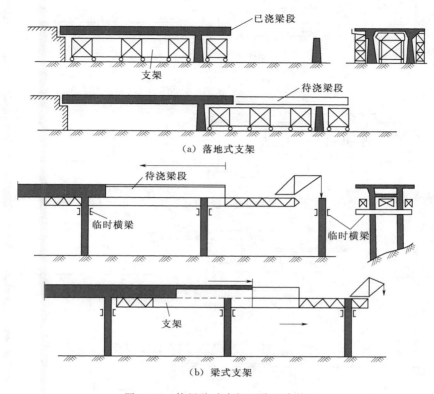

图 6.48　使用移动支架逐孔现浇施工

当桥墩较高、桥跨较长或桥下净空受到限制时，可以采用非落地支承的移动模架逐孔现浇施工。

**1. 移动模架法的施工特点**

（1）移动模架法不需要设置地面支架，不影响通航或桥下交通，施工安全、可靠。

（2）有良好的施工环境，保证施工质量，一套模架可多次周转使用，具有可在类似预制场生产的优点。

（3）机械化、自动化程度高，节省劳力，降低劳动强度，缩短工期。

（4）通常每一施工梁段的长度取用一跨的跨长，接头的位置一般选在桥梁受力较小的地方，即离支点 $L/5$ 附近。

（5）移动模架设备投资大，施工准备和操作都比较复杂。

（6）此法宜在桥梁跨径小于 50m 的桥上使用。

**2. 常用的移动模架**

常用的移动模架分为移动悬吊模架与支承式活动模架两种类型。

（1）移动悬吊模架施工。移动悬吊模架的型式有很多，构造各异，就其基本构造包括 3 个部分，分别为承重梁、肋骨状横梁和移动支承，如图 6.49 所示。

承重梁通常采用钢箱梁，长度大于两倍桥梁跨径，是承担施工设备自重力、模板系统重

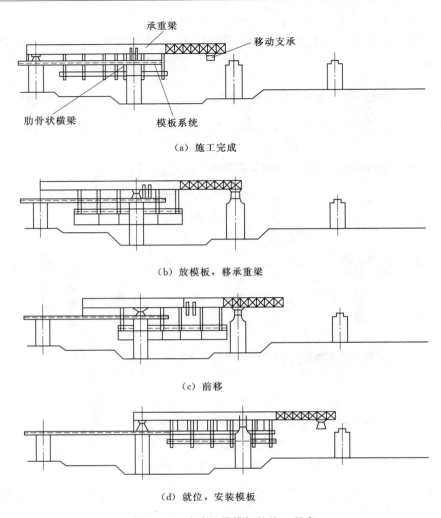

（a）施工完成

（b）放模板，移承重梁

（c）前移

（d）就位，安装模板

图6.49 移动悬吊模架的施工程序

力和现浇混凝土重力的主要承重构件。承重梁的后端通过移动式支架落在已完成的梁段上，承重梁的前方支承在桥墩上，工作状态呈单悬臂梁。承重梁除起承重作用外，在一跨梁施工完成后，作为导梁将悬吊模架纵移到前方施工跨。承重梁的移位及内部运输由数组千斤顶或起重机完成，并通过控制室操作。

在承重梁的两侧悬臂出许多横梁覆盖全桥宽，并由承重梁向两侧各用2～3组钢束拉住横梁，以增加其刚度。横梁的两端各用竖杆和水平杆形成下端开口的框架并将主梁包在其中。当模板支架处于浇筑混凝土状态时，模板依靠下端的悬臂梁和锚固在横梁上的吊杆定位，并用千斤顶固定模板；当模架需要纵向移位时，放松千斤顶及吊杆，模板安放在下端悬臂梁上，并转动该梁前端一段可转动部分，使模架在纵移状态时顺利通过桥墩。

（2）支承式活动模架施工。支承式活动模架的基本结构由承重梁、导梁、台车和桥墩托架等组成，它采用两根承重梁，分别设置在箱形梁的两侧，承重梁用来支承模板和承受施工荷载，承重梁的长度要大于桥梁的跨径，浇筑混凝土时承重梁支承在桥墩托架上。导梁主要用于移动承重梁和活动模架，因此需要大于两倍桥梁跨径的长度。当一跨桥梁施工完成进行脱模卸架后，由前方台车（在导梁上移动）和后方台车（在已完成的梁上移动），沿纵向将承重梁的活动模架运送到下一跨，承重梁就位后，导梁再向前移动并支承在前方墩上。支承式活动模架的使用和移置如图 6.50 所示，其工作过程如图 6.51 所示。

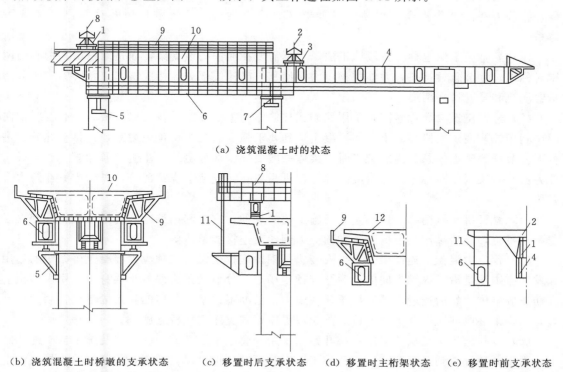

图 6.50　支承式活动模架的使用和移置工作状态

1—后方台车；2—前方门架；3—前方台车；4—导梁；5—后方托架；6—主桁梁；7—前方托架；
8—后方门架；9—外侧模；10—现浇箱梁；11—吊杆；12—已浇箱梁

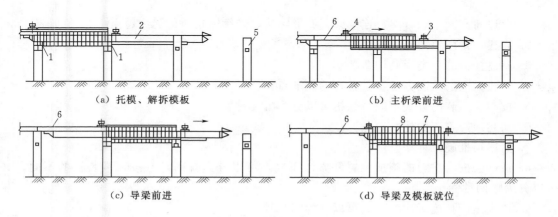

图 6.51　支承式活动模架移动程序

1—托架；2—导梁；3—前方台车；4—后方台车；5—桥墩；6—已浇梁段；
7—模板系统；8—待浇梁段

# 任 务 小 结

（1）梁式桥——结构在垂直荷载作用下，支座只产生垂直反力而无推力的梁式体系的总称，按静力特性可分为简支梁桥、悬臂梁桥、连续梁桥、T 形刚构桥及连续刚构桥 5 种体系。

（2）悬臂施工法也称为分段施工法，它不需要在河中搭设支架，而是以桥墩为中心向两岸对称地、逐节悬臂接长，并施加预应力，使其与已建成部分连接成整体。悬臂施工法分为悬臂浇筑和悬臂拼装两类。

（3）悬臂浇筑（简称悬浇）采用移动式挂篮作为主要施工设备，以桥墩为中心，对称向两岸利用挂篮浇筑梁段混凝土，待混凝土达到要求强度后，张拉预应力束，再移动挂篮，进行下一节段的施工。悬臂浇筑施工时，梁体一般要分 4 部分浇筑：Ⅰ为墩顶梁段（0 号块），Ⅱ为由 0 号块两侧对称分段悬臂浇筑部分，Ⅲ为边孔在支架上浇筑部分，Ⅳ为主梁在跨中合龙段。

（4）悬臂拼装（简称悬拼）是悬臂施工法的一种，它是利用移动式悬拼吊机将预制梁段起吊至桥位，然后采用环氧树脂胶和预应力钢丝束连接成整体。

（5）预应力混凝土连续梁桥顶推安装法是钢桥拖拉架设法在预应力混凝土桥型中的运用和发展。本法是沿桥纵轴方向的台后开辟预制场地，分节段预制混凝土梁身，并用纵向预应力筋连成整体，然后通过水平液压千斤顶施力，借助不锈钢板与聚四氟乙烯滑块特制的滑动装置，将梁逐段向对岸顶进，就位后落架，更换正式支座完成桥梁施工。

（6）逐孔施工法是从桥梁的一端开始，采用一套施工设备或一孔、二孔施工支架逐孔施工，周期循环，直到全部完成。逐孔施工可以为预制，也可以为现浇，预制又分为吊装和搭设临时支承装配两种。

# 学 习 任 务 测 试

1. 简述简支梁、悬臂梁、连续梁、T 形刚构、连续刚构桥的受力特点。
2. 简述悬臂浇筑的施工程序。
3. 简述挂篮的分类及其构造。
4. 简述梁段的预制方法及其各自的优缺点。
5. 按起重吊装的方式不同，悬拼可以分为哪几种？
6. 简述顶推施工的优、缺点。
7. 简述顶推施工程序。
8. 顶推法按水平力的施加位置和方法不同，可以分为哪两种？按顶推装置的不同，又可以分为哪两种？
9. 什么是逐孔施工法？它又可以分为哪几种？

# 学习任务 7　圬工和钢筋混凝土拱桥施工技术

**学习目标**

通过本任务的学习，重点理解并掌握拱桥的受力特点及适用范围；熟悉拱桥的组成和主要类型；熟悉拱桥的设计与构造；并掌握拱桥的主要施工方法。

## 学习情境 7.1　拱桥的组成及主要类型

### 7.1.1　拱桥的主要特点

拱桥是我国公路上使用广泛且历史悠久的一种桥梁结构型式。它外形宏伟壮观，且经久耐用。拱桥与梁桥不仅外形上不同，而且在受力性能上有着本质的区别。梁桥在竖向荷载作用下，梁体内主要产生弯矩，且在支承处仅产生竖向支反力，而拱桥在竖向荷载作用下，支承处不仅有竖向反力，还产生水平推力，正是这个水平推力，使拱内产生轴向压力，并大大减小了跨中弯矩，使之成为偏心受压构件。截面上的应力分布［图 7.1（a）］与受弯梁的应力［图 7.1（b）］相比，较为均匀。因而可以充分利用主拱截面的材料强度，使跨越能力增大。根据理论推算，混凝土拱桥的极限跨度可以达到 500m 左右，钢拱桥的极限跨度可达 1200m 左右。

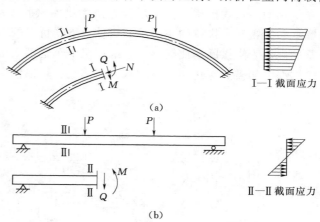

图 7.1　拱和梁的应力分布

1. 拱桥的主要优点

（1）能充分做到就地取材，与钢筋混凝土梁桥相比，可节省大量的钢材和水泥。

（2）跨越能力较大。

（3）构造较简单，尤其是圬工拱桥，技术容易被掌握，有利于广泛采用。

（4）耐久性能好，维修、养护费用少。

（5）外形美观。

2. 拱桥的主要缺点

（1）自重较大，相应的水平推力也较大，增加了下部结构的工程量，当采用无铰拱时，基础发生变位或沉降所产生的附加力是很大的，因此对地基条件要求高。

（2）多孔连续拱的中间墩，其左右的水平推力是相互平衡的，一旦某一孔出现问题，其他孔也会因水平力不平衡而相继毁坏。

（3）与梁桥相比，上承式拱桥的建筑高度较高，当用于城市立交及平原区的桥梁时，因拱面标高提高，而使桥两头接线的工程量增大，或使桥面纵坡增大，既增加了造价又对行车不利。

（4）混凝土拱桥施工要劳动力较多，建桥时间较长等。

混凝土拱桥虽然存在这些缺点，但由于它的优点突出，在我国公路桥梁中得到了广泛的应用，而且，这些缺点也正在得到改善和克服。如在地质条件不好的地区修拱桥时，可从结构体系上、构造型式上采取措施，以及利用轻质材料来减轻结构自重，或采取措施提高地基承载能力。为了节约劳动力，加快施工进度，可采用预制装配式及无支架施工。这些都有效地扩大了拱桥的适用范围，提高了跨越能力。

### 7.1.2　拱桥的组成及主要类型

#### 7.1.2.1　拱桥的组成

拱桥同其他桥梁一样，也是由上部结构和下部结构两大部分组成。

拱桥上部结构的主要受力构件是拱圈，因此在设计时可根据地质情况、环境及桥头接线的相对位置，将桥面系置于拱背之上（上承式）或吊于拱肋之下（下承式），也可以将桥面系一部分吊于拱肋之下，一部分支撑于拱背之上做成中承式。

常见的上承式拱桥，桥跨结构是由主拱圈（肋、箱）和拱上建筑所构成（图 7.2）。主拱圈（肋、箱）是拱桥的主要承重构件，承受桥上的全部作用，并通过它把作用传递给墩台及基础。由于主拱圈是曲线形，一般情况下车辆都无法直接在弧面上行驶，所以在行车道系与主拱圈之间需要有传递压力的构件或填充物，以使车辆能在平顺的桥道上行驶。这些主拱

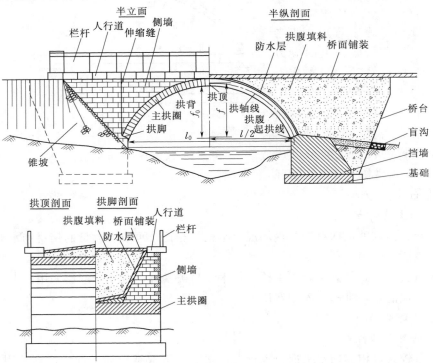

图 7.2　实腹式拱桥的主要组成部分

圈以上的行车道系和传力构件或填充物称为拱上建筑。拱上建筑可做成实腹式（图 7.2）或空腹式（图 7.3），相应地称为实腹式拱桥或空腹式拱桥。

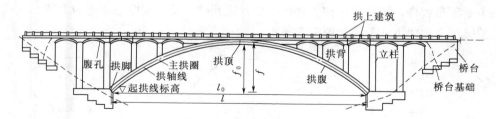

图 7.3　空腹式拱桥的主要组成部分

拱圈的最高处称为拱顶，拱圈与墩台连接处称为拱脚（或起拱面）。拱圈各横向截面（或换算截面）的形心连线称为拱轴线。拱圈的上曲面称为拱背，下曲面称为拱腹。起拱面和腹拱相交的直线称为起拱线。拱顶截面形心至相邻两拱脚截面形心之连线的垂直距离称为计算矢高 $f$。拱顶截面下缘至起拱线连线的垂直距离称为净矢高 $f_0$。相邻两拱脚截面形心点之间的水平距离称为计算跨径 $l$。每孔拱跨两个起拱线之间的水平距离称为净跨径 $l_0$。拱圈（或拱肋）的矢高（或净矢高）与计算跨径（或净跨径）之比称为矢跨比，即 $D = \dfrac{f}{l}$ 或 $D = \dfrac{f_0}{l_0}$。

拱桥的下部结构由桥墩、桥台及基础等组成，用以支撑桥跨结构，将桥跨结构的作用传至地基。桥台还起与两岸路堤相连接的作用，使路桥形成一个协调的整体。对于拱脚处设铰的有铰拱桥，主拱圈与墩（台）之间还设置了传递作用、允许结构变形的拱铰。

**7.1.2.2　拱桥的主要类型**

拱桥的型式多种多样，构造各有差异，可以按照不同的方式来进行分类。例如：

（1）按照建桥材料（主要是针对主拱圈使用的材料）可以分为圬工拱桥、钢筋混凝土拱桥、钢拱桥和钢-混凝土组合拱桥等。

（2）按照桥面行车道的位置可以分为上承式拱、中承式拱和下承式拱，如图 7.4 所示。

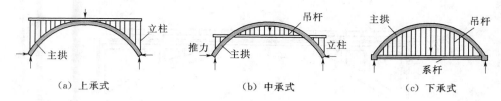

（a）上承式　　　　　　（b）中承式　　　　　　（c）下承式

图 7.4　拱桥的基本图示

（3）按照结构体系可以分为简单体系拱桥、桁架拱桥、刚架拱桥和梁拱组合体系桥。

（4）按照截面的型式可以分为板拱桥、混凝土肋拱桥、箱型拱桥、双曲拱桥、钢管混凝土拱桥和劲性骨架混凝土拱桥。

现仅根据下面两种不同的分类方式对圬工和钢筋混凝土拱桥的主要类型作一些介绍。

1. 按照结构的体系分类

（1）简单体系拱桥。简单体系的拱桥可以做成上承式、下承式（无系杆拱）或中承式（图 7.4），均为有推力拱。

在简单体系的拱桥中，上承式拱桥的拱上建筑或中、下承式拱桥的拱下悬吊结构（统称为行车道系结构），不与主拱一起承受荷载。桥上的全部荷载由主拱单独承受，它们是拱跨结构的主要承重构件。拱的水平推力直接由桥台或基础承受。按照主拱的静力特点，简单体系的拱桥又可分成如下 3 种，如图 7.5 所示。

|（a）三铰拱|（b）两铰拱|（c）无铰拱|

图 7.5　拱圈（肋）静力图示

1）三铰拱［图 7.5（a）］。属外部静定结构。因温度变化、混凝土收缩、支座位移等原因引起的变形不会在拱体内产生附加内力。所以，在软土地基或寒冷地区修建拱桥时可以采用三铰拱。但由于铰的存在，其构造复杂，施工困难，而且降低了整体刚度，尤其减小了抗震能力。同时拱的挠度曲线在拱顶铰处出现转折，对行车不利。因此，大、中跨径的主拱圈一般不宜采用三铰拱。三铰拱一般用作大、中跨径空腹式拱上建筑的腹拱。

2）两铰拱［图 7.5（b）］。三铰拱取消拱顶铰而成，是一次超静定结构，其结构整体刚度较三铰拱好，因地基条件较差而不宜修建无铰拱时，可采用两铰拱。

3）无铰拱［图 7.5（c）］。属外部三次超静定结构。在永久作用和可变作用的作用下，内力分布较三铰拱均匀，故其用料较少。由于无铰拱结构整体刚度大，构造简单，施工方便，在工程中使用最广泛。由于超静定次数多，结构变形特别是墩台位移而引起的附加内力较大，所以无铰拱宜于在地基良好的条件下修建。

（2）桁架拱桥。桁架拱桥的主要承重结构是桁架拱片，如图 7.6 所示。桁架拱桥是由拱和桁架两种结构体系组合而成。因此具有桁架和拱的受力特点。即由于受推力的作用，跨间的弯矩得以大大减少；由于把一般拱桥的传力构件（拱上建筑）与承重结构（拱肋）联合成整体桁架，结构整体受力，能充分发挥各部分构件的作用。结构刚度大、自重小、用钢量省。桁架拱桥的拱脚一般采用铰接方式，以减少次内力影响。

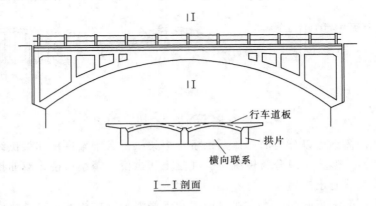

图 7.6　桁架拱桥

（3）刚架拱桥。刚架拱桥是在桁架拱桥、斜腿刚架桥等基础上发展起来的另一种桥型，属于有推力的高次超静定结构，如图 7.7 所示。它具有构件少、质量小、整体性好、刚度大、施工简便、造价低和造型美观等优点。

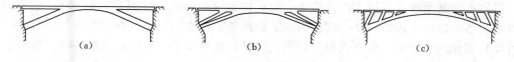

图 7.7　刚架拱桥

（4）梁拱组合体系桥。梁拱组合体系桥是将梁和拱两种基本结构组合起来，共同承受荷载充分发挥梁受弯、拱受压的结构特性。由于行车道系与主拱的组合方式不同，其静力图式也不同。同样，组合拱可以做成上承式的或下承式的。一般可分为有推力和无推力两种类型。

1）无推力的组合体系拱如图 7.8 所示。拱的推力由系杆承受，墩台不承受水平推力。根据拱肋和系杆的刚度大小及吊杆的布置型式可以分为以下几种：

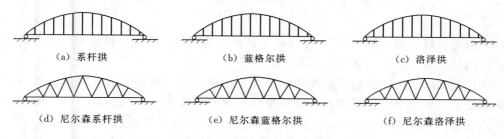

图 7.8　无水平推力组合体系拱

a. 具有竖直吊杆的柔性系杆刚性拱——系杆拱［图 7.8（a）］。

b. 具有竖直吊杆的刚性系杆柔性拱——蓝格尔拱［图 7.8（b）］。

c. 具有竖直吊杆的刚性系杆刚性拱——洛泽拱［图 7.8（c）］。

以上 3 种拱，当用斜吊杆代替竖直吊杆时，称为尼尔森拱［图 7.8（d）、（e）、（f）］。

2）有推力的组合体系拱。此种组合体系拱没有系杆，单独的梁和拱共同受力，拱的推力仍由墩台承受（图 7.9）。

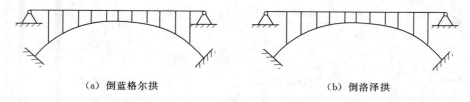

图 7.9　无水平推力组合体系拱

**2. 按照主拱的截面型式分类**

（1）板拱桥［图 7.10（a）］。如果主拱的横截面是整块的实体矩形截面，称为板拱桥。板拱桥是最古老的拱桥型式，由于它构造简单，施工方便，至今仍在使用。

由于在截面积相同的条件下，实体矩形截面比其他型式截面的截面抵抗矩小，在有弯矩作用时，材料的强度没有得到充分的利用。如果要获得与其他型式截面相同的截面抵抗矩，板拱就必须增大截面积，这就相应地增加了材料用量和结构自重，故采用板拱是不太经济的。

（2）肋拱桥［图7.10（b）］。为了节省材料，减轻结构自重，必须充分利用材料的强度，以较小的截面积获得较大的截面抵抗矩，将整块的矩形实体截面划分成两条（或多条）分离式的肋，以加大拱的高度，这就形成了由几条肋形成的拱桥，称为肋拱桥。肋拱桥的拱肋可以是实体截面、箱形截面或桁架截面。肋拱桥材料用量一般比板拱桥经济，但构造比板拱桥复杂。

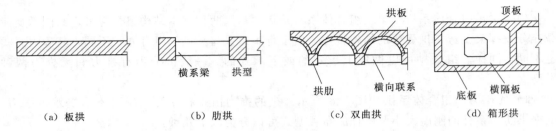

（a）板拱　　　　　　　（b）肋拱　　　　　　（c）双曲拱　　　　　（d）箱形拱

图7.10　拱的横截面

（3）双曲拱桥［图7.10（c）］。主拱圈的横截面是由数个横向小拱组成，使主拱圈在纵向及横向均呈曲线形式，故称之为双曲拱桥。

双曲拱截面的抵抗矩比相同截面积的实体板拱圈要大，因此可节省材料，结构自重力小，特别是它的预制部件分得细，吊装质量轻。双曲拱桥在公路桥梁上获得过较广泛的应用，但由于其截面组成划分过细，整体性较差，建成后出现裂缝较多。

（4）箱形拱桥［图7.10（d）］。将实体的板拱截面挖空成空心箱形截面，则称为箱形拱或空心板拱。由于截面挖空，使箱形拱的截面抵抗矩较相同截面积的板拱的截面抵抗矩大得多，从而大大减小弯矩引起的应力，节省材料较多。

（5）钢管混凝土拱桥［图7.11（a）］。钢管混凝土拱桥属于钢-混凝土组合结构中的一种。主要用于以受压为主的结构，它一方面借助于内填混凝土增强钢管壁的稳定性，同时又利用钢管对其混凝土的套箍作用，使填充混凝土处于三向受压状态，从而使其具有更高的抗压强度和抗变形能力。

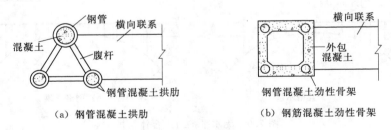

（a）钢管混凝土拱肋　　　　　　　（b）钢筋混凝土劲性骨架

图7.11　拱的横截面型式

（6）劲性骨架混凝土拱桥［图7.11（b）］。劲性骨架混凝土拱桥是指以钢骨桁架作为受力筋，它既可以是型钢，也可以是钢管。采用钢管作为劲性骨架的混凝土拱又可称为内填外包型钢筋混凝土拱。它主要解决大跨度拱桥施工的"自架设问题"。首先架设自重轻、强度、刚度均较大的钢管骨架，然后在空钢管内灌注混凝土形成钢管混凝土，再在钢管混凝土骨架外挂模板浇筑外包混凝土，形成钢筋混凝土结构。在这种结构中，钢管和随后形成的钢管混凝土主要是作为施工的劲性骨架来考虑的。成桥后，它可以参与受力，但其用量通常是由施工设计控制的。

# 学习情境 7.2　拱桥的设计与构造

## 7.2.1　上承式拱桥的设计与构造

### 7.2.1.1　拱桥的设计

#### 1. 拱桥的整体布置

在选定了桥位，进行了必要的水文、水力计算，掌握了桥址处的地质、地形等资料后，即可进行拱桥的总体布置。总体布置是否合理，考虑问题是否周全，不但直接影响桥梁的总造价，而且还给今后桥梁的使用、维护、管理带来直接的影响。因此，拱桥的总体布置十分重要。一个好的设计，往往就体现在总体布置的优劣上。

拱桥的总体布置应按照适用、安全、经济和适当照顾美观的原则进行。总体布置图中阐明的主要内容应包括：拟采用的结构体系及结构型式；桥梁的长度、跨径、孔数；拱的主要几何尺寸，例如矢跨比、宽度、高度、外形等；桥梁的高度；墩台及其基础型式和埋置深度；桥上及桥头引道的纵坡等。

（1）确定桥梁长度及分孔。当通过水文、水力计算和技术经济等方面的比较，确定了两岸桥台台口之间的总长度之后，在纵、平、横3个方向综合考虑桥梁与两头路线的衔接，可以确定桥台的位置和长度，桥梁的全长便被确定下来。

在桥梁全长决定后，再根据桥址处的地形、地质等情况，并结合选用的结构体系和结构型式、施工条件，可以进一步地确定选择单孔还是多孔。

如果采用多孔拱桥，如何进行分孔，是总体布置中一个比较重要的问题。如果跨越通航河流，在确定孔数与跨径时，首先要进行通航净空论证和防洪论证。分孔时，除应保证净孔径之和满足设计洪水通过的需要外，还应确定一孔或两孔作为通航孔。通航孔跨径和通航高程的大小应满足航道等级规定的要求，并与航道部门协商。通航孔的位置多半布置在常水位时的河床最深处或航行最方便的地方。对于航道可能变迁的河流，必须设置几个通航的桥跨，一旦主流位置变迁时，也能满足航道要求。对于不通航孔或非通航河段，桥孔划分可按经济原则考虑，尽量使上下部结构的总造价最低。

在分孔中，有时为了避开深水区或不良的地质地段（如软土层、溶洞、岩石破碎带等），而可能将跨径加大。在水下基础结构复杂、施工困难的地方，为减少基础工程，也可考虑采用较大跨径。

对跨越高山峡谷、水流湍急的河道或宽阔的水库，建造多孔小跨径桥梁不如建造大跨径桥经济合理。在条件容许并通过技术经济比较后，可采用单孔大跨拱桥。

分孔时还应考虑施工的方便和可能。通常，全桥宜采用等跨的分孔方案，并尽量采用标准跨径，以便于施工和修复，又能改善下部结构的受力并节省材料。

多孔拱桥中，连孔数量≥4孔时，设置单向推力墩，以防止一孔坍垮而引起全桥坍垮。

此外，分孔时，还需注重整座桥的造型和美观，有时这可能成为一个主要因素加以考虑。

（2）确定桥梁的设计标高和矢跨比。拱桥的高程主要有4个，即桥面高程、拱顶底面高程、起拱线高程、基础底面高程（图7.12）。这几项高程的合理确定，是拱桥总体布置中的另一个重要问题。

拱桥的桥面高程代表着建桥的高度，特别在平原区，在相同纵坡情况下，桥高会使两端的引桥或引道工程显著增加，将提高桥梁的总造价。反之，如果桥修矮了，不但有遭受洪水冲毁的危险，而且往往影响桥下通航的正常运行，致使桥梁建成后带来难以挽救的缺陷。故桥面高程必须综合考虑有关因素，正确合理地确定。

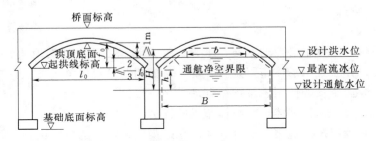

图 7.12　拱桥的标高及桥下净空

建在山区河流上的拱桥，由于两岸公路路线的位置一般较高，桥面高程一般由两岸线路的纵面设计所控制。

对跨越平原区河流的拱桥，其桥面最小高度一般由桥下净空所控制。为了保证桥梁的安全，桥下必须留有足够的排泄设计洪水流量的净空。对于无铰拱桥，可以将拱脚置于设计水位以下，但通常淹没深度不得超过矢高的2/3。为了保证漂浮物能通过，在任何情况下，拱顶底面应高出设计洪水位1.0m。

对于有淤积的河床，桥下净空尚应适当加高。

对于通航河流，通航孔的最小桥面高度，除满足以上要求外，还应满足对不同航道等级所规定的桥下净空界限的要求，如图7.12所示。设计通航水位，一般是按照一定的设计洪水频率（1/20）进行计算，并与航运部门具体协商决定。

当桥面高程确定之后，由桥面高程减去拱顶处的建筑高度，就可得到拱顶底面的高程。

拟定起拱线高程时，为了减小墩台基础底面的弯矩，节省墩台的工程数量，一般宜选择低拱脚的设计方案，但对于有铰拱桥，拱脚需高出设计洪水位以上0.25m。为了防止病害，有铰或无铰拱拱脚均应高出最高流冰面0.25m。当洪水带有大量漂浮物时，若拱上建筑采用立柱时，宜将起拱线高程提高，使主拱圈不要淹没过多，以防漂浮物对立柱的撞击或挂留。有时为了美观的要求，应避免就地起拱，而应使墩台露出地面一定的高度。

至于基础底面的高程，主要根据冲刷深度、地基承载能力等因素确定。

当拱顶、拱脚高程确定后，根据跨径即可确定拱的矢跨比。矢跨比是拱桥的一个特征数据，它不但影响主拱圈内力，还影响拱桥施工方法的选择。同时，对拱桥的外形能否与周围景物相协调，也有很大关系。

拱的恒载水平推力 $H_g$ 与垂直反力 $V_g$ 之比值，随矢跨比的减小而增大。当矢跨比减小时，拱的推力增加，反之则推力减小。众所周知，推力大，相应地在主拱圈内产生的轴向力也大，对主拱圈本身的受力状况是有利的，但对墩台基础不利。同时，矢跨比小，则弹性压缩、混凝土收缩和温度等附加内力均较大，对主拱圈不利。在多孔情况下，矢跨比小的连拱作用较矢跨比大的显著，对主拱圈也不利。然而，矢跨比小却能增加桥下净空，降低桥面纵坡，对拱圈的砌筑和混凝土的浇筑比较方便。因此，在设计时，矢跨比的大小应经过综合比较进行选择。

通常，对于砖、石、混凝土拱桥和双曲拱桥，矢跨比一般为 1/4～1/8，不宜小于 1/10，钢筋混凝土拱桥的矢跨比一般为 1/5～1/10。但拱桥最小矢跨比不宜小于 1/12，一般将矢跨比不小于 1/5 的拱称为陡拱，矢跨比小于 1/5 的称为坦拱。

**2. 不等跨连续拱桥的处理**

多孔拱桥最好选用等跨分孔的方案。在受地形、地质、通航等条件的限制，或引桥很长，考虑与桥面纵坡协调一致时，可以考虑用不等跨分孔的办法处理。如一座跨越水库的拱桥，全长 376m，谷底至桥面高达 80 余米。根据地形、地质条件和经济比较等综合考虑，以采用不等跨分孔为宜。于是，跨越深谷的主孔跨径采用 116m，而两边孔均采用 72m，如图 7.13 所示。

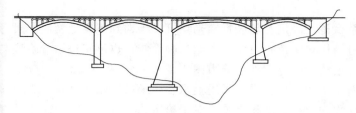

图 7.13　不等跨分孔

不等跨拱桥，由于相邻孔的恒载推力不相等，使桥墩和基础增加了恒载的不平衡推力。为了减小这个不平衡推力，改善桥墩基础受力状况，可采用以下措施。

（1）采用不同的矢跨比。利用在跨径一定时，矢跨比与推力大小成反比的关系，在相邻两孔中，大跨径用较陡的拱（矢跨比较大），小跨径用较坦的拱（矢跨比较小），使两相邻孔在恒载作用下的不平衡推力尽量减小。

（2）采用不同的拱脚高程。由于采用了不同的矢跨比，致使两相邻孔的拱脚高程不在同一水平线上。因大跨径孔的矢跨比大，拱脚降低，减小了拱脚水平推力对基底的力臂，这样可使大跨与小跨的恒载水平推力对基底产生的弯矩得到平衡，如图 7.14 所示。

（3）调整拱上建筑的自重。常常是大跨径用轻质的拱上填料或采用空腹式拱上建筑，小跨径用重质的拱上填料或采用实腹式拱上建筑，用增加小跨径拱的恒载来增大恒载的水平推力。

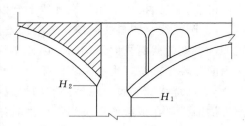

（4）采用不同类型的拱跨结构。常是小跨径采用板拱结构，大跨径采用分离式力拱结构，以减轻大跨径拱的恒载来减小恒载的水平推力。有时，为了进一步减小大跨径拱的恒载水平推力，可加大大跨径拱肋的矢高，而做成中承式肋拱桥梁。

图 7.14　大跨与小跨的拱脚高程

在具体设计时，也可以将以上几种措施同时采用。如果仍不能达到完全平衡推力的目的，则需设计成体型不对称的或加大尺寸的桥墩和基础来加以解决。

**3. 拱桥体系、结构类型和拱轴线的选择**

（1）拱桥体系的选择。如前所述，拱桥可分为两大体系，即简单体系拱桥与组合体系拱桥。总体设计应在已知桥位自然条件、通航要求、分孔道路等级等情况下，从经济合理性、技术可行性、耐久适用性等方面进行分析选择。

经济合理是一个基本的设计原则。应根据道路等级、桥梁地位和桥梁所处的环境，因地制宜地选择经济合适的体系。

技术可行性是拱桥体系选择的一个主要因素。首先要考虑技术上是否可行，然后按照技术先进并充分利用成熟的先进技术，结合实际设计和施工能力，选择合理可行的体系。

耐久适用性，涉及拱桥设计性能的长期维持和维护的经济性。在设计寿命期，所选体系的拱桥，经必要的养护、维修，不应出现功能下降，同时，应考虑维护的简便性及经济性。

（2）结构类型的选择。对于简单体系拱桥，一般情况下应首选无铰拱结构，因其刚度大、受力好，在地基较差地区可考虑采用两铰拱结构，来适应不良地基引起的墩台不均匀沉降、水平位移及转动，由于拱顶铰构造复杂、施工困难及整体刚度差，极少采用三铰拱结构。

对于简单体系拱桥，静定与超静定结构均可。当遇到不良地基时，可考虑拱脚设铰的结构型式；对于多跨结构式拱桥，不仅可考虑拱脚设铰，也可将桥墩处拱座与承台间的水平约束释放，使其成为连续梁一样的外部静力图式。

拱桥构造立面型式的选择：拱桥采用上承、中承或下承式结构，将直接与拱桥跨中桥面高程、结构底面高程和起拱线高程有关。对于给定的设计跨径，由于上述 3 个控制高程和合理的矢跨比，可判断采用上承式结构的可能性。若桥面与拱脚高差较小，矢跨比不能满足上承式结构要求时，可考虑中承、下承式结构。对于平原地区尤其是城市桥梁，由于受到地面建筑物、纵坡等影响，桥面高程是严格控制的，同时桥下净空则受到通航等级、排洪及地面行车等要求的限制，跨中结构底面高程也被控制，采用中承式或下承式拱桥可降低建筑高度，提供较大的桥下净空。

（3）拱轴线的选择。一般来说，拱桥拱轴线的选择应满足以下要求：尽量减小主拱截面的弯矩，并使其在温度、混凝土收缩、徐变等影响下各主要截面的应力相差不大；对于无支架施工的拱桥，应能满足各施工阶段的应力要求，并尽可能减少或不用临时性施工措施，线形美观，且便于施工。

目前，我国拱桥常用的拱轴线形有以下几种。

1）圆弧线。圆弧线简单，施工最方便，易于掌控。但圆弧线拱轴线与恒载压力线偏离较大，拱圈各截面受力不均匀。因此常用于 20m 以下的小跨径拱桥。少量的大跨预制装配式钢筋混凝土拱桥，也有采用圆弧形拱轴线的。

2）悬链线。实腹式拱桥拱圈的恒载压力线是一条悬链线。因此实腹式拱桥采用悬链线作为拱轴线，在恒载作用下当不计拱圈弹性压缩影响时，拱圈截面只承受轴向力而无弯矩。

空腹式拱桥拱圈的恒载压力线是一条有转折点的多段曲线。与悬链线有偏离，但此偏离对主拱控制截面的受力有利，而悬链线拱轴对各种空腹式拱上建筑的适应性较强，并有一套完备的计算图表，因此，空腹式拱桥也广泛采用悬链线作为拱轴线。故悬链线是目前我国大、中跨径拱桥采用最普遍的拱轴线型式。

3）抛物线。在竖向均布荷载作用下，拱的压力线是二次抛物线。对于恒载集度比较接近均匀的拱桥，往往可以采用二次抛物线作为拱轴线。而有些大跨径拱桥，由于拱上建筑布置的特殊性，为了使拱轴线尽可能与恒载压力线相吻合，也有采用高次抛物线作为拱轴线的。

一般情况下，上承式小跨径拱桥可采用实腹圆弧拱或实腹悬链线拱；大、中跨径上承式拱桥可采用空腹式悬链线拱；轻型拱桥、矢跨比较小的大跨径上承式拱桥、中承式和下承式拱桥及各种组合式拱桥，可采用抛物线或悬链线。在特殊条件下，也有采用压力线的拟合曲线作为拱轴线的。

#### 7.2.1.2 上承式拱桥的构造

**1. 主拱圈的构造**

普通型上承式拱桥根据主拱（圈）截面型式不同主要分为板拱、肋板拱、肋拱、箱型拱、双曲拱等。

（1）板拱。板拱可以是等截面圆弧拱、等截面或变截面悬链线拱以及其他拱轴型式的拱。除多数采用无铰拱外，也可做成两铰拱、三铰拱以及平铰拱。按照主拱所采用的材料，板拱又分为石板拱、混凝土板拱、钢筋混凝土板拱等。

1）石板拱。石板拱具有悠久的历史，由于其构造简单，施工方便，造价低，是盛产石料地区中、小型桥梁的主要桥型。

石砌拱桥的主拱圈通常都是做成实体的矩形截面，所以称为石板拱。按照砌筑主拱圈的石料规格，又可以分为料石板拱、块石板拱、片石板拱及乱石板拱等各种类型。在盛产石料的地区它是中、小跨径拱桥的主要桥型。

用来砌筑拱圈的石料应该石质均匀、不易风化、无裂纹，石料的加工应满足施工要求。由于采用小石子混凝土砌筑时，其砌体强度比用同强度的水泥砂浆的砌体强度高，而且可以节约水泥 1/4～1/3，故目前常应用于高标号粗料石的大跨径石拱桥以及块、片和乱石板拱桥中。

为便于拱石加工和确保砌筑符合主拱圈的构造要求，需要对拱石进行编号。对等截面圆弧拱，因截面相等，又是单心圆弧线，拱石规格较少，编号简单（图 7.15）；采用变截面悬链线拱时，由于截面发生变化，曲率半径变化，拱石类型多，编号复杂（图 7.16）。

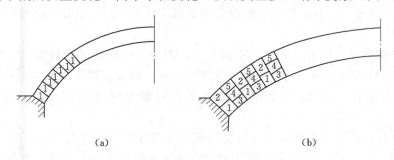

（a）        （b）

图 7.15　等截面圆弧拱的拱石编号

在石板拱主拱圈砌筑时，根据受力（主要承受压力，其次是弯矩）特点和需要，构造上应满足以下要求。

a. 错缝。对于料石拱，拱石受压面的砌缝应与拱轴线垂直，可以不错缝。当拱圈厚度不大时，可采用单层砌筑，但要求其横向砌缝必须错开，且不小于 100mm；当拱圈厚度较大时，可采用多层砌筑，但要求其垂直于受压面的顺桥向砌缝、拱圈横截面内拱石竖向砌缝以及各层横向砌缝必须错开，且不小于 100mm，以免因存在通缝而降低砌体的抗剪强度和削弱其整体性（图 7.17）。

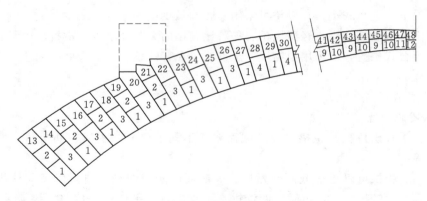

图 7.16　变截面悬链线拱的拱石编号

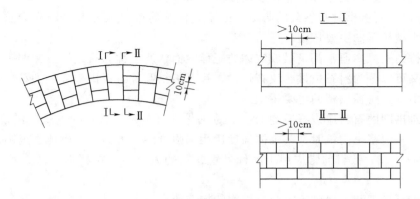

图 7.17　拱石的砌缝

对于块石拱或片石拱，应选择拱石较大平面与拱轴线垂直，拱石大头在上，小头在下，砌缝错开，且不小于 80mm。较大的缝隙应用小石块嵌紧，同时还要求砌缝用砂浆或小石子混凝土灌满。

b. 限制砌缝宽度。拱石砌缝宽度不能太大，因砂浆强度比拱石低得多，缝太宽必将影响砌体强度和整体性。通常，对料石拱不大于 20mm，对块石拱不大于 30mm，对片石拱不大于 40mm，采用小石子混凝土砌筑时，块石砌缝宽不大于 50mm，片石砌缝宽为 40~70mm。

c. 设五角石。拱圈与墩台、拱圈与空腹式拱上建筑的腹孔墩连接处，应采用特制的五角石 ［图 7.18（a）］，以改善该处的受力状况。为了避免施工时损坏或被压碎，五角石不得带有锐角。为了简化施工，目前常用现浇混凝土拱座及腹孔墩底梁来代替制作复杂的五角石 ［图 7.18（b）］。

2）混凝土板拱。这类拱桥主要用于缺乏合格天然石料的地区，可用素混凝土来建造板拱。混凝土板拱可以采用整体现浇也可以预制砌筑。整体现浇混凝土拱圈，拱内收缩应力大，受力不利，同时，拱架、模板木材用量大，费工多，工期长，质量不易控制，故较少采用。预制砌筑就是先将混凝土板拱划分成若干块件，然后预制混凝土块件，最后进行块件砌筑成拱。预制块混凝土的强度等级一般采用 C30，砌筑砌块所用砂浆大，中桥采用 M10，小桥采用 M7.5。预制砌块在砌筑前应有足够的养生期，宜消除或减少混凝土收缩的影响。混

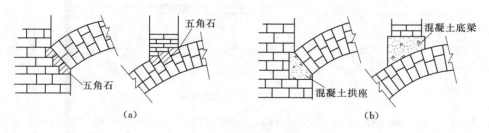

图7.18 五角石及混凝土拱座、底梁

凝土板拱按照砌筑形状和砌筑工艺分为以下3类：

a. 简单预制砌块板拱。这种拱的施工以及构造要求与料石板拱相似，所不同的是用混凝土预制块代替料石。

b. 分肋合龙，横向填镶砌筑板拱。这种拱就是在拱宽范围内设若干条倒T形截面的中肋和两条L形的边肋，用无支架吊装基肋合龙成拱，然后，在肋间用T形截面砌块填镶，组拼成板拱，适应于中、小跨径拱桥，如图7.19所示。

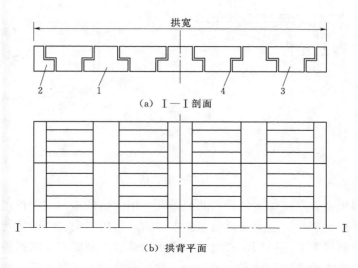

（a）Ⅰ—Ⅰ剖面

（b）拱背平面

图7.19 分肋合龙、横向填镶的板拱
1—中间肋；2—边肋；3—填镶砌块；4—砌缝

c. 卡砌（空心）板拱。卡砌（空心）板拱就是把混凝土预制块做成空心的（挖空率可达40%～60%），先在窄拱架上拼砌基箱（肋）（拱架宽1.6～2.0m即可），然后在两侧对称卡砌边箱（肋）直至成拱，从而可节省大量拱架用料。

卡砌空心板的构造要求外形简单，种类少，能便于预制和卡砌，砌块间纵横向都要满足错缝要求。

3）钢筋混凝土板拱。与石板拱相比，板拱采用钢筋混凝土具有构造简单、外表整齐、可以设计成最小的板厚、轻巧美观等特点，如图7.20所示。钢筋混凝土板拱根据桥宽需要可做成单条整体拱圈或多条平行板（肋）拱圈（拱圈之间可不设横向联系），可反复用一套较窄的拱架与模板来完成施工，既节省材料，也可节省一部分拱板混凝土。

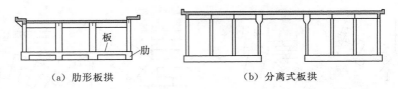

（a）肋形板拱　　　　　　　　　（b）分离式板拱

图 7.20　钢筋混凝土板拱的横截面

钢筋混凝土板拱的配筋按计算需要与构造要求进行。拱圈纵向配置拱形的受力钢筋（主筋），最小配筋率为 0.2%～0.4%，且上下缘对称通长布置，以适应沿拱圈各截面弯矩的变化；拱圈横向配置与受力钢筋相垂直的分布钢筋与箍筋，分布钢筋设在纵向主筋的内侧，箍筋应将上下缘主筋联系起来，以防止主筋在受压时发生屈曲和在拱腹受拉时外崩，箍筋沿半径方向布置，其拱背间距不大于 15cm。

（2）肋拱。肋拱桥是由两条以上分离的平行拱肋及在肋间设置横系梁并在其上设置立柱、横梁等支承的行车道部分组成，如图 7.21 所示。

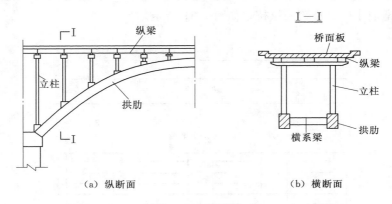

（a）纵断面　　　　　　　　　　　（b）横断面

图 7.21　肋拱桥

由于肋拱较多地减轻了拱体重量，拱肋的永久作用内力较小，可变作用内力较大，相应地桥墩、台的工程量也减少，故宜用钢筋混凝土结构，适用于大、中跨拱桥。

拱肋是肋拱桥的主要承重结构，其肋数和间距以及截面型式主要依据桥梁宽度、所用材料、施工方法与经济性等方面综合考虑决定。一般在吊装能力满足要求的情况下，宜采用少肋型式，这样简化构造，且在外观上也给人以清晰的感觉。通常，桥宽在 20m 以内时均可考虑采用双肋式，当桥宽在 20m 以上时，为避免由于肋中距增大而使肋间横系梁、拱上结构横向跨度与尺寸增大太多，可采用三肋（多肋）拱或分离的双肋拱。对三肋式拱，由于其受力复杂，且中肋长期处于高负荷状态，实际已很少采用。

拱肋的截面型式有矩形、Ⅰ形、箱形、管形等，如图 7.22 所示。

矩形截面具有构造简单、施工方便等优点，但由于截面相对集中于中性轴，在受弯矩作用时不能充分发挥材料的作用，经济性差，一般仅用于中小跨径的肋拱。初拟尺寸时，肋高约为跨径的 1/60～1/40，肋宽约为肋高的 0.5～2.0 倍。

工形截面由于截面核心距比矩形大，具有更大的抗弯能力，适合于拱内弯矩更大的场合，通常用于大、中跨径的肋拱。肋高约为跨径的 1/35～1/25，肋宽约为肋高的 0.4～0.5 倍，其腹板厚度常用 0.3～0.5m。

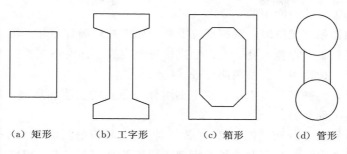

图 7.22　拱肋截面型式

　　管形肋拱是指采用钢管混凝土结构作为拱肋的拱桥。钢管混凝土肋拱断面中钢管直径、钢管根数、布置型式等应根据桥梁跨径、桥宽及受力等具体情况确定，一般有单管式、双管式（哑铃形）、四管式（梯形、矩形）（图 7.23）。钢管混凝土具有强度高、质量小、塑性好、耐疲劳和技术经济效益好等特点，已广泛使用于大、中跨度的拱桥中。

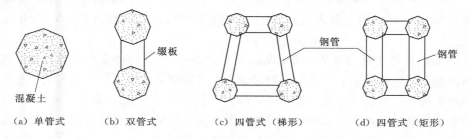

图 7.23　钢管混凝土拱肋型式

　　（3）箱形拱。主拱圈截面由多室箱构成的拱称为箱形拱。大跨径拱桥的主拱圈，宜采用箱形截面，可以节省圬工体积，根据已建成的箱形拱资料，截面挖空率可达全截面的50％～70％，它的特点如下：

　　1）与板拱相比，可节省大量圬工体积，能减轻上、下部工程数量。

　　2）中性轴基本居中，能抵抗正负弯矩，能承受主拱圈各截面正负弯矩的变化。

　　3）闭合的箱形截面，其抗弯、抗扭刚度较其他形状截面的大，主拱圈的整体性好，截面应力比较均匀。

　　4）主拱圈横截面由几个闭合箱组成，可以单箱成拱，单箱的刚度较大，构件间接触面积大，便于无支架吊装。

　　5）预制箱室的宽度较大，操作安全，易于保证施工质量。

　　6）预制构件的精度要求较高，起吊设备较多，适合于大跨径拱桥的修建。

　　箱形拱截面由底板、腹板、顶板、横隔板等组成，其中腹板和顶板可由预制构件和混凝土层组合构成。底板厚度、预制腹板厚度及预制顶板厚度均不应小于100mm。腹板的现浇混凝土厚度（相邻板壁间净距）及顶板的现浇混凝土厚度不应小于100mm。预制边箱宜适当加厚。

　　箱形拱的拱箱内宜每隔 2.5～5.0m 设置一道横隔板，横隔板厚度可为 100～150mm，在腹孔墩下面以及分段吊装接头附近均应设置横隔板，在 3/8 拱跨长度至拱顶段的横隔板应取较大厚度，并适当加密。箱形板拱的拱上建筑采用柱式墩时，立柱下面应设横向通长的垫梁，其高度不宜小于立柱间净距的 1/5。

箱形拱采用预制吊装成拱时，除按现浇混凝土要求处理接合面外，尚应设置必要的连接钢筋。箱形拱应在底板上设排水孔，大跨径拱桥应在腹板顶部设通气孔。当箱形拱可能被洪水淹没时，在设计水位以下，拱箱内应设进、排水孔。

无支架施工时，为减轻吊装重量，将主拱圈分为预制的箱肋和现浇混凝土两部分施工。其组合型式主要有下面几种。

a. U 形肋多室箱组合截面［图 7.24（a）］。将底板和箱壁预制成 U 形拱肋（内有横隔板）纵向分段吊装合龙后安装预制盖板，再现浇顶板及箱壁混凝土，组成多室箱截面。盖板可以是平板，也可以是微弯板。U 形肋预制时不需顶模，仅在拱胎上立侧模预制，虽是开口箱，但吊装时仍有足够的纵横稳定性。不足之处是现浇混凝土量大，盖板在参与拱圈受力时作用不大，且又增加了主拱圈的重量。

b. I 形肋多室箱组合截面［图 7.24（b）］。I 形拱肋组合的箱形拱，按其翼缘板的长度分为两种：一种是短翼缘工字形肋，拱肋合龙后在其肋上安装预制的底板，再现浇底板和盖板的加厚层混凝土，形成闭合箱；另一种是宽翼缘 I 形肋，翼缘板对接后，即组合成箱形截面。

c. 由多条闭合箱肋组成的多室箱形截面［图 7.24（c）］。这种箱肋的特点是箱侧板、横隔板采用预制，其后在拱胎上安装箱底板侧模，组拼箱侧板和横隔板，然后现浇箱底板及侧板与横隔板之接头，从而形成开口箱肋段，最后立模现浇箱顶板形成待吊装的闭合箱肋段。各闭合箱肋吊装成拱后，浇筑肋间填缝混凝土形成多室箱形截面。这种闭合箱肋构成过程中采用了箱壁及横隔板先预制的方式，其优点是预制可采用卧式浇筑，材料可采用干硬性混凝土，并在振动台上进行施工，可节省大量模板，提高工效。

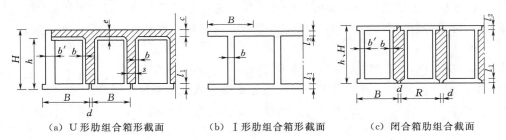

（a）U 形肋组合箱形截面　　（b）I 形肋组合箱形截面　　（c）闭合箱肋组合截面

图 7.24　箱形截面的组合型式（图中阴影线所示为现浇混凝土部分）

$H$—拱圈总高度；$B$—预制拱箱宽度；$h$—预制拱箱高度；$b$—中间箱壁厚度，8~10cm；$b'$—边箱箱壁厚度；$l_1$—底板厚度，10~14cm；$l_2$—顶板厚度，10~12cm；$e$—盖板厚度，6~8cm；$c$—拱箱上现浇混凝土厚度，10~15cm；$d$—相邻两箱下缘间净空，4~5cm；$s$—箱壁间净距，10~15cm

d. 单箱多室截面。单箱多室截面主要用于不能采用预制吊装的特大型拱桥，如重庆万县长江大桥就采用了单箱三室截面。单箱多室截面拱的形成与施工方法有关。当采用转体施工时，截面可在拱胎（支架）上组装或现浇形成，在成拱和承载前拱箱已形成；当采用悬臂施工时，可以采用与悬臂浇筑梁桥相似的方法在空中逐块浇筑并合龙，也可预制拼装成拱；当采用劲性骨架施工时，拱箱则是在劲性骨架（钢筋混凝土或型钢结构）上分段分环逐步形成的。特点是：先浇筑部分混凝土，在凝固前重力全部由骨架承担，凝固后与骨架形成整体，共同承担后浇混凝土所产生的重力作用。

（4）双曲拱。双曲拱是 20 世纪 60 年代中期我国江苏省无锡县的建桥职工首创的一种桥梁。由于拱圈在纵、横向均呈拱形而得名。双曲拱桥的主拱圈是由拱肋、拱波、拱板和横向联系 4 部分组成，如图 7.25 所示。双曲拱主拱圈的特点是先化整为零，再集零为整，适应于无支架施工和无大型起吊机具的情况。由于双曲拱的刚度和施工稳定性不及箱形拱，加上构件小、工序多，与目前桥梁吊装能力的增长和装配化效率的提高不相适应。故目前在大跨径拱桥中，双曲拱有被箱形拱取代的趋势。

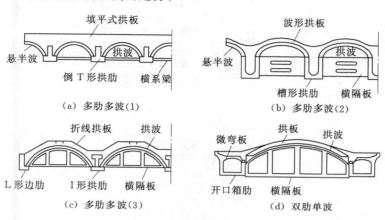

图 7.25　双曲拱主拱圈构造

2. 拱上建筑的构造

拱上建筑是指主拱圈以上部分的构件或填充物以及桥面系，又称拱上结构。对于普通型上承式拱桥，其主要承重结构——主拱圈是曲线形，车辆无法直接在主拱上行驶，需要在桥面系与主拱之间设置传递荷载的构件或填充物，使车辆能在桥面上行驶。因此拱上建筑的主要作用是将桥面荷载传递到主拱圈上，大、中跨径主拱圈一般不考虑拱上建筑的联合作用。但合理选择拱上建筑的结构型式，不仅使桥型美观，而且能减轻主拱圈的负担。拱上建筑在一定程度上能约束主拱圈由温度变化及混凝土收缩所引起的变形，而主拱圈的变形又使拱上建筑产生附加内力。因此，拱上建筑的构造必须和主拱圈的变形情况相适应。

按拱上建筑的型式，一般分为实腹式和空腹式两大类。

（1）实腹式拱上建筑。实腹式拱上建筑由拱背填料、侧墙、护拱以及变形缝、防水层、泄水管和桥面系等组成，如图 7.26 所示。

拱背填料有填充式和砌筑式两种。填充式拱上建筑的材料尽量就地取材，透水性要好，土压力要小，一般采用砾石、碎石、粗砂或砂卵石等料，分层填实。若上述材料不易取得或地质条件较差时，则可用砌筑式，即用干砌圬工或浇筑素混凝土作为拱背填料。

拱背两侧侧墙主要起围护拱腹上的散粒填料，设置在拱圈两侧，一般用浆砌块、片石，若从美观考虑，可用粗料石镶面。对混凝土或钢筋混凝土板拱，也可用钢筋混凝土护壁式侧墙。这种侧墙可以与主拱浇筑为一体，其内配置的竖向受力钢筋应伸入拱圈内一定长度（规定的锚固长度）。侧墙一般承受填料的土侧压力和车辆作用下的土侧压力，故按挡土墙进行设计。对于浆砌圬工侧墙，一般顶面为 50~70cm，向下逐渐增厚，墙脚厚度取为墙高的0.4 倍。侧墙与墩、台间必须设伸缩缝分开。

护拱设于拱脚段，以便加强拱脚段的拱圈，同时，便于在多孔拱桥上设置防水层和泄水

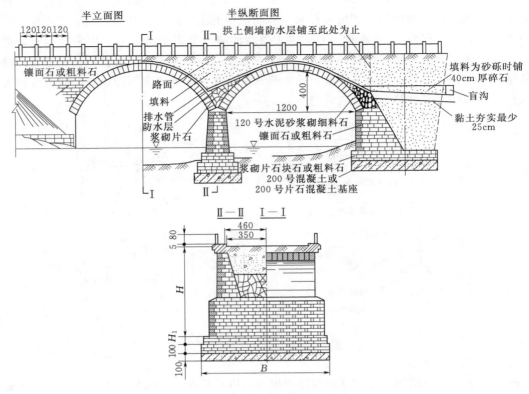

图 7.26 实腹式拱桥构造图（单位：cm）

管，通常采用浆砌片、块石结构。

（2）空腹式拱上建筑。空腹式拱上建筑除具有实腹式拱上建筑相同的构造外，还具有腹孔和支承腹孔的墩柱。空腹式拱上建筑的腹孔通常对称布置在主拱上建筑高度所容许的自拱脚向拱顶一定范围内，一般在半跨内以 1/4～1/3 为宜，孔数以 3～6 跨为宜。

空腹式拱上建筑又分为拱式和梁式两种。

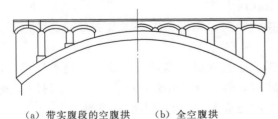

（a）带实腹段的空腹拱　（b）全空腹拱

图 7.27 拱式拱上建筑构造图

1）拱式腹孔。拱式腹孔的构造简单，外形美观，但质量较大，一般用于圬工拱桥。其跨径一般选用 2.5～5.5m，同时不宜大于主拱圈的 1/15～1/8。拱圈型式有板拱、双曲拱、微弯板、扁壳等。板拱的矢跨比一般为 1/6～1/2，双曲拱为 1/8～1/4，微弯板为 1/12～1/10，拱轴线多用圆弧线。腹拱圈的厚度，当跨径小于 4m 时，石板拱为 0.3m，

混凝土板拱为 0.15m，微弯板为 0.14m（其中预制厚 0.08m，现浇厚 0.08m）。当跨径为 4～6m 时，常采用双曲拱，厚度为 0.3～0.4m，如图 7.27 所示。

腹孔圈在拱上建筑需要设置伸缩缝或变形缝的地方应设铰（三铰或两铰），其余为无铰拱。

腹拱墩由底梁、墩身和墩帽组成。腹孔墩常采用横墙式或立柱式。横墙施工简便，节省

钢材，一般用圬工材料砌筑或现浇。为了节省体积，可横向挖空，如图 7.28 (a) 所示。浆砌块、片石的横墙厚度一般不小于 66cm。现浇混凝土时一般应大于腹拱圈厚度的一倍。立柱式腹拱墩 [图 7.28 (b)] 是由立柱和盖梁组成的钢筋混凝土排架或刚架式结构。立柱一般由 2 根或多根预制的钢筋混凝土柱组成。立柱的上、下间距超过 6m 时，宜设置横系梁。立柱的钢筋应向上伸入盖梁的中部，向下伸入主拱圈（肋）的内部，并予以可靠地锚固（图 7.29）。

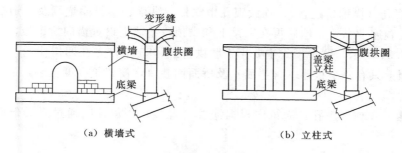

（a）横墙式 　　　　　　　（b）立柱式

图 7.28　腹孔

为了使横墙或立柱传递下来的压力能均匀地分到主拱圈（肋）上，在横墙或立柱下面还应设置底梁。底梁的每边尺寸应较横墙或立柱宽 5cm，其高度则以较矮一侧为 5～10cm 为原则确定。横墙的底梁无需配筋，立柱的底梁一般仅布置构造钢筋，上与立柱、下与主拱圈的钢筋相连接。

腹孔拱腹填料与实腹拱相同。

（a）立柱与拱肋的铰接　（b）桥道梁在拱顶的支承　（c）立柱与拱肋的刚接

图 7.29　立柱与拱肋的连接和腹孔梁的支承

2）梁式拱上建筑。梁式腹孔拱上建筑的拱桥造型轻巧美观，减轻拱上重力和地基承压力，以便获得更好的经济效果。大跨径混凝土拱桥一般都采用梁式腹孔拱上建筑。

梁式拱上建筑的腹孔墩基本同拱式拱上建筑，不同的是当钢筋混凝土立柱不能满足要求时，采用预应力混凝土等。

a. 简支腹孔（纵铺桥道板梁）。简支腹孔由底梁（座）、立柱、盖梁和纵向简支桥道板（梁）组成。结构体系简单，基本上不存在拱与拱上结构的联合作用，受力明确，是大跨径拱桥拱上建筑主要采用的型式，如图 7.30 (a) 所示。

当梁式腹孔拱顶为实腹段拱时，由于拱顶段上面全被覆盖，温度变化等因素对拱圈受力不利。目前，大跨径拱桥的梁式拱上建筑一般都取消拱顶实腹段，做成全空腹式拱上建筑，如图 7.30 (b) 所示。对肋拱则必须采用全空腹。拱上腹孔数可为偶数或奇数，但因拱顶受力大，一般不希望拱顶设有立柱，即宜采用奇数腹孔数。

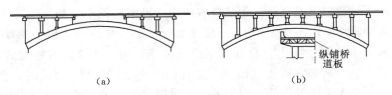

（a）　　　　　　　　　　　　　　　　（b）

图 7.30　简支腹孔的布置

b. 连续腹孔（横铺桥道板）。连续腹孔由立柱、纵梁、实腹段垫墙及桥道板组成。即在拱上立柱上设置连续纵梁，然后再在纵梁上和拱顶段垫墙上设置横向桥道板，形成拱上传载结构，如图 7.31 所示。这种型式主要用于肋拱桥。1985 年首先在四川使用。其特点是桥面板横置，拱顶上只有一个板厚（含垫墙）及桥面铺装厚，使建筑高度很小，适合于建筑高度受限制的拱桥。

c. 框架腹孔。框架腹孔在横桥向根据需要设置多片，每片间通过系梁形成整体，如图 7.32 所示。

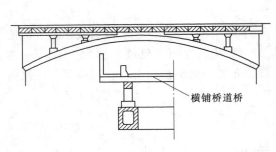

图 7.31　连续腹孔的布置

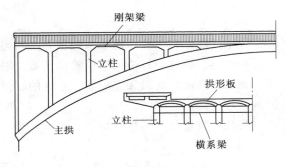

图 7.32　框架腹孔的布置

### 3. 拱上填料、桥面及人行道

无论是实腹拱，还是拱式空腹拱，在拱顶截面上缘以上都作了拱腹填充处理，以使拱圈与桥头（单孔）或相邻两拱圈之间同拱顶截面上缘齐平。在进行了上述填充后，通常还需设置一层填料，即拱顶填料，在该层填料以上才是桥面铺装，如图 7.33 所示。

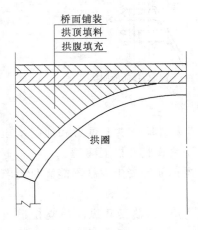

图 7.33　拱上填料

拱上建筑中的填料，一方面能起扩大车辆荷载分布面积的作用，同时还能减少车辆荷载的冲击作用。《公路桥涵设计通用规范》（JTG D60—2015）规定，当拱上填料厚度（包括路面厚度）不小于 0.5m 时，设计计算中不计汽车荷载的冲击力。在地基条件很差的情况下，为了进一步减小拱上建筑质量，可减薄拱上填料厚度，甚至可以不要拱上填料，直接在拱顶截面上缘以上铺筑混凝土桥面，此时，其行车道边缘的厚度至少为 8cm。为了分布车轮重力，拱顶部分的混凝土桥面内可设置钢筋网。不设拱上填料时应计入汽车荷载的冲击力。拱顶填料用料选择与拱腹相同。

对具有拱顶实腹段的梁式空腹拱（肋拱除外），拱顶实腹段的拱上填料与上述相同。对全空腹梁式空腹拱不存在拱上填料问题。

拱桥桥面铺装应根据桥梁所在的公路等级、使用要求、交通量大小以及桥型等条件综合考虑确定。除低等级公路上的中、小跨径实腹或拱式空腹拱桥可采用泥结碎（砾）石桥面外，其他大跨径拱桥以及高等级公路上的拱桥均采用沥青混凝土或设有钢筋网的混凝土桥面。对梁式空腹拱桥，其桥面铺装与梁桥相同。为便于桥面排水，桥面应根据需要设1.5%～7.0%的横坡（单幅桥为双向，双幅桥为单向）。

对一般公路拱桥和城市拱桥应设置与梁桥相似的人行道，其构造见梁桥的有关部分。

### 4. 伸缩缝和变形缝

主拱圈在材料收缩及温度变化作用下，其拱轴线将对称地升高或下降；在一切作用下将产生对称或不对称的变形，而拱上建筑也随主拱圈的变形而变形。因此，为避免拱上建筑不规则开裂，以保证结构的安全使用和耐久性，除在设计计算上应作充分的考虑外，拱上建筑的构造必须适应主拱圈的变形，故用设置伸缩缝及变形缝来使拱上建筑与墩、台分离，并使拱上建筑和主拱圈一起自由变形。

对实腹式拱桥，在主拱圈拱脚的上方设置伸缩缝，缝宽 2～3cm，直线布置，纵向贯通侧墙全高，横桥向贯通全桥，从而使拱上建筑与主拱圈一起自由变形，如图 7.34（a）所示。

对大跨径空腹式拱桥的拱式腹拱拱上建筑，一般将紧靠墩、台的第一个腹拱圈作成三铰拱［图 7.34（b）］，并在靠墩（台）的拱铰上方的侧墙设置伸缩缝，在其余两铰上方的侧墙设置变形缝（断开而无缝宽）。在特大跨径的拱桥中，在靠近主拱圈拱顶的腹拱，宜设置成两铰或三铰拱，腹拱铰上方的侧墙仍需设置变形缝。

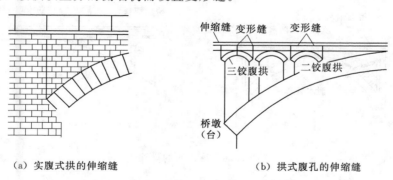

（a）实腹式拱的伸缩缝　　　（b）拱式腹孔的伸缩缝

图 7.34　伸缩缝与变形缝

对于梁式腹孔，若边腹孔梁在与墩（台）衔接处使用端立柱，则用细缝与墩（台）分开。若边腹孔梁直接支承在墩（台）上，则必须用完善的活动支座，并设置伸缩缝。

在设置伸缩缝或变形缝处的人行道、栏杆、缘石和混凝土桥面，均应相应设置伸缩缝或变形缝。在 2～3cm 的伸缩缝缝内填料，可用锯末沥青，按 1：1 的重量比制成预制板，施工时嵌入缝内。上缘一般作成能活动而不透水的覆盖层。缝内填料亦可采用沥青砂等其他材料。

变形缝不留缝宽，其缝可干砌、用油毛毡隔开或用低等级砂浆砌筑，以适应主拱圈的变形。

另外，对于拱桥，不仅要求将桥面雨水及时排除，而且要求将透过桥面渗入到拱腹的雨水及时排除。

关于排除桥面雨水的构造（图 7.35），泄水管平面布置同梁式桥。

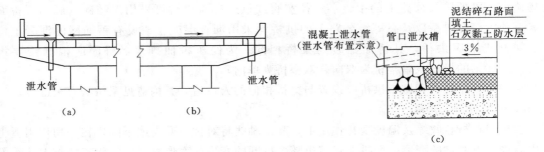

图 7.35　桥面雨水的排除

透过桥面铺装渗入到拱腹内的雨水应由防水层汇集于预埋在拱腹内的泄水管排出，防水层和泄水管的敷设方式与上部结构的型式有关。

实腹式拱桥防水层应沿拱背护拱、侧墙铺设。如果是单孔，可以不设泄水管，积水沿防水层流至两个桥台后面的盲沟，然后沿盲沟排出路堤。如果是多孔拱桥，可在 1/4 跨径处设泄水管，如图 7.36（a）所示。

空腹式拱桥包括带拱顶实腹段的空腹拱和全空腹拱。对带实腹段的拱式腹拱空腹拱桥防水层及泄水管布置如图 7.36（b）所示。对拱式腹拱全空腹拱桥，其防水层及泄水管参照多孔实腹拱进行设置。

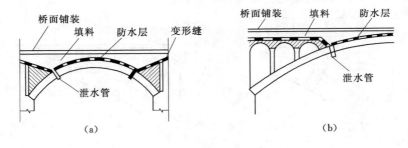

图 7.36　渗入水的排除

对跨线桥、城市桥或其他特殊桥梁，需设置全封闭式排水系统。

泄水管可以采用铸铁管、混凝土管或陶瓷（瓦）管以及塑料管。泄水管的内径一般为 6～10cm，在严寒地区需适当加大（但宜小于 15cm）。泄水管应伸入结构表面 5～10cm，以免雨水顺着结构物的表面流下。为了便于泄水，泄水管尽可能采用直管，并减少管节的长度。某桥采用的铸铁泄水管构造，如图 7.37 所示。

防水层在全桥范围内不宜断开，在通过伸缩缝或变形缝处应妥善处理，使其能防水又可以适应变形，其构造如图 7.38 所示。

防水层有粘贴式与涂抹式两种。前者是由 2～3 层油毛毡与沥青胶交替贴铺而成，效果较好，但造价较高；后者采用沥青涂抹，施工简便，造价低廉，但效果较差，适合于雨水较少的地区。当要求较低时，可就地取材选用石灰三合土（厚 15cm，水泥、石灰、砂的配合比为 1：2：3）、石灰黏土砂浆、黏土胶泥等代替粘贴式防水层。

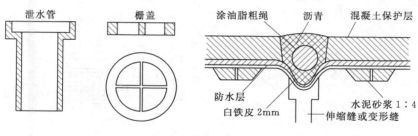

图 7.37 铸铁泄水管　　　　图 7.38 伸缩缝处的防水层

5. 拱铰构造

当拱桥中的主拱圈按两铰拱或三铰拱设计时，或空腹式腹拱按构造要求需采用两铰拱或三铰拱时，或在施工过程中，为消除或减小主拱圈的部分附加内力，以及对主拱圈内力作适当调整时，或主拱圈转体施工时，需要设置拱铰。前两种为永久性铰，必须满足设计要求，并能保证长期正常使用。因此，永久性铰的要求较高，构造较复杂，又需经常养护，所以费用较贵。临时性铰是适应施工需要而暂时设置，待施工结束时或基础变形趋于稳定时，将其封固，故构造较简单。

拱铰的型式按照铰所处的位置、作用、受力大小、使用材料等条件综合考虑，目前常用的型式如下。

（1）弧形铰（图 7.39）。弧形铰一般用钢筋混凝土、混凝土、石料等做成。它有两个具有不同半径弧形表面的块件合成，一个为凹面（半径为 $R_2$），一个为凸面（半径为 $R_1$）。$R_2$ 与 $R_1$ 的比值常在 1.2～1.5 范围内。铰的宽度应等于构件的全宽。沿拱轴线的长度取为拱厚的 1.15～1.20 倍。铰的接触面应精加工，以保证紧密结合。

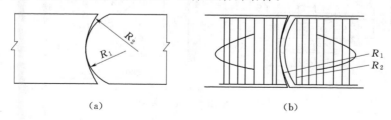

(a)　　　　　　　　　　　(b)

图 7.39 弧形铰

弧形铰由于构造复杂，加工铰面既费工又难以保证质量，故主要用于主拱圈的拱铰，30m 双铰双曲拱桥的拱铰构造，如图 7.40 所示。

在转体施工的拱桥中，必须设置转盘使拱体转动，而转盘是由上、下转盘，转轴及环道构成（图 7.41），转轴又有两种型式，一种是钢球切面铰；另一种是混凝土球面铰。为了保证转动过程中的平稳、可靠，除了球铰轴心支承外，必须加以环道辅助支承，一旦出现转动过程中的偏载时，环道支承点足以保证转体的倾覆稳定性。

转体施工拱桥的球铰是一个临时性铰，待桥体合龙成拱后，最终封固转盘。

转体的球铰是拱桥旋转体系的关键，因此制作必须准确、光滑。混凝土球面铰一般用 C40 混凝土制作，球面精度及光滑的关键在于及时打磨球面，同时特别注意预留在球铰正中的轴，必须与弧形球面保持垂直。

（2）铅垫铰（图 7.42）。

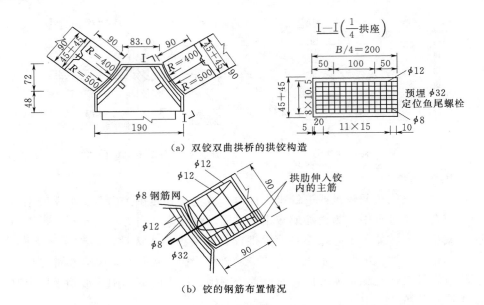

（a）双铰双曲拱桥的拱铰构造

（b）铰的钢筋布置情况

图 7.40　拱铰构造图（单位：除钢筋直径为 mm，其余均为 cm）

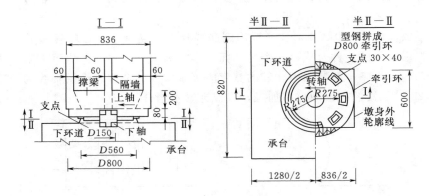

图 7.41　转盘构造（尺寸单位：cm）

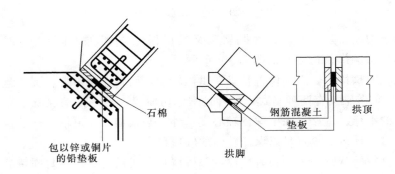

图 7.42　铅垫铰

对于中小跨径的板拱或肋拱，可以采用铅垫铰。铅垫铰用厚度 1.5～2.0cm 的铅垫板，外部包以锌、铜（1.0～2.0cm）薄片做成。垫板宽度为拱圈厚度的 1/4～1/3，在主拱圈的全部宽度上分段设置。铅垫铰是利用铅的塑性变形达到支承面的自由转动，从而实现铰的功能。同时，为了使压力正对中心，并且能承受剪力，故设置穿过垫板中心而又不妨碍铰转动的锚杆。为承受局部压力，在墩、台帽内以及邻近铰的拱段，需要用螺旋钢筋或钢筋网加强。直接贴近铅垫铰的主拱圈混凝土，其强度等级应不小于 C25。在计算铅垫板时，其压力作为

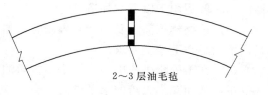

图 7.43　平铰

沿铅垫板全宽均匀分布。其压力作为沿铅垫板全宽均匀分布。铅垫铰也可用作临时铰。

（3）平铰（图 7.43）。

对空腹式的腹拱圈，由于跨径小，可以采用简单的平铰。这种铰平面相接，直接抵承。平铰的接缝可铺一层低等级砂浆，也可垫衬油毛毡或直接干砌。

（4）不完全铰（图 7.44）。对于小跨或轻型的拱圈以及空腹式拱桥的腹孔墩柱铰，目前常采用不完全铰。小跨拱圈的不完全铰，由于拱的截面急剧地减小，保证了该截面的转动，在施工时拱圈不断开，使用时又能起铰的作用。由于减小截面内的应力很大，很可能开裂，故必须配以斜钢筋，斜钢筋应根据总的纵向力及剪力来计算。墩柱的不完全铰如图 7.44（a）、（b）、（c）所示。由于该处截面的减小（一般为全截面的 1/3～2/5），因此可以保证支承截面的转动。支承截面应按局部承压。

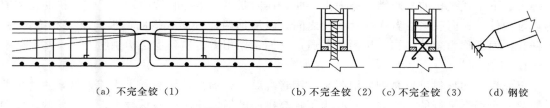

（a）不完全铰（1）　　　　（b）不完全铰（2）　（c）不完全铰（3）　　（d）钢铰

图 7.44　不完全铰与钢铰

（5）钢铰［图 7.44（d）］。适用于大跨径拱桥，但用钢量多，构造复杂。钢铰除用于少数有铰钢拱桥的永久铰结构外，更多的用于施工需要的临时铰，一般较少采用。

## 7.2.2　中、下承式拱桥的设计与构造

### 7.2.2.1　中、下承式拱桥的总体布置与适用情况

中承式拱桥的行车道位于拱肋的中部，桥面系（行车道、人行道、栏杆等）一部分用吊杆悬挂在拱肋下，一部分用刚架立柱支承在拱肋上，如图 7.45 所示。

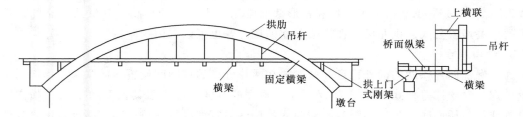

图 7.45　中承式钢筋混凝土拱桥的总体布置

下承式拱桥桥面系通过吊杆悬挂在拱肋下，在吊杆下端设置横梁和纵梁，在纵、横梁系统上支承行车道板，组成桥面系，如图 7.46 所示。

中、下承拱桥保持了上承式拱桥的基本力学特性，可以充分发挥拱圈混凝土材料的抗压性能，一般适用于以下几种情况。

（1）桥梁建筑高度受到严格限制时，如采用上承式拱桥则矢跨比过小，可采用中、下承式拱桥满足桥下净空要求。

（2）在不等跨拱桥中，为了平衡桥墩的水平力，将跨度较大的拱矢跨比加大，做成中承式拱桥，从而减小大跨的水平推力。

（3）在平坦地形的河流上，采用中、下承式拱桥可以降低桥面高度，有利于改善桥头引道的纵断面线形，减少引道的工程数量。

（4）在城市景点或旅游区，为配合当地景观而采用中、下承式拱桥。

（5）由于是推力拱，需要较好的地基。

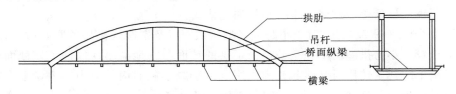

图 7.46　下承式钢筋混凝土拱桥的总体布置

### 7.2.2.2　中、下承式拱桥的基本组成和构造

中、下承式拱桥的桥跨结构一般由拱肋、横向联系、吊杆和桥面系等组成。拱肋是主要的承重构件；横向联系设置在两片拱肋之间，以增加两片分离式拱肋的横向刚度和稳定性；吊杆和桥面系称为悬挂结构，桥面荷载通过它们将作用力传递到主结构拱肋上。

**1. 拱肋**

组成拱肋的材料可以是钢筋混凝土、钢管混凝土、劲性骨架混凝土或纯钢材，两片拱肋一般在两个相互平行的平面内。有时为了提高拱肋的横向稳定性和承载力，也可使两拱肋顶部互相内倾，称为提篮式拱。由于拱肋的恒载分布比较均匀，因此，拱轴线一般采用二次抛物线，也可以采用悬链线。中、下承式拱桥的拱肋一般采用无铰拱，以保证其刚度。通常，肋拱矢跨比的取值为 1/4～1/7。

钢筋混凝土拱肋的截面形状根据跨径的大小、荷载等级和结构的总体尺寸，可以选用矩形、工字形、箱形或管形（即构成钢管混凝土拱肋）。截面沿拱轴线的变化规律可以为等截面或变截面。

矩形截面的拱肋施工简单，一般用于中小跨径的拱桥。拱肋的高度为跨径的 1/40～1/70，肋宽为肋高的 0.5～1.0 倍；工字形和箱形截面常用于大跨径的拱肋。其拱顶肋高的拟定采用下列相关经验公式。拱肋可以在拱架上立模现浇，也可以采用预制拼装。

**2. 横向联系**

为了保证两片拱肋的面外稳定，一般须在两片分离的拱肋间设置横向联系。横向联系可做成横撑、对角撑等型式，如图 7.47 所示。横撑的宽度不应小于其长度的 1/15。横向联系的设置往往受桥面净空高度的限制，横向联系构件只容许设置在桥面净空高度范围之外的拱段（对于中承式拱肋，还可以设置在桥面以下的肋段）。

有时为了满足规定的桥面净空高度要求，而不得不将拱肋矢高加大来设置横向构件。也有为满足桥面净空要求和改善桥上的视野而取消行车道以上的横向构件，做成敞口式拱桥。

**下承式拱立面布置图**

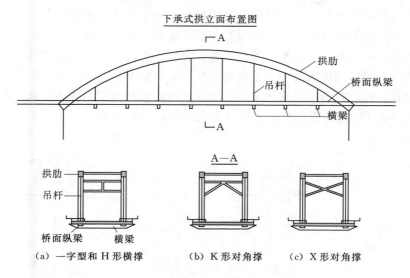

（a）一字型和 H 形横撑　　（b）K 形对角撑　　（c）X 形对角撑

图 7.47　横向联系类型

为了保证敞口式拱桥的横向刚度和横向稳定，可以采取以下措施：采用刚性吊杆，使吊杆与横梁形成一个刚性半框架，给拱肋提供足够刚劲的侧向弹性支承，以承受拱肋上的横向水平力；加大拱肋的宽度，使其本身具有足够的横向刚度和稳定性；使拱脚具有牢固的刚性固结；对中承式拱桥，要加强桥面以下至拱脚区段的拱肋间固定横梁的刚度，并设置 K 撑或 X 撑。

3. 吊杆

桥面系悬挂在吊杆上，受拉吊杆根据其构造分为刚性吊杆和柔性吊杆两类。

刚性吊杆（图 7.48），是用钢筋混凝土或预应力混凝土制作。使用刚性吊杆可以增强拱肋的横向刚度，但用钢量大，施工程序多、工艺复杂。刚性吊杆两端的钢筋应扣牢在拱肋与

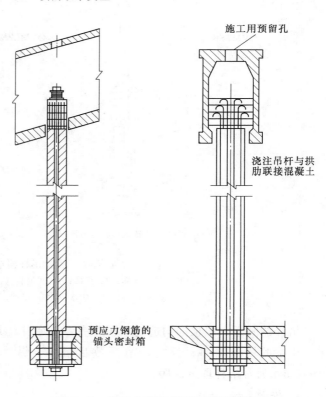

图 7.48　预应力混凝土刚性吊杆构造图

横梁中，它一般设计为矩形，刚性吊杆除了承担轴向拉力之外，还须抵抗上下节点处的局部弯曲。为了减小刚性吊杆承受的弯矩，其截面尺寸在顺桥向应设计的小一些，横桥方向应该设计的大一些，以增加横桥向拱肋的稳定性。

柔性吊杆（图 7.49），一般用高强钢丝，或冷扎钢筋制作，高强钢丝做的吊杆通常采用

墩头锚，而粗钢筋则采用轧丝锚与拱肋、横梁相连。为了提高钢索的耐久性，必须对钢索进行防护，为了防止钢索锈蚀，要求防护层有足够强度而不至于开裂，有良好的附着性而不会脱落。钢索的防护方法很多，主要有缠包法和套管法。缠包法是采用耐候性防水涂料、树脂对钢丝进行多层涂覆，用玻璃丝布或聚酯带缠包。套管法是在钢索上套上钢管、铝套、不锈钢管或塑料套管，在套管内压注水泥浆、黄油或其他防锈材料。目前主要用 PE 热挤索套防护工艺，它直接将 PE 材料覆在钢束表面制成成品索，简单可靠，且较经济。

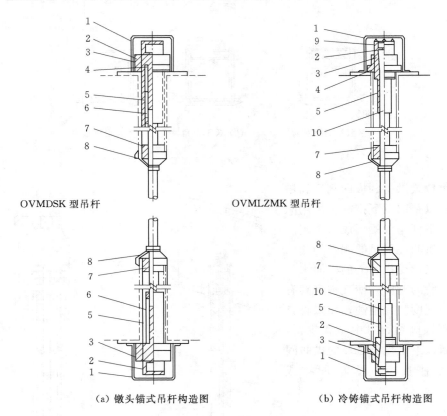

图 7.49　柔性吊杆构造图

1—防护罩；2—锚杯；3—螺母；4—纠编装置；5—密封筒；6—密封剂；
7—减振体；8—防水罩；9—锚盖；10—环氧铁砂

　　吊杆的间距一般根据构造要求和经济美观等因素决定。间距大时，吊杆的数目减少，但纵、横梁的用料增多；反之，吊杆数目增多，纵、横梁用料减少。一般吊杆的间距为 4～10m，通常吊杆取等间距。

　　**4. 桥面系**

　　桥面系由横梁、纵梁和桥面板组成。

　　（1）横梁。中承式拱桥桥面横梁可分为固定横梁、普通横梁及刚架横梁 3 类。桥面系与拱肋相交处的横梁一般与拱肋刚性联结，其截面尺寸与刚度远比其他横梁大，通常称为固定横梁；通过吊杆悬挂在拱肋下的横梁称为普通横梁；通过立柱支承在拱肋上的横梁称为刚架横梁。横梁的高度可取拱肋间距（横梁跨径）的 1/10～1/15。为了满足搁置和连续桥面板的需要，横梁上缘宽度不宜小于60cm。

固定横梁（图7.50），由于其位置的特殊，它既要传递水平横向荷载，有时还要传递纵向制动力，承担由拱肋和桥面传递到该处的弯矩、扭矩和剪力，受力情况复杂。因此必须与拱肋刚性联结，且其外形须与拱肋及桥面系相适应。在桥面与拱肋的交界处，主拱肋占去了一定宽度的桥面，为了保证人行道不在此处变窄。因此，固定横梁一般比普通横梁要长，常用的截面型式有对称工字形、不对称工字形和三角形等。

普通横梁的截面型式常用矩形、工字形或土字形（图7.51），大型横梁也可采用箱形截面，其尺寸取决于横梁的跨度（拱肋中距）和承担桥面荷载的长度（吊杆间距），一般为钢筋混凝土构件，跨度较大时，也可采用预应力混凝土构件。

（2）纵梁。由于横梁的间距一般为4~10m，纵梁多采用T形、Ⅱ形小梁，设计成简支梁结构或连续结构（图7.52），或直接在横梁上满铺空心板、实心板。

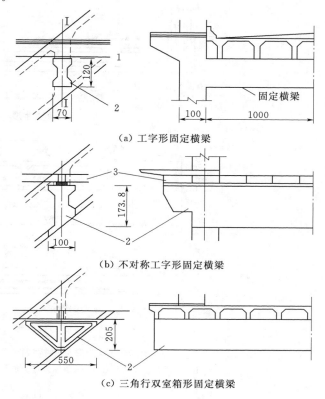

（a）工字形固定横梁

（b）不对称工字形固定横梁

（c）三角行双室箱形固定横梁

图7.50　固定横梁构造图（单位：cm）
1—桥面纵梁；2—固定横梁；3—行车道板

（3）桥面板。桥面板可与纵梁连成整体，形成T梁，也可在预制的纵梁上现浇桥面板形成组合梁。另一种方法是在横梁上密铺预制空心板或实心板来取代桥面板和纵梁两者的作用。桥面板一般为钢筋混凝土结构，也可采用预应力或部分预应力混凝土结构。

### 7.2.3　其他类型拱桥的构造

#### 7.2.3.1　拱式组合体系桥的分类与特点

拱式组合体系桥是将梁和拱两种基本构件组合起来共同承受荷载，充分发挥梁受弯、拱受压的结构特性及其组合作用，达到节省材料的目的。

按照拱脚是否产生推力，拱式组合体系桥一般可划分为有推力和无推力两种类型，如图7.53所示。

当建桥地质条件较好时，可以采用有推力的拱式组合体系桥，如图7.53（a）所示。

无推力拱式组合体系桥（也称系杆拱桥）是外部静定结构［图7.53（b）］，兼有拱桥的较大跨越能力和简支梁桥对地基适应能力强的两大特点，因而使用较多。当桥面高程受到严格限制而桥下又要求保证较大的净空，或当墩台基础地质条件不良易发生沉降，但又要保证较大跨径时，无推力拱式组合梁是较优越的桥型。

按照桥跨的布置方式，拱式组合体系桥，又可分为以下几种型式。

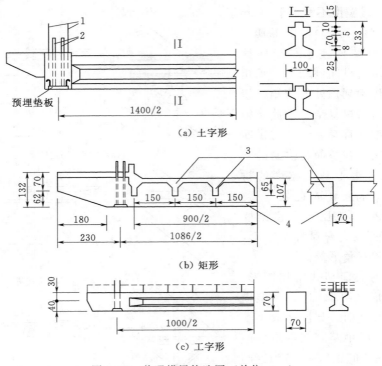

（a）土字形

（b）矩形

（c）工字形

图 7.51　普通横梁构造图（单位：cm）

1—预埋非预应力钢筋；2—预埋预应力筋管道；3—纵梁；4—横梁

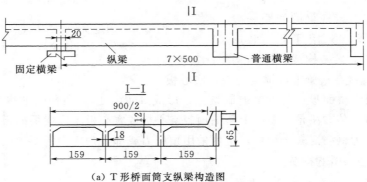

（a）T 形桥面简支纵梁构造图

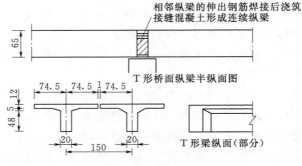

相邻纵梁的伸出钢筋焊接后浇筑
接缝混凝土形成连续纵梁

T 形桥面纵梁半纵面图

T 形梁纵面（部分）

（b）T 形桥面连续纵梁构造图

图 7.52　纵梁构造图（单位：cm）

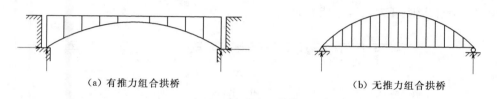

| (a) 有推力组合拱桥 | (b) 无推力组合拱桥 |

图 7.53　拱式组合体系桥

1. 简支梁拱组合式桥梁

这种类型的桥梁只用于下承式，为无推力的组合体系拱，如图 7.54 所示。拱肋结构一般为钢管混凝土和钢筋混凝土，桥面上常设风撑。简支梁拱组合式桥梁，外部为静定结构，内部为高次超静定结构。

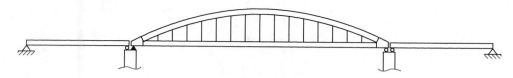

图 7.54　简支梁拱组合体系示意图

根据拱肋和系杆相对刚度的大小，简支梁拱组合体系拱（系杆拱桥）可分为柔性系杆刚性拱、刚性系杆柔性拱、刚性系杆刚性拱 3 种基本组合体系。

（1）柔性系杆刚性拱。在柔性系杆刚性拱组合体系中，比普通下承式拱桥多设了承受拱肋推力的受拉柔性系杆，因而假设系杆和吊杆均为柔性杆件，只承受轴向拉力，不承受压力和弯矩。拱肋按普通拱桥的拱肋一样考虑，为偏心受压构件，严格地讲，该假定只有在拱肋和系杆刚度之比趋于无穷大时才成立，当 $(EI)_{拱} / (EI)_{系}$ 大于 80 时，可以忽略系杆承受的弯矩。认为组合体系中的弯矩均由拱肋承受，系杆只承受拉力，从而发挥材料的特性，节省钢材，减轻墩台负担，使这种体系能用于软土地基上。

（2）刚性系杆柔性拱。这种体系拱肋与系杆的刚度比相对小得多，即当 $(EI)_{拱} / (EI)_{系}$ 小于 1/80 时，拱肋分配到的弯矩远小于系杆，因而可以忽略拱肋中的弯矩，认为拱肋只承受轴向压力，系杆不仅承受拱的推力，还要承受弯矩，为拉弯组合梁式构件。该体系以梁（系杆）为主要承重结构，柔性拱肋对梁进行加劲，所以称为刚性系杆柔性拱。它的特点是内力分配均匀，刚性系杆与吊杆、横撑可以组成刚度较大的框架，拱肋不会发生面内"S"形变形，在适用的跨度（100m 以下）内拱的稳定性有充分保证。

（3）刚性系杆刚性拱。刚性系杆刚性拱的特点介于柔性系杆刚性拱和刚性系杆柔性拱之间，当 $(EI)_{拱}/(EI)_{系}$ 为 1/80～80 时，拱肋和系杆都有一定的抗弯刚度，荷载引起的弯矩在拱肋和系杆之间按刚度分配，它们共同承受纵向力和弯矩，内力计算与实际情况比较接近。由于拱肋和系杆是刚性的，拱肋和系杆的端部是刚性连接。故这种体系刚度较大，适用于设计荷载大的桥梁。

2. 连续梁拱组合式桥梁

此种体系如图 7.55 所示，可以是上承式、中承式或下承式，也可以是单肋拱、双肋拱或多肋拱与加劲梁组合，双肋拱及多肋拱的加劲梁的截面型式可类似于简支梁拱组合式桥梁布置，而单片拱肋必须配置有箱形加劲梁，以加劲梁强大的抗扭刚度抵消偏载影响。这种桥型造型美观，本身刚度大，跨越能力大。

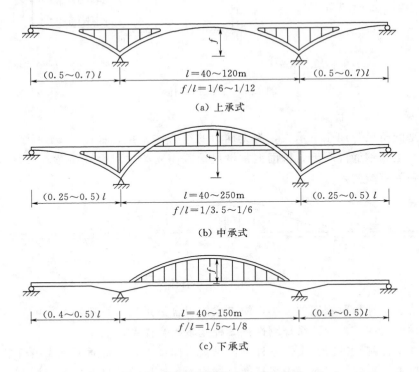

图 7.55　连续梁拱组合体系示意图

### 3. 单悬臂组合式桥梁

单悬臂组合式桥梁如图 7.56 所示，只适用于上承式，采用转体施工特别方便。但中间设置牛腿带有挂孔，桥梁整体刚度差，较少使用。计单悬臂梁拱组合式桥梁实际上是将实腹梁挖空，用立柱代替梁腹板，原腹板的剪力主要由拱肋竖向分力及加劲梁剪力平衡。这样的结构加劲梁受拉弯作用，加劲梁采用预应力混凝土，拱肋为钢筋混凝土。

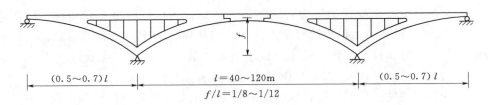

图 7.56　悬臂梁拱组合体系示意图

#### 7.2.3.2　系杆拱桥的构造

### 1. 拱肋

对于柔性系杆刚性拱，拱肋的构造基本上可以参考普通的下承式拱桥，拱肋截面可根据跨径的大小和荷载等级选用矩形、工字形或箱形。拱肋高度对于公路桥 $h=(1/30\sim1/50)l$ 为主拱跨径。拱肋宽为肋高的 $0.4\sim0.5$ 倍。一般矩形截面用于较小跨径。当肋高超过 $1.5\sim7.0m$ 时，采用工字形或箱形较为合理。柔性系杆刚性拱矢跨比一般在 $1/4\sim1/5$ 之间。

刚性系杆柔性拱以梁为受力主体，拱肋在保证一定强度和稳定性的条件下，拱肋高度多采用 $h=(1/100\sim1/120)l$，有时可以压缩到 $h=(1/140\sim1/160)l$。拱肋宽度一般采用 $b=(1.5\sim2.5)h$，对公路桥，刚性系杆高度 $h=(1/25\sim1/35)l$，跨度较大时，还可做成变截面。柔性拱肋截面常采用宽矮实心截面，拱肋本身的横向刚度较大。若采用钢筋混凝土吊杆，就可以和横梁一道组成半框架，拱肋之间常可以不设横撑，就足以保证侧向稳定性，因此刚性系杆柔性拱可以设计成敞口桥，使之视野开阔。拱轴线通常采用二次抛物线，矢跨比一般为 $1/5\sim1/7$。

刚性系杆刚性拱的拱肋高度 $h=(1/50\sim1/60)l$，拱肋宽度 $b=(0.8\sim1.2)h$。拱肋与系杆的截面常设计成相同的几何形状，便于支承点处的构造连接，截面多采用工字形和箱形截面，拱肋轴线一般为二次抛物线。

2. 系杆

系杆的构造（图 7.57）。在系杆拱设计中，最关键的问题是系杆的设置。既要考虑系杆与拱肋的连接，保证系杆能与拱肋共同受力，又要考虑系杆与行车道部分之间相互作用，避免桥面行车道部分阻碍系杆的受拉而遭到破坏，构造上常见的处理方法有：

（1）在行车道中设横向断缝，使行车道与系杆分离，不参与系杆的受力作用，如图 7.57（a）所示，行车道板简支在横梁上，这种型式受力明确，用得较多。

（2）采用型钢制作金属系杆如图 7.57（b）所示，系杆与行车道完全不接触。为了防止行车道参与系杆受力，一般在行车道内也要设横向断缝。由于金属系杆外露部分容易锈蚀，需要采取防锈处理。同时，当温度变化时外露系杆与拱肋钢筋混凝土的表面吸温及线膨胀系数有差别，因而会产生附加内力，故使用这种构造较少。

（3）采用独立的钢筋混凝土系杆如图 7.57（c）所示，每根系杆分为两部分，沿吊杆两边穿过，自由地搁置在横梁上。由于吊杆与横梁重叠搁置，建筑高度可能受到影响。一般尽量把系杆做得宽矮以增加柔性，故常用于柔性系杆刚性拱中。

（4）采用预应力混凝土系杆。这种系杆截面型式应与拱肋截面型式一致，以便于连接。行车道可设横向断缝，亦可不设，考虑行车条件，不设为宜。这种系杆较为合理，由于预加压力可避免混凝土出现拉力，而使混凝土不出现裂缝，维修费用比钢系杆低。

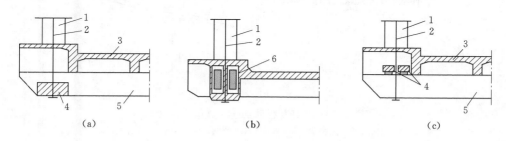

图 7.57 系杆构造
1—拱肋；2—吊杆；3—行车道；4—系杆；5—横梁；6—扁钢系杆

刚性系杆是偏心受拉构件，一般设计为工字形或箱形截面。由于截面正负弯矩的绝对值一般相差不大，故钢筋宜靠上、下缘对称或接近对称布置。同时，沿截面高度应布置适当数量的分布钢筋，防止裂缝扩展。

### 3. 吊杆

吊杆一般是长而细的构件，与中、下承式拱桥的吊杆构造基本相同。由于设计时通常将其作为轴向受力构件考虑。故吊杆构造设计时必须兼顾到它不承受弯矩的特点，即顺桥向尺寸应设计得较小，使之具有柔性，而在横桥向为了增加拱肋的稳定性，其尺寸应设计得较大。吊杆以前多采用钢筋混凝土或预应力混凝土构件，由于钢筋混凝土吊杆易产生裂缝，预应力混凝土吊杆施工麻烦，现在吊杆的发展趋势是采用高强钢丝或粗钢筋。

吊杆与拱肋的连接（图 7.58）通常有以下几种型式：

（1）当采用钢筋混凝土吊杆时，吊杆内的受力钢筋环绕浇筑在拱肋混凝土中的钢管弯转扣接，并将钢筋末端锚固，如图 7.58（a）所示。钢管直径应满足吊杆主筋的弯转规定。或将吊杆钢筋末端环绕拱肋内的粗钢筋弯转，然后焊牢，以形成环扣。

（2）当采用钢吊杆时，可在拱肋中预埋槽钢或其他劲性钢筋，把钢吊杆直接悬挂在预埋槽钢或其他劲性钢筋上，如图 7.58（b）所示。

（3）当采用高强钢丝时，可在拱肋中预埋管道，将钢丝末端锚固在拱肋上，通常锚头处要设置垫板，垫板下设置局部钢筋网，以分散作用在锚头处混凝土上的应力。

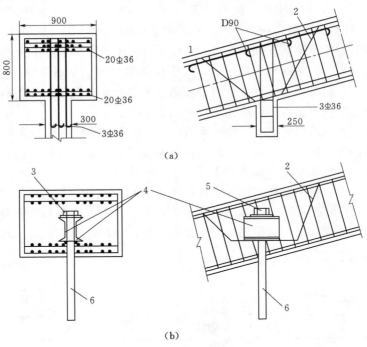

图 7.58　吊杆与拱肋的连接（单位：mm）
1—钢管；2—加强筋；3—螺帽；4—槽钢；5—螺钢；6—钢吊杆

当采用柔性系杆时，为了避免系杆出现较大弯矩，同时克服系杆截面高度较小而造成的构造上的困难，通常将吊杆与横梁相连接。当采用刚性系杆时，由于系杆截面高度较大，有可能允许把吊杆钢筋末端伸入系杆混凝土足够长，形成扣结，因此可将吊杆与系杆相连接。

### 4. 横向连接系

为保证拱肋的横向稳定，一般需在两拱肋间设置横向连接。横向连接构件截面可设计成矩形、T 形或箱形，平面上可布置成 X 形、K 形或与纵向垂直，顺桥方向可布置成单数或双数，通常以单数布置较多，即拱顶布置一根，两侧对称布置。其特点是可以改变纵向波形，缩短波长，提高结构稳定性。由于横向连接构件主要是防止拱肋横向失稳的作用，从受力型式上看是以轴向压力和自身恒载为主，配筋原则上照此进行。拱肋与横向构件交接部位设横隔板或浇筑成实心段，使横向连接构件的钢筋末端有足够的锚固长度。桥面系的构造见本书的有关内容。拱肋与系杆的连接构造可参考有关书目。

# 学习情境 7.3 拱桥就地浇筑施工

当拱桥的跨径不大、拱圈净高较小或孔数不多，可以采用就地浇筑方法来进行拱圈施工。就地浇筑方法可分为两种：拱架浇筑法和悬臂浇筑法。这里就这两种施工方法作详细介绍。

## 7.3.1 有支架的拱桥浇筑施工

### 7.3.1.1 拱架

拱架是拱桥有支架施工必不可少的辅助结构，在整个施工期间，用以支承全部或部分拱圈和拱上建筑的重量，并保证拱圈的形状符合设计要求。因此，要求拱架具有足够的强度、刚度和稳定性。

1. 拱架的结构类型

拱架的种类很多，按其使用材料可分为木拱架、钢拱架、扣件式钢管拱架、斜拉式贝雷平梁拱架、竹拱架、竹木混合拱架、钢木组合拱架以及土牛胎拱架等多种型式；按结构型式可分为排架式、撑架式、扇型式、桁架式、组合式、叠桁式、斜拉式等。

2. 拱架的构造

（1）木拱架。木拱架一般有排架式、撑架式、扇形式、叠桁式及木桁架式等。前 4 种在桥孔中间设有或多或少的支架，统称满布式拱架，最后一种可采用三铰木桁架型式，在桥孔中完全不设支架。

1）满布立柱式拱架。满布立柱式拱架一般采用木材制作，这种拱架的一般构造示意图如图 7.59 所示，它的上部由斜梁、立柱、斜撑和拉杆组成拱形桁架，又称拱盔，它的下部是由立柱和横向联系（斜夹木和水平夹木）组成支架，上下部之间放置卸架设备（木楔或砂筒等）。满布立柱式拱架的优点是施工可靠，技术简单，木材和铁件规格要求较低，但这种支架的立柱数目很多，只适合于桥不太高、跨度不大、洪水期漂浮物少且无通航要求的拱桥施工时采用。

满布式木拱架节点构造图如图 7.60 所示。

2）撑架式木拱架。这种拱架的上部与满布立柱式拱架相同，其下部是用少数框架式支架加斜撑来代替众多数目的立柱，因此木材用量相对较少，如图 7.61 所示。这种拱架构造上并不复杂，而且能在桥孔下留出适当的空间，减小洪水及漂流物的威胁，并在一定程度上满足通航的要求。因此，它是实际中采用较多的一种拱架型式。

3）三铰桁式木拱架。三铰桁式木拱架是由两片对称弓形桁架在拱顶处拼装而成，其两端直接支承在墩台所挑出的牛腿上或者紧贴墩台的临时排架上，跨中一般不另设支架，如图 7.62 所示。这种拱架不受洪水、漂流物的影响，在施工期间能维持通航。适用于墩高、水深、流急或要求通航的河流。与满布立柱式拱架相比，木材用量少，可重复使用，损耗率

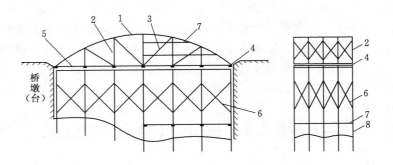

图 7.59　满布立柱式拱架

1—弓形木；2—立柱；3—斜撑；4—卸架设备；5—水平拉杆；

6—斜夹木；7—水平夹木；8—桩木

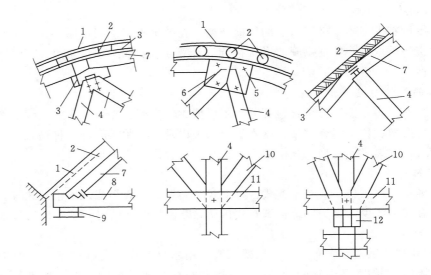

图 7.60　满布式木拱架节点构造图

1—模板；2—横梁；3—填木；4—斜撑；5—螺栓；6—铁（木）板；7—弓形木；

8—拉梁；9—卸架设备；10—立挂；11—水平夹木；12—垫木

低。但对木材规格和质量要求较高，同时要求有较高的制作水平和架设能力。由于在拱铰处结合较弱，所以，除在结构构造上须加强纵横向联系外，还需设置抗风缆索，以加强拱架的整体稳定性。在施工中应注意对称均匀浇筑混凝土，并加强观测。

拱架制作安装时，拱架尺寸和形状要符合设计要求，立柱位置准确且保持直立，各杆件连接接头要紧密，支架基础要牢固，高拱架应特别注意其横向稳定性；拱架全部安装完成后，应全面检查，确保结构牢固可靠。支架基础必须稳固，承重后应能保持均匀沉降且下降量不得超过设计范围。拱架可就地拼装，也可根据起吊设备能力预拼成组件后再进行安装。

（2）钢拱架与钢木组合拱架。

1）工字梁钢拱架。工字梁钢拱架可采用两种型式：一种是有中间木支架的钢木组合拱架；另一种是无中间木支架的活用钢拱架。

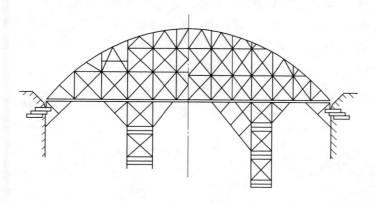

图 7.61　撑架式木拱架

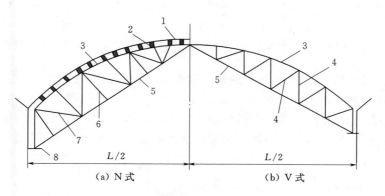

图 7.62　三铰桁式木拱架

1—模板；2—横梁；3—上弦杆；4—腹杆；5—下弦杆；6—竖杆；
7—斜杆；8—卸落设备

　　钢木组合拱架是在木支架上用工字钢梁代替木斜梁，以加大斜梁的跨度，减少支架用量。工字钢梁顶面可用垫木垫成拱模弧形线。钢木组合拱架的支架常采用框架式，如图7.63 所示。

　　工字梁活用钢拱架，构造简单，拼装方便，且可重复使用，其构造型式如图7.64 所示。它适用于施工期间需保持通航、墩台较高、河水较深或地质条件较差的桥孔。

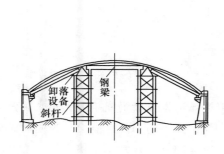

图 7.63　钢木组合拱架

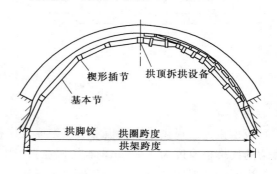

图 7.64　工字梁活用钢拱架

2）钢桁架拱架。钢桁架拱架的结构类型通常有常备拼装式桁架形拱架、装配式公路钢桁架节段拼装式拱架、万能杆件拼装式拱架、装配式公路钢桁架和万能杆件桁架与木拱盔组合的钢木组合拱架。常备拼装式桁架拱架如图 7.65 所示，装配式公路钢桁架节段拼装式拱架如图 7.66 所示。

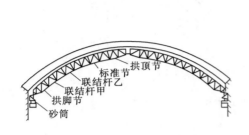

图 7.65　常备拼装式桁架拱架　　　图 7.66　装配式公路钢桁架节段拼装式拱架

3）扣件式钢管拱架。扣件式钢管拱架一般有满堂式、预留孔满堂式及立柱式扇形等几种。扣件式钢管拱架一般不分支架和拱盔部分，它是一个空间框架结构，一般由立柱（立杆）、小横杆（顺水流向）、大横杆（涵桥轴向）、剪刀撑、斜撑、扣件和缆风索等组成，所有杆件（钢管）通过各种不同式的扣件实现联结，不需设置卸落拱架。满堂式钢管拱架构造图如图 7.67 所示。

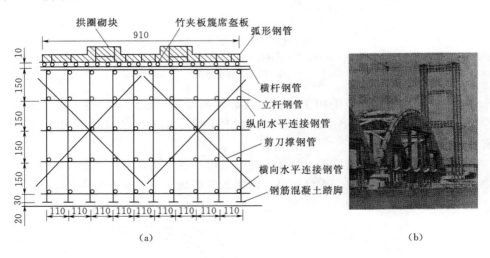

（a）　　　　　　　　　　　　（b）

图 7.67　满堂式钢管拱架构造图

3. 拱圈模板

（1）板拱模板。板拱拱圈模板（底模）厚度应根据弧形木或横梁间距的大小来确定。一般有横梁的底模板厚度为 4～5cm，直接搁在弧形木上时为 6～7cm。有横梁时为使顺向放置的模板与拱圈内弧形圆顺一致，可预先将木板压弯。压弯的方法是：每 4 块木板一叠，将两端支起，在中间适当加重，使木板弯至符合要求为止，施压约需半个月左右的时间。40m 以上跨径的拱桥模板可不必事先压弯。

石砌板拱拱圈的模板，应在拱顶处预留一定空间，以便于拱架的拆卸。模板顶面高程误差不应大于计算跨径的 1/1000，且不应超过 3cm。

（2）肋拱拱肋模板。拱肋模板如图 7.68 所示。其底模与混凝土或钢筋混凝土板拱拱圈底模基本相同。拱肋之间及横撑间的空位也可不铺底模。拱肋侧面模板，一般应预先按样板分段制作，然后拼装在底模上，并用拉木、螺栓拉杆及斜撑等固定。安装时，应先安置内侧模板，等钢筋入模后再安置外侧模板。模板宜在适当长度内设一道变形缝（缝宽约 2cm），以避免在拱架沉降时模板间相互顶死。

拱肋间的横撑模板与上述侧模构造基本相同，处于拱轴线较陡位置时，可用斜撑支撑在底模板上。

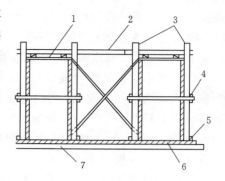

图 7.68　拱肋模板构造图
1—填木；2—拉木；3—螺栓；4—螺栓；
5—挡板；6—底模；7—横梁

### 7.3.1.2　现浇混凝土拱桥

1. 施工程序

现浇混凝土拱桥施工工序一般分 3 个阶段进行：

第 1 阶段：浇筑拱圈（或拱肋）及拱上立柱的底座。

第 2 阶段：浇筑拱上立柱、连接系及横梁等。

第 3 阶段：浇筑桥面系。

前一阶段的混凝土达到设计强度的 75％以上才能浇筑后一阶段的混凝土。拱架则在第 2 阶段或第 3 阶段混凝土浇筑前拆除，但必须事先对拆除拱架后拱圈的稳定性进行验算。若设计文件对拆除拱架另有规定，应按设计文件执行。

双曲拱桥的拱坡应在拱肋强度或其间隔缝混凝土强度达到设计强度的 75％后开始砌筑。

2. 拱圈或拱肋的浇筑

（1）浇筑流程。满堂式拱架浇筑流程为：支架设计→基础处理→拼设支架→安装模板→安装钢筋→浇筑混凝土→养护→拆模→拆除支架。满堂式拱架宜采用钢管脚手架、万能杆件拼设；模板可以采用组合钢模、木模等。

拱式拱架浇筑流程为：钢结构拱架设计→拼设拱架→安装模板→安装钢筋→浇筑混凝土→养护→拆模→拆除拱架。拱式拱架一般采用六四式军用梁（三脚架）、贝雷架拼设。

（2）连续浇筑。跨径小于 16m 的拱圈（或拱肋）混凝土，应按拱圈全宽度，自两端拱脚向拱顶对称地连续浇筑，并在拱脚处混凝土初凝前全部完成。如预计不能在限定时间内完成，则需在拱脚处预留一个隔缝并最后浇筑隔缝混凝土。

薄壳拱的壳体混凝土，一般从四周向中央进行浇筑。

（3）分段浇筑。大跨径拱桥的拱圈或拱肋（跨径不小于 16m），为避免拱架变形而产生裂缝以及减小混凝土的收缩应力，应采用分段浇筑的施工方法。分段长度一般为 6～15m。分段长度应以能使拱架受力对称、均匀和变形小为原则，拱式拱架宜设置在拱架受力反弯点、拱架结点、拱顶及拱脚处，满堂式拱架宜设置在拱顶 $L/4$ 部位、拱脚及拱架节点等处。各段的接缝面应与拱轴线垂直。

分段浇筑程序应符合设计要求，且对称于拱顶进行，使拱架变形保持对称均匀和尽可能地

223

小：填充间隔缝混凝土，应由两拱脚向拱顶对称进行。拱顶及两拱脚间隔缝匣在最后封拱时浇筑，间隔缝与拱段的接触面应事先按施工缝进行处理。间隔缝的位置应避开横撑、隔板、吊杆及刚架节点等处。间隔缝的宽度以便于施工操作和钢筋连接为宜，一般为 5～100cm。间隔缝混凝土应在拱圈分段混凝土强度达到 75% 设计强度后进行；为缩短拱圈合龙和拱架拆除的时间，间隔缝内的混凝土强度可采用比拱圈高一等级的半干硬性混凝土。封拱合龙温度应符合设计要求，如设计无规定时，一般宜在接近当地的年平均温度或在 5～15℃ 之间进行。

（4）箱形截面拱圈（或拱肋）的浇筑。大跨径拱桥一般采用箱形截面的拱圈（或拱肋），为减轻拱架负担，一般采取分环、分段的浇筑方法。分段的方法与上述相同。分环的方法一般是分成 2 环或 3 环。分 2 环时，先分段浇筑底板（第 1 环），然后分段浇筑肋墙、隔墙与顶板（第 2 环）；分 3 环时，先分段浇筑底板（第 1 环），然后分段浇筑肋墙脚（第 2 环），最后分段浇筑顶板（第 3 环）。

分环分段浇筑时，可采取分环填充间隔缝合龙和全拱完成后最后一次填充间隔缝合龙两种不同的合龙方法。箱形截面拱圈采用分环分段浇筑的施工程序（图 7.69）。

3. 卸拱架

采用就地浇筑施工的拱架，卸拱架的工作相当关键。拱架拆除必须在拱圈浇筑完成后 20～30 天，待砂浆砌筑强度达到设计强度的 75% 后方可拆除。此外还必须考虑拱上建筑、拱背填料、连拱等因素对拱圈受力的影响，尽量选择对拱体产生最小应力的时候卸落拱架；为了能使拱架所支承的拱圈重力能逐渐转给拱圈自身来承受，拱架不能突然卸除，而应按一定的程序进行。

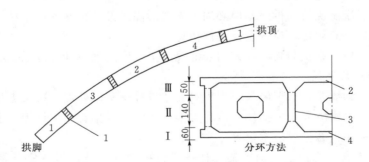

图 7.69　箱型截面拱圈分环分段浇筑的施工程序示意图（单位：cm）
1—工作缝；2—顶板；3—肋墙；4—底板

（1）卸架设备。为保证拱架能按设计要求均匀下落，必须采用专门的卸架设备。常用的卸架设备有砂筒、木模和千斤顶。

1）砂筒（图 7.70）。砂筒一般用钢板制成，筒内装以烘干的砂子，上部插入活塞（木制或混凝土制）组成。卸落是靠砂子从筒的下部预留泄砂孔流出，因此要求筒内的砂子干燥、均匀、清洁。砂筒与活塞间用沥青填塞，以免砂子受潮而不易流出。由砂子泄出量来控制拱架卸落高度，这样就能由泄砂孔的开与关，分数次进行卸架，并能使拱架均匀下降而不受振动，使用效果良好。

2）木模（图 7.71）。木模有简单木模和组合木模等不同构造。其中图 7.71（a）为简单木模，由两块 1：（6～10）斜面的硬木模组成，落架时，只需轻轻敲击木模小头，将木模取出，拱架即下落；图 7.71（b）为组合木模，由 3 块楔形木和一根拉紧螺栓组成，卸架时只需扭松螺栓，木模下降，拱架即降落。

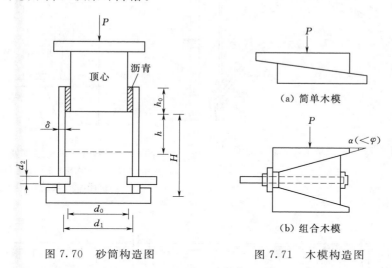

图 7.70　砂筒构造图　　　　　图 7.71　木模构造图

3）千斤顶。采用千斤顶拆除拱架常与拱圈调整内力同时进行。一般在拱顶预留放置千斤顶的缺口，千斤顶用来消除混凝土的收缩、徐变以及弹性压缩的内力和使拱圈脱离拱架。

（2）卸架程序。

1）满布式拱架的卸落。满布式拱架可根据算出和分配的各支点的卸落量，从拱顶开始，逐次同时向拱脚对称地卸落。多孔连续拱桥，拱架的卸落应考虑相邻孔的影响。若桥墩设计为单向推力墩，就可以直接地卸落拱架，否则应多孔同时卸落拱架。

2）工字梁活用钢拱架的卸落。这种拱架的卸落设备一般放于拱顶，卸落布置如图 7.72 所示。

卸落拱架时，先将绞车摇紧，然后将拱顶卸拱设备上的螺栓松两转，即可放松绞车，敲松拱顶卸拱木，如此循环松降，直至降落到设定的卸落量。

3）钢桁架拱架的卸落。当钢桁架拱架的卸落设备架设于拱顶时，可在系吊或支撑的情况下，逐次松动卸架设备，逐次卸落拱架，直至拱架脱离拱圈后，才将拱架拆除。当卸架设备架设于拱脚时（一般为砂筒），为防止拱架与墩台顶阻碍下降，应在拱脚三角垫与墩台之间设置木楔，如图 7.73 所示。卸落拱架时，先松动木模，再逐次对称地泄砂落架。拼装式钢桁架拱架可利用拱圈体进行拱架的分节拆除，拆除后的拱架节段可用缆索吊车吊移。拼装式钢桁架的拆除如图 7.74 所示。

扣件式钢管拱架没有卸落设备，卸架时，只需用扳革拧紧扣件，取走拱架杆件即可。可以由点到面多处操作。

斜拉式贝雷平梁拱架的卸落，应视平梁上拱架的型式而定，一般可采取满布式的卸架程序和方法，同时应考虑相邻孔拱架卸落的影响。

### 7.3.1.3　拱上建筑浇筑

拱上建筑施工，应对称均衡地进行。施工中浇筑的程序和混凝土数量应符合设计要求。

在拱上建筑施工过程中，应对拱圈的内力和变形及墩台的位移进行观测和控制。

在这里介绍一下上承式拱桥拱上建筑的浇筑。

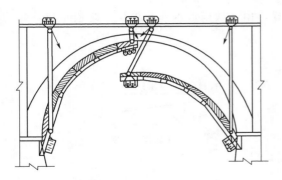

图 7.72　工字梁活用钢拱架的卸落

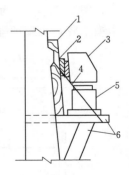

图 7.73　钢桁架拱架拱脚处卸落设备

1—垫木；2—木楔；3—混凝土三角垫；

4—斜拉杆；5—泄砂筒；6—支架

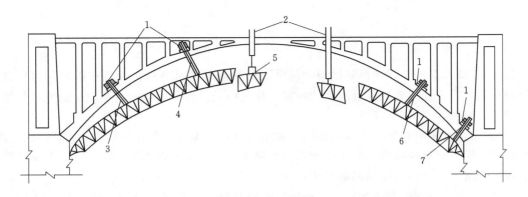

图 7.74　拼装式钢桁架的拆除

1—砂包；2—缆索吊车；3—1 号吊索；4—2 号吊索；5—方木；6—3 号吊索；7—4 号吊索

主拱圈拱背以上的结构物称为拱上建筑，它主要有横墙座、横墙、横墙帽或立柱座、立柱、盖梁、腹拱圈或梁（板）、侧墙、拱上结构伸缩缝及变形缝、护拱、拱上防水层、拱腔填料、泄水管、桥面铺装、栏杆系等。

1. 伸缩缝及变形缝的施工

伸缩缝缝宽 1.5～2cm，要求笔直，两侧对应贯通。现浇混凝土侧墙，须预先安设塑料泡沫板，将侧墙与墩台分开，缝内采用锯末沥青，按 1∶1（质量比）配合制成填料填塞。

变形缝不留缝宽，设缝处现浇混凝土时用油毛毡隔断，以适应主拱圈变形。

当护拱、缘石、人行道、栏杆和混凝土桥面跨越伸缩缝或变形缝时，在相应位置要设置贯通桥面的伸缩缝或变形缝（栏杆挟手一端做成活动的）。

2. 拱上防水设施

（1）拱圈混凝土自防水。采用优良品质的粗、细集料和优质粉煤灰或硅灰制作高耐久性的混凝土，同时严格控制施工工艺。

（2）拱背防水层。小跨径拱桥可采用石灰土防水层。对于具有腹拱的拱腔防水可采用砂浆或小石子混凝土防水层。大型拱桥及冰冻地区的砖石拱桥一般设沥青毡防水层，其做法常为三油两毡或二油一毡。

当防水层经过拱上结构物伸缩缝或变形缝时，要做特殊处理。一般采用 U 形防水土工布过缝，或橡胶止水带过缝。泄水管处的防水层，要紧贴泄水管漏斗之下铺设，防止漏水。在拱腔填料填充前，要在防水层上填筑一层砂性细粒土，以保证防水层完好。

3. 拱圈排水处理

拱桥的台后要设排水设施，集中于盲沟或暗沟排出路基外。拱桥的桥面纵向、横向均设坡度，以利顺畅排水，桥面两侧与护轮带交接处隔 15～20m 设泄水管。拱桥除桥面和台后应设排水设施外，对渗入到拱腹内的水应通过防水层汇积于预埋在拱腹内的泄水管排出。泄水管可采用混凝土管、陶管或 PVC 管。泄水管内径一般为 6～10cm，严寒地区须适当增大，但不宜大于 15cm。宜尽量避免采用长管和弯管。泄水管进口处周围防水层应做积水坡度，并用大块碎石做成倒滤层，以防堵塞。

4. 拱背填充

拱背填充应采用透水性强和安息角较大的材料，一般可用天然砂砾、片石、碎石夹砂混合料以及矿渣等材料。填充时应按拱上建筑的顺序和时间，对称而均匀地分层填充并碾压密实，但须防止损坏防水层、排水管和变形缝。

### 7.3.2 拱桥的悬臂浇筑施工

国外在拱桥就地浇筑施工中，多采用悬臂浇筑法。以下介绍塔架斜拉索法和斜吊式悬浇法两种施工方法。

1. 塔架、斜拉索及挂篮浇筑拱圈

这是国外采用最早、最多的大跨径钢筋混凝土拱桥无支架施工的方法。这种方法的要点是：在拱脚墩、台处安装临时钢塔架或钢筋混凝圈塔架，用斜拉索（或斜拉粗钢筋）将拱圈（或拱肋）用挂篮浇筑一段系吊一段，从拱脚开始，逐段向拱顶悬臂浇筑，直至拱顶合龙。塔架的高度和受力应按拱的跨径、矢跨比等确定。斜拉索可用预应力钢筋或钢束，其面积及长度由所系吊的段段长度和位置确定。用设在已浇完的拱段上的悬臂挂篮逐段悬臂浇筑拱圈（或拱肋）混凝土，整个拱圈混凝土的浇筑工作应从两拱脚开始，对称地进行，最后在拱顶合龙。塔架斜拉索法一般多采用悬臂施工，也可用悬拼法施工，但后者用得较少。塔架、斜拉索及挂篮浇筑拱圈的施工工序示意图如图 7.75 所示。

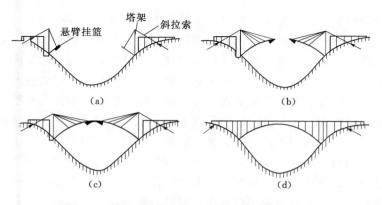

图 7.75 塔架、斜拉索及挂篮浇筑拱圈的施工工序

2. 斜吊式悬臂浇筑拱圈

它是借助于专用挂篮，结合适用斜吊钢筋将拱圈、拱上立柱和预应力混凝土桥面板等齐

头并进地、边浇筑边构成桁架的悬臂浇筑方法。施工时，用预应力钢筋临时作为桁架的斜吊杆和桥面板的临时拉杆，将桁架锚固在后面的桥台（或桥墩）上。此过程中作用于斜吊杆的力是通过布置在桥面板上的临时拉杆传至岸边的地锚上（也可利用岸边桥墩作地锚）的。用这种方法修建大跨径拱桥时，个别的施工误差对整体工程质量的影响很大，对施工测量、材料规格和强度及混凝土的浇筑等必须进行严格检查和控制。施土技术管理方面需要重视的问题有：斜吊钢筋的拉力控制，斜吊钢筋的锚固和地锚地基反力的控制，预拱度的控制，混凝土应力的控制等几项。其主要架设步骤是：拱肋除第一段用斜吊支架现浇混凝土外，其余各段均用挂篮现浇施工。斜吊杆可以用钢丝束或预应力粗钢筋，架设过程中作用在斜吊杆的力是通过布置在桥面板上的临时拉杆传至岸边的地锚上，也可利用岸边桥墩作地锚，如图7.76所示。

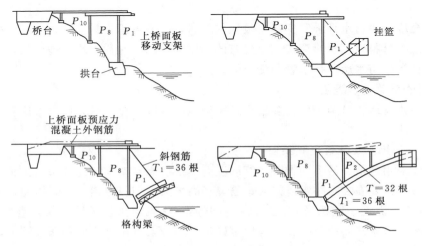

图 7.76 斜吊式现浇法的施工工序

# 学习情境 7.4 装配式拱桥施工

梁桥上部的轻型化、装配化大大加快了梁桥的施工速度。要提高拱桥的竞争能力。拱桥也必须向轻型化和装配化的方向发展。从双曲拱桥及以后发展至桁架拱桥、刚架拱桥、箱形拱桥、桁式组合拱桥、钢管混凝土拱桥，均沿着这一方向发展。混凝土装配式拱桥主要包括双曲拱、肋拱、组合箱形拱、悬砌拱、桁架拱、钢管拱、刚架拱和扁壳拱等。

在无支架施工或脱架施工的各个阶段，对拱圈（或拱肋）截面强度和稳定性均有一定要求。但实际施工过程中拱圈（或拱肋）的强度和稳定安全度常低于成桥后的安全度，因此，对拱圈（或拱肋）必须在预制、吊运、搁置、安装、合龙、裸拱卸架及施工加载等各个阶段进行强度和稳定性的验算，以确保桥梁安全和工程质量。对于在吊运、安装过程中的验算，应根据施工机械设备、操作熟练程度和可能发生的撞击等情况，考虑 1.2~1.5 的冲击系数。

在拱圈（或肋）及拱上建筑施工过程中，应经常对拱圈（或拱肋）进行挠度观测，以控制拱轴线的线形。

目前在大跨径拱桥中，较多采用箱形截面拱，因此本节将着重介绍箱形截面拱桥的装配式施工。

为叙述方便，下面均以拱肋进行介绍，如无特殊说明，同样适合于板拱。本节以缆索吊装施工为例来介绍拱桥的装配式施工。

**1. 缆索吊装的应用**

在峡谷水深流急的河段上，或在通航的河段上，缆索吊装由于具有跨越能力大，水平和垂直运输机动灵活，适应性广，施工比较稳妥方便等优点，成为拱桥施工中适用最为广泛的方案。

采用缆索吊机吊装拱肋时，为使在起重索的偏角不超过 15°的限度内减少主索横向移动次数，可采用两组主索或加高主索塔架高度的方法施工。

在采用缆索吊装的拱桥上，为了充分发挥缆索的作用，拱上建筑也可以采用预制装配施工。缆索吊装对加快桥梁施工速度、降低桥梁造价等方面起到很大作用。缆索吊装布置如图7.77 所示。

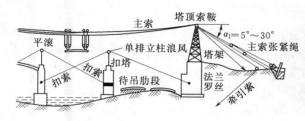

图 7.77 缆索吊装布置

**2. 构件的预制、运输与堆放**

（1）预制方法。

1）拱肋构件坐标放样。装配式混凝土拱桥，拱肋坐标放样与有支架施工拱肋坐标放样相同。

2）拱肋立式预制。采用立式浇筑方法预制拱肋，具有起吊方便、节省木材的优点。底模采用土牛拱胎密排浇筑时，能减少预制场地，是预制拱肋最常用的方法，尤其适用于大跨径拱桥。

a. 土牛拱胎立式预制。该法施工方便，适用性较强。填筑土牛拱胎时，应分层夯实，表面土中宜掺入适量石灰，并加以拍实，然后用栏板套出圆滑的弧线（图 7.78）。为便于固定侧模，拱胎表层宜按适当距离埋入横木，也可用粗钢筋或钢管固定侧模。

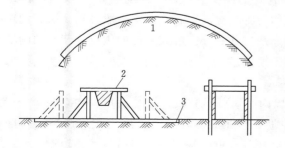

图 7.78 土牛拱胎预制拱肋
1—土牛拱胎；2—凹形拱肋扶手；3—横木

b. 木架立式预制。当取土及填土不方便时，可采用木支架进行装模和预制，但拆除支架时须注意拱肋的强度和受力状态，防止拱肋发生裂纹。

c. 条石台座立式预制。条石台座由数个条石支墩、底模支架和底模等组成（图7.79）。

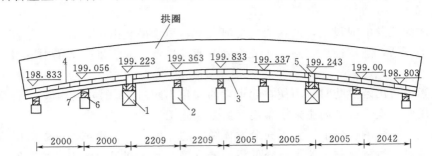

图7.79　条石支墩布置图（高程单位：m，单尺单位：mm）

1—滑道支墩；2—条石支墩；3—底模支架；4—底模；5—船形滑板；6—木楔；7—混凝土帽梁

3）拱肋卧式预制。卧式预制，拱肋的形状和尺寸较易控制，特别是空心拱肋，浇筑混凝土时操作方便，且节省木材，但起吊时容易损坏。卧式预制一般有下列几种方法：

a. 木模卧式预制［图7.80（a）］。预制拱肋数量较多时，宜采用木模。浇筑截面为L形或倒T形时（双曲拱拱肋），拱肋的缺口部分可用黏土砖或其他材料垫砌。

b. 土模卧式预制［图7.80（b）］。在平整好的土地上，根据放样尺寸，挖出与拱肋尺寸大小相同的土槽，然后将土槽壁仔细抹平、拍实，铺上油毛毡或铺筑一层砂浆，便可浇筑拱肋。虽然此法节省材料，但土槽开挖较费工且容易损坏，尺寸也不如木模精确，仅适用于预制少量的中小跨拱桥。

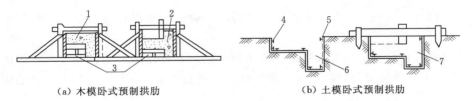

（a）木模卧式预制拱肋　　　　　　　　　　（b）土模卧式预制拱肋

图7.80　拱肋卧式预制

1、6—边肋；2、7—中肋；3—砖砌垫块；4—圆钉；5—油毛毡

c. 卧式叠浇。采用卧式预制的拱肋混凝土强度达到设计强度的30%以后，在其上安装侧模，浇筑下一片拱肋，如此连续浇筑称为卧式叠浇。卧式叠浇一般可达5层。浇筑时每层拱肋接触面用油毛毡、塑料布或其他隔离剂将其隔开。卧式叠浇的优点是节省预制场地和模板，但先期预制的拱肋不能取出，影响工期。

（2）拱肋分段与接头。

1）拱肋的分段。拱肋跨径在30m以内时，可不分段或仅分两段；在30~80m范围时，可分3段；大于80m时一般分5段。拱肋分段吊装时，理论上接头宜选择在拱肋自重弯矩最小的位置及其附近，但一般为等分，这样各段重力基本相同，吊装设备较省。

2）拱肋的接头型式。

a. 对接。为方便预制，简化构造，拱肋分两段吊装时多采用对接型式，如图7.81（a）、（b）所示。吊装时先使中段拱肋定位，再将边段拱肋向中段拱肋靠拢，以防中段拱肋搁置在边段拱肋上，增加扣索拉力及中段拱肋搁置弯矩。

对接接头在连接处为全截面通缝，要求接头的连接材料强度高，一般采用螺栓或电焊钢板等。

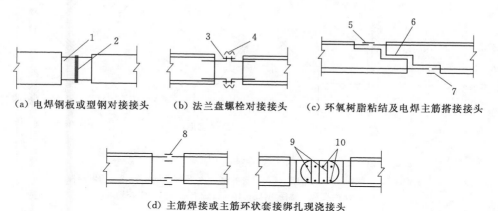

图 7.81 拱肋接头型式

1—预埋钢板或型钢；2—电焊缝；3—螺栓；4、5、7—电焊；6—环氧树脂；
8—主筋对接和绑焊；9—箍筋；10—横向插销

b. 搭接。分 3 段吊装的拱肋，因接头处在自重弯矩较小的部位，一般宜采用搭接型式，如图 7.81（c）所示。拱肋吊装时，采用边段拱肋与中段拱肋逐渐靠拢的合龙工艺，拱肋通过搭接混凝土接触面的抗压来传递轴向力而快速成拱。然而中段拱肋部分质量搁置在边段拱肋上，扣索拉力和中段肋自重弯矩较大，设计扣索时必须考虑这种影响。分 5 段安装的拱肋，边段与次边段拱肋的接头也可采用搭接型式。

搭接接头受力较好，但构造复杂，预制也较困难，须用样板校对、修凿，确保拱肋安装质量。

c. 现浇接头。用简易排架施工的拱肋，可采用主筋焊接或主筋环状套接的现浇接头，如图 7.81（d）所示。

3）接头连接方法及要求。用于拱肋接头的连接材料，有电焊型钢、钢板（或型钢）螺栓、电焊拱肋钢筋、环氧树脂水泥胶等。

接头处的混凝土强度等级应比拱肋混凝土强度等级高一级。对连接钢筋、钢板（或型钢）的截面要求，应按计算确定。钢筋的焊缝长度，应满足《公路钢筋混凝土及预应力混凝土桥涵设计规范》（JTG D62—2004）的有关规定。

（3）拱座。拱肋与墩台的连接称为拱座。拱座主要有几种型式（图 7.82），其中插入式及方形拱座因其构造简单、钢材用量少、嵌固性能好而采用较为普遍。

（4）拱肋起吊、运输及堆放。

1）拱肋脱模、运输、起吊时间的确定。装配式拱桥构件在脱模、移运、堆放、吊装时，混凝土的强度不应低于设计所要求的吊装强度；若无设计要求，一般不得低于设计强度的75%。为加快施工进度，可掺入适量早强剂。在低温环境下，可用蒸汽养护。

2）场内起吊。拱肋移运起吊时的吊点位置应按设计图上的设计位置施行，如图上无要求应结合拱肋的形状、拱肋截面内的钢筋布置以及吊运、搁置过程中的受力情况综合考虑确

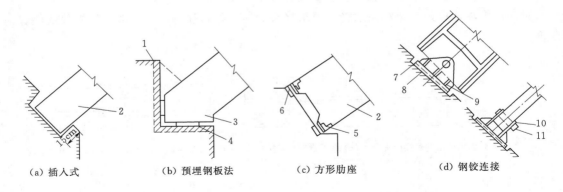

（a）插入式　　　　　（b）预埋钢板法　　　　（c）方形肋座　　　　（d）钢铰连接

图 7.82　拱座型式

1—预留槽；2—拱肋；3—肋座；4—铸铁垫板；5—预埋角钢；6、8—预埋钢板；
7—铰座底板；9—加劲钢板；10—铰轴支承；11—钢铰轴

定，以保证移运过程中的稳定安全。

大跨径拱桥拱肋构件的脱模起吊一般采用龙门架，小跨径拱桥拱肋及小型构件可采用三角扒杆、马凳、吊车等机具进行。

3）场内运输（包括纵横移）。场内运输可采用龙门架、胶轮平板挂车、汽车平板车、轨道平车或船只等机具进行。

4）构件堆放。拱肋堆放时应尽可能卧放，特别是矢跨比小的构件（拱肋、拱块）。卧放时应垫 3 个垫点，垫木位置应在拱肋中央及离两端 $0.15L$ 处，3 个垫点应同高度。如必须立放时，应搁放在符合拱肋曲度的弧形支架上，如无此种支架，则应垫搁 3 个支点，其位置在中央及距两端 $0.2L$ 处，各支点高度应符合拱肋曲度，以免拱肋折断。

堆放构件的场地应平整夯实，不致积水。当因场地有限而采用堆垛时，应设置垫木。堆放高度按构件强度、地面承载力、垫木强度以及堆放的稳定性而定，一般以 2 层为宜，不应超过 3 层。

构件应按吊运及安装次序顺序堆放，并留适当通道，防止吊运难度加大。

3. 吊装程序

根据拱桥的吊装特点，其一般吊装程序为：边段拱肋吊装及悬挂，次边段拱肋吊装及悬挂（对于五段吊装）；中段拱肋吊装及拱肋合龙；拱上构件的吊装或砌筑安装等。

全桥拱肋的安装可按下列原则进行：

（1）单孔桥吊装拱肋顺序常由拱肋合龙的横向稳定方案决定；多孔桥吊装应尽可能在每孔合龙几片拱肋后再推进，一般不少于两片拱肋。对于肋拱桥，在吊装拱肋时应尽早安装横系梁，为加强拱肋的稳定性，需设横向临时连接系，加快施工进度。但合龙的拱肋片数所产生的单向推力应不超过桥墩的承受能力。

（2）对于高墩，应以桥墩的墩顶位移值控制单向推力，位移值应小于 $L/600 \sim L/400$。

（3）设有制动墩的桥跨，可以以制动墩为界分孔吊装，先合龙的拱肋可提前进行拱肋接头、横系梁及拱波等的安装工作。

（4）采用缆索吊装时，为减少主索的横向移动次数，可将每个主索位置下的拱肋全部吊装完毕后再移动主索。一般将起吊拱肋的桥孔安排在最后吊装，必要时该孔最后几段拱肋可在两肋之间用"穿孔"方法起吊。

（5）为减少扣索往返拖拉次数，可按吊装推进方向，顺序地进行吊装。缆索吊装施工工序为：在预制场预制拱肋（箱）和拱上结构→将预制拱肋和拱上结构通过平车等运输设备移运到缆索吊装位置→将分段预制的拱肋吊运至安装位置→利用扣索对分段拱肋进行临时固定→吊装合龙段拱肋→对各段拱肋进行轴线调整→主拱圈合龙→拱上结构安装。

4. 吊装准备工作

（1）预制构件质量检查。预制构件起吊安装前必须进行质量检查，不符合质量标准和设计要求的不准使用，有缺陷的应预先予以修补。

拱肋接头和端头应用样板校验，突出部分应予以凿除，凹陷部分应用环氧树脂砂浆抹平。接头混凝土接触面应凿毛，钢筋应除锈；螺栓孔应用样板套孔，如不合适应适当扩孔。拱肋接头及端头应标出中线。

应仔细检测拱肋上下弦长，如与设计不符者，应将长度大的弧长凿短。拱肋在安装后如发生接合面张口现象，可在拱座和接头处垫塞钢板。

（2）墩台拱座尺寸检查。墩台拱座混凝土面要修平，水平顶面高程应略低于设计值，预留孔长度应不小于计算值，拱座后端面应与水平顶面相垂直，并与桥墩中线平行。在拱座面上应标出拱肋安装位置的台口线及中线，用红外线测距仪或钢尺（装拉力计）复核跨径，每个拱座在肋宽范围内左右均应至少丈量两次。用装有拉力计的钢尺丈量时，丈量结果要进行温度和拉力的修正。

（3）跨径与拱肋的误差调整。每段拱肋预制时拱背弧长宜小于设计弧长 0.5～10cm，使拱肋合龙时接合面保留上缘张口，便于嵌塞钢片，调整拱轴线。通过丈量和计算所得的拱肋长度和墩台之间净跨的施工误差，可以在拱座处垫铸铁板来调整（图 7.83）。背垫板的厚度一般比计算值增加 1～12cm，以缩短跨径。合龙后，应再次复核接头高程以修正计算中一些未考虑的因素和丈量误差。

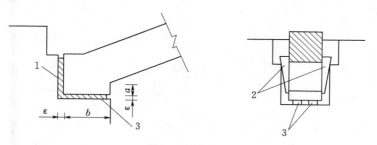

图 7.83 拱肋施工误差的调整
1—背调整垫板；2—左、右木模；3—底调整垫板

5. 缆索设备的检查与试吊

缆索吊装设备在使用前必须进行试拉和试吊。

（1）地锚试拉。一般每一类地锚取一个进行试拉。缆风索的土质地锚要求位移小，因此在有条件时宜全部试拉，使其预先完成一部分位移。可利用地锚相互试拉，受拉值一般为设计荷载的 1.3～1.5 倍。

（2）扣索对拉。扣索是悬挂拱肋的主要设备；因此必须通过试拉来确保其可靠性。可将两岸的扣索用卸甲连在一起，将收紧索收紧进行对拉，这样可全面检查扣索、扣索收紧索、扣索地锚和动力装置等是否达到了要求。

（3）主索系统试吊。主索系统试吊一般分跑车空载反复运转、静载试吊和吊重运行3步骤。必须待每一步骤检查、观测工作完成并无异常现象后，方可进行下一步骤。试吊重物可以利用钢筋混凝土预制构件、钢轨和钢梁等，一般按设计吊重的60％、100％、130％，分几次进行。

试吊后应综合各种观测数据和检查情况，对设备的技术状况进行分析和鉴定，然后提出改进措施，确定能否进行正式吊装。

6. 拱肋缆索起吊

拱肋由预制场运到主索下后，一般用起重索直接起吊。当不能直接起吊时，可采用下列方法进行。

（1）翻身。卧式预制拱肋在吊装前，需要"翻身"成立式，常用就地翻身和空中翻身两种方法。

1）就地翻身［图7.84（a）］。先用枕木垛将平卧拱肋架至一定高度，使其在翻身后两端头不致碰到地面，然后用一根短千斤顶将拱肋吊点与吊钩相连，边起重拱肋边翻身直立。

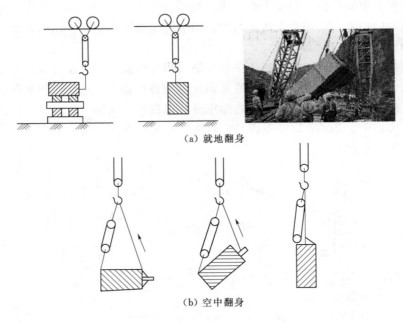

（a）就地翻身

（b）空中翻身

图7.84　拱肋翻身

2）空中翻身［图7.84（b）］。在拱肋的吊点处用一根串有手链滑车的短千斤顶，穿过拱肋吊环，将拱肋兜住，挂在主索吊钩上，然后收紧起重索起吊拱肋，当拱肋起吊至一定高度时，缓慢放松手链滑车，使拱肋翻身为立式。

（2）掉头。为方便拱肋预制，边段拱肋有时采用同一方向预制，这样部分拱肋在安装时，掉头方法常因设备不同而不同。

1）在河中起吊时，可利用装载拱肋的船进行掉头。

2）在平坦场地采用胶轮平车运输时，可将跑车与平车配合起吊将拱肋掉头。

3）用一跑车吊钩将拱肋吊离地面约 50cm，再用人工拉动麻绳使拱肋旋转 180°掉头放下，当一个跑车承载力不够时，可在两个跑车下另加一钢扁担起吊，旋转掉头。

（3）吊鱼（图 7.85）。当拱肋从塔架下面通过后，在塔架前起吊而塔架前场地不足时，可先用一个跑车吊起一个吊点并向前牵出一段距离后，再用另一个跑车吊起第二个吊点。

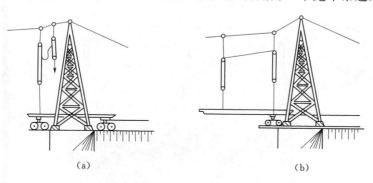

图 7.85 吊鱼

（4）穿孔（图 7.86）。拱肋在桥孔中起吊时，最后几段拱肋常需在该孔已合龙的拱肋之间穿过，俗称穿孔。

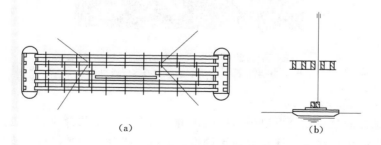

图 7.86 穿孔

穿孔前应将穿孔范围内的拱肋横夹木暂时拆除，在拱肋两端另加稳定缆风索。穿孔时应防止碰撞已合龙的拱肋，故主索宜布置在两拱肋中间。

（5）横移起吊。当主索布置在对中拱肋位置，不宜采用穿孔工艺起吊时，可以用横移索帮助拱肋横移起吊。

7.缆索吊装边段拱肋悬挂方法

在拱肋无支架施工中，边段拱肋及次边段拱肋均用扣索悬挂。按支撑的结构物的位置和扣索本身的特点分为：天扣、塔扣、通扣、墩扣等类型，可根据具体情况选用，也可混合使用。边段拱肋悬挂方法如图 7.87 所示。

图中 1 号扣索锚固在桥墩上，简称墩扣；2 号扣索是用另一组主索跑车将拱肋悬挂在天线上，简称天扣；3 号扣索支承在主索塔架上，简称塔扣；4 号扣索一直贯通到两岸地锚前收紧，简称通扣。

扣索一般都设置有一对收紧滑轮组。在不同的悬挂方法中，收紧滑轮组的位置也各不相同。在墩扣和天扣中，其设置在拱肋扣点前，在"通扣"中则设置在地锚前。塔扣中如用粗钢丝绳做扣索，为方便施工，收紧滑轮组设在两岸地锚前；如为单孔桥和扣索为细钢丝绳时，则收紧滑轮组设在塔架和拱肋扣点之间。在横桥方向按扣索和主索的相互位置不同，可以有几种不同的悬挂就位方法。

在墩扣和通扣中，扣索和主索不在同一高度上，可采用正扣正就位和正扣歪就位方法施工。在塔扣和天扣中，由于扣索和主索均布置在塔架上，因此都采用正扣歪就位的方法。

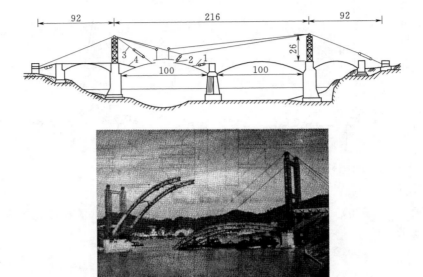

图 7.87　边段拱肋悬挂方法（单位：m）
1—墩扣；2—天扣；3—塔扣；4—通扣

**8. 拱肋缆索吊装合龙方式**

边段拱肋悬挂固定后，就可以吊运中段拱脚进行合龙。拱肋合龙后，通过接头、拱座的连接处理，使拱肋由铰接状态逐步成为无铰拱，因次，拱助合龙是拱桥无支架吊装中一项关键工作。拱肋合龙的方式比较多，主要根据拱肋自身的纵向与横向稳定性、跨位大小、分段多少、地形和机具设备条件等不同情况，选用不同的合龙方法。

（1）单基肋合龙。拱肋整根预制吊装或分两段预制吊装的中小跨径拱桥，当拱肋跨径大于 0.009～0.012L（L 为跨径），拱肋底面宽度为肋高的 0.6～1.0 倍，且横向稳定系数不小于 4 时，可以进行单基肋合龙，嵌紧拱脚后，松索成拱［图 7.88（a）］。这时其横向稳定性主要依靠拱肋接头附近所设的缆风索加强，因此缆风索必须十分可靠。

单基肋合龙的最大优点是所需要的扣索设备少，相互干扰也少，因此也可用在扣索设备不足的多孔桥跨中。

（2）悬挂多段拱脚段或次拱脚段拱肋后单基肋合龙。拱肋分 3 段或 5 段预制吊装的大、中跨径拱桥，当拱肋高度不小于跨径的 1/100 且其单肋合龙横向稳定安全系数不小于 4 时，可采用悬扣边段或次边段拱肋，用木夹板临时连接两拱肋后，设置稳定缆风索，单根拱肋合龙，成为基肋。待第 2 根拱肋合龙后，立即安装两肋拱顶段及次边段的横夹木，并拉好第 2 根拱肋的风缆。如横系梁采用预制安装，应将横系梁逐根安上，使两肋及早形成稳定、牢固的基肋。其余拱肋的安装，可依靠与"基肋"的横向连接达到稳定，如图 7.88（b）、（c）所示。

（3）双基肋同时合龙。当拱肋跨径不小于 80m，或虽小于 80m 但单肋合龙横向稳定安全系数小于 4 时，应采用"双基肋"合龙的方法。即当第 1 根拱肋合龙并调整轴线，楔紧拱脚及接头缝后，松索压紧接头缝，但不卸掉扣索和起重索，然后将第 2 根拱肋合龙，并使两根拱肋横向连接固定。拉好风缆后，再同时松卸两根拱肋的扣索和起重索，这种方法需要两组主索设备。

（4）留索单肋合龙。在采用两组主索设备吊装而扣索和卷扬机设备不足时，可以先用单肋合龙方式吊装一片拱肋合龙。待合龙的拱肋松索成拱后，将第 1 组主索设备中的牵引索、起重索用卡子固定，抽出卷扬机和扣索移到第 2 组主索中使用。等第 2 片拱肋合龙并将两片拱肋用木夹板横向连接、固定后，再松起重索并将扣索移到第 1 组主索中使用。

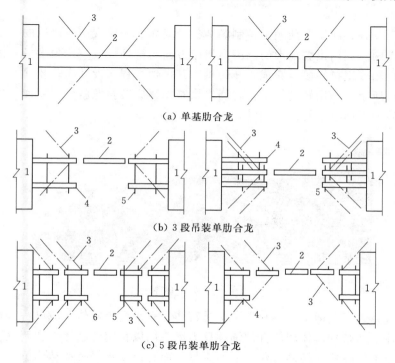

（a）单基肋合龙

（b）3 段吊装单肋合龙

（c）5 段吊装单肋合龙

图 7.88　拱肋合龙示意图

1—墩台；2—基肋；3—风缆；4—拱脚段；5—横夹木；6—次拱脚段

9. 拱上构件吊装

主拱圈以上的结构部分均称为拱上构件。拱上构件的砌筑同样应按规定的施工程序对称均衡地进行，以免产生过大的拱圈应力。为了能充分发挥缆索吊装设备的作用，可将拱上构件中的立柱、盖梁、行车道板、腹拱圈等做成预制构件，用缆索吊装施工，以加快施工进度。

# 学习情境 7.5　其他类型拱桥施工要点

## 7.5.1　拱桥转体施工要点

转体施工法一般适用于单孔或三孔拱桥的施工。其基本原理是：将拱圈或整个上部结构分为两个半跨，分别在河流两岸利用地形或简单支架现浇或预制装配半拱，然后利用一些机具设备和动力装置将其两个半跨拱体转动至桥轴线位置（或设计高程）合龙成拱。采用转体法施工拱桥的特点是：结构合理，受力明确，节省施工用材，减少安装架设工序，变复杂的、技术性强的水上高空作业为岸边陆上作业，施工速度快，不但施工安全、质量可靠，而且在通航河道或车辆频繁的跨线立交桥的施工中可不干扰交通，不间断通航，减少对环境的损害，减少施工费用和机具设备，是具有良好的技术经济效益和社会效益的桥梁施工方法之一。近年来由于钢管混凝土拱桥在国内快速发展，为钢管混凝土拱桥转体法施工创造了有利条件。转体的方法可以采用平面转体、竖向转体或平竖结合转体，目前已应用在拱桥、梁桥、斜拉桥、斜腿刚架桥等不同桥型上部结构的施工中。

1. 平面转体

本法适用于深谷、河岸较陡峭、预制场地狭窄或无法采用现浇或吊装的施工现场。在桥墩台的上、下游两侧利用山坡地形的拱脚向河岸方向与桥轴线成一定角度搭设拱架，在拱架上现浇拱（肋）箱或组拼箱段以完成 1/2 跨拱，其拱顶高程与设计高程相同（应设置预留高度），如图 7.89 所示。利用转动体系，将两岸拱箱相继旋转合龙就位，要使得拱箱平衡稳定旋转就位，拱箱的平衡是平转法的关键。

图 7.89　平面转体

平面转体可分为有平衡重转体和无平衡重转体。有平衡重转体一般以桥台背墙作为平衡重，并作为桥体上部结构转体用拉杆的锚碇反力墙，用以稳定转动体系和调整重心位置。为此，平衡重部分不仅在桥体转动时作为平衡重量，而且也要承受桥梁转体重量的锚固力。无平衡重转体不需要有一个作为平衡重的结构，而是以两岸山体岩土锚洞作为锚碇来锚固半跨桥梁悬臂状态时产生的拉力，并在立柱上端做转轴，下端设转盘，通过转动体系进行平面转体。主要适用于刚构梁式桥、斜拉桥、钢筋混凝土拱桥及钢管拱桥。

2. 竖向转体

本法适用于桥址地势平坦、桥孔下无水或水浅的情况，在一孔中的两端桥墩、台从拱座开始顺桥向各搭设半孔拱架（或土拱胎），在其上现浇或组拼拱箱（肋或钢管肋），利用敷设在两岸桥台（或墩）上的扣索（扣索一端系在拱顶端，另一端通过桥台或墩顶进入卷扬机），先收紧一端扣索，拱箱（肋）即以拱座铰为中心，竖直旋转，使拱顶达设计高程，同法收紧另一端扣索，合龙，如图 7.90 所示。

根据河道情况、桥位地形和自然环境等方面的条件和要求，竖向转体施工有以下两种方式：

（1）竖直向上预制半拱，然后向下转动成拱。其特点是施工占地少，预制可采用滑模施工，工期短，造价低。需注意的是在预制过程中应尽量保持半拱轴线垂直，以减小新浇混凝土重力对尚未凝结混凝土产生的弯矩，并在浇筑一定高度后加设水平拉杆，以避免因拱形曲率影响而产生较大的弯矩和变形。

（2）在桥面以下俯卧预制半拱，然后向上转动成拱。主要适用于转体重量不大的拱桥或某些桥梁预制部件（塔、斜腿、劲性骨架）。

3. 平竖结合转体

由于受到河岸地形条件的限制，拱桥采

图 7.90 竖向转体

用转体施工时，可能遇到既不能按设计高程处预制半拱，也不可能在桥位竖平面内预制半拱的情况（如在平原区的中承式拱桥）。此时，拱体只能在适当位置预制后既需平转又需竖转才能就位。这种平竖结合转体基本方法与前述相似，但其转轴构造较为复杂。当地形施工条件适合时，混凝土肋拱、刚架拱、钢管混凝土可选用此法施工。

### 7.5.2 钢管混凝土拱桥施工要点

#### 7.5.2.1 中承、下承式钢管混凝土拱桥施工要点

中承、下承式钢管混凝土拱桥的施工顺序如图 7.91 所示。

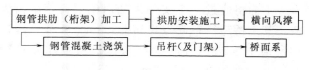

图 7.91 中承、下承式拱桥施工顺序

其中钢管拱肋（桁架）安装和钢管内混凝土灌注是施工关键。

1. 钢管拱肋（桁架）的安装

（1）钢管拱肋（桁架）的安装采用少支架或无支架缆索吊装、转体施工或斜拉扣索悬拼等方法施工；钢管拱肋成拱过程中，应同时安装横向连接系，未安装连接系的不得多于一个拱肋节段，否则应采取临时横向稳定措施。

（2）节段间环焊缝的施焊应对称进行，施焊前需保证节段间有可靠的临时连接并用定位板控制焊缝间隙，不得采用堆焊。合龙口的焊接或拴接作业应选择在结构温度相对稳定的时间内尽快完成。

（3）采用斜拉扣索悬拼法施工时，扣索与钢管拱肋的连接件应进行计算。扣索根据扣拉力计算采用多根钢绞线或高强钢丝束，安全系数应大于 2。

2. 钢管混凝土浇筑

（1）管内混凝土应采用泵送顶升压注施工，由两拱脚至拱顶对称地压注完成。除拱顶外不宜在其余部位设置横隔板。

（2）钢管混凝土应具有低泡、大流动性、收缩补偿、延后初凝和早强的工作性能。

（3）钢管混凝土压注前应清洗管内污物，润湿管壁，泵入适当水泥浆后再压注混凝直到钢管顶端排气孔排出合格的混凝土时停止，完成后应关闭设于压注口的倒流截止管内混凝土的压注应连续进行，不得中断。

（4）为保证混凝土泵送施工的顺利进行，对大跨径钢管混凝土拱桥，需按实际泵送距离和高度进行模拟混凝土压注试验。

（5）钢管混凝土的泵送顺序应按设计要求进行，宜采用先钢管后腹箱的程序。

#### 7.5.2.2　劲性骨架钢管混凝土拱桥施工要点

劲性骨架钢管混凝土拱桥的拱肋结构一般设计成箱形截面的型式。它是以钢管混凝土为骨架，又将钢管混凝土骨架当作浇筑混凝土的钢支架，直接在它的外面包上一定厚度的混凝土，从而提高截面的承受能力，同时又省掉了施工中的卸架工序。因此，钢管拱本身的安装和向钢管中压注混凝土的方法及要求与上述的钢管混凝土拱肋完全相同。

在浇筑外包混凝土的过程中特别要注意准确地设置预拱度。拱肋的箱形结构是分层浇筑的，其先浇筑部分将参加承载，在施工的第 $i$ 次加载时，承载结构便是第 $(i-1)$ 次加载之后的组合结构，而荷载是正在浇筑的混凝土与承载结构自重之和，这样，承载结构的刚度和荷载是不断地在变化着的；因此在设置预拱度时，也应按照施工中拱圈各浇筑阶段的拱轴线下沉量分别计算，然后再与二期恒载作用下的下沉量以及成桥后的徐变收缩引起的下沉量相叠加，并计入一定的经验系数后作为应设置的预拱度值。

施工前应对混凝土浇筑各个阶段、钢管混凝土劲性骨架及分环浇筑的拱圈面外稳定进行详细分析，要有提高结构稳定安全的措施。

### 7.5.3　梁拱组合体系桥施工要点

1. 柔性系杆刚性拱的施工

由于柔性系杆只能承受拉力而不能承受弯矩，故该体系桥梁多采用就地浇筑或预制装配施工法。

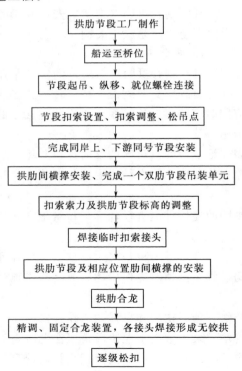

图 7.92　茅草街大桥拱肋吊装施工工艺流程图

下面将通过一个实例来加以阐明：茅草街大桥，其主桥跨径布置为 80m＋368m＋80m 三跨连续自锚中承式钢管混凝土系杆拱桥，计算跨径 356.0m，计算矢高 71.2m，矢跨比 1/5，拱轴系数 $m=1.543$，每个拱由 4 根 1000mm×20mm 的 Q345qc 钢管组成。该桥施工关键在拱肋吊装和系杆施工。

该桥拱肋吊装施工工艺流程如图 7.92 所示，缆索吊施工过程流程如图 7.93 所示，系杆与边拱施工工艺流程如图 7.94 所示。

2. 刚性系杆柔性拱的施工

由于该体系中的系杆一般为具有抵抗拉力或弯矩的主梁结构，故系杆的施工方法完全可以按照梁桥的施工方法进行，即就地浇筑法或预制安装法等，然后，在梁上采用搭架或者合适的机械吊装方法进行拱肋及吊杆的施工。下面介绍益阳康富路跨线桥，该桥是一座无横撑空间组合拱，主要承重结构为跨径 120m 下承式钢管混凝土系杆拱桥，其横断面如图 7.95 所示。

每侧拱肋分别与相应的单箱梁相连接，肋与肋之间无横撑，通过稳定拱来平衡。该桥采用少支架施工法，拱肋采用吊机就位，其成桥工艺如图 7.96 所示。

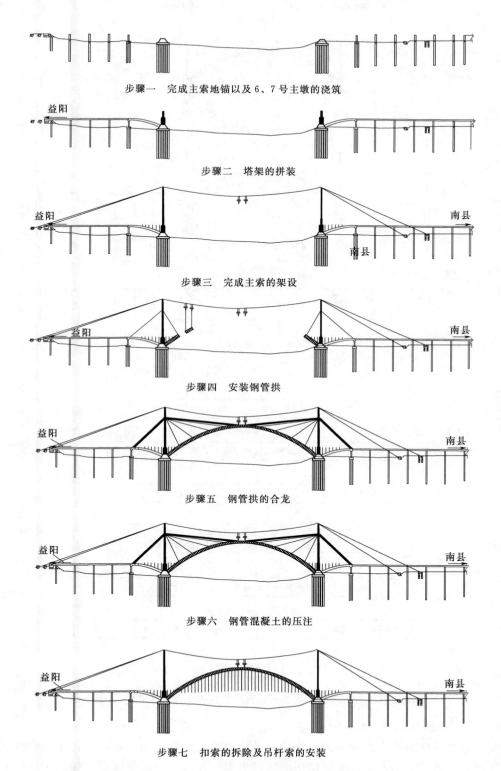

步骤一    完成主索地锚以及 6、7 号主墩的浇筑

步骤二    塔架的拼装

步骤三    完成主索的架设

步骤四    安装钢管拱

步骤五    钢管拱的合龙

步骤六    钢管混凝土的压注

步骤七    扣索的拆除及吊杆索的安装

图 7.93（一）    茅草街大桥缆索吊装施工过程示意图

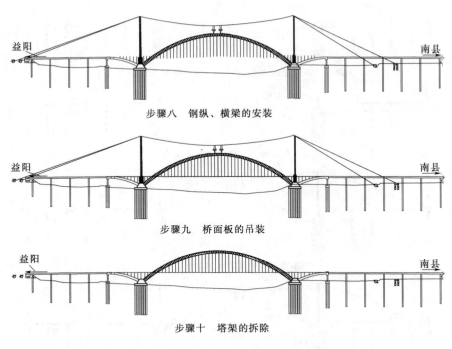

步骤八　钢纵、横梁的安装

步骤九　桥面板的吊装

步骤十　塔架的拆除

图 7.93（二）　茅草街大桥缆索吊装施工过程示意图

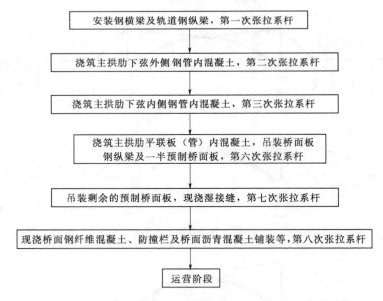

图 7.94　茅草街大桥系杆与边拱施工过程示意图

3. 刚性系杆刚性拱的施工

由于刚性系杆刚性拱的刚度大，拱肋和系杆均能承受轴力和弯矩，故在施工中可以采用刚性系杆柔性拱的施工方法，即可以用满堂脚手架，又可以采用整体拼装和整体顶推就位的方法，选择施工方案的余地较大，施工时的吊装和稳定性也易保证，这里不再重复。

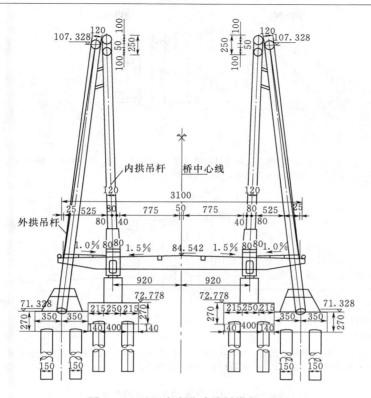

图 7.95 益阳康富路跨线桥横断面图

阶段一：1.引桥下部墩台施工；2.完成主桥下部基桩、承台及下部墩台施工。

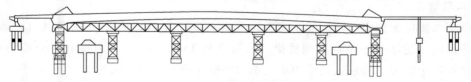

阶段二：3.铺设引桥桥面板；4.搭设主桥桥面、纵梁、横梁施工支架；5.现浇端横梁、主纵梁、中横梁；6.第一次张拉主纵梁部分预应力钢束；7.第一次张拉端横梁部分预应力钢束。

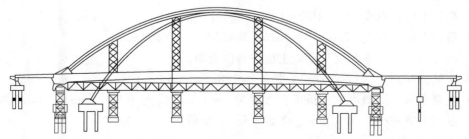

阶段三：8.分段吊装内、外拱空钢管；9.泵送管内混凝土，形成钢管拱；10.第二次张拉主纵梁部分预应力钢束。

图 7.96（一） 益阳康复南路跨线桥成桥工艺图

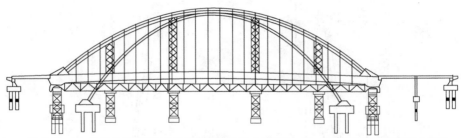

阶段四：11.安装吊杆，第一次调整吊杆索力形成吊杆拱；12.第三次张拉横梁预应力钢束；
13.第三次张拉主纵梁预应力钢束；14.现浇桥面板。

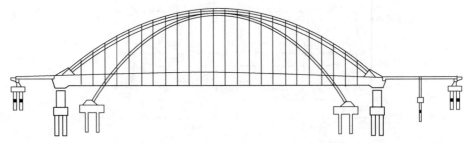

阶段五：15.拆除大跨度支墩；16.第二次调整吊杆索力；17.施工桥面铺装及安装防撞护栏；
18.第三次调整吊杆索力；19.安装栏杆及照明设施等。

图7.96（二）　益阳康复南路跨线桥成桥工艺图

# 学习情境7.6　拱　桥　实　例

### 7.6.1　湖南益阳茅草街大桥

1. 工程概况

茅草街大桥位于湖南益阳沅江茅草街轮渡口，是省道1831线跨越淞澧洪道、藕池河西支、南茅运河及沱江的一座特大型桥梁，桥梁全长11.216km，其中桥梁部分长7.009km。跨淞澧洪道的主桥为三跨连续自锚中承式钢管混凝土系杆拱桥。大桥于2000年10月动工建设，2006年12月26日建成通车。

2. 主要技术指标

（1）荷载等级：汽车-20，挂车-100。

（2）桥面宽度：净宽15.0m＋2×0.5m防撞护栏，全宽16.0m。

（3）地震烈度：基本烈度Ⅵ度，主桥按Ⅶ度设防。

（4）通航标准：Ⅳ（1）级航道，通航净空8m×60m。

（5）桥型布置：淞澧洪道主桥桥型布置为4×45m（简支T梁）80m＋368m＋80m（中承式钢管混凝土系杆拱）、6×45m（简支T梁），全桥长982.96m。

3. 设计要点

（1）结构体系。根据通航设计的要求，大桥主桥型采用80m＋368m＋80m的三跨连续自锚中承式钢管混凝土系杆拱桥（又称飞鸟式拱桥）。大桥主、边跨拱脚均固结于拱座，边跨曲梁与边墩之间设置轴向活动盆式支座,在两边跨端部之间设置钢绞线系杆,通过张拉系杆由边拱肋平衡主拱拱肋所产生的水平推力,如图7.97所示。

(2)主拱设计。茅草街大桥的主拱采用中承式悬链线无铰拱,拱轴系数 $m=1.543$,矢跨比 $f/L=1/5$,主跨计算跨径 $L=356\text{m}$,计算矢高 $f=71.2\text{m}$。主拱拱肋采用桁式断面(图7.98),每根拱肋由4根 $\phi100\text{cm}$ 钢管组成,钢管内填C50混凝土,形成钢管混凝土组合桁式截面。截面高度由拱脚的8m高变化至拱顶的4m高,肋宽7.2m。其中弦杆钢管外径为1000mm,壁厚20~28mm,腹杆钢管外径为550mm,壁厚10~12mm。

钢管拱节段采用缆索吊拼装,全桥共设4套主索吊装系统。吊装索塔安置于扣塔顶部,与扣塔铰接。吊塔高30m,每柱截面 $2\text{m}\times4\text{m}$,纵向宽4m,横向宽28m(塔顶);扣塔高100m,截面 $6\text{m}\times8\text{m}$;吊扣塔总高为130m,投入钢材约4000t。拱肋钢管桁架顺桥向半跨分为11个节段,中间一个合龙段;横桥向分为上、下游两肋;全桥两条拱肋分为46个节段。拱肋肋间由K形和米字形撑相连,全桥横撑共计14道,吊装时为单肋单节段吊安,因此全桥共计60个吊装节段,最大节段吊装重量为70t。

(3)边拱设计。边跨拱轴线也采用悬链线,即上承式双肋悬链线半拱,拱轴系数 $m=1.543$,矢跨比 $f/L=1/5$,计算跨径 $L=148\text{m}$,计算矢高 $f=17.412\text{m}$。每肋由高4.5m、宽7.45m的C50钢筋混凝土箱梁组成,两肋间设有一组K字和一组米字钢管桁架式横撑,它们与边拱端部固结的预应力混凝土端横梁一起,组成一个稳定的空间梁系结构。为了便于传递水平力,将主拱拱肋、边拱拱肋的轴线置于同一直线上,且拱肋宽度相等。

(4)吊杆。吊杆采用PES7-73型聚乙烯高强低松弛预应力镀锌钢丝束,其抗拉标准强度 $R_y^b=1670\text{MPa}$,松弛值1000h应力损失小于2.5%。钢丝束呈正六边形,外涂防锈脂,缠绕纤维增强聚酯带,然后直接热挤高密度HDPE护套,配OVM-LZM(K)7-73型冷铸墩头锚。

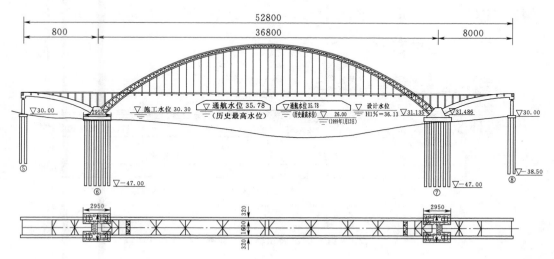

图7.97 茅草街大桥主桥总体布置图(单位:cm)

(5)系杆。茅草街大桥系杆采用OVMXGT15-31型钢绞线拉索体系,其抗拉标准强度 $R_y^b=1670\text{MPa}$,张拉控制应力 $[\sigma]=0.47R_y^b$,张拉控制力为3794kN。在全部施工过程中每索只需张拉一次,成桥后再集中调整一次索力。为保护系杆,在31股钢丝束外包纤维增强

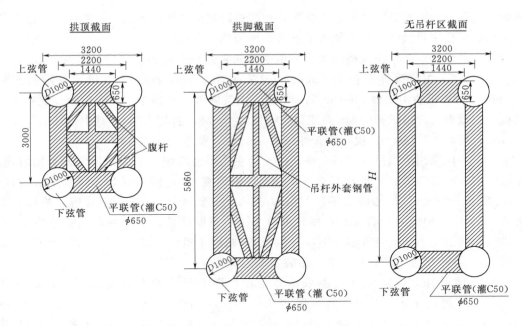

图 7.98 茅草街大桥主拱断面图（单位：mm）

聚酯带及两层 HDPE 护套。为了能快捷施工、方便换索、可靠运营，设计带有简易滑动轴承的系杆支承架。

（6）桥面构造。桥面板由预制 Ⅱ 形 C50 钢筋混凝土板和现浇桥面铺装层构成，如图 7.99 所示。板厚 12cm。肋高 18cm，肋宽 15～20cm，翼板厚 6cm，边板宽 185cm，中板宽 210cm。预制板间纵向接缝宽 30cm、横向接缝宽 50cm，接缝混凝土采用 C40 补偿收缩混凝土。桥面铺装厚 13cm，其中钢纤维混凝土厚 8cm，沥青混凝土桥面铺装厚 4cm。

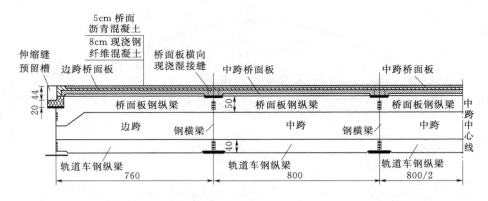

图 7.99 茅草街大桥桥面板纵向布置图（单位：cm）

桥面结构由钢横梁、钢纵梁、桥面板组成，桥面荷载直接由钢纵梁、桥面板与钢横梁组成的联合梁承担。荷载由联合梁再传递给吊杆，最后传递给拱肋。纵、横钢梁均采用热轧工字形钢，全桥共设置了 3 组钢纵梁及两道钢梁检查车的轨道车钢纵梁。这样，钢横梁、钢纵梁、桥面板组成了长约 528m、宽约 16m 的连续板梁结构。

### 7.6.2 重庆万县长江大桥

我国于 1997 年建成的重庆万县长江大桥，该桥结构体系为上承式劲性骨架混凝土拱桥，主孔跨径 420m，如图 7.100 所示。

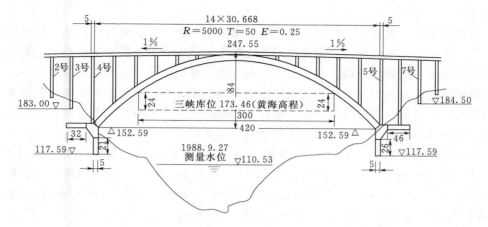

图 7.100 万县长江大桥桥孔布置图（尺寸单位：m）

**1. 主要技术指标**

（1）荷载等级：汽车-超 20，挂车-120，人群 7.5kN/m²。

（2）桥宽：净 2m×7.5m 行车道＋2×7.0m 人行道，总宽 24m。

（3）地震烈度：基本烈度Ⅵ度，按Ⅶ度验算。

（4）通航等级：在三峡水库正常蓄水位 175m 以上通航净空为 24×300m，双向可通行三峡库区规划的万吨级驳船队。

（5）桥孔布置：自南向北为 5×30.668m＋420m＋8×30.668m，全长 856.12m。

**2. 主拱构造（图 7.101）**

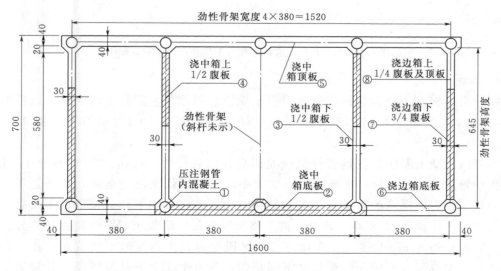

图 7.101 万县长江大桥拱圈截面型式及形成布置（单位：cm）

主桥为劲性骨架钢筋混凝土拱桥，净跨 420m，拱圈宽 16m，高 7m，净矢高 84m，矢跨比 1/5，横向为单箱三室（图 7.101 中带圆圈的数字为施工顺序）。

主拱圈拱轴系数经优化设计，并考虑到拱顶截面应有稍大的潜力，以满足施工阶段及后期徐变应力增量的受力需要，最后选定为 $m=1.6$。

3. 劲性骨架构造

钢骨拱桁架由上弦杆、下弦杆、斜腹杆等组成。上弦杆和下弦杆根据材料的不同，可以采用型钢，也可以采用钢管。当钢管内填充混凝土后即成为钢管混凝土拱桁架。钢管混凝土桁架具有刚度大、用钢量省的特点。上弦杆和下弦杆是钢管拱桁架的主要受力构件，其截面尺寸应根据受力大小确定。竖杆和斜腹杆可以采用钢筋、钢管混凝土或型钢。钢管或钢管混凝土刚度大，但需要浇筑管内混凝土，给施工带来困难；采用型钢，节点容易处理，可以省去向腹杆内浇筑混凝土的工序，而且混凝土的包裹效果好。

该桥劲性骨架采用 5 个桁片组成，间距 7.8m，每个桁片上下弦为 $D420\times16$ 无缝钢管，腹杆与连接系杆为 $4\phi75\times75\times10$ 角钢组合杆件，骨架沿拱轴分为 36 节桁段，每个节段长约 13m、高 6.8m、宽 15.6m。每个桁段横向由 5 个桁片组成，间距 7.8m，每个节段质量约 60t。节段间采用法兰盘螺拴接。因此，在拼装过程中，高空除拴接外不再焊接，如图 7.102 所示。

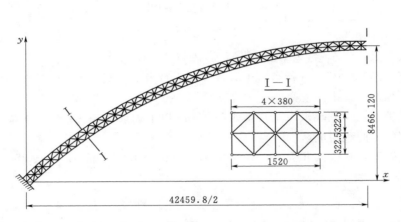

图 7.102 万县长江大桥劲性骨架构造图（单位：cm）

4. 混凝土浇筑

劲性骨架混凝土浇筑包括钢管内混凝土灌注和拱箱外包混凝土的浇筑。该桥劲性骨架混凝土的施工顺序如图 7.103 所示，也可参考如图 7.101 所示的主拱圈截面形成步骤。

钢管内混凝土灌注是在钢管骨架合龙以后开始进行的，待达到 70% 的设计强度后，再按先中箱后边箱及底板—腹板—顶板的顺序，分 7 环依次浇完全箱，两环之间设一个等待龄期，使先期浇筑的混凝土能参与结构受力，共同承担下环新浇混凝土重力。在纵向采用"六工作面法"，对称、均衡、同步浇筑纵向每环混凝土，即将每拱环等分为 6 个区段，每段长约 80m，以 6 个工作面在各个区段的起点上连续向前浇筑混凝土，直至完成全环。整个浇筑过程中，骨架挠度下降均匀，基本上无上下反复现象，骨架上下弦杆及混凝土断面始终处于受压状态，应力变化均匀，使拱圈在施工过程中的强度、稳定性得到保证。

主 拱 圈 施 工 顺 序

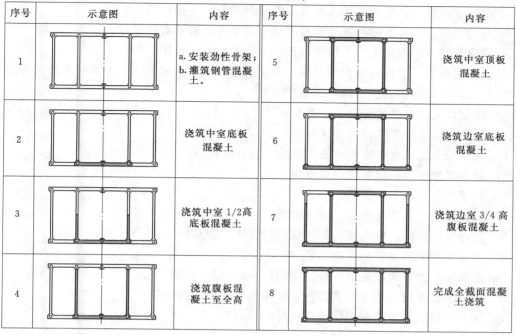

| 序号 | 示意图 | 内容 | 序号 | 示意图 | 内容 |
|---|---|---|---|---|---|
| 1 | | a.安装劲性骨架；b.灌筑钢管混凝土。 | 5 | | 浇筑中室顶板混凝土 |
| 2 | | 浇筑中室底板混凝土 | 6 | | 浇筑边室底板混凝土 |
| 3 | | 浇筑中室1/2高底板混凝土 | 7 | | 浇筑边室3/4高腹板混凝土 |
| 4 | | 浇筑腹板混凝土至全高 | 8 | | 完成全截面混凝土浇筑 |

图 7.103 主拱圈施工顺序图

## 任 务 小 结

（1）拱桥是我国公路上使用广泛且历史悠久的一种桥梁结构型式。拱桥与梁桥不仅外形上不同，而且在受力性能上有着本质的区别。拱桥以受压为主。

（2）拱桥由桥跨结构（上部结构）及下部结构两大部分组成。桥跨结构是由主拱圈及拱上建筑所组成，下部结构由桥墩、桥台及基础等组成。

（3）拱桥的型式多种多样，构造各有差异，可以按照不同的方式来进行分类。最主要的有按照结构体系和主拱圈的截面型式两种分类方法。

（4）拱桥的设计包括：平、纵和横断面设计；确定拱桥标高；不等跨连续拱桥的处理等。拱桥的构造包括：拱桥体系、结构类型和拱轴线的选择。

（5）拱桥常见的施工方法主要分为：就地浇筑施工和装配拼装施工。就地浇筑施工可分为：有支架和悬臂浇筑施工两大类。装配式拱桥施工常采用缆索吊装法。对于一些其他类型的拱桥施工时，还可采用转体施工、钢管混凝土拱桥施工等。

## 学 习 任 务 测 试

1. 确定拱桥设计标高有 4 个，分为：_____、_____、_____、_____。
2. 设计中选择拱轴线的原则是_____。
3. 梁桥以受_____与_____为主，拱桥以受_____为主。

4. 选择拱轴线的原则就是要尽可能地降低荷载产生的弯矩值。（　　）

5. 试述拱桥静力体系分为哪几种类型？解释其每一类型的特性？

6. 双曲拱桥主拱圈有哪几部分构造组成？各部分构造都有何作用？

7. 简要叙述石拱桥施工中主拱圈的砌筑方法及其适用范围？

8. 拱桥安装时，主拱圈的预加拱度的确定应考虑哪些因素？施工中如何考虑这些因素？

9. 简要叙述预制拼装拱肋的转体施工方法？

10. 按截面型式分拱桥有哪些类型？

11. 无推力组合体系拱桥有哪几种？

12. 现场浇筑法主要有哪两种施工方法，各有何特点？

13. 何谓拱架的预拱度？如何设置预拱度？

14. 拱架一般卸架程序如何？

15. 缆索吊装设备主要由哪些部分组成？

16. 论述平面转体、竖向转体和平竖结合转体的特点。

17. 简述钢管混凝土拱桥的基本特点？

18. 试简述劲性骨架混凝土拱桥主拱肋的构造及其施工过程。

19. 拱桥中设置铰的情况有哪几种？常用的铰的型式有哪些？

20. 箱型拱桥、钢管混凝土拱桥各有哪些特点？

# 学习任务8  斜拉桥与悬索桥施工技术

**学习目标**

　　本任务主要介绍了斜拉桥组成与构造及施工方法，悬索桥的组成与构造，悬索桥的施工方法。通过本任务学习学生能够掌握斜拉桥和悬索桥的组成与构造，了解斜拉桥及悬索桥的基本施工方法。

## 学习情境8.1　斜拉桥组成与构造

　　斜拉桥是一个有索、梁、塔3种基本构件组成的结构，是一种组合受力体系桥梁，其桥面体系受压，支承体系受拉。斜拉桥桥面体系用加劲梁构成，支承体系由钢索组成，属于组合体系，其主要组成部分为主梁、斜拉索和索塔。可以看到，从索塔上用若干斜拉索将梁吊起，使主梁在跨内增加了若干弹性支点，从而大大减小了梁内弯矩，使梁高降低并减轻重量，提高了梁的跨越能力。

　　斜拉桥并不是一种新的设想，早期的藤索承重桥梁就是斜拉桥的前身，17世纪开始出现斜拉桥的构想，但由于当时桥梁结构和力学知识的缺乏，以及斜拉索材料强度的不足，导致桥梁坍塌事故时有发生，在此后的300多年中斜拉桥没有得到很大发展。

　　第二次世界大战后，在欧洲的重建岁月中，为了寻求既经济又建造便捷的桥型，斜拉桥重新被重视起来。由于近代桥梁力学理论、计算机技术、高强度材料、施工技术的长足进步，人们认识到这种桥型一定跨度范围内有很大的优越性。

　　世界第一座混凝土斜拉桥为1962年在委内瑞拉建成的马拉开波桥，跨径组合为160m＋5×235＋160m（图8.1）。目前，世界上主跨最大的钢斜拉桥是2008年建成的跨1088m的苏通长江大桥（图8.2），跨度最大的混凝土斜拉桥是1991年在挪威建成的主跨530m的斯卡恩圣特桥（图8.3）。

图8.1　马拉开波桥

图8.2　苏通长江大桥

　　我国从20世纪70年代开始修建斜拉桥，经过20多年的发展，全国修建了60多座斜拉桥，大多数为混凝土斜拉桥。目前，我国最大主跨的钢斜拉桥是 2005 年建成的主跨 648m 的南京长江第三大桥（图 8.4），最大混凝土斜拉桥是 2000 年建成的跨径 500m 的荆沙长江大桥，最大结合梁斜拉桥是 2000 年建成的福州青州闽江大桥，主跨 605m。

图 8.3　斯卡恩圣特桥

图 8.4　南京长江第三大桥

斜拉桥主要有以下特点：

（1）斜拉桥是组合体系桥，结构轻巧，适用性强，可以将梁、索、塔组合变化成不同体系，适用于不同地质和地形情况。

（2）主梁增加了中间的斜拉索支撑，弯矩显著减小（图 8.5），与其他体系的大跨径桥梁相比较，其钢材和混凝土的用量均比较节省。

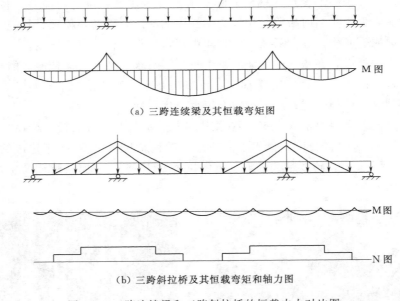

（a）三跨连续梁及其恒载弯矩图

（b）三跨斜拉桥及其恒载弯矩和轴力图

图 8.5　三跨连续梁和三跨斜拉桥的恒载内力对比图

（3）借斜拉索的预拉力可以调整主梁的内力，使之分布均匀合理，获得较好的经济效果，并能将主梁做成等截面梁，便于制造和安装。

（4）斜索的水平分力相当于对主梁施加的预压力，提高了梁的抗裂性能（特别是混凝土梁），并充分发挥了高强材料的性能。

（5）建筑高度小，受桥下净空和桥面高程的限制少，并能降低引道填土高度。

(6) 与悬索桥相比较，斜拉桥竖向刚度及抗扭刚度均较强，抗风稳定性要好得多，用钢量较少，钢索的锚固装置也较简单。

(7) 斜拉桥是自锚体系，不需要昂贵的锚碇构造。

(8) 便于采用悬臂法施工和架设，但施工控制复杂，调索工序技术要求严格，梁、索、塔的连接结构复杂。

(9) 由于是多次超静定结构，设计计算复杂。

# 学习情境8.2　斜拉桥施工技术

## 8.2.1　索塔施工

塔柱是塔索的主要构件，塔柱之间没有横梁或其他连接构件，如图8.6所示。塔顶横梁及竖直塔柱之间的中间横梁是非承重横梁，只承受自身重力引起的内力。设有主梁支座的受弯横梁，竖塔柱斜塔柱相交点处的压杆横梁及反向斜塔柱相交点处的拉杆横梁是承重梁，除承受自身重力作用外，还承受其他轴向力和弯矩。在设计横梁时务必要区分对待。所有的塔柱、横梁作为索塔面内的组成构件共同参与抵抗风力、地震力及偏心荷载。

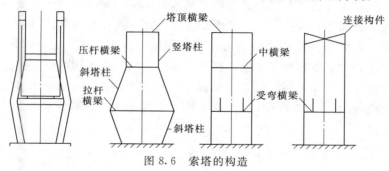

图8.6　索塔的构造

### 8.2.1.1　索塔施工顺序

混凝土斜拉桥可先施工墩、塔，然后施工主梁和安装拉索，也可索塔、拉索及主梁3者同时并进。典型的塔墩固结混凝土索塔的施工可按照如图8.7所示的施工顺序进行。

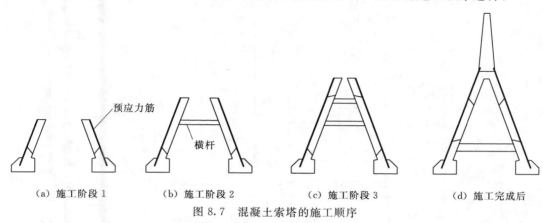

（a）施工阶段1　　　（b）施工阶段2　　　（c）施工阶段3　　　（d）施工完成后

图8.7　混凝土索塔的施工顺序

### 8.2.1.2　塔柱的施工

塔柱混凝土施工一般采用就地浇筑，模板和脚手平台的做法常用支架法、滑模法、爬模法或大型模板构件法等。

为保证塔柱混凝土的浇筑达到一定的精度，必须控制模板的变形，特别是当塔柱为倾斜的内倾或外倾布置时，应考虑每隔一定高度在塔柱内设受压支架（塔柱内倾）或受拉拉条（塔柱外侧），以保证斜塔柱的受力、变形和稳定性。另外，应保证斜拉索锚固定预埋件位置的精度，特别在高空作业条件下，施工有一定的难度，为此，可将锚固各斜拉索用的预埋件，事先在地面或工厂内组装成一个整体的骨架，然后整体吊装预埋，这样可确保斜拉索锚固位置的精度。施工中除了应保证各部位的几何尺寸正确之外，还应进行索塔局部测量系统的控制，并与全桥总体测量系统接轨，以便根据实际施工情况及时进行调整，避免误差累计过大。

### 8.2.1.3　桥梁的施工

一般横梁采用支架法就地浇筑混凝土，但在高空中进行大跨径、大断面、高等级预应力混凝土的施工，难度较大。

### 8.2.1.4　起重设备的选择

索塔施工属于高空作业，工作面狭小，其施工工期影响着全桥总工期，在制订索塔施工方案时，起重设备的选择与布置，是索塔施工的关键。应视索塔的结构型式、规模、桥位地形等条件而定。其起重设备必须满足索塔施工的垂直运输、起吊荷载、吊装高度、起吊范围的要求，其操作安装简单、安全可靠，并需综合考虑经济效益等因素。目前一般采用塔吊辅以人货两用电梯的施工方法。索塔铅直时，可采用爬升式起重机，在规模不大的直塔结构中，也可采用万能杆件或贝雷桁架等通用杆件配备卷扬机，或采用满堂支架配备卷扬机等起重方法。为方便施工，所需材料、设备、模板等的起重控制吨位，宜采用附着式自生塔吊，起重力可达 100kN 以上，起重高度可达 100m 以上，图 8.8 为一附着式自升塔吊的结构图。

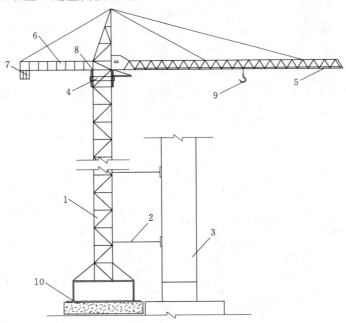

图 8.8　附着式自升塔吊的结构

1—塔吊塔身；2—塔吊附着；3—斜拉桥塔柱；4—吊架；5—起重臂；
6—平衡臂；7—配重；8—旋转机构；9—吊架；10—塔吊基座

**8.2.1.5　索拉锚固区塔柱的施工**

拉索锚固区的施工，应根据不同的锚固型式来选择合理的方案。国内所建的斜拉桥，索塔多为混凝土塔，拉索在塔顶部的锚固型式主要有：交叉锚固型、钢梁锚固型、箱型锚固型、固定锚固型、铸钢索鞍，分别如图 8.9～图 8.12 所示。固定锚固型与铸钢索鞍两种锚固型式较少使用。

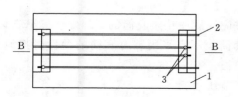

图 8.9　交叉锚固类型

1—塔柱；2—索拉；3—锚具；4—横隔板

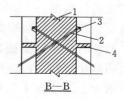
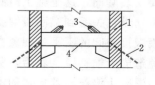

图 8.10　钢梁锚固型

1—塔柱；2—索拉；3—锚具；4—钢横梁

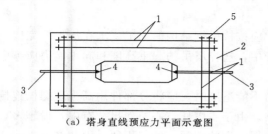

（a）塔身直线预应力平面示意图　　　　（b）塔身环向预应力平面示意图

图 8.11　箱型锚固型

1—直线预应力筋；2—塔体；3—拉索；4—拉索锚具；5—直线预应力锚具；

6—塔身环向预应力筋；7—螺母锚固段；8—锚头混凝土；9—埋置锚固

**1. 交叉锚固型塔柱的施工**

适用范围，交叉锚固型适用于中小跨度的斜拉桥。

施工程序：立劲性骨架→钢筋绑扎→拉索套筒的制作与定位→立模→浇筑混凝土及养护。

立劲性骨架：为便于施工时固定钢筋、拉索锚箱定位及调模之用，一般在索塔锚固段中设有劲性骨架。劲性骨架分现场加工和预制拼装两种施工方式。底节预埋段和变幅段施工因与现场高程有关，常现场加工；其余标准段用预制拼装即可加快进度，又可保证质量。

钢筋绑扎：一般采用场外预制、现场绑扎的

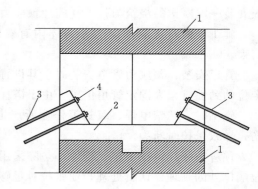

图 8.12　固定锚固型

1—塔柱；2—钢横梁；3—拉索；4—锚具

方式进行，主筋连接分焊接和挤压套筒两种方法，焊接和绑扎应满足《公路桥涵施工技术规范》（JTJ 041—2000）的要求。施工时，首先对钢筋端部的弯折、扭曲作矫正或切割处理，清理其表面杂物，每根钢筋在车间将套筒压接一端，另一端运到塔上现场压接。挤压时，压膜应对准套筒及压痕标记，从套筒中央逐道向端头压接。

拉索套筒的制作与定位：其精确度要求较高，一般预先按设计要求准备锚板和钢管，然后下料，修理角度，将钢管焊接在锚板上。要求钢管与锚板圆孔同心，锚固面与钢管垂直。拉索套筒的定位：包括在套筒上、下口的空间位置，套筒倾斜度和高程等。可采用天顶法或空间坐标法测量。

注：钢筋和套筒的安装并不是截然分开的两个施工步骤，一般情况下，当主筋定位后，就要安装套筒，这是施工时必须要注意的。

立模：关系到锚固段混凝土浇筑质量，装模时应注意使拉索套筒的下口贴合紧密，以消除模板接头间的不平整现象。调模时应注意保护套筒，不宜采用装有套筒的劲性骨架调模，以免造成套筒移位，然后，紧固链接螺杆，固定模板。

混凝土浇筑与养护：同本书 4.3.5 节和 4.3.6 节所述。

2. 拉索钢梁锚固型式的施工

大跨进斜拉桥多采用对称拉索锚固，其方法之一是采用拉索钢梁锚固构造。

施工程序：立劲性骨架→钢筋绑扎→套筒安装→套筒定位→装外侧模→浇筑混凝土→横梁安装。

钢筋梁加工与安装，拉索锚固钢横梁，应按桥梁钢结构的加工要求在加工厂完成，并经严格验收合格后方可出厂。在施工组织设计中，选择塔吊的起重高度和起重能力应考虑钢横梁的要求。

当钢横梁太重时，主塔的垂直起吊能力不能适应时，应将分部件用高强度螺栓连接，现场组拼安装，但需事先在加工厂预拼装合格。由于主塔柱空心断面尺寸有限，设施多，空间紧凑，同时支撑钢横梁的塔壁混凝土牛腿占据一定的空间，安装不便，因此在施工前应仔细研究各细部尺寸及安装方法，并与塔柱施工相协调。

3. 预应力箱形锚固法的施工

施工程序：立劲性骨架→钢筋绑扎→套筒安装→套筒定位→安装预应力管道及钢束→模板安装→混凝土的浇筑与护养→施加预应力→压浆。

施工平面布置的预应力分为体内有黏结预应力束和体外预应力束，一般为体内预应力束。

管道安装：预应力管道安装时，其设置的高程和位置要通过测量定位确定，也可依靠已定位的劲性骨架来固定管道位置。由于塔柱为承压结构，故要切实检查。

施工时，严禁电焊、氧割等作业所产生的焊渣与预应力筋接触，以免造成预应力筋损伤，导致张拉时断裂。

预应力张拉：由于施工场地小，除采用较小的高压油泵和更轻便的千斤顶外，还要对张拉端口处的预埋件认真处理，使张拉有足够的空间位置，以保证机具设备的运用自如，防止施工不便带来的损失，施加预应力时以延伸量和张拉吨位双控。

**8.2.1.6 索塔施工质量要求**

（1）索塔的索道孔及锚箱位置以及锚箱锚固面与水平面的交角均应控制准确，锚板与孔道必须互相垂直，符合设计要求。

（2）分段浇筑时，段与段之间不得有错台，新旧混凝土接缝表面必须凿毛，以便新旧混凝土接合良好。

（3）混凝土强度不得低于设计强度。

（4）塔柱倾斜率不得大于 $H/2500$，且不大于 30mm（$H$ 为桥面上塔高）；轴线允许偏位为 ±10mm；断面尺寸允许偏差为 ±20mm；塔顶高程允许偏差为 ±10mm；斜拉索锚具轴线允许偏差为 ±5mm。

（5）塔柱全部预应力束布置准确，轴线偏位不得大于 10mm，张拉要求双控，以延伸量为主，延伸量误差应控制在 5%～10%，在测定延伸量时，应扣除非弹性因素引起的延伸量。

（6）张拉同一截面的钢丝不得小于 1%。

（7）要求混凝土表面平整、线形顺直。

（8）混凝土蜂窝麻面不该超过该面面积的 0.5%，深度不超过 10mm。

（9）锚箱混凝土不得有蜂窝。

## 8.2.2 主梁施工

### 8.2.2.1 主梁施工方法

斜拉桥主梁的施工方法与梁式桥基本相同，主要有以下 4 种方法：

（1）顶推法施工。顶推法施工时需在跨间设置若干临时支墩，顶推过程中主梁反复承受正、负弯矩。该法较适用于桥下净空较低、修建临时支墩造价不大、支墩不影响桥下交通、抗压和抗拉能力相同及能承受反复弯矩的钢斜拉桥主梁的施工。对混凝土斜拉桥主梁而言，由于拉索水平分力能对主梁提供预应力，如在拉索张拉前顶推主梁，临时支墩间距又超过主梁负担自重弯矩能力时，为满足施工需要，需设置临时预应力束，造价较高。

（2）平转法施工。平转法施工是将上部构造分别在两岸或一岸顺河流方向的矮支架上现浇，并在岸上完成所有的安装工序（落架、张拉、调索），然后以墩、塔为圆心，整体旋转到桥位合龙。平转法适用于桥址地形平坦、墩身矮和结构系适合整体转动的中小跨径斜拉桥。我国四川马尔康地区金川桥是一座跨径为 68m＋37m，采用塔、梁、墩固体体系的钢筋混凝土独塔斜拉桥，塔高 25m，中跨为空心箱梁，边跨是实心箱梁。该桥采用平转法施工。

（3）支架法施工。支架法施工是在支架上现浇、在临时支墩间设托架或劲性骨架现浇、在临时支墩上架设预制梁段等几种施工方法。其优点是施工最简单方便，能确保结构满足设计线形，但又适用于桥下净空低、搭设支架不影响桥下交通的情况。

（4）悬臂法施工。悬臂法施工是可以在支架上修建边跨，然后中跨采用悬臂拼装法和悬臂施工的单悬臂法；也可以是对称平衡方式的双悬臂法。悬臂施工法分为悬臂拼装法和悬臂浇筑法两种。悬臂拼装法，一般是先在塔柱区现浇一段放置起吊设备的起始梁段，然后用各种起吊设备从塔柱两侧依次对称安装节段，使悬臂不断伸长直至合龙。悬臂浇筑法，是从塔柱两侧用挂篮对称逐段就地浇筑混凝土。我国大部分混凝土斜拉桥主梁都采用悬臂浇筑法施工。

### 8.2.2.2 斜拉桥主梁的施工特点

斜拉桥与其他桥梁相比，主梁高跨比很小，梁体十分纤细，抗弯能力差。当采用悬臂施工时，如果采用梁式桥传统的挂篮施工方法，由于挂篮重量大，梁、塔和拉索将由施工内力控制，很不经济，有时还很难过关。所以考虑施工方法，必须充分利用斜拉桥结构本身特点，在施工阶段就充分发挥斜拉索的效用，尽量减轻施工荷载，使结构在施工阶段和运营阶段的受力状态基本一致。

对于单索面斜拉桥，一般都需采用箱形断面。如全断面一次浇筑，为减少浇筑重量，要在一个索距内纵向分块，并需额外配置承受施工荷载的预应力束。所以，一般做法是将横断面适当地分解为 3 个部分，即中箱、边箱和悬臂板。先完成包含主箱梁锚固系统的中箱，张拉斜拉索，形成独立稳定结构，然后以中箱和已浇节段的边箱依托，浇筑两侧边箱，最后用悬挑小挂篮浇筑悬臂板，使整体箱梁按品字形向前推进。

对于双索面斜拉桥，主梁节段在横断面方向分为两个边箱和中间车行道板 3 段，边箱安装就位后就张拉斜拉索，利用预埋于梁体内的小钢箱来传递斜拉索的水平分力，使边箱自重分别由两边拉索承担，从而降低了挂篮承重要求，减轻了挂篮自重，最后安装中间桥面板并现浇纵横接缝混凝土。

### 8.2.2.3　塔梁临时固结

为了保证大桥在整个梁部结构架设安装过程中的稳定、可靠、安全，要求施工安装时采取塔梁临时固结措施，以抵抗安装钢梁桥面板及张拉斜拉索过程中可能出现的不平衡弯矩和水平剪力。

上海杨浦大桥施工中的临时固结装置，主要是将 0 号钢主梁与主塔下横梁刚性固结，使大桥在悬臂拼装施工阶段成为稳定结构。临时固结装置是以直径为 609mm 的钢管组成刚性的空间框架结构。其上与钢主梁底板外伸钢板焊接，下与主塔下横梁上的预埋钢板和钢筋焊接。临时固结装置，按能承受最大抗倾覆弯矩 27MN·m、最大抗不平剪力 10MN 设计。

杨浦大桥的临时固结措施，吸取了南浦大桥的成功经验，而且固结位置更加合理，安装、拆除都很方便。特别是在中孔合龙后，在很短时间内就顺利解除了临时固结，满足了大桥结构体系转换的需要。施工实践证明，该临时固结措施在整个架设过程中稳定可靠，满足了设计要求，达到了预期效果。

### 8.2.2.4　中孔合龙

为保证大桥中孔能顺利合龙，根据以往斜拉桥的成功经验，一般选择自然合龙的方法，如上海杨浦大桥。

自然合龙的方法，需要考虑以下几个方面：

（1）合龙温度的确定：大桥能否在自然状态下顺利合龙，关键是要正确选择合龙温度。该温度的持续时间，应能满足钢梁安装就位及高强螺栓定位所需的时间。

（2）全桥温度变形的控制：由于大桥跨度大，温度变形对中跨合龙段长度的影响相当敏感，因此在整个施工过程中应对温度变形进行监测，特别是对将接近合龙段时的中孔梁端和温度变形更应重点量测，找出温度变形与环境湿度的关系，为确定合龙段钢梁长度提供科学依据。

（3）合龙段钢梁长度的确定：设计合龙段长度原定为 5.5m，在实际施工时再予以修正。其实际长度应为合龙长度湿度下设计长度加减温度变形量。

（4）合龙段的安装：合龙段钢梁的安装是一个抢时间、抢速度的施工过程，必须在有限的时间里完成，因此，在合龙前必须做好一切准备工作。钢梁应预先吊装就位，一旦螺孔位置平齐，即打入冲钉，施拧高强螺栓，确保合龙一次成功。

（5）临时固结的解除：中孔梁一旦合龙，必须马上解除临时固结，否则由于温度变化所产生的结构变形和内力，会使结构难以承受，因此在合龙段钢梁高强螺栓施拧完毕后，立即拆除临时固结。

### 8.2.3 斜拉索的施工

斜拉桥斜拉索的施工技术包括：制索、运索、穿索、张拉及调索等。

斜拉索的锚具常用的有以下 4 种：热铸锚、墩头锚、冷铸墩头和夹片群锚，如图 8.13 所示。

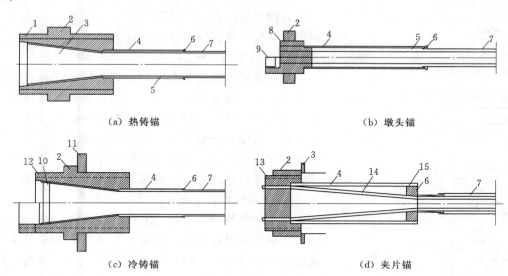

（a）热铸锚　　　　　　　　　　　　　　　　（b）墩头锚

（c）冷铸锚　　　　　　　　　　　　　　　　（d）夹片锚

图 8.13　不同类型锚具

1—锚环；2—螺母；3—热铸合金；4—连接筒；5—密封料；6—密封环；7—塑料护套；8—固定端锚板；
9—长拉端锚板；10—定位板；11—索孔垫板；12—固定端锚板；13—群锚锚板；14—钢绞线；15—约束圈

#### 8.2.3.1　斜拉索的制作

1. 斜拉索的类型

斜拉索的截面型式如图 8.14 所示。

（a）钢筋索　　　（b）钢丝索　　　（c）钢绞线索；　　（d）单股钢绞线　　（e）封闭式钢缆

图 8.14　斜拉索的截面型式

拉索按材料和制作方式的不同可分为：平行钢筋索、平行钢丝索、平行或半平行钢绞线索、单股钢绞缆和封闭钢缆几种。

平行钢筋索：是由若干根直径为 10~16mm 的钢筋组成，其强度不低于 1470MPa，但在大跨度斜拉桥中有接头而影响其抗疲劳强度，故使用较少。

钢丝索：是近年来使用较多的一种拉索。该拉索易于挠曲，便于长途运输，其应用十分广泛。公路桥梁中使用的钢丝索应符合《斜拉桥热挤聚乙烯高强钢丝拉索技术条件》（GB/T 18203—2001）的要求。可采用镀锌或不镀锌的 $\phi$5mm 或 $\phi$7mm 的预应力钢丝，其标准强度不低于 1570MPa。

钢绞线索：由钢绞线组成，通常由 7 根 $\phi$5mm 的钢丝组成公称直径为 15mm 的钢丝股，同时也有 7 根 $\phi$4mm 的钢丝组成公称直径为 12mm 的钢丝股。

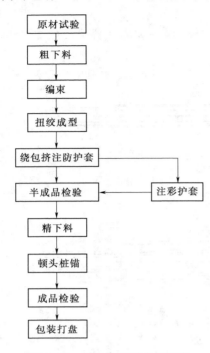

图 8.15　制索主要工艺流程图

$\Delta L_e$——弹性拉伸修正；

$\Delta L_f$——拉索垂度修正；

$\Delta L_{ML}$——张拉端锚具位置修正；

$\Delta L_{MD}$——固定端锚具位置修正。

弹件拉伸量和垂直修正值分别按下式计算：

单股钢绞缆：其材料与钢绞线相似，但逐层钢丝的捻向相反。其柔性好，可盘条运输，但刚度较小。

封闭式钢缆：它是以较细的单股钢绞线为缆芯，逐层纹裹锲形钢丝，当接近外层时，再绞裹 Z 形钢丝。表面密封性好，密度较钢绞提高 20％。

2. 斜拉索制作的工艺流程

制作成品拉索的工艺流程：钢丝经放线托盘放出粗下料→编束→钢束扭绞成型→下料齐头→分段抽验→焊接牵引钩→缠绕包带→热挤 PE 护套→水槽冷却→测量护套厚度及偏差→精下料→端部入锚部分去除 PE 套→锚板穿丝→分丝墩头→冷装铸锚→错头养护固化→出厂检验→包装打盘待运，如图 8.15 所示。

3. 钢索下料长度计算

索长计算的结果是要得出制作拉索的下料长度 $L$。

先确定一根拉索的长度基数 $L_0$，即该拉索上下两个索孔出口处锚板中心的空间距离 $L_0$，对这一基数进行若干修正即可得到下料长度 $L$。

1）对于使用拉锚式锚具的拉索，需要修正的有：

$$\Delta L_e = L_0 \frac{\sigma}{E}$$

$$\Delta L_f = \frac{\omega^2 L_x^2 L_0}{24 T^2}$$

式中　$\sigma$——拉索设计应力；

　　$E$——拉索的弹性模量；

　　$T$——拉索设计索力；

　　$L_0$——拉索长度基数；

　　$L_x$——$L_0$ 的水平投影长；

　　$\omega$——拉索每单位长度重力。

锚具的位置修正量 $\Delta L_{ML}$ 及 $\Delta L_{MD}$ 取决于该型锚具的构造尺寸和锚具的最终设定位置。以冷铸锚具为例，张拉端锚具的最终位置可以设定螺母定位于锚杯的前 1/3 处，固定端可设定锚杯的正中。根据锚具制作厂商提供的锚具构造尺寸，就可推算出索钢丝端头与磁板平面间的距离，要考虑板的厚度 $L_D$，对于墩头锚，每一个墩头需要的钢丝长度为 1.5$d$，$d$ 为钢丝直径，如图 8.16 所示。

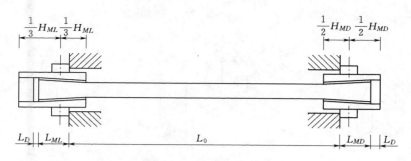

图 8.16 钢丝下料长度计算

最后得拉索下料长度 $L$，即

$$L = L_0 - \Delta L_e + \Delta L_f + \Delta L_{ML} + \Delta L_{MD} + 2L_D + 2d$$

2）对于使用拉丝式锚具的拉索，要加上满足张拉千斤顶工作所需的拉索操作长度 $\Delta L_J$，即

$$L = L_0 - \Delta L_e + \Delta L_f + \Delta L_{ML} + \Delta L_{MD} + 2L_D + \Delta L_J$$

如工厂落料时的温度和桥梁设计中取定标准温度不一致，则在落料时还应加温度修正。如采用应力下料，则要考虑应力下料修正。

拉锚式拉索的长度要求相当严格。通常，对于短索，要求其误差不大于 30mm；对于长索，则不大于索长的 0.03%。对于重要的桥梁，也可以根据具体情况，制定更高的标准。

拉丝是拉索的长度误差要求稍宽，但要按宁长毋短的原则掌握。

对于大跨和特大跨的斜拉桥，拉索的制作宜和挂索协调进行。要时刻注意上一阶段挂索的情况，根据反馈的信息，对下一阶段拉索的长度，做出是否需要调整的决定。

4. 斜拉索的技术要求

钢丝成束后同心左向扭绞，最外层钢丝的扭纹角为 2°～4°，其相应捻距为（40～60）$D$；绕包层右旋，每圈搭接不小于带跨的 1/3。较细的钢索采用单层绕包。对于 211$\phi$7mm 以上规格钢丝索可以采用双层绕包；精下料应在钢丝索展平伸直的状态下用 50m 标准钢尺丈量，精确至毫米。下料切割断面应垂直于钢丝轴线。偏斜不大于 2°；对于每一副冷铸锚还应制备混合填料试件 1 组，试件强度在常温下应达到 147MPa；成品拉索在受荷前必须进行预张拉；在出厂前必须进行抗拉弹性模量试验、静载试验及动载试验。

### 8.2.3.2 斜拉索的布置及索面型式

斜拉索是斜拉桥的主要承重部分，应采用高强钢材做成。斜拉索在空间的布置型式，是斜拉桥很重要的直观形象，主要有下列几种。

1. 单索面

如图 8.17 所示，该索面对主梁不起抗扭作用，锚固在桥面中央，不利于桥面利用，跨径不宜过大，但施工简便，造型美观。

2. 竖向双索面

如图 8.18 所示，该索面对主梁有抗扭作用，安全性高，桥面利用率高，大小跨径都适宜，但施工难度较大。

3. 斜向双索面

如图 8.19 所示，该索面对主梁有抗扭作用，安全性高，桥面利用率高，大小跨径都适宜，但斜索零乱，且施工难度大。

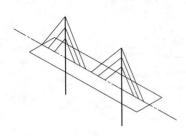

图 8.17　单索

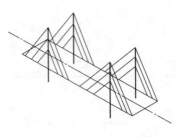

图 8.18　竖向双索面

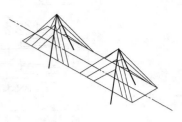

图 8.19　斜向双索面

斜拉索的索面有 3 种基本型式，即辐射形、竖琴形、扇形，除此之外还有星形索面、分叉形索面及混合索面等。

（1）辐射形索面。如图 8.20 所示，倾角大、比较经济，造型美观，省钢材，但斜索集中于塔顶使构造复杂。

（2）竖琴形索面。如图 8.21 所示，斜拉索与塔柱连接点分散，受力均匀，外形简洁美观。应用较广，但造价高，施工工序较多。

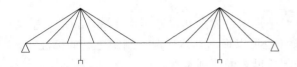

图 8.20　辐射形索面

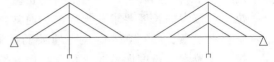

图 8.21　竖琴形索面

（3）扇形索面。如图 8.22 所示，其特点介于上述两者之间，近年来大跨径斜拉桥常用此种型式。

（4）星形索面。如图 8.23 所示，梁上受力集中，倾角小，锚固复杂，采用较少。

（5）分叉形索面。如图 8.24 所示，梁上受力均匀，塔上受力集中，不宜斜拉安装，采用较少。

（6）混合索面。如图 8.25 所示，施工难度较大，多用于特殊环境。

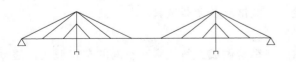

图 8.22　扇形索面

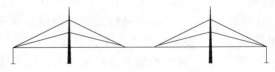

图 8.23　星形索面

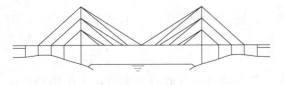

图 8.24　分叉形索面

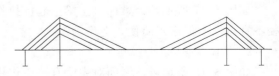

图 8.25　混合索面

### 8.2.3.3　斜拉索的防护

斜拉索是斜拉桥的主要受力构件，其防护质量决定整个桥梁的安全和使用寿命。斜拉桥的拉索全部布置在梁体外部，且处于高应力状态，对锈蚀比较敏感，而锈蚀是斜拉索劣化的起因。锈蚀产生后，将直接影响钢丝的疲劳抗力，因此拉索防护有着十分重要的意义。

1. 按所用材料的不同分类

其防护方法：封闭索防护、塑料罩套防护、套管压浆法、预应力混凝土索套防护及直接挤压护套法。

2. 按设置时间的不同分类

其防护方法有临时防护与永久防护。

（1）临时防护。钢丝或钢绞线从出厂到开始使用防护的一段时间内所需要的防护称为临时防护。其防护时间一般约为1～3年，若在这段时间内，钢丝或钢绞线不做临时防护，则可能在永久防护之前即已锈蚀。

（2）永久防护。

要求：从拉索钢材下料到桥梁建成长期使用期间，应做永久防护。永久防护应满足防锈蚀，耐日光暴晒，耐老化，耐高温，涂层坚韧，材料易得，价格低廉，生产工艺简洁，制作、运输及安装方便，易于更换等要求。

类型：包括内防护与外防护。

内防护是直接防护拉索锈蚀的防护。其所用材料一般有沥青砂、防锈脂、黄油聚乙烯塑料泡沫和水泥浆等。

外防护是保护内防护材料不致流出并对内防护起抗老化作用。一般采用PE套管，如图8.26所示。

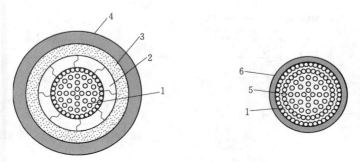

图 8.26 PE套管

1—高强钢丝；2—钢丝缠绕；3—水泥浆；4—PE套管；5—防锈油；6—PE热挤塑套

3. 防护注意事项

在斜拉索运输、存放过程中注意卷盘，展开时应控制其温度，以防止破裂；若PE管在运输及吊运时不慎损伤，应及时修补并加强防腐；在拖索、牵引、锚固、张拉及调整各工序中，应避免碰伤、刮伤斜拉索。

总之，拉索防护绝大多数是在生产制作过程中完成的，与生产材料、工艺以及生产标准、管道等密切相关，故要做好拉索的防护工作，就必须严格控制好生产的各个环节、工序，以确保拉索的质量。

### 8.2.3.4 斜拉索的安装

1. 放索及索的移动

（1）放索。

立式索盘放索：设置一个立式支架，在索盘轴孔内穿上圆轴，徐徐转动索盘将索放出，如图 8.27 所示。

水平转盘放索：对于自身成盘的索，则需设置一个水平转盘，将索放在转盘上，边转动边将索放出，如图 8.28 所示。

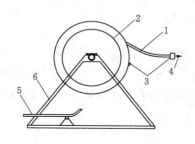

图 8.27　立式索盘放索

1—拉索；2—索盘；3—锚头；4—卷扬机牵引；
5—制动；6—支架

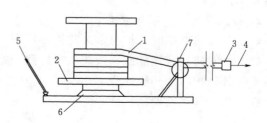

图 8.28　水平转盘放索

1—拉索；2—索盘；3—锚头；4—卷扬机牵引；
5—制动；6—托盘；7—导向滚轮

（2）索的移动。在放索及安索过程中，为了防止在移动过程中损坏拉索的防护层或损伤索股，应采取以下措施。

若盘索是利用驳船运来，放索可将盘索吊到桥面进行，并在梁上放置吊装设备；也可以在船上进行，并在梁端设置转向装置，如图 8.29 所示。

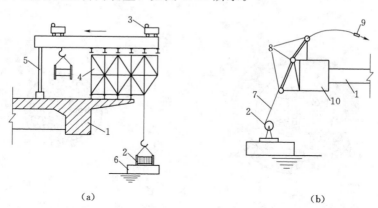

（a）　　　　　　　　　　　　　　　　　　　　　（b）

图 8.29　索盘提升与转向装置

1—主梁；2—索盘；3—起重平车；4—万能杆件导向；5—锚固杆；6—运索船；
7—待安装拉索；8—转向轮；9—锚头；10—挂篮支架

对于现浇梁，其转向装置应设在施工挂篮上，若是拼装结构，则设在主梁上。

滚筒法：在桥面设置一条滚筒带，当索放出后，沿滚筒运动，如图 8.30 所示。

移动平车法：当斜拉索上桥后，每隔一段距离垫一个平车，由平车载索移动，如图 8.31 所示。

导索法：在索塔上部安装一根斜向工作悬索，当斜拉索上桥后，前段拴上牵引索，每隔一段距离设一个吊点，使拉索移动，如图 8.32 所示。这种方法能省去大型的牵索设备，能安装成卷的斜拉索。

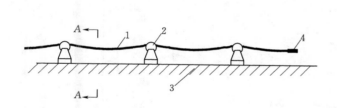
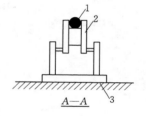

图 8.30　滚筒法移索装置

1—拉索；2—滚轮；3—桥面；4—锚头

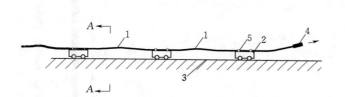
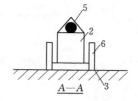

图 8.31　平车法移索装置

1—拉索；2—平车；3—桥面；4—锚头；5—扣带；6—滚轮

垫层法：对于一些索劲小、自重轻的斜拉索，可在梁面放索线铺设麻袋、草袋等柔软的垫层，可就地拖移拉索。

**2. 斜拉索的塔部安装**

若斜拉桥的拉索张拉端设于塔部，则应该先安装塔部，后安装梁部。斜拉索的安装法主要有吊点法、吊机安装法及分布牵引法。

吊点法可分为单吊点法与多吊点法。

（1）单吊点法。拉索上桥面后，从索塔孔道中放下牵引绳，连接拉索的前端，在离锚具下方一定距离设一个吊点。当锚头提升到锁孔位置时，采用牵引绳与吊绳相互调节，使锚头尺寸准确，牵引至索塔

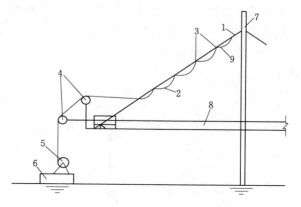

图 8.32　导索法安装拉索装置

1—导索；2—待安装拉索；3—导索支轮；4—转向轮；
5—索盘；6—运索船；7—索塔；8—主梁；9—牵引

孔道内就位后，穿入锚头固定，如图 8.33 所示。该方法简便，安装迅速，一般适于较柔软的短拉索。

（2）多吊点法。同前述导索法，只要将导索法中的牵引索从预穿索孔中引出即可。吊点分散、弯折小，可使拉索均匀吊起，使拉索大致成直线状态，不需要大吨位千斤顶牵引。

吊机安装法采用索塔施工时的提升吊机，用特制的扁担梁捆扎拉索起吊。拉索前端由索塔孔道内伸出的索引牵引入索塔拉索锚孔内，下端用移动式吊机提升，如图 8.34 所示。

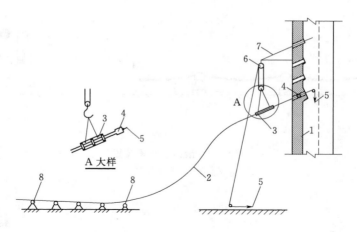

图 8.33　单吊点法安装拉索装置

1—索塔；2—待安装拉索；3—吊运索类；4—锚头；5—卷扬机牵引；
6—滑轮；7—索孔吊架；8—滚轮

分步牵引法是根据斜拉索在安装过程中索力递增的特点，分别采用不同的工具将拉索安装到大吨位，可先用卷扬机将索张拉端从桥面提升到预留孔外，然后用穿心式千斤顶将其引至张拉锚固面，如图 8.35 所示。

分步牵引法的特点是牵引功率大，辅助施工少，桥面无附加荷载，施工方便。施工时在各种挂索过程中，各种构件连接处较多，如锚头与拉杆、牵引头的连接，滑轮与塔柱拉索的连接等，任何一处发生问题，都会发生事故。在施工过程中，应特别注意各处连接的可靠性。

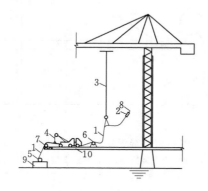

图 8.34　吊机安装法

1—待安装拉索；2—锚头；3—塔吊起重索；4—吊车；
5—索盘；6—滑轮；7—转向轮；8—牵引；
9—运索船；10—主梁

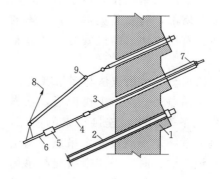

图 8.35　拉索分步牵引法

1—索塔；2—已安装拉索；3—刚绞线；4—刚性拉杆；
5—拉索销头；6—待安装拉索；7—千斤顶；
8—卷扬机牵引；9—滑轮

### 3. 斜拉索的梁部安装

斜拉索的梁部安装方法主要有吊点法和拉杆接长法两种。

吊点法是在梁上设置转向滑轮，牵引绳从套筒中伸出。用吊机将索吊起后，随锚头逐渐的牵引入套筒，缓缓放下吊钩，向套筒口平移，直至将锚头牵引入套筒内，如图 8.36 所示。

对于梁部为张拉端的安装，采用拉杆接长法较为简单，施工时先加工长度为 50cm 左右的短拉杆，与主拉杆连接，使其总长度超过套筒加千斤顶的长度。利用千斤顶多次运动，逐渐将张拉端拉出锚固面，并逐渐拆除多余短拉杆，安装锚固螺母，如图 8.37 所示。

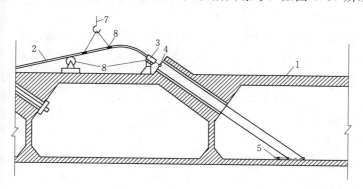

图 8.36　吊点法

1—主梁梁体；2—待安装拉索；3—拉索锚头；4—牵索滑轮；

5—卷扬机牵引；6—滚轮；7—吊机；8—索夹

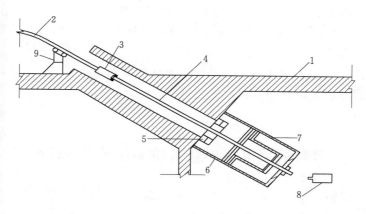

图 8.37　拉杆接长法

1—主梁梁体；2—拉索；3—拉索锚头；4—长拉杆；5—组合螺母；

6—撑脚；7—千斤顶；8—短拉杆；9—滚轮

4. 拉索的张拉

拉索的张拉是拉索完成挂索施工后导入一定的拉力，使拉索开始受拉而参与工作。通过对拉索的张拉，可以对索力和桥面高程进行调整，这是斜拉桥施工的关键。

实拉位置选择在索塔一侧还是主梁一侧，应根据千斤顶所需的张拉空间和移动空间等决定。为减少塔与梁承受的不平衡力矩且方便施工，应尽量采用索塔两侧平衡、对称、同步张拉或相差一个数量吨位差的张拉施工方法。必要时，可考虑单边张拉，但须经过仔细的计算。

拉索的张拉一般包括悬臂架设时最外一根拉索的初次张拉、内侧紧邻一根拉索的二次张拉，在张拉过程中要通过张拉拉索对索力进行调整，并且准确控制索力。对于长索的非线性影响，大伸长量及相应的各种因素的影响，在施工中应充分考虑，并采取有效的技术措施。

（1）拉索张拉的方法。

1）用千斤顶直接张拉，在拉索的主梁端或索塔端的锚固点处安装千斤顶直接张拉拉索。此方法简单直接，但需在索塔内或主梁上有足够的千斤顶张拉空间。国内几乎都采用液压千斤顶直接张拉拉索这种施工工艺。

2）用临时钢索将主梁前端拉起：依靠主梁伸出前端的临时钢索，将主梁吊起，然后锚固拉索，再放松临时钢索使拉索中产生拉力。此法不需大规模的机具设备；但仅靠临时钢索不能满足主梁前端所需的上移量，需补充拉索索力，所以此法一般较少采用。

3）在支架上将主梁前端向上顶起，方法同2），仅仅由上拉改为向上顶。此法适用于主梁可用支架来架设的斜拉桥。

（2）索力测量的方法。

1）千斤顶油压表。拉索用液压千斤顶张拉时，千斤顶油缸中的液压与张拉力有直接关系，只要测定油缸中的液压就可求出索力。在使用前，油压表需精确标定，求得压力表的力和张拉力之间的关系。此法测定索力的精度可达 $1\%\sim2\%$。由液压换算索力简单方便，此法是施工过程中控制索力最实用的一种方法。

2）测力传感器：拉索张拉时，千斤顶的张拉力是由连接杆传到拉索锚具上的，如果将一个穿心式测力传感器套在连接杆上，则张拉拉索时，传感器在受压后输出电信号，可在配套的二次仪表上读出张拉力。此法测定索力的精度可达 $0.5\%\sim1.0\%$，是规范推荐采用的测定索力的方法，但是测力传感器的价格较高。

3）频率振动法：根据拉索索力和振动频率之间的关系求得索力。对于跨径较小的斜拉桥，预先进行实索标定来求得索力和频率之间的关系，然后用人工激震的方法测得拉索频率，从而求出索力。

# 学习情境8.3　悬索桥的组成与构造

悬索桥也称为吊桥，主要组成有主缆、锚碇、索塔、加劲梁、吊索等，如图8.38所示。具有特点的细部构造还有主索鞍、散索鞍、索夹等，如图8.39所示。

图8.38　悬索桥的组成

1—鞍座；2—主缆；3—索塔；4—吊索；5—加劲梁；6—桥面结构

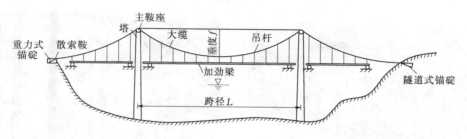

图 8.39　悬索桥的主要构造

## 8.3.1　悬索桥的组成

悬索桥的组成部分包括以下几方面：

（1）主缆。主缆是悬索桥的主要承重构件，可由钢丝绳组成。大跨度悬索桥的主缆普遍使用平行钢丝式，可采用预制平行钢丝索股架设方法（PPWS 法）架设，也可采用空中纺丝法（AS 法）架设。

（2）锚碇。锚碇是锚固主缆的结构，主缆的钢丝股通过散索鞍分散开来锚于其中。根据不同的地质情况可修成不同型式的锚碇，如重力式锚（图 8.40）、隧道锚等。

（3）索塔。索塔是支撑主缆的结构，主缆通过主索鞍跨于其上。根据具体情况可用不同的材料修建，国内多为钢筋混凝土塔，而国外钢塔较多。

（4）加劲梁。加劲梁是供车辆通行的结构。根据桥上的通车需要及所需刚度可选用不同的结构型式，如桁架式加劲梁、扁平箱形加劲梁等。

（5）吊索。吊索是通过索夹把加劲梁悬挂于主梁上。大跨径悬索桥的结构型式根据吊索和加劲梁的型式可分为以下几种：

1）竖直吊索，并以钢桁架作为加劲梁，如图 8.41 所示。

图 8.40　重力式锚式悬索桥构造实例

图 8.41　竖直吊索悬索桥构造实例

2）采用三角形布置的斜吊索，以扁平流线型钢箱梁作为加劲梁，如图 8.42 所示。

3）前两者的混合式，即采用竖直吊索和斜吊索，流线型钢箱梁作为加劲梁。除了有一般悬索桥的缆索体系外，还设有若干加强用的斜拉索，如图 8.43 所示。

悬索桥是一种最适合大跨度的桥。由于其跨度大，相对来讲，悬索桥的桥塔高耸挺拔，而主缆又显得轻柔飘逸，刚柔相济，雄伟壮观，特别美观，因此，大跨度悬索桥所在地几乎无不将其作为重要的旅游景点。

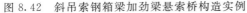

图 8.42　斜吊索钢箱梁加劲梁悬索桥构造实例　　图 8.43　纽约布鲁克林大桥

## 8.3.2　悬索桥的特点

悬索桥的桥面通过长短不同的吊索悬吊在悬索（主缆、大缆）上，使桥面具有一定的平直度。和拱桥不同的是，作为承重结构的拱肋是刚性的，而作为承重结构的悬索则是柔性的。为了避免在车辆驶过时桥面随着悬索桥一起变形，悬索桥一般均设有刚性梁（又称加劲梁）以保证车辆走过时不致发生过大的局部挠度。

悬索桥结构受力性能好，其轻盈悦目的抛物线形，强大的跨越能力，深受人们的欢迎。同其他体系的桥梁相比较，跨度越大，悬索桥的优势越明显。其优越性主要表现在以下几个方面：

（1）在材料用量和截面设计方面，其他各种桥型的主要承重构件的截面积，总是随着跨度的增加而增加，致使材料用量增加很快。但大跨度悬索桥的加劲梁（就工程数量来讲，加劲梁在悬索桥中要占相当大的比例）却不是主承重构件，其截面并不需要随着跨度增大而增加。

（2）在构件设计方面，其他许多结构构件，例如梁高度、杆件的外廓尺寸、钢材的供料规格等容易受到客观制约，但悬索桥的主缆、锚碇和桥塔 3 个主要承重构件在扩充其截面积或承载力方面，所遇到的困难则较小。

（3）作为主要承重构件的主缆，具有非常合理的受力方式。对于拉、压构件，其应力在截面上都是比较均匀的，而对于受弯构件在弹性范围内，其应力分布成三角形；就充分发挥材料的承载能力来说，拉、压的受力方式较受弯构架合理，而受压构件需要考虑稳定性问题，因此受拉就成为最合理的受力方式，由于主缆受拉，其截面设计较容易，因此悬索桥的跨越能力是目前所有车型中最大的。目前正在修建和计划修建的大跨度桥梁中，跨度超过1000m 的桥型几乎无一例外地选择悬索桥。

（4）在施工方面，悬索桥的施工总是先将主缆架好，这样主缆就是一个现成的悬吊式脚手架，在架梁过程中，梁段可以挂在主缆之下，为了防御飓风的袭击，虽然也必须采取防范措施，但同其他桥所用的悬臂施工方法相比较风险较小。

此外，由于悬索桥跨越能力大，常可以因地制宜的选择一跨跨过江河或海峡主航道的布置方案，这样可以避免深水桥墩的修建，满足通航要求。由于跨度大，相对来讲，悬索桥的构件就显得特别柔细，外形美观。因此，大跨度悬索桥的所在地几乎都成为重要的旅游景点。

当然，悬索桥也有一些缺点：由于悬索是柔性结构，刚度较小，当活载作用时，悬索会改变几何形状，引起桥跨结构产生较大的挠曲变形；在风荷载、车辆冲击荷载等动荷载作用下容易产生振动。历史上悬索桥发生破坏的事故较多，但自从1940年开展桥梁抗风稳定性研究以来，暴风损毁桥梁的事故已可避免，但对于其动力响应（车振响应、风振响应及地震响应）方面则应继续研究。

# 学习情境8.4 悬索桥的施工技术

## 8.4.1 锚碇与索塔施工

### 8.4.1.1 锚碇施工

**1. 锚碇的结构类型**

锚碇式悬索桥的主要承重构件，要抵抗来自主缆的拉力，并传递给地基基础。锚碇按受力型式可分为重力式和隧道式两种。重力式锚碇是依靠其巨大的重力抵抗主缆拉力，而隧道式锚碇的锚体嵌入基岩内，借助基岩抵抗主缆拉力，故隧道式锚碇只适用于基岩坚实完整的地区，其他情况下大多采用重力式锚碇。

**2. 锚碇基础施工**

（1）基础类型及适用范围：

1）基础类型。锚碇的基础有直接基础、沉井基础、复合基础和隧道基础等几种。

2）适用范围。直接基础适用于持力层距地面较浅的情况；复合基础和沉井基础适用于深持力层的地区；如果山体基岩坚实完整时，则可采用较为经济的隧道基础。

（2）基坑施工的特点。锚碇基坑由于体积较庞大，可采用机械开挖，也可采用爆破和人工开挖的方法。开挖应采用沿等高线自上而下分层进行，并在坑外和坑底分别设排水沟。采用机械开挖时应在基底高程以上预留15～30cm厚土层用人工清理，以免破坏基底结构。采用爆破方法施工时对深陡边坡，应使用预裂爆破方法，以免对边坡造成破坏。

（3）边坡支护。对于深大基坑及不良土质，应采用支护措施保证边坡稳定，其支护方法有以下几种：

1）喷射混凝土。其水泥强度等级不低于42.5的硅酸盐水泥，砂的粒径不大于2.5mm，石子粒径小于5mm，混凝土的配合比为1:2:2.5，水灰比为0.4～0.5，且宜采用喷射机喷浆，水泥、砂、石等材料进入料斗前应充分拌和均匀，并做到随拌随用，喷浆气压宜在0.3～0.7MPa，喷射距离宜在0.5～1.5m，喷射角度应保持在900±8.50，喷浆混凝土厚度一般为50～150mm，必要时可加钢筋网，以增加混凝土层的强度和整体性。其适用于岩层节理不发育、稳定性较好的地层。对于节理发育，有掉块儿危险、稳定性中等的岩层，可采用喷射混凝土加锚杆支护的方法。

2）喷锚网联合支护。这种方法适用于岩体破碎、稳定性差或坡面坡度大而高的基坑。其中锚杆分为普通锚杆和预应力锚杆两类。普通锚杆采用螺纹钢，预应力锚杆多采用钢绞线，如图8.44所示。

喷锚网联合支护的施工程序：开挖→清理边坡→喷射底层混凝土→钻孔→安装锚杆（锚索）→注浆→编户面挂网→喷射面层混凝土（若是预应力锚杆则还有张拉锚固→二次注浆→封锚等工作）。

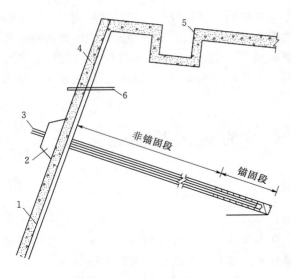

图 8.44　喷锚网联合支护
1—钢筋网；2—锚固台座；3—锚索；4—喷射
混凝土层；5—排水沟；6—排水管

（4）地下连续墙。地下连续墙是沿着深开挖的周边，按类似的一条狭长深槽，在槽内放置钢筋笼后，灌注水下混凝土，筑成一个单元槽段，如此逐段浇筑，以一定的方式在地下形成一道连续的钢筋混凝土墙壁。连续墙基础适用于锚碇下方是持力层高程相差很大，不适宜采用沉井基础的情况。其适应面广，可用于各种黏性土、砂土、冲填土及50mm以下的砂砾层中，不受深度限制。

地下连续墙按槽孔型式可分为壁板式和桩排式两种。作为锚碇基础，一般采用环形连续墙，可起到防水、防渗、挡土和保证大面积干施工的作业，也有设计成方形的。地下连续墙的施工请参阅本教材桥梁墩台施工的相关内容。如图 8.45 所示，为地下连续墙槽孔型式。

（5）沉井基础。在覆盖层较厚、土质均匀、持力层较平缓的地区可采用沉井基础，如图8.46 所示。

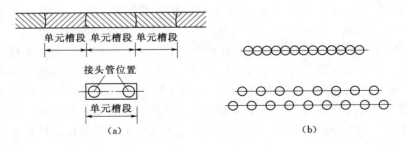

图 8.45　地下连续墙槽孔型式

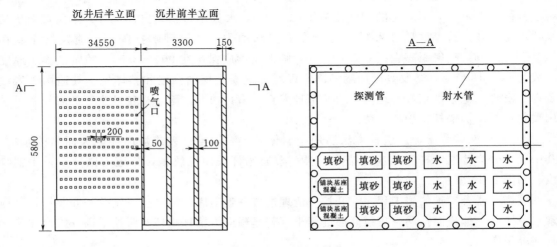

图 8.46　沉井基础施工图（单位：mm）

由于悬索桥锚碇的基础极为庞大，设计和施工具有一定难度，因此，在施工中要根据现场的情况来研究施工方案。例如江苏江阴长江大桥北锚碇施工的一些特点可以借鉴。该工程由于沉井庞大，又处于软土地基，在下沉过程中地表一定范围内承载力不足，采用砂桩进行临时加固。

　　沉井内设置了各舱内填充不同容量的填充物，以获得相当的稳定力矩。沉井隔墙内设置连通管，以便下沉过程中平衡各隔舱内的水位。井壁内设置了探测管和高压射水管，以控制沉井下沉。为了不影响基础水平力的传递效果，防止对土地产生扰动，可使用空气幕助沉而不采用泥浆套助沉，同时当前井下沉到设计高程后，进行压浆等措施以加速土地固结。

　　3. 主缆锚固体系

　　（1）锚固体系的结构类型。根据主缆在锚块中的锚固位置可分为前锚式和后锚式。前锚式就是索股锚头在锚块前锚固，通过锚固系统将缆力作用在锚体；后锚式就是索股直接穿过锚块，锚固于锚块后面，如图 8.47 所示。

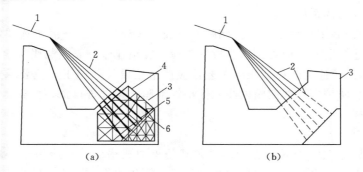

图 8.47　主缆锚固系统
1—主缆；2—索股；3—锚块；4—锚支架；5—锚杆；6—锚梁

　　前锚式因具有主缆锚固容易、检修保养方便等优点而广泛应用于大跨径悬索桥中。前锚式锚固系统又分为型钢锚固系统和预应力锚固系统两种类型。预应力锚固系统按材料不同可分为粗钢筋锚固型式与钢绞线锚固型式，如图 8.48 所示。

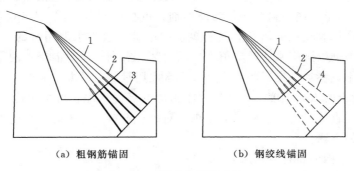

图 8.48　预应力锚固系统
1—索股；2—螺杆；3—粗钢筋；4—钢绞线

　　（2）型钢锚固系统施工。型钢锚固系统主要由锚架和支架组成。锚架包括锚杆、前锚梁、拉杆、后锚梁等，是主要传力构件。支架是安放锚杆、锚梁并使之精确定位的支撑构件。

1）施工程序。施工程序如下：锚杆、锚梁等工厂制造→现场拼装锚支架→安装后锚梁→安装锚杆与锚支架→安装前锚梁→精确调整位置→浇筑锚体混凝土。

2）施工要求。所有构架安装应按照钢结构施工规范要求进行。

锚支架安装，将散件运到现场拼装而成，也可将若干杆件先拼装成片，再逐片安装。锚杆由下至上逐层安装，每安装完一层，需拼装相应的支架与托架后才能安装另一层锚杆。

由于锚杆与锚梁质量较大，应加大锚支架及锚梁托梁的刚度，以防止支架变形，以免影响锚杆位置。

3）质量要求：

a. 构件质量要求。由于锚杆、锚梁为永久受力构件，制作时必须进行除锈、表面涂装和焊接件探伤工作。出厂前，应对构件进行试拼，以保证安装质量。

b. 安装精度。锚杆、锚梁安装精度应满足《公路桥涵施工技术规范》（JTG/T F—2011）的规定要求。

（3）预应力锚固体系施工。

1）施工程序。施工程序如下：基础施工→安装预应力管道→浇筑锚体混凝土穿预应力钢筋→安装锚固连接器→预应力钢筋张拉→预应力管道压浆→安装与张拉索股。

2）施工要求。预应力张拉与压浆工艺，应严格按设计与施工规范要求进行。前锚面的预应力锚头应安装防护帽，并向帽内注入保护性油脂。构件进行探伤检查，运输及推放过程中应避免构件受损。

4. 锚碇体施工

由于悬索桥属于大体积混凝土构件，尤其是重力式锚碇，其体积十分庞大。在施工阶段，水泥会产生大量的水化热引起体积变形及变形不均，产生温度收缩应力，易使混凝土产生裂缝，并影响质量，因此，水化热的控制是锚碇混凝土施工的关键。

（1）大体积混凝土的温度控制。水化热越大，混凝土的温度上升越高，致使混凝土的温度应力增大，从而使混凝土产生裂缝，降低混凝土温度上升主要有以下措施：

1）选用低水化热品种的水泥。一般来说，矿渣水泥、火山灰水泥、粉煤灰水泥等具有较低的水化热，施工时宜尽量采用。对于普通硅酸盐水泥应经过水化热试验后才可选用。

2）减少水泥用量。使用粉煤灰作为外加剂，可替代部分水泥，以减少水泥的用量，且混凝土的后期强度仍有较大的增长。其粉煤灰的用量一般为水泥用量的 $15\% \sim 20\%$，亦可使用缓凝型的外加剂以延缓水化热峰值产生的时间，有利于减少混凝土的最高温升。对于低强度等级的混凝土，参加一定量的片石是减少水泥用量的有效办法。

3）降低混凝土的入仓温度。不要使用刚出厂的高温水泥，可采用冷却水作为混凝土的拌和用水，以达到直接对混凝土降温的效果。对砂、石料，应该防止日光直照，可采用搭遮阳篷和淋水降温的方法。

4）在混凝土结构中布置散热水管。

（2）大体积混凝土施工。施工要求：大体积混凝土应采用分层施工，每层厚度一般为 $1 \sim 2m$。浇筑能力越大，降温措施越充足，则分层厚度可适当大一些。分层浇筑时，要求后一层混凝土必须在前一层混凝土初凝前加以覆盖，以防出现施工裂缝。亦可采用预留的湿接缝法浇筑混凝土，各块分别浇筑，分别冷却至稳定温度，最后在槽缝里浇筑微膨胀混凝土，如图 8.49 所示。

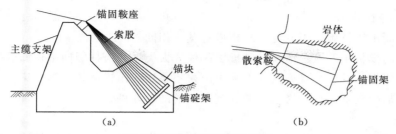

（a）                                （b）

图 8.49　大体积混凝土施工

（3）养护及保温。混凝土浇筑完并终凝后要求覆盖麻袋、草垫等，并洒水保持表面湿润，一方面是对混凝土进行养护，另一方面是为了减少混凝土表面与内部的温差。可覆盖塑料布等保温材料对混凝土进行保温，通过内散外保的方法使混凝土整体上均匀降温，并对混凝土内部最高温度、相邻两层及相邻两块之间的温差进行监测。

### 8.4.1.2　索塔施工

#### 1. 索塔的结构类型

索塔有钢筋混凝土塔和钢塔两种类型：钢筋混凝土塔一般为门式钢架结构，有两个箱型空心塔柱和横系梁组成。它的结构类型较多，常见的有桁架式、钢架式和混合式，如图 8.50 所示。钢塔塔柱的截面型式如图 8.51 所示。

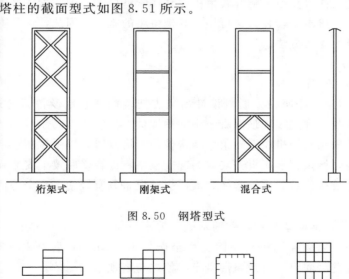

桁架式　　　　　刚架式　　　　　混合式

图 8.50　钢塔型式

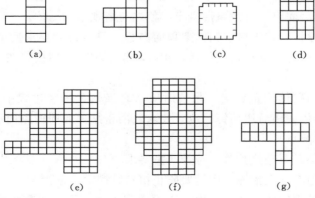

（a）　　　　　（b）　　　　　（c）　　　　　（d）

（e）　　　　　（f）　　　　　（g）

图 8.51　钢塔塔柱截面型式

**2. 混凝土塔柱施工**

悬索桥混凝土塔柱施工工艺与斜拉桥塔身基本相同。

塔身施工的模板主要有：滑模、爬模、翻模 3 大类型。塔柱竖向主钢筋的接长可采用冷压管连接、电渣焊、气压焊等方法。混凝土应采用泵送或吊罐浇筑。当施工至塔顶时，应注意预埋索鞍钢框架支座螺栓和塔顶吊架、施工锚道的预埋件。

**3. 钢塔施工**

根据索塔的规模、结构型式和架桥地点的地理环境以及经济性等，钢索塔的施工可选用浮吊、塔吊和爬升式吊机 3 种有代表性的施工架设方法。

（1）浮吊法。浮吊法是将索塔整体一次性起吊的大体积架设方法。该施工方法的特点是可显著缩短工期，但由于浮吊的起重能力和起吊高度有限，因而使用时以 80m 以下高度的索塔为宜。

（2）塔吊法。塔吊法是在索塔旁边安装与索塔完全独立的塔吊进行索塔架设。由于索塔上不安装施工用的机械设备，因而施工方便，施工精度易于控制，但是塔吊基础费用较高。

（3）爬升式吊机法。这种方法是在已架设部分的塔柱上安装导轨，使用可沿导轨爬升的调机进行索塔架设。该方法由于爬升式吊机安装在索塔柱上，因此索塔柱铅垂度的控制就需要较高的技术，但吊机本身较轻，又可用于其他桥梁的施工，因此，这种方法现已成为大跨度悬索桥索塔架设的主要方法。

**4. 主索鞍施工**

（1）主索鞍施工程序。

1）安装塔顶门架。按照鞍体质量设计吊装支架及配置起重设备。支架可选用贝雷架、型钢及其他构件拼装，固定在塔顶混凝土中的预埋件上。

起重设备一般采用卷扬机、滑轮组。当构件吊着塔顶时，以手拉葫芦牵引横移到塔顶就位。近年来，国内开始采用液压提升装置为起重设备，即在横联梁上安装一台连续提升的穿心式千斤顶，以钢绞线代替起重钢丝绳。液压提升设备具有轻便、安全等优点，有广阔的发展前景。

2）钢框架安装。钢框架是主索鞍的基础，要求平整、稳定，一般在塔柱顶层混凝土浇筑前预埋数个支座，以螺栓调整支座面高程至误差小于 2mm。后将钢框架吊放在支座上，并精确调整平面位置后固定，再浇筑混凝土，使之与塔顶结为一体。

3）吊装上下支撑板。首先检查钢框架顶面高程，符合设计要求后清理表面和四周的销孔，然后吊装下支撑板。下支撑板就位后，销孔和钢框架对齐销接。在下支撑板表面涂油处理后安装上支撑板。

4）吊装鞍体。因鞍体质量较大，吊装时应认真谨慎，吊装过程中需体现稳、慢、轻，并注意不得碰撞。鞍体入座后用销钉定位，要求底面密贴，四周缝隙用黄油填塞。

（2）主索鞍施工要点。

1）吊架及所有吊具要经过验算，符合起重要求。

2）吊装过程中须有专人指挥，中途要防止扭转、摆动、碰撞。

3）所有构件接触面销孔精加工表面，必须清理干净，不得留有沙粒、纸屑等，在四周两层接缝处涂以黄油，以防水汽侵入而锈蚀构件。

### 8.4.2 主缆施工

#### 8.4.2.1 施工概要

1. 准备工作

在架设缆索之前的准备工作有安装塔顶吊机、塔顶主鞍座、支架副鞍座、散索鞍座以及包括各种绞车和转向设备等的驱动装置。

2. 架设导索

导索是缆索工程中最先拉过江河（或海湾）的一根钢丝绳索，也是缆索工程中的第一道难关。一般架设导索有如下 4 种方法。

（1）海底拽拉法。较早时期的导索架设用的办法，是将导索从一侧岸塔临时锚固；然后将装有导索索盘的船只驶往对岸塔，并随时将导索放入水底，然后封闭航道，用两端塔顶的提升设备，将导索提升至塔顶，置入导轮组中，并引至两端锚碇后，再将导索的一端引入卷扬机筒上，另一端与拽拉索（主或副牵引索或无端牵引绳）相连。接着开动卷扬机，通过导索将拽拉索牵引过河。此时，若采用往复式拉拽系统，则拽拉索（主或副）与等候在此的牵引索（副或主）通过拽拉器相连，并将其牵拉过河，然后将两端连接形成环套的无端牵引绳。

（2）浮子法。将准备渡江（或海）的导索每隔一定距离装上一个浮子，使导索由浮子承重而不下沉水中。然后由拽船将导索的一端，从始发墩旁浮子拖至需到达的墩旁，再由到达墩的塔顶垂挂下来的拉索直接拉到塔顶。此法在潮流速度缓慢、且无突出岩礁等障碍物时，是较为可靠的。日本的关门桥和因岛桥均采用此法。

（3）自由悬挂法。当桥位处水流较急时，采用浮子法会使水面上拖运的导索流散得较远，同时导索所受水流的冲击力也大，故导索所需截面也大。另外，当桥位附近有岩礁时，导索流散越远，它被挂阻于岩礁的可能性也越大，此时就可用自由悬挂法。自由悬挂法是在桥台锚碇墩附近，设置可连续发送导索的一种装置。从此装置引拉出的导索，经过塔顶后其前端固定在拽船上。随着拽船横越水面，可使连续发送出来的导索不沉落到水中，并在始终保持悬挂状态下来完成导索的渡架。为提高安全度，有时还用重锤作平衡重，以调整导索在引拉过程中的拉力。

（4）直升飞机牵引法。日本明石海峡大桥采用直升机空中牵引架导索的方法获得成功。此法回避了通航及潮流条件的限制，由直升飞机直接从空中放索架设。导索垂度最低点，始终满足桥下通航净空。

通常悬索桥两侧主缆的两根导索都用同法渡架。但当渡架作业较为困难时，也可只渡架一根导索；而另一根导索可直接在第一根完成后设法在高空横渡。

3. 架设拽拉索及猫道

拽拉索是布置在两岸之间的一根环状无端头的钢丝绳索，可由两岸的驱动装置来使拽拉索走动，从而一来一往地引拉其他需要架设的缆索或钢丝。拽拉索架设完毕之后，首先要架设猫道。所谓猫道，就是悬索桥架设施工中，为其空中架设的工作走道。它是主缆编制和架设必不可少的临时设施。每座悬索桥的施工，一般设有两个猫道。每个猫道各供一侧主缆施工所需。因猫道是悬索桥施工的特有设备，下面加以简介。

（1）猫道的构造与布置。猫道由猫道承重索、猫道面层结构（包括栏杆立柱及扶手索等）、横向天桥及抗风索等组成。猫道承重索是猫道的承重构件。悬索桥的两侧猫道，各有若干根猫道承重索。猫道层面结构（包括横梁及面层）可以吊挂于猫道承重索之下，如旧金山—奥克兰海带桥。也可固接在猫道承重索之上，如日本关门桥及大鸣门桥等。

猫道空间位置的决定，应使猫道面与主缆之间的净空均匀一致。主缆中心与猫道面的位置关系由主缆截面尺寸及主缆捆紧机和缠绕机的尺寸等决定。如图 8.52 所示，日本的关门桥和大鸣门桥的猫道宽均为 4m。主缆中心距猫道面的高度分别为 1.3m 及 1.5m。关门桥考虑作业方便，其主缆中心线与猫道中线有 0.5m 的偏心。但后来发现还不如没有偏心为好，故以后的悬索桥都采用无偏心布置。

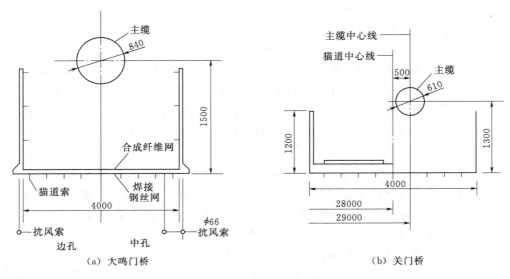

图 8.52　猫道截面与布置

（2）猫道面层结构。当每个猫道的若干跟猫道索，由拽拉索引拉架设完之后，即可铺设猫道面层及架设横向天桥。横向天桥是沟通两个猫道之间的空中工作走道。它除了工作所需之外，还有增加猫道横向稳定作用。

猫道面层的结构横梁及面层铺料早期采用木板材，后来为了防火、减轻重量和风阻，以及施工方便和经济等原因，一般均改用在焊接钢丝网上再加铺合成纤维网或钢丝网布。焊接钢丝网钉在横木梁上，它已有足够的支撑强度，但其孔眼尺寸对工作走道面来说过于粗大，故在它上面覆盖小孔眼的网材以提供良好的走道面，并可防止小工具的掉落。

猫道层面，一般先将横木和面材预制成可折叠并能卷起的节段，然后由塔顶吊机将它吊到塔顶后，沿着猫道索逐节滑下。在下滑过程中，各节之间进行逐节连接，待全部铺到最后位置时，再将横木固定在猫道索上。然后，再在横木顶端装上栏杆立柱，并在立柱上安装扶手索及栏杆横索等。为了架设主缆工作的需要，沿猫道相隔一定距离还设置有门式框架。在猫道面上还铺设有各种管路和照明系统。在两侧猫道之间的横向天桥也可以和面层结构一起铺设。

（3）抗风索的布置。设置抗风索的目的是提高猫道的抗风稳定性，同时还可调整猫道的曲形状。猫道的抗风体系除抗风索外，还包括连接猫道索与抗风索之间的垂直吊索或斜吊索。

为了减小猫道承重索的荷载，同时在某些通航的水域由于净空等限制不能布置抗风索，近期的发展趋势是在保证猫道抗风稳定性的条件下，不设抗风索。国内的厦门海沧大桥、重庆鹅公岩大桥等桥的猫道，都没有设置抗风索。

4. 架设主缆

在猫道架设全部完成之后，就可在猫道上正式开始架设主缆。主缆的架设方法目前有两种：一种为空中编缆（AS）法，含送丝、纺丝、纺线、架线之意；另一种为预制丝股（PS）法（也称 PWS 法），此为 Parallel Wire Strand 之意。这里，AS 法是以钢丝为单元，先在空中编成丝股，然后再由若干丝股组成主缆；PS 法则是以工厂预制成的股缆在空中组成主缆。

5. 架吊索

主缆架设完毕，将猫道转载于主缆后，拆除抗风索，并在猫道上开始架设吊索。全桥主缆缠丝防护工作完成后，即可拆除猫道。至此，悬索桥的缆索工程遂告全部完成。

**8.4.2.2　空中编缆（AS）法**

用 AS 法架设主缆之前，先要在猫道上编制组成主缆的钢丝索股。然后，再将若干根钢丝索股捆紧扎成主缆。编制钢丝索股的施工步骤如下：

（1）将出厂的成卷钢丝连接器接长后，卷入专用卷筒运至悬索桥一端锚碇旁。

（2）利用无端头的环形拽拉索，将接长的钢丝引拉到猫道上。引拉的方法是将两个编丝轮分别连于环形拽拉索的两个分支上。当拽拉索受动力机驱动引拉作环状运动时，两个编丝轮即作一来一往的走动。编丝轮上带有绕挂钢丝的槽口，将置于桥两端的接长钢丝从卷筒中拉出，并绕挂在编丝轮的槽口内。此时，先将钢丝端头临时固定，然后由拽拉索带动一个编丝轮从桥的一头走到另一头。此编丝轮即在猫道上拉铺有 2 根钢丝。与此同时，另一编丝轮从另一头走到此一头，它也带来 2 根钢丝，故共拉铺有 4 根钢丝。如果每个编丝轮改单槽为双槽时，每走动一次拉铺的钢丝根数也加倍。当钢丝根数达到能组成一股钢丝股时，即可捆紧成股。当丝股数达到可以组成一根主缆的数量时，即可捆紧成主缆。

如图 8.53 所示为维拉扎诺海峡（1298m，美国）主缆架设过程示意图。该桥每根主缆由 61 股钢丝索组成，每股有 428 根钢丝，共计 26108 根。6 号镀锌钢丝的公称直径在镀锌

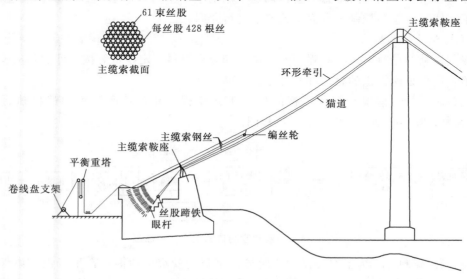

图 8.53　AS 法送丝工艺示意图

前为 8.87mm，镀锌后为 8.97mm，4 根主缆的钢丝总重为 282000kN。主缆挤紧后直径为 89.6cm，每对两根主缆中至中间距为 2.7m，两索对间距为 31.3m。我国江阴长江公路大桥 (1385m)，每根主缆中跨为 169 股，每索股含 127 根镀锌高强 (1600MPa) 钢丝。

一根索股的具体编制过程如图 8.54 所示。沿着主缆设计位置，从锚到锚，布置一根无端环形牵引索，也称拽拉索。这种无端环形牵引索，实际上就是将两牵引绳的端头互相连接起来，共同形成一根从这岸到那岸的长绳圈，且在牵引索上安设有编丝轮。然后由一岸锚碇旁设置的卷丝筒中抽出钢丝头，将其暂时固定在某梨形丝股蹄铁上（可编为 1 号），也称此头为"死头"。继续将钢丝向外抽，将由此形成的钢丝套圈套在编丝轮的槽路上。由牵引机驱动牵引索，将编丝轮带着钢丝套圈送到对岸，再将套圈从编丝轮上取下，并将其套到对应的梨形蹄铁上（相应编号为2）。与此同时，对岸的一组钢丝卷筒和编丝轮也同样带着一钢丝套圈过来，从而完成编号为3、4 梨形蹄铁间的编股。随着牵引索的驱动，两编丝轮就这样不断将钢丝套上。当编丝轮这样行走几百次，在其套在两岸对应梨形蹄铁（如 1 号、2 号）上的丝数达到绳股钢丝的设计数目时，就将钢丝"活头"剪断，并将该"活头"同上述暂时固定的"死头"用钢丝连接器连起来。这样一根丝股的空中编制即告完成。

### 8.4.2.3 预制丝股（PS）法

预制丝股法，是在工厂或桥址旁的预制场内事先将钢丝预制成平行丝股，利用拽拉设施将其通过猫道拽拉架设。其主要工序为：丝股牵引架设→测调垂度→锚跨拉力调整。其与 AS 法比较，由于每次牵拉上猫道的是丝股而不是单根钢丝，故重量要大数倍，所需牵引能力也要大得多，一般采用全液压无级调速卷扬机。牵引方式则有门架支承的拽拉器和轨道小车两种。

无论采用何种方式，都必须在猫道上设导向滚轮，以支撑丝股并使其顺利前行。每丝股牵引完成后，即将其从滚轮上移入鞍座，然后调整主跨及边跨的垂度（调整应在夜间温度稳定时进行）。对中上层丝股，为观察其丝股垂度，需将其位置稍微抬高，调好再落下。

至今我国所建设的大跨度悬索桥，都是采用的预制平行丝股法架设，以下从丝股制造、架设施工、线行调整与控制等方面对该方法进行介绍。

#### 1. 平行丝股的制造

丝股制造前对原材料——高强钢丝、锚杆和合金填料、定型带等按设计的各项技术指标进行检验，应保证所提供的材料和构件是合格品。

根据各桥的具体情况，制定严格的生产工艺流程，并在生产过程中严格执行。如图 8.54 所示为一般丝股制造的生产工艺流程图。

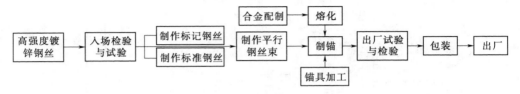

图 8.54 一般丝股制造的生产工艺流程

（1）标记丝制作。为了在架设主缆时检测平行钢丝束的扭曲，在平行钢丝束六角形截面的一顶点设置一根着色醒目的标记钢丝（采用涂漆工艺）。标记钢丝的制作长度，须与生产束股时钢丝的倍尺匹配。

（2）标准丝制作。为了控制平行钢丝束的长度精度，在平行钢丝束六角形截面的另一顶点，设置一根标准钢丝。标准钢丝长度精度，一般要求不低于1/15000。

标准钢丝的制作方法有两种，一种方法是基线测长法；另一种方法是直流脉冲磁信号测长法。相对而言，磁信号测长法测长精度较基线测长法低，但基线测长法占地大、人员多。在我国制作的平行丝股中，为了保证标准钢丝的制作精度，都是采用基线测长法或分段基线测长法制作。

（3）平行钢丝束制作。

1）工艺流程。其工艺流程为：放线→分丝→聚并→整形→矫直→绕包→颜色标记→牵引→成盘。

在整个制束过程中，牵引是保证丝股长度精度的关键。生产厂家一般采用一套机械自动装置作牵引，在保证束股长度精度的同时，还解决了其与成盘之间速度同步的问题，及绕包时束股扭转问题。

2）制锚。主缆丝股通过热铸锚工艺，使平行钢丝束与锚具相固接。其原理是，依靠锌铜合金对钢丝的黏结力以及热铸料锥体锲入锚杯的共同作用达到锚固目的。合金成分的配比、钢丝表面的处理、合金浇铸时的温度及速度、合金的冷却方式与速度都会影响合金对钢丝的黏结力。因此，在制作时须严格按工艺规程操作。具体要点是：

a. 锚杯内腔用清洗液清洗干净，并灌水测量容积。

b. 用配制的清洗液除去钢丝表面的杂质和油污。

c. 钢丝穿入锚杯并固定，按工艺卡控制伸入锚杯的钢丝长度。

d. 锚杯与钢丝束用夹具垂直固定，并用角尺校正，钢丝束的轴线与锚杯的前表面成直角，其公差应小于0.5。

e. 锚杯预热至（175±25）℃，并用温度控制仪进行控制。

f. 合金在一个有温控仪控制的容器中加热；灌入温度为480±10℃，并连续浇铸，注入合金的数量不少于理论数量的92%。

g. 冷却。通过空气和水来冷却。先进行空气冷却至170℃，然后进行水冷却。

h. 反顶。进行反顶压检验。

主缆丝股热铸锚的锚固力，由锌铜合金的致密性和黏结力决定。而考核锌铜合金致密性的一项重要指标是合金铸入率。每个锚具的合金铸入率，是通过锚杯腔体注水法测定。用量杯灌水测量出锚杯的内腔容积，乘以锌铜合金的比重即为合金理论铸入重量，再称量合金浇包在铸入锚杯前后的重量差，即为合金的实际铸入量，由此得出锚具的合金铸入率。

**2. 丝股的架设**

预制平行丝股法架设主缆的作业工序，如图8.55所示。

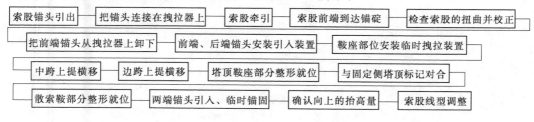

图8.55 预制平行丝股法架设主缆的作业工序

（1）丝股牵引。架设 PPWS 索股的牵引系统，根据猫道承载装置的不同，可分为 3 种：架空索道牵引系统、轨道小车牵引系统和门架式牵引系统。

1）门架式牵引系统。如图 8.56 所示。该系统除猫道滚筒外，还需在猫道上设置若干猫道门架（一般间距 40mm 左右），并在猫道门架、塔顶门架、锚碇门架上安装相应的门架导轮组。牵引索通过这些导轮组。牵引索上固接有拽拉器，通过牵引索带动拽拉器，穿过这些导轮作往复运动。索股前端锚头与拽拉器相连，使得索股前端约 30m 长的索股在空中运行，其余部分则在猫道支承滚筒上运行。这种索股拽拉系统，源于空中送丝（AS）法，后来通过改进应用于平行丝股架设。

该系统具有技术要求高、系统结构复杂、自动化程度、机械加工件多、造价昂贵等特点。我国的虎门桥、厦门海沧桥及润扬大桥等桥的施工中，都采用了此种牵引法。

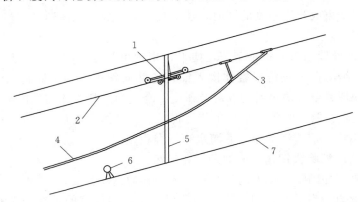

图 8.56　门架式牵引系统示意图

1—猫道门架导轮组；2—牵引索；3—拽拉器；4—索股；
5—猫道门架；6—滚轮；7—猫道

2）轨道小车牵引系统。如图 8.57 所示，轨道小车丝股架设系统是针对架设预制平行丝股而设计的。它的牵引索运行于猫道滚筒上。小车运行于铺在猫道滚筒两边的轨道上。索股前端锚头置于小车上。小车与牵引索固接，通过卷扬机牵引，使牵引索带着小车在轨道上作反复运动。这种系统自丹麦首次采用以后，得到了进一步完善和发展，轨道由初期的木质轨道发展为采用钢丝绳作为小车运行轨道，大大提高了系统运行的可靠度。但该系统仍存在系统要求高、加工件偏多等缺点。

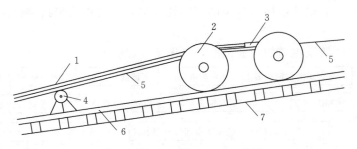

图 8.57　轨道小车牵引系统

1—索股；2—小车；3—锚头；4—滚轮；5—牵引索；6—轨道；7—猫道

3）架空索道牵引系统。架空索道牵引拽拉法与架空索道运输方式相同。承重绳载着运输小车将丝股前端锚头吊起一定的高度。牵引索与丝股前端锚头相连并运行于猫道滚筒上，如图8.58所示。我国的江阴长江大桥、丰都长江大桥的主缆架设采用了此种方法。

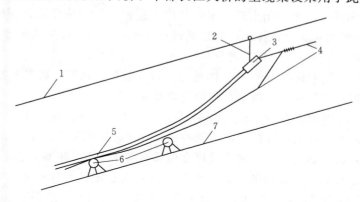

图8.58 架空索道牵引系统

1—轨道索；2—倒链葫芦；3—锚头；4—牵引绳；5—索股；6—滚轮；7—猫道

以下以江阴长江大桥为例，简要介绍丝股的牵引过程。

江阴大桥丝股的牵引方向由北（靖江）向南（江阴）。牵引开始前，将索盘吊上放索架，使放索架与刹车装置连接好。引出一定长度的索股，将前锚头装入承载架，利用北锚碇后部斜面中央的转臂吊机，配合一套3t短距牵引系统，使前锚头通过锚跨到达散索鞍后部，用设于该处钢结构下方的辅助设施，牵引锚头通过索鞍。将锚头承载架与7.5t主牵引系统连接，通过2台7.5t卷扬机的协作，经过在北塔顶、南塔顶、南散索鞍3次锚头重量的转移，前锚头到达南锚碇后墙，完成一根索股的牵引。

在猫道上，每隔约60m布置了一个主缆成形夹，如图8.59所示，其底部的形状与主缆断面相同，为六角形，在索股牵引完成并入鞍后置于成形夹内。一定编的丝股，被固定在成形夹上，以保证索股按照六角形排列。索股牵引时，将成形夹上方的联系梁与成形夹，用束

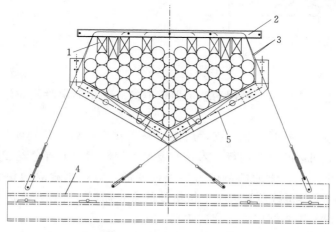

图8.59 主缆成形夹及压紧梁

1—压紧木块；2—压紧梁；3—钢丝绳；4—猫道；5—成形夹

紧钢缆绳拴紧在猫道上，以增加猫道刚度。调索时，放松束紧钢丝绳，使索股处于自由状态，便于调索。

（2）索股提升、横移和入鞍。

1）索股提升和横移。牵引结束后，索股是位于猫道一侧的滚轮上。需要将其从滚轮上提起，并移至其正确的位置。该操作一般是通过设于塔顶及锚上的拽拉装置，或钢索张拉千斤顶来完成的。如江阴桥的索股提升过程如下：

a. 在主鞍两侧，散索移之前各 3kN 的地方，将索股局部调整安装握索器。

b. 将握索器连接到张拉千斤顶上，张拉使索股脱离滚轮。

c. 继续张拉，直到索股在每一跨的跨中，位于其最终水平高度的上方，呈"自由悬浮状态"，3 个跨度的张拉可同时进行，但主跨的张拉应比边跨先完成。

d. 利用鞍座处的倒链加葫芦，将索股提升横移至鞍座上方，准备入鞍。

2）整形入鞍。预制平行丝股的外形，为保持其截面稳定性和排列密实，一般截面是正六边形。但在鞍座内为了排列最紧密和保持索股的位置，应将其丝股形状改为四边形。由六边形改为四边形的过程就是整形。只有在鞍座附近被改为四边形后，才能放入鞍座内。如图 8.60 所示为虎门桥整形入鞍的过程。

丝股提起移到排放位置后，在索鞍区段内处于无应力状态下整形。目的是在索鞍前 3m 至索鞍后 3m 段，将正六边形的丝股整成矩形。散索鞍处整形方向，从锚跨向边跨方向进行。而主索鞍处整形方向，是从边跨向中跨前进。整形分为初整形和连续整形两个阶段。

初整形是用整形器在局部把正六边形的丝股整理成矩形丝股。

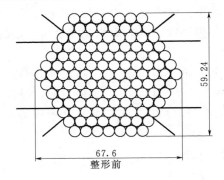
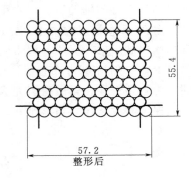

图 8.60　丝股整形

连续整形是用连续整形器，将用初整形器整成的局部矩形索股往前延伸，把索鞍段索股全部整成矩形。

整形后进行入鞍。入鞍时，先主鞍，后散索鞍。在主鞍处，从边跨端向主跨方向进行；在散索鞍，从锚跨端向边跨方向进行。入鞍时要严格控制索股的着色丝在鞍槽中的位置，以防索股扭转。为防止已入鞍索股的侧向力使隔板变形，应在该索股的相邻鞍槽内填进锲形块。入鞍后，索股高于其最终位置。一个桥塔处的索股标记，处在鞍座的中线上。而另一桥塔处索股标记向边跨偏离主鞍中线一定的距离。

（3）丝股线形控制。为了使架设后的主缆线形与设计一致，必须在施工中对主缆的形成进行控制。主缆由基准丝股和非基准丝股组成。丝股线形控制，就是指丝股架设时，基准丝股的跨中绝对标高和非基准丝股的跨中相对标高及锚跨张力的控制。

基准丝股是非基准丝股调整的基础。因此，首先要选定和监控好基准丝股。基准丝股的选择原则是：丝股要处于相对自由状态，周围丝股对其干扰性最小；便于测量其他丝股，每根基准丝股，管理一定数量的非基准索股；丝股应分组以减少误差累积。

　　一般选择第一根丝股作为主缆的基准丝股，如果主缆中丝股数较多，或者根据施工需要，也可设置第二根甚至多根基准丝股。

　　丝股矢度的调整，一般选择在温度相对稳定、风力不大的夜间进行。调整前要事先进行外界气温和丝股温度的计测，一般桥的丝股调整时间选择在晚上 12 点到第二天凌晨 6 点，主要根据当地气候条件确定。温度对丝股的线形影响很大。如广东虎门大桥，中跨 $\pm40\text{mm}/℃$，边跨为 $\pm2.4\text{mm}/℃$，线形调整前先要监测好温度。索股温度的测定用接触温度计，沿长度方向布置，一般是边跨 1/2 处，东、西塔顶处及中跨 1/4、1/2、3/4 处。沿断面方向布置为索股上缘、下缘的点。每隔 5～10min 同时读数一次，并注意不要让灯光直接照射索股。

　　判定索股温度稳定的条件。

　　1）长度方向索股的温差：$\Delta T$ 不超过 2℃。

　　2）断面方向索股的温差：$\Delta T$ 不超过 1℃。

　　不符合温度稳定的条件，或者当风力超过 12m/s（索股摆动太大），以及雾太浓（测量目标不清楚）时都不能进行索股调整。

　　在满足温度的稳定条件下，根据监控给定的在不同温度下的设计垂度，调整丝股的垂度及锚固张力。

　　基准丝股中跨与边跨跨中垂度调整方法一般是采用三角高程法测量。利用在跨中悬挂反光棱镜，测出基准丝股跨中点高程，计算出丝股跨中点垂度，与设计垂度比较。依据垂度调整表，计算出丝股需移动调整长度，同时进行温度修正，来进行垂度调整。

　　调整时，首先锚固一侧塔顶主索鞍鞍槽内的丝股（固定侧）。适当放松另一侧塔主索鞍处的锚固点，利用倒链葫芦及专用夹具，调整中跨丝股长度。并用木榔头敲打索鞍附近的丝股，使丝股在鞍槽内滑动，直至调整好中跨丝股。为加快调整速度，在进行中跨索股垂度调整的同时调整靠丝股固定塔侧的边跨丝的垂度。在中跨跨中垂度符合设计要求后。活动侧塔主索鞍处丝股锚固好，不产生移动，进行另一边跨丝股垂度调整，如图 8.61 所示。

　　中边跨垂度调整好，然后调整锚跨拉力。施工中专用千斤顶顶压丝股锚头。通过松紧拉杆螺母使锚跨索股拉力达到设计要求。为了确保基准丝股拉力值的精度，一般还利用传感器及索力仪进行双重校核。

　　在稳定的温度时间内，多次观察索股垂度，并连续观察 3 个夜晚以上，确认基准丝股垂度稳定度达到要求。如观察中因天气或其他原因引起变化，需重新调整直至达到设计要求。

　　在单根基准丝股的绝对垂度满足要求的同时要调整两根丝股的相对垂度。通过横向通道桥上设置的连通器水管，利用钢板尺测量水管内液面距基准丝股的高度，调整两根基准丝股的相对高差。

　　一般丝股的架设方法、垂度调整顺序同基准丝股。垂度调整方法采用相对垂度调整法；在各跨垂度调整点，利用专用大型卡尺测出待调索股与基准索股之间相对垂度差。根据垂度差计算调整量，并结合温度修正，利用手拉葫芦纵移索股，直至相对垂度差在 0～5mm 之间，如图 8.62 所示。

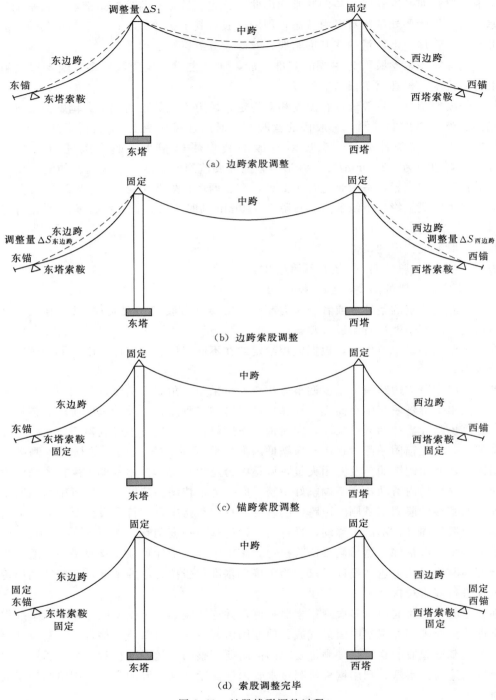

图 8.61 丝股线形调整过程

　　垂度调整过程中，根据中、边跨的垂跨比，在索股整形入鞍固定前，均进行不同程度预抬高，以确保索股不至于压在已调好的索股上。调整好索股及时采用硬柞木块镇压，并在鞍槽上部施以千斤顶反压索股进行固定，防止产生移动。

索股架设过半时，每隔80m设置V形保持器，同时在V形保持器之间，设置主缆竖向形状保持器，并间隔20m用麻绳捆绑，防止大风吹动索股相互撞击、摆动，影响已调索股精度。用此法架设所有主缆索股，施工期间，需要对基准索股进行多次复测。

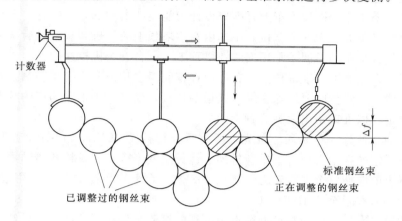

图8.62　相对垂直的测量与调整

#### 8.4.2.4　主缆紧缆

无论AS法还是PPWS法，在主缆丝股架设完毕后，都要对相应部位各丝股排列顺序进行检查，复测基准索股垂度，对有问题的钢丝进行处理，并全面复测锚跨拉力。如有变化适当进行调整后，接下来的工作是紧缆。紧缆的目的是为了使主缆压紧成圆形，达到设计要求的空隙率，以满足安装索夹和以后的长期防护。一般紧缆的过程有初紧缆和正式紧缆两阶段。

**1. 初紧缆**

紧缆工作应在夜间气温稳定时段进行。利用手拉葫芦、千斤顶对主缆进行初整圆，同时拆除形状保持器、V形保持器及摆绑绳。初紧缆按照先疏后密原则进行，每间隔5m用临时钢带捆扎。在挤压过程中拆除表面缠包带，用大木锤敲打，直至主缆表面平顺。主缆初紧缆后的孔隙率，控制在28%～30%。

**2. 正式紧缆**

初紧缆完成后，利用紧缆机进行正式紧缆。4台紧缆机分别从两条主观中跨跨中向塔顶方向进行挤紧作业。首先由跨中一侧的两台紧缆机正式紧缆，紧至5m左右，另一侧两台紧缆机向已紧缆一侧回退至跨中的第一条钢带就位，开始紧缆，正式紧缆挤紧包距为1.0m，每距1m打一标志点，并统一编号。当紧缆机挤压蹄块挤压后，在紧靠挤压带处用打带机连续打两道3cm宽的镀锌钢带，对主缆进行捆扎，双钢带间距为5cm，这样钢带受力均匀，紧缆过程中测量主缆横径和竖径，计算出空隙率，与设计空隙率比较，使得空隙率符合要求。考虑主缆重力刚度影响，紧缆时通过液压系统适当调整6块挤压蹄块上下两块高度，克服打带后主缆直径回弹影响，由于主缆横径超过竖径对安装索夹产生影响，则采用特殊工装克服。当中跨正式紧缆完毕，移至边跨进行，紧缆顺序由锚跨向塔顶进行。紧缆过程中，靠近索鞍处挤压力较大。

#### 8.4.2.5　索夹、吊带安装和缠丝

紧缆后，就可进行装索夹铸件的施工。由于每个索夹在主缆上位置及主缆的斜度各不

同，所以夹紧两半索夹所需螺栓数量亦不同。这样索夹铸件的长度也不相同。以下以维拉扎诺桥为例介绍索夹和吊索的安装。

该桥的索夹分为上下两半结构。下索夹从塔顶运送到在主缆上的安装位置后，安放在主缆索对上装有 4 个小轮的框架小车上。框架设计为能装载 136kN，并带有一台小型吊机和倒链滑车，能提升最重的索夹安装就位。小车由在主塔顶上的吊机装载，然后从主塔溜放至主缆的索夹安装处。小车的返回，是用安装在塔顶上的一台卷扬机拉回的。

为确定索夹在主缆上的准确位置，首先应在夜间温度均恒和主缆摆动最小时准确确定主缆的竖向中心线，且测量时要解除主缆与猫道的连接，使其处于不受约束的状态。然后，沿主缆用测链测定，以准确定出索夹位置。

索夹螺栓的施拧分 3 个阶段。首先，所有螺栓初拧至 496kN，以后随着架梁和载重增加，主缆伸长、钢丝在索夹压力下重新排列、镀锌层变形等，使螺栓初始轴力逐渐降低。在灌注桥面混凝土前应使每个螺栓轴力恢复到 498kN。在上层桥面混凝土灌注后，开始终拧。此时所有螺栓轴力拧紧至 544kN±10%。

第一次和第二次拧紧后，与模型缆索中取得的试验结果相同。在拧紧后约 3 周，达到稳定的螺栓轴力，很快降至初轴力的 70%。终拧后，松弛的值是早期示值的 1/2。

配装好索套的吊索，每根单独卷好，装在甲板式平底驳船上，拖运至需安装位置下，系靠于那里的一艘铁驳上。吊索在平底驳甲板上摊开后，从猫道上的一台卷扬机放下一根钢丝绳，其端部系在吊索钢丝绳的中点。提升吊索的一端，并带着它的索套通过主缆夹箍槽口。当吊索的中心与索夹中心相吻合时，解掉提升绳。在主缆的中心线下 2.1m 处装上吊索夹紧器。

梁架设完成，主缆索力已达恒载拉力的 75%，开始缠缆。及早缠缆可提前拆除猫道和加快随后的工序，并加快施工进度。

8 台缠丝机，每台都是由 2 个可以开闭的钢环组成。打开是为了能越过索夹，闭合是为了缠缆。钢环是隔着圆弧形衬板面骑在主缆上。绕在环外的软钢丝，被由电功机驱动面迅速旋转的飞轮抽出，并且紧紧缠在主缆之外。

缠丝机沿主缆的前进，是靠支撑在已包缠表面的压力支脚，及手动牵引器的一根拉绳牵引。其缠绕走向总是沿上坡向前进。这样也可用机器重量压紧包缠线。缠丝顺序，是先缠边跨，后缠中跨。

缠丝之前，要在主缆钢丝表面涂防护腻子。在缠丝过程中，应随时将挤出的腻子刮去。缠丝后还要进行索夹嵌缝。两个半索夹同顶部接缝，用一层麻絮嵌缝，用铝绒盖顶。对底部接头，只从索夹铸件每端嵌缝至第一个螺栓，以利于主缆的排水。嵌缝用人工和风动工具进行。

包缠的嵌缝完成后，在每个索夹处安装支柱及扶手钢丝绳。安装主缆的轮廓照明，及航空标志的电器设备，最后进行主缆油漆和猫道拆除。

### 8.4.3　加劲梁施工

#### 8.4.3.1　悬水桥加劲梁的架设方法

悬索桥加劲梁的架设方法按其推进方式分，主要有两种：①先从跨中节段开始，向两侧主塔方向推进，主要有旧金山——奥克兰海湾大桥、维拉扎诺海峡桥、小贝尔特桥等；②从主塔附近的节段开始，向跨中及桥台推进，此例有金门桥及日本本四连络线上的悬索桥等。

我国近期施工的大跨度悬索桥，都是采用从跨中向两塔方向吊装的方式。

但无论采用哪种方法，均须考虑主缆变形对加劲梁线形的影响。故有条件时，应在施工前进行加劲梁施工架设的模型试验，或架设过程模拟计算。根据试验和计算资料，验证或修正架设工序。一般在架设中，为使加劲梁的线形能适应主缆变形，架上的各加劲梁节段之间不应马上作刚性连接，可在上弦先作铰接连接、而下弦暂不连接。待某一区段或全桥加梁吊装完毕，再作永久性连接。

如图 8.63 所示为加劲梁从跨中向两侧主塔推进的施工步骤，一般分为以下四个阶段：

（1）加劲梁从主跨中央开始架设，当加劲梁节段的重量逐段加于主缆时，梁的线形不断变化。所以，梁段间的连接仅作施工临时连接，以避免梁段的过分变形。

（2）边跨加劲梁开始架设，以减小塔顶水平位移。

（3）主塔处加劲梁段合龙。

（4）加劲梁所有接头封合。

此架设方法的优点是靠近塔柱的梁段，是主缆在最终线形时就位的。这样，靠近塔柱的吊索索夹的最后夹紧，可推迟到塔顶处主缆仅留有很小永久角变阶段。所以能减少主内缆的次应力。

如图 8.64 所示是加劲梁从主塔向跨中架设方法的施工步骤。可以看出，此法的施工步骤正好与图 8.63 相反。

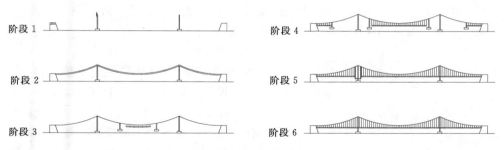

图 8.63　加劲梁由跨中向塔方向吊装推进图

这种架设方法有利于施工操作和管理。这是因为此方法中施工操作和管理人员可以很方便地从塔墩到桥面，而且可很方便地在主跨和边跨之间往返。而图 8.63 所示方法中，工作人员必须通过狭窄的空中猫道才能到达主跨内已被架好的加劲梁段上。

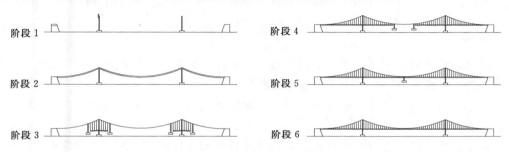

图 8.64　加劲梁由桥塔方向向跨中吊装推进图

如上所述，悬索桥加劲梁架设一大特点是可以将其先架设完成的主缆作为一悬吊脚手架。但这脚手架是柔性的，它的几何形状随着梁段的逐渐增加而不断改变。其情况是，当所架梁段不多时，梁段的上弦或上翼缘板相互挤压，而梁段的下弦或下翼缘板互相分离而出现"张口"，若过早使下弦或下翼缘板闭合，则梁段结构或连接就有可能因强度不够而破坏。因此悬索桥的加劲梁，要先作施工临时连接。

加劲梁梁段或杆件的吊装方式，主要分为三种型式：采用能沿桁架上弦或纵梁走行的德立克吊机安装、缆索吊机吊装和缆载吊机安装。前两种吊装方式是一般桥梁施工中常用的方式，后一种专用于大跨度悬索桥施工。其特点是，利用已架好的两条主缆为支承，将提升梁段用的设备固定于主缆上，进行垂直提升吊装。它的吊装和移动不能收卷钢丝绳，缆载吊机提升的方式有两种：一种是利用卷扬机收卷钢丝绳；另一种是利用液压提升系统拉拔钢绞线。

下面按悬索桥加劲梁的两种主要结构型式：钢桁梁式和扁平钢箱梁式，介绍其架设施工的具体方法。

### 8.4.3.2　钢桁梁式加劲梁架设

悬索桥钢桁梁式加劲梁的架设方法，可采用一般钢桁梁架设的方法，即可采用能沿桁架上弦或纵梁走行的德立克吊机安装。所不同的是，在每一梁段拼装后，不是靠已成梁段来承受后拼梁段自重，而是立即将刚拼好的梁段通过吊索悬挂在主缆上，由主缆承担其自重。一般大跨度悬索桥主要还是采用缆载吊机或缆索吊安装。

从减小施工内力和考虑安全出发，架设常分两期进行。第一期桥面系等暂不施工，仅将主桁架梁架拼合龙，第二期再作加劲梁结构的其余部分施工，最后才浇筑混凝土桥面。

下面以丰都悬索桥的施工架设为例，介绍其施工技术。

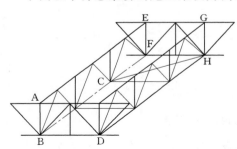

图 8.65　加劲梁的吊装节段单元示意图

**1. 加工制造**

该桥加劲梁采用平弦三角形桁架。主梁杆件断面为焊接 H 形，其宽度为 360mm，高度为 340mm 和 240mm，板厚为 12～16mm，材质为 16Mn。横梁桁架均位于吊索处，按 6m 间距设置，采用型钢组成的平面三角形桁架。考虑到工地制造和安装存在某些困难，2×39 片主梁桁架的平面单元节段在工厂制造。76 片横梁桁架在工地制造，作成 14m 长的平面单元。再在地面上将主桁节段、横梁、风构组装成 12m×14m×3m 的空间吊装单元节段，如图 8.65 所示（图中 ABCD、EFGH 所在平面为主桁平面，ABEF、CDGH 所在平面为横梁平面）。

**2. 吊装方法和吊装前的准备**

丰都悬索桥采用空间吊装单元节段进行吊装架设。其吊装量比较轻，因此施工中采用了一套吊重为 30t 的缆索吊机，进行起吊与运输。

该桥采用从跨中向两侧桥塔方向架设加劲梁的施工顺序，吊装前须做好如下的施工准备工作。

对索道、卷扬机等进行全面检查，使其处于良好的工作状态。测定主缆跨中垂度、塔顶偏移量、主鞍后移位置、两塔间跨度，并在塔顶标定主鞍的设计位置；将猫道钢绳固定约束后，吊挂在主缆上并拆除两侧猫道间的横通道；测量吊索长度，调整主桁架上的吊耳调节螺栓后再将吊索与主缆索夹相连；根据悬桥主缆的受力特性，在加劲梁架设过程中应分阶段将主鞍顶推到设计位置，故在其吊装前需检查顶推装置是否处于良好的工作状态等。

3. 加劲梁空间单元节段的吊装

空间单元节段采用缆索吊机进行吊装。4 根 φ55 密封式主绳，根据吊重情况和施工需要，既可联合作业，又可分开作业。缆索吊机用 2 台 10t 卷扬机作牵引，用 2 台 8t 卷扬机作起重。吊装加劲梁施工步骤如下：

（1）将两组索的索鞍移至与桥中线相距 6m 处，即两组主索相距 12m。

（2）吊点选择在加劲梁横梁上，共 4 个吊点。并设防滑拉索、千斤索与 10t 链条葫芦。将卸扣与专用吊具相连。吊具与钢横梁接触面填以木板，防止钢梁防护面漆受到损坏。

（3）将加劲梁从存放场运至丰都岸桥塔下面。在加劲梁主桁架上，安装与吊杆相连的吊耳，并调节其上的两根螺栓，确定吊杆所需长度。

（4）将中跨空间单元节段，由丰都岸经缆索吊机吊运到桥的跨中后，进行 4 根吊杆的安装。中跨空间单元节段安装后，向两塔对称地拼装其他空间节段。由于安装跨中节段时，主缆设有对拉绳，所以在吊装其他节段时必须将其提升超过主缆高程，再送到适当位置与已安装好的单元节段对接。拼至距桥塔尚剩两个节段时，应先吊装支座节段，并用钢丝绳将支座节段固定牢固。最后吊装合龙段，并用普通螺栓将合龙与支座节段及已安装好的相邻节段进行销连接。

4. 车道板、人行道板的安装及铺装层预压

（1）安装顺序。根据该桥钢桁梁的特殊性及工艺要求，并考虑钢桁梁及桥塔的受力情况，安装顺序为：先由两岸向跨中对称架设车道板中间两线，然后对称架设车道板边上两线及人行道板。

（2）施工。预制现场采用 25t 汽车吊吊车道板。汽车运输至索道下，高架索道吊运就位安装。首先以高强螺栓连接端横梁主桁架，并用汽车吊安装车道板，以便汽车能上桥及高架索道能吊板。然后按安装顺序，吊装车道板就位。

车道板吊运就位后，按顺序吊运人行道板就位。为防桁梁风构焊接时损伤氯丁橡胶块，人行道板采取间隔吊装，即焊接风构处的人行道板不就位。待焊完风构后，补铺橡胶块并补吊就位。

（3）桥面预压。主桥车道板、人行道板吊装完毕，用 25t 汽车吊来回碾压车道板，仔细检查车道板的平稳性并矫正不平稳、翘角的板。根据桥面设计铺装层厚度，以及实测桥面板吊运完后的主缆垂度，在每段钢桁梁上、下游侧用碎石、砂等施以加载预压，使桥面线型尽量接近设计，以便进行钢桁梁的最终拴接。

5. 加劲梁的最终拴接

加劲梁的最终拴接为：用摩擦型高强螺栓连接，代替普通螺栓销连接。

拴接从跨中向两侧桥塔逐段顺序进行。逐步拆除普通螺栓，用冲钉将被拴接的主梁上、下弦杆就位。穿入高强螺栓后，用定扭矩扳手，按 50％的扭矩实施初拧。然后再用专用电动扳手进行终拧。剪断梅花头后终拧完成。

以上工作完成后，进行桥面铺装和结构防腐等处理。

### 8.4.3.3 扁平流线形钢箱梁式加劲梁架设

加劲梁采用扁平流线形钢箱梁，其合理架设方法是梁节段提升法。这种施工方法，在博斯普鲁斯桥和小贝尔特桥的架设中，都得到应用。下面以我国厦门海沧大桥加劲梁施工架设

为例，简要介绍流线形钢箱梁式加劲梁的架设。

**1. 桥梁概况**

海沧大桥主桥，为230m＋648m＋230m三跨连续流线形扁平钢箱加劲梁悬索桥。全桥由94段钢箱梁组成。中跨有54段钢箱梁，其中标准梁段51段，梁段长为12.0m；非标准梁段3段，分别为中跨跨中梁段1段，梁长为11.0m和东、西塔根部梁段各1段，梁长为9.0m；边跨有19段钢箱梁，其中标准梁段15段。梁长为12.0m和东、西塔根部梁段各1段，梁长为9.0m，锚碇区梁段3段，梁长分别为11.5m、12.0m、12.0m；东、西塔柱下横梁顶有2段钢箱梁，梁长为7.0m。

标准梁段重为157.5t，其余梁段最大重达206.6t，最轻梁段重为127.4t。梁段划分如图8.66所示。

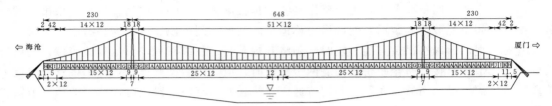

图8.66  海沧大桥梁段划分图

加劲钢箱梁为单箱单室结构，桥轴线处梁内净高3.0m，桥面板为2‰的双向横坡，梁宽36.60m，每段钢箱梁上均设有4个临时吊点，临时吊点顺桥向间距随梁段类型不同而变化，基本间距为6.0m，横桥向间距为28.80m，除塔根部B、D梁段，锚碇区H、K、J梁段外，每段钢箱梁上设有两个永久吊点。钢箱梁顺桥向每3.0m处设置一道模隔板（设人洞、管线孔），在索塔区B、D、G、E梁段程度约72.0m范围内，及锚碇区F、J、I、K、H梁段长度约59.0m范围内，均对称设置两道纵隔板。

全桥共配备4台缆载吊机，吊装钢箱梁，每台缆载吊机起重能力1900kN，配置2台牵引力为200kN的起重卷扬机，并在塔顶门架上设置50kN的牵引卷扬机。

**2. 钢箱梁吊装顺序**

如图8.67所示，海沧大桥钢箱梁的吊装顺序是：首先从中跨跨中向两塔柱方向，对称架设跨中11对梁段；然后分别从边跨（锚碇区H、K、I及边跨合龙梁段J、F暂不架设）和中跨对称向索塔方向架设；待架设完塔根部的G梁段后，先架设塔柱横梁上的B梁段，并将B梁段向中跨侧预偏20cm；然后架设边跨侧的D梁段，恢复B梁段预偏，并将整个边跨箱梁向锚碇方向预偏20cm；再吊装中跨侧D梁段，并恢复边跨钢箱梁的预偏；对塔根部区的G、D、B、D、G梁段进行必要的线型调整后，焊接G、D、B、D、G梁段之间的焊

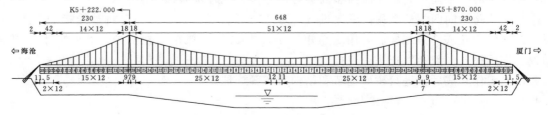

图8.67  加劲梁吊装顺序编号（单位：m）

缝；然后，吊装锚碇区 H、K、J 梁段，并向锚硬方向预偏 50cm；最后依次吊装边跨 F、J 合龙梁段，在吊装合龙梁段 J 之后，恢复 H、K、I 的预偏；对锚碇区的 H、K、I、J、F 梁段进行必要的线形调整；符合设计要求后，焊接各梁段之间的焊缝。

3. 钢箱梁的存放、运输

海沧大桥钢箱梁在武汉制造，通过海运运抵施工工地。为克服长江航道及沿途水文、天气、大风等影响，在桥址处码头上，专门清理出一块场地存放钢箱梁，以便使钢箱梁能够提前进场，最大程度地减小因运输风险造成的工期延误。

钢箱梁运输共分为 12 船次，每次运输 8 个梁段，高峰期有 2 条驳船参与运输。每条驳船可运载 8 段箱梁，在钢箱梁吊装开始前，已运到工地 64 段箱梁，根据钢箱梁吊装的先后顺序，摆放在码头场地内。

钢箱梁岸上采用 256t 平板车运输，水中采用 1000t 驳船运输，并由 2000kN 浮吊配合装卸。

4. 钢箱梁吊装工艺

全桥的 94 段钢箱梁，位于塔根部区的 B、D 梁段，东塔东侧植物油管上方的 G 梁段，铁路上方的 E、A 梁段，锚碇区的 H、K、I、J 梁段以及东塔西侧码头边缘的 A 梁段，均不能用车或驳船运输至垂直起吊位置，称做特殊梁段；其余的梁段都可以利用车或船直接运抵吊点之下，直接由缆载吊机垂直起吊安装，称为普通梁段。

（1）普通梁段吊装。普通钢箱梁计 78 段，其中中跨有 46 段在水中吊装；西边跨有 5 段在水中吊装，有 11 段在栈桥上吊装；其余的 16 段均在岸上吊装。

水中钢箱梁在码头用 2000kN 浮吊吊运至运输驳船上，利用拖轮协助将运梁驳船拖至吊点处定位船附近。定位船抛首尾八字锚，以帮助运输驳船定位。此时，缆载吊机已经移动至起吊箱梁正上方，并放下起重吊钩，根据缆载吊机吊钩位置，收放定位船锚绳，对钢箱梁进行精确定位，并用销轴将钢箱梁临时吊点与缆载吊机起重扁担梁销接。经检查符合安全吊装要求后，同时启动起重卷扬机，使钢箱梁缓慢离开驳船。并利用架在岸边的仪器观察钢箱梁是否水平，以便随时调整两台卷扬机的运行速度，使得缆载吊机两吊点均匀受力。

当钢箱梁吊装至设计位置后，首先将挂在主缆上的吊索与钢箱梁永久吊点销接，然后缓慢收放起重卷扬机，连接相邻两钢箱梁的临时连接螺栓，最后放松缆载吊机吊钩，使吊索受力、此时即完成了一段钢箱梁吊装任务。移动缆载机至下一个起吊位置，重复操作，按照设计的吊装顺序依次吊装箱架。

岸上的普通梁段与水中普通梁段吊装方法基本相同，所不同的是岸上钢箱梁的移动运输、精确对位采用 256t 平板车来完成。

（2）特殊梁段的吊装。海沧大桥特殊梁段有 16 段，因其所处位置不同，吊装方法也不相同。现仅以东塔东侧 E 梁段吊装和东西两岸锚碇区梁段为例予以说明。

1）东塔东侧 G 梁段吊装。G 梁段长为 12.0m，重量 181.8t，合龙时理论位置位于东塔东侧植物油管上方。受油管影响，不能垂直起吊安装，G 梁段需荡移 8.7m。利用缆载吊机由西向东斜拉起吊；为防止钢箱梁起吊时撞击油管，利用码头上的系缆桩做反力点，通过卷扬机滑车组组成反拉系统，控制 G 梁段的吊装位置，使得 G 梁段斜拉起吊平稳，边收紧起卷扬机，边放松反拉卷扬机，以钢箱梁东侧端面不碰植物油管道为原则。直至 G 梁段底面高于植物油管一定高度，完全放松反拉卷扬机，G 梁段在自重作用下逐渐摆移至垂直位置，再次垂直提升，使 G 梁段达到设计位置，并与其相邻梁段临时连接（图 8.68）。

2）东西岸锚碇区梁段吊装。东西岸锚碇区的 H、K、I 梁段靠近锚碇，属无吊索梁段，且箱梁顶面标高高于主缆，缆载吊机无法进行垂直起吊安装。采用活动支架配合固定支架法架设。

固定支架和活动支架，用万能杆件及 $\phi 900$ 钢管拼装。支架高度约 50m（图 8.69），其顶面对应于钢箱梁支撑线位置处设置滑槽，以方便钢箱梁沿支架顶面纵移。

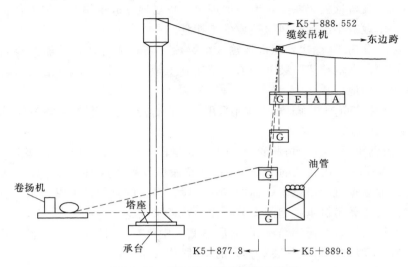

图 8.68　东边跨 G 梁段吊装示意图

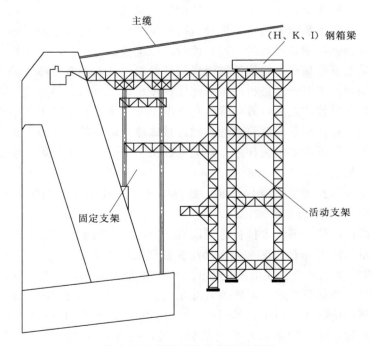

图 8.69　锚碇区的钢支架示意图

活动支架纵桥向长度为 18.0m，位于合龙梁段正下方，在进行锚碇区梁段架设时，缆载吊机位于 J 梁段理论重心位置。

当缆载吊机完成塔根部梁段吊装并协助调整线型完成后，由焊接单位完成塔根部梁段焊缝焊接任务。边跨缆载吊机待塔根部段焊接完成后，向锚碇区行走，并停置在 J 梁上方固定，准备进行锚碇区梁段吊装。

按照设计吊装顺序，先进行锚碇区 H 梁段架设。此时将活动支架沿横桥向轨道移开，并沿纵桥向将钢箱梁运输至缆载吊机起吊位置，利用缆载吊机垂直提升 H 梁段，直至使 H 梁段底面高于活动支架顶面滑道位置时停机。然后将活动支架移回设计位置，并与固定支架对接，在滑道上对应于 H 梁段支撑点位置处安装重物移位器，缓慢放松缆载吊机，使 H 梁段平稳落在活动支架顶部的移位器上。解除缆载吊机吊钩，利用设在锚碇横梁上的卷扬机牵拉 H 梁段，使其沿固定滑道向锚碇方向纵移，移到其设计合龙位置。锚碇区的另几个梁段均采用类似方法架设。

当完成锚碇区梁段架设后，再进行边跨 J、F 合龙梁段架设。该梁段可垂直提升就位。待全桥合龙后，利用千斤顶配合，调整锚碇区各梁段的坡度，达到设计要求后，进行焊接作业。至此完成了锚碇区梁段架设。

利用缆载吊机架设加劲梁段的方法有很多，可根据具体的地形和交通运输情况，采用垂直起吊、荡移和支架平移等多种手段。施工中还可创造出更多的施工方法。

## 任 务 小 结

（1）斜拉桥是一个有索、梁、塔 3 种基本构件组成的结构，是一种组合受力体系桥梁，其桥面体系受压，支承体系受拉。斜拉桥桥面体系用加劲梁构成，支承体系由钢索组成，属于组合体系，其主要组成部分为主梁、斜拉索和索塔。

（2）混凝土斜拉桥可先施工墩、塔，然后施工主梁和安装拉索，也可索塔、拉索、主梁三者同时并进。塔柱混凝土施工一般采用就地浇筑，模板和脚手平台的做法常用支架法、滑模法、爬模法或大型模板构件法。

（3）斜拉桥主梁的施工方法与梁式桥基本相同，主要有以下 4 种方法：顶推法施工、平转法施工、支架法施工和悬臂法施工。

（4）斜拉桥、斜拉索的施工技术包括制索、运索、穿索、张拉及调索等。斜拉索的安装法主要有吊点法、吊机安装法及分布牵引法。吊点法可分为单吊点法与多吊点法。

（5）悬索桥也称为吊桥，主要组成有主缆、锚碇、索塔、加劲梁、吊索。具有特点的细部构造还有主索鞍、散索鞍、索夹等。

（6）锚碇是悬索桥的主要承重构件，要抵抗来自主缆的拉力，并传递给地基基础。锚碇按受力型式可分为重力式和隧道式两种。重力式锚碇是依靠其巨大的重力抵抗主缆拉力，而隧道式锚碇的锚体嵌入基岩内，借助基岩抵抗主缆拉力，故隧道式锚碇只适用于基岩坚实完整的地区，其他情况下大多采用重力式锚碇。锚碇的基础有直接基础、沉井基础、复合基础和隧道基础等几种。

（7）索塔有钢筋混凝土塔和钢塔两种类型，悬索桥混凝土塔柱施工工艺与斜拉桥塔身基本相同，钢索塔的施工可选用浮吊、塔吊和爬升式吊机三种有代表性的施工架设方法。

（8）悬索桥加劲梁的架设方法按其推进方式主要有两种：①先从跨中节段开始，向两侧主塔方向推进，此例有旧金山——奥克兰海湾大桥、维拉扎诺海峡桥、小贝尔特桥等；②从主塔附近的节段开始，向跨中及桥台推进，此例有金门桥及日本本四连络线上的悬索桥等。我国近期施工的大跨度悬索桥，都是采用从跨中向两塔方向吊装的方式。

## 学 习 任 务 测 试

1. 斜拉桥的组成部分包括哪些？
2. 斜拉桥主梁施工采用自然合龙，应注意哪些问题？
3. 斜拉索的布置及索面型式有哪些？
4. 简述塔的施工方法、主梁施工的方法。
5. 悬索桥的组成部分包括哪些？
6. 简述 PPWS 法的施工程序。
7. 大体积混凝土的温控措施有哪些？

# 学习任务 9　桥面及附属工程施工技术

**学习目标**

本任务介绍了支座、伸缩装置、桥面铺装及其他附属工程的基本知识，并详细介绍了支座的施工、伸缩装置的安装、桥面铺装层的施工以及其他附属工程的施工。通过学习本任务，应能掌握支座、伸缩装置、桥面铺装的概念、用途以及施工的方法及流程，了解桥面防水、桥面防护设施、桥头搭板施工知识。

## 学习情境 9.1　概　　述

桥面是桥梁服务车辆、行人而实现其功能的最直接的部分，主要包括支座、伸缩装置、桥面铺装层、桥面防水与排水设施、桥面防护设施（防撞护栏或人行道栏杆、灯柱等）、桥头搭板等。其施工质量不仅影响桥梁的外形美观，而且关系到桥梁的使用寿命、行车安全及舒适性。因此，对于桥面及附属设施的施工必须引起足够的重视。

## 学习情境 9.2　支　座　的　施　工

桥梁支座是桥梁结构的一个重要组成部分。但是由于它在桥梁工程造价中所占比例很小，往往未引起工程技术人员的重视。20 世纪 70 年代以前，我国的公路、铁路桥梁上常不设支座或仅设置传统的钢支座。随着桥梁建设事业的发展，各种型式的桥梁陆续建成，对桥梁支座的承载力、对支座适应线位移和转角能力的要求也不断提高，与之相适应的各种新型桥梁支座便应运而生。

桥梁支座是连接桥梁上部结构和下部结构的重要结构部件。它能将桥梁上部结构的反力和变形（线位移和转角）可靠地传递给桥梁下部结构，同时保证上部结构在荷载、温度变化、混凝土收缩徐变等因素作用下的自由变形，以便使结构的实际受力情况与理论计算图示相符合，并保护梁端、墩台帽不受损伤。

梁支座必须满足以下功能要求：首先梁支座必须具有足够的承载能力，以保证安全可靠的传递支座反力；其次支座对桥梁变形（位移和转角）的约束应尽可能的小，以适应梁体自由伸缩及转动的需要。此外支座应便于安装、养护和维修，并在必要时可进行更换。

梁式桥的制作一般分为固定支座和活动支座。固定支座允许梁截面自由转动而不能移动，活动支座允许梁在挠曲和伸缩时转动与移动。针对桥梁跨径、支座反力、支座允许转动与位移不同，支座选用的材料不同，支座是否满足防振、减振要求不同，桥梁支座具有许多相应类型。

随着桥梁结构体系的发展，制作类型也相应地得以更新换代，过去一般针对小跨径桥梁的或加工较繁琐的支座，如简易垫层支座、弧形钢板支座、钢筋混凝土摆柱式支座等已不常使用，代之以板式橡胶支座、盆式橡胶支座、球形钢支座、聚四氟乙烯滑板支座以及圆形板式橡胶支座等。

### 9.2.1　板式橡胶支座

随着橡胶工业的发展，从20世纪50年代起已尝试应用优质合成橡胶来制造桥梁支座。二三十年的使用经验表明，橡胶支座与其他金属刚性支座相比，具有构造简单、加工方便、造价低、结构高度小、安装方便等一系列优点，因此，近些年来在桥梁工程中橡胶支座已获得广泛应用。此外，鉴于橡胶支座能方便地适应任意方向的变形，故对于桥宽、曲线桥和斜交桥具有特别的适应性。橡胶的弹性还能消减上下部结构所受的动力作用，这对于抗振也十分有利。

板式橡胶支座（图9.1、图9.2）由数层薄橡胶片与薄钢板镶嵌、黏合、压制而成。它具有足够的竖向刚度以承受垂直荷载，能将上部结构的反力可靠地传递给墩台；有良好的弹性，以适应梁端的转动；有较大的剪切变形以满足上部结构的水平位移。

图9.1　桥梁板式橡胶支座　　　　图9.2　板式橡胶支座的结构

板式橡胶支座适用于中小跨径的公路、城市和铁路桥梁。我国公路桥梁规范规定。标准跨径20m以内的梁和板桥，一般可采用板式橡胶支座，但在实际应用中往往超越上列跨境界线，只要严格按设计原则，均能取得满意结果。国产板式橡胶支座的支座承载能力范围可为150～7000kN。公路桥梁中使用的板式橡胶支座分类见表9.1。

表9.1　　　　　　　　　　　　　板式橡胶支座分类

| 板式橡胶支座 | 加劲板式橡胶支座 | 普通板式橡胶支座 | 矩形普通板式橡胶支座 | 一般称为"固定支座" |
| --- | --- | --- | --- | --- |
| | | | 圆形板式橡胶支座 | |
| | | 四氟板式橡胶支座 | 矩形四氟板式橡胶支座 | 滑动支座，应设防尘罩 |
| | | | 圆形四氟板式橡胶支座 | |
| | 无加劲板式橡胶支座 | 仅有一层橡胶板 | | |

板式橡胶支座安装时，应该注意下列事项。

（1）橡胶支座在安装前，应检查产品合格证书中有关技术性能指标，如不符合设计要求时，不得使用。

（2）支座下设置的支承垫石，混凝土强度应符合设计要求，顶面要求高程准确，表面平整，在平坡情况下同一片梁两端支承垫石水平面应尽量处于同一平面内，其相对误差不得超过3mm，避免支座发生偏歪、不均匀受力和脱空现象。

（3）安装前应将墩、台支座垫石处清理干净，用干硬性水泥砂浆抹平，并使用其顶面高程符合设计要求。

（4）支座安装尽可能安排在接近年平均气温的季节里进行，减小温差变化大而引起的剪切变形。

（5）当墩、台两端高程不同，顺桥向有纵坡时，支座安装方法应按设计规定安装。

（6）梁、板安放时，必须仔细，使梁、板就位准确且底面与支座密贴，就位不准时，或支座与梁板不密贴时，必须吊起，采取措施垫钢板和使支座位置限制在允许偏差内，不得用撬棍移动梁、板。

### 9.2.2 盆式橡胶支座

盆式橡胶支座是钢构件与橡胶组合而成的新型桥梁支座，具有承载能力大、水平位移量大、转动灵活等特点，适用于支座承载力为 1000kN 以上的跨径桥梁，也适用于城市、林区、矿区的桥梁。

盆式橡胶支座构造简单、结构紧凑、滑动摩擦系数小、转动灵活，与一般铸钢辊轴支座相比，具有重量轻、建筑高度低、加工制造方便、节省钢材、降低造价等优点，与板式橡胶支座相比具有承载能力大、容许支座位移量大、转动灵活等优点、因此盆式橡胶支座特别适宜在大跨径桥梁上使用。

盆式橡胶支座构造按使用性可分为：双向活动支座（又称多向活动支座），具有转动和纵向与横向滑移性能；单向活动支座，具有转动和单一方向（纵向或横向）滑移性能；固定支座仅具有转动性能。按适用温度可分为常温型支座，适用于−25～60℃；耐寒型支座，适用于−40～60℃。以活动盆式橡胶支座为例，其结构由上支座板、聚四氟乙烯板、承压橡胶块、橡胶密封圈、中间支座板、钢紧箍圈、下支座板以及上下支座连接板组成。国内常用的盆式橡胶支座有 GPZ 型、TPZ 型、QPZ 型等系列（图 9.3、图 9.4）。

图 9.3 GPZ 型盆式橡胶支座

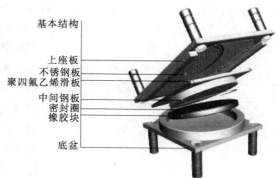

基本结构

上座板
不锈钢板
聚四氟乙烯滑板
中间钢板
密封圈
橡胶块

底盆

图 9.4 盆式橡胶支座结构图

近年来，新发展的几种盆式橡胶支座有抗震型盆式橡胶支座、高度可调盆式橡胶支座及盆式橡胶测力支座等。盆式橡胶测力支座是在橡胶支座的腔块内部设置油腔，通过油路在支座体外测读支座反力，在润扬大桥世业洲互通匝道研究项目中使用了这种测力支座。

支座规格和质量应符合设计要求，支座组装时其底面与顶面（埋置于墩顶和梁底面）的钢垫板，必须埋置稳固。垫板与支座间应平整密贴，支座四周不得有 0.3mm 以上的缝隙，严格保持清洁。活动支座的聚四氟乙烯板和不锈钢钢板不得有刮伤、撞伤。氯丁橡胶板块密封在钢盆内，要排除空气，保持紧密。

（1）安装前，将支座各相对滑移面用清洁剂仔细擦洗，擦净后在四氟滑板的储油槽内注满硅脂类润滑剂并保持清洁。

（2）盆式橡胶支座的顶面和底板可用焊接或锚固螺栓拴接在梁体底面和垫石顶面的预埋钢板上。采用焊接时，应防止烧坏混凝土；焊接完成后，应在焊接部位作防锈处理。安装锚固螺栓时其外露螺杆的高度不得大于螺母的厚度。支座安装的顺序，宜先将上座板固定在大梁上，然后根据其位置确定底盆在墩台的位置，最后固定。

（3）支座的安装标高应符合设计的要求，中心线与梁的轴线重合，水平最大位移差不超过 2mm。

（4）安装固定支座时，上下各部件的纵轴线必须对正；安装活动支座时上下纵轴线必须对正，横轴线应当根据安装时的温度与年平均温度的差，由计算确定其错位的距离；支座上的上下导向挡块必须平行，最大偏心的交叉角不得大于 5°。

### 9.2.3　球形钢支座

#### 9.2.3.1　球形钢支座的特点

随着大跨径桥梁结构的发展，要求桥梁支座的承载能力大，同时具备适应大位移和转角的要求。球形钢支座传力可靠，转动灵活，它不但具备盆式橡胶支座承载能力大，允许支座位移大等特点而且能更好地适应支座大转角的需要，与盆式橡胶支座相比具有如下优点：

（1）球形钢支座通过球面传力，不出现力的缩颈现象，作用在混凝土上的反力比较均匀。

（2）球形钢支座通过球面聚四氟乙烯板的滑动实现支座的转动过程，转动力矩小，而且转动力矩只与支座球面半径及聚四氟乙烯板的摩擦系数有关，与支座转角大小无关，因此特别适用于大转角要求，设计转角可达 0.05rad 以上。

（3）支座各向转动性能一致，适用于桥宽、曲线桥。

（4）支座不用橡胶承压，不存在橡胶老化对支座转动性能的影响，特别适用于低温地区。

#### 9.2.3.2　球形钢支座的安装

球形钢支座有固定支座、单向活动支座和多向活动支座之分。活动支座的主要组成是上支座板、不锈钢位移板、聚四氟乙烯滑板、中间球形钢芯板、聚四氟乙烯球型板、橡胶密封圈，下支座板和上下固定连接螺栓等。目前球形支座已在国内独柱支承的连续弯板结构、独柱支承的连续弯箱梁结构、双柱支承的连续 T 形梁结构及大跨度斜拉桥中广泛应用，如图9.5所示。

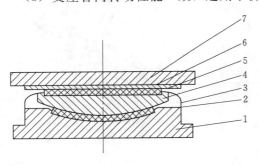

图 9.5　球形钢支座构造图
1—下座板；2—球面 F4 板；3—密封裙；4—中座板；
5—平面 F4 板；6—上滑板；7—上座板

（1）球型支座出厂时，应由生产厂家将支座调平，并拧紧连接螺栓，以防止支座在安装过程中发生转动和倾覆。支座可根据设计需要预设转角及位移，但施工单位应在订货前提出预设转角及位移量的要求，由生产厂家在装配时预先调整好。

（2）支座安装前方可开箱，并检查装箱清单，包括配件清单、检查报告复印件、支座产品合格证书及支座安装养护细则。开箱后，不得任意转动连接螺栓，并不得任意拆卸支座。

（3）支座安装时还应注意以下事项：

1）支座安装时应注意支座开箱并检查清单及合格证。

2）安装支座板及地脚螺栓时，在下支座板四周用钢楔块调整支座水平，并使下支座板底面高符合设计要求，找出支座纵、横向中线位置，使之符合设计要求；支座在安装过程中，不得松开上顶板和下底盘的连接固定板；用环氧砂浆灌注地脚螺栓及支座底面垫层，砂浆应饱满、密实。

3）环氧砂浆硬化达到规定强度后，拆除支座四角临时钢楔块，并用环氧砂浆填塞密实抽出楔块位置。

4）在梁体安装完毕后，或现浇混凝土梁体形成整体并达到设计强度后，在张拉梁体预应力之前，拆除支座上顶板与下底盘的连接固定板，以防止约束梁体的正常转动。

5）拆除上下连接板后，检查支座外观，并应及时安装支座外防尘罩。

6）当支座与梁体及墩台采用焊接连接时，应先将支座准确定位后，用对称间断焊接，将下支座板与墩台上预埋钢板焊接，焊接时应防止烧伤支座及混凝土。

### 9.2.4　特殊型式支座

在《公路桥涵施工技术规范》（JTG/T F50—2011）中，特殊型式支座包括拉力支座、海洋环境桥梁防腐蚀支座、竖向和横向限位支座等具有特殊功能和规格的支座。聚四氟乙烯滑板式橡胶支座是工程中较为常用的一种特殊支座。聚四氟乙烯滑板式橡胶支座是在普通板式橡胶支座按照支座尺寸大小粘贴一层厚 2～4mm 的聚四氟乙烯板，除具有普通板式橡胶支座的竖向刚度和压缩变形，且能承受垂直荷载及适应梁端转动外，还能利用聚四氟乙烯板与梁底不锈钢板间的低摩擦系数，使桥梁上部结构水平位移不受限制。此外，这种支座还可以在顶锥横移等施工中作滑板使用（图 9.6）。

图 9.6　聚四氟乙烯滑板式橡胶支座

聚四氟乙烯滑板式橡胶支座，四氟板表面应设置储油槽，支座四周设置防尘设施，在安装时应注意以下事项：

（1）墩台上设置的支承垫石，其高程应考虑预埋的支座下钢板厚度，或在支承垫石上预留一定深度的凹槽，将支座下钢板用环氧树脂砂浆黏结于凹槽内。

（2）在支座下钢板上及四氟滑板式支座标出支座位置中心线，两者中心线相重合放置，为防止施工时移位，应设置临时固定措施。安装时宜在与年平均气温相差不大时进行。

（3）梁底预埋有支座上钢板，与四氟滑板式支座密贴接触的不锈钢板嵌入梁底上钢板内，或用不锈钢沉头螺钉固定在上钢板上，并标出不锈钢板中心线位置。安装支座时，不锈钢板，四氟板表面均应清洁、干净，在四氟滑板表面涂上硅脂油，落梁时要求平稳、准确、无振动、梁与支座密贴、不得脱空。

（4）支座正确就位后，拆除临时固定装置，采取安装防尘围裙措施。

圆形板式橡胶支座安装施工要点可参照板式橡胶支座相关要求。

### 9.2.5　支座的养护与更换

桥梁支座在遭受破坏、作用不能充分发挥时，将会使桥梁上、下部结构受到不利的影响，也容易对结构产生重大障碍。因此必须经常养护，损坏时要及时进行更换或修补。

1. 支座的养护

支座的各部分应保持完整、清洁、要清除垃圾，冬季清除积雪和冰块，保证梁跨自由伸缩；在活动支座滚动面上要定期涂一薄层润滑油，在涂油之前，必须先用钢丝刷或抹布把滚动面揩擦干净。为了防锈，支座各部分除钢辊和滚动面外其余要涂刷油漆保护，对固定支座应检查锚栓坚固程度，支座垫板要平整紧密，及时拧紧接合螺栓。

2. 支座的更换

常用的支座更换方法是采用大吨位、低高度液压千斤顶，通过液压泵站控制千斤顶整体顶升全断面或同一墩台顶面梁体进行支座更换。

（1）在墩台两侧搭设工作平台，清除墩台顶杂物后平稳放置在经标定检验合格后的千斤顶，千斤顶上、下面用钢垫板垫平，使其全面受力。用高压油管连接千斤顶、高压油表、高压泵站等，每片支座处设一个百分表，用来检查梁升高的情况及相邻梁体升高的情况，相邻梁体顶升高差值应控制在 1mm 以内，顶升均匀慢慢进行，随时检查升高位移的均匀性，并及时进行调整。

（2）待顶升高度超过支座高度时，采用环形钳取出损坏支座，取出前对原有支座的位置进行测量标记，然后将新支座安装在原位置上，并检查位置是否正确，高低合适，接触良好，缓慢均匀落梁卸出千斤顶，将梁体落梁就位。

# 学习情境 9.3　伸缩装置及安装

为了保证桥跨结构在气温变化、活载作用、混凝土收缩与徐变等影响下按静力图示自由地伸缩变形，就需要使桥面在两梁端之间以及在梁端与桥台背墙之间设置横向的伸缩缝（亦称变形缝），伸缩缝的构造多种多样，依据桥梁变形量和活载的大小而异，其不但要能保证梁的自由变形，而且要使车辆在设计缝能平顺地通过，防止雨水、垃圾、泥土等渗入堵塞；对于城市桥梁还应使缝的构造在车辆通过时能降低噪声。此外，伸缩缝构造应使施工和安装方便，不但其本身要有足够的强度，更应与桥面铺装部分牢固连接；对于敞露式的伸缩缝还要便于检查和清除缝下沟槽的污物。桥面伸缩装置是公路桥梁中的薄弱环节，多年来伸缩及其装置发生损坏的事例也屡见不鲜，其中施工程序不合理或施工不慎是造成破坏的因素之一，应该引起施工人员的重视。

### 9.3.1　伸缩装置的分类

为适应材料胀缩变形对结构的影响，而在桥梁结构的两端设置的间隙称为伸缩缝；为了使车辆平稳通过桥面并满足桥面变形的需要，在桥面伸缩接缝处设置的各种装置统称为伸缩装置。在我国各地使用的伸缩装置种类繁多，按其传力方式及构造特点可以分为对接式、钢质支承式、橡胶组合剪切式、模数支承式、无缝式，各种类型的型式、型号等，详情信息见表9.2。

**表 9.2**                              桥梁伸缩装置分类信息表

| 序号 | 分类 | 型式 | 说　明 | 型　号 |
|---|---|---|---|---|
| 1 | 钢质支承式 | 钢质式 | 采用面层钢板或梳齿钢板的构造 | 钢梳齿板；钢板叠合 |
| 2 | 橡胶组合剪切式 | 板式橡胶式 | 将橡胶材料与钢件组合，以橡胶的剪切变形吸收梁的伸缩变为桥面板缝隙支承车轮荷载的构造 | BF、JB、JH、SD、SC、SB、SG、SEG型，SFJ型，UG型，BSL型，CD型 |
| 3 | 模数支承式 | 模数式 | 采用异型钢材或钢组焊接与橡胶密封带组合的支承式构造 | TS型，J-75型，SSF型，SG型，XF斜向型，GQF-MZL型 |
| 4 | 无缝式 | 暗缝式 | 路面施工前安装的伸缩构造 | GP型（桥面连续） |
| | | | 以路面等变形吸收变位的构造 | TST弹塑体，EPBC弹塑体 |
| 5 | 对接式 | 填式对接式 | 以沥青、木板、麻絮、橡胶等材料填筑缝隙的构造（在任何状态下，都处于压缩状态） | 沥青、木板填塞，U形镀锌铁皮，矩形橡胶条，组合式橡胶条，管形橡胶条 |
| | | 嵌固对接式 | 采用不同形状的钢构件将不同形状橡胶条（带）嵌固，以橡胶条（带）的拉压变形吸收梁变位的构造 | W型，SW型，M型，SDⅡ型，PG型，FV型，GNB型，GQF-C型 |

### 9.3.2　伸缩装置的施工程序

　　桥面的平整度一直是各类公路工程、桥梁工程质量检验评定的一个很重要的指标，而桥梁的伸缩装置则是影响桥面平整度的重要元素之一。如果由于施工程序不合理或施工不慎，在3m长度范围内，其高程与桥面铺装的高程有正负误差，将造成行车的不舒适，甚至会造成伸缩装置的破坏。因此，遵照伸缩装置的施工程序并谨慎施工是桥梁伸缩装置安装成功的重要保证。

　　伸缩装置的施工程序分为两类，无缝式伸缩装置的施工程序自成一体，而其余伸缩装置的施工程序可统一表示。无缝式伸缩装置一般用于伸缩量较小的小桥，其上部结构多为板式结构，在板上面还设有约10cm厚的整体化桥面混凝土，根据这一特点，其伸缩装置的施工质量要求较高。

　　其他类型的伸缩装置宜在桥面铺装完成后，采取反开槽的方式进行安装，当采取先安装再铺装桥面的方式时，应采取有效措施对安装好的伸缩装置进行妥善保护。

### 9.3.3　伸缩装置的安装

　　实践证明，桥梁伸缩装置破坏的原因多数与锚固系统有关，锚固系统薄弱，本身就容易破坏，锚固系统范围内的高程控制不严，容易造成跳车，车辆的反复冲击，会导致伸缩装置过早破坏。因此，伸缩缝锚固系统的安装相当重要，现将几种主要的伸缩装置的安装施工要点介绍如下。

#### 9.3.3.1　梳齿板式伸缩装置

　　钢质支承式的伸缩装置是用钢材装配制成的，能直接承受车轮荷载的一种伸缩装置。以前这种伸缩装置多用于钢桥，现也用于混凝土桥梁。钢质支承式伸缩装置的型式、尺寸和种类繁多。其中，面层板呈齿形，从左右伸出桥面板间隙处相互啮合的悬臂式构造，或者面层板呈悬架的支承式构造，统称为梳齿板式伸缩装置。梳齿板式伸缩装置的构造是由梳形板、连接件及锚固系统组成，有的梳齿板式伸缩装置在梳齿之间填塞有合成橡胶，起防水作用。

1. 安装施工要点

定位角铁的拆除一定要及时，以保证伸缩装置因温度变化而自由伸缩，也可采用其他方法，把相对的梳齿板固定在两个不同的定位角铁上，让它们连同相应的角铁自由伸缩。

安装施工应仔细进行，防止产生梳齿不平、扭曲及其他的变形，安装时一定将构件固定在定位角铁上，以保证安装精度。要严格控制好梳齿的槽向间隙，由于伸缩方向性的误差及横向伸缩等原因，在最高温度时，梳齿横向间隙不得小于 5mm，梳齿的间隙应不小于 15mm。当构件安装及位置固定好之后，就可着手进行锚固系统的树脂混凝土浇筑，为了锚固系统可靠牢固，必须配备较多的连接钢筋及钢筋网，这给树脂混凝土的浇筑带来不便。因此，浇筑混凝土一定要认真细心，尤其角隅周围的混凝土，一定要振捣密实。在钢梳齿根部可适当钻些直径 20mm 的小孔，以利于浇筑混凝土时空气的排除。

对于小规模的伸缩装置，由于清扫和维修非常困难，故一般都不做接缝内的排水设施，但此时必须考虑支座的防水及台座排水与及时清扫等，所以它也只能用于跨河流或不怕漏水场地的桥跨结构。这种伸缩装置，在营运中须加养护，及时清除掉梳齿之间灰尘及石子之类的杂物，以保证它的正常使用。对于焊接而成的梳齿型构件，焊缝一定要考虑汽车反复冲击下的疲劳强度。施工中，应使锚固系统可靠，防止锚固螺栓松动，螺帽脱落，并应设置橡胶密封条防水。

2. 安装时的间隙控制

采用梳齿板式伸缩装置安装时的间隙，应按安装时的梁体温度决定，一般可按下式计算，即

$$\Delta_1 = l - l_1 + l_2$$

式中   $\Delta_1$——安装时的梳齿板间隙；

    $l$——梁的总伸缩量；

    $l_1$——施工时梁的伸长量，应考虑混凝土干燥收缩引起的收缩量，预应力混凝土梁还应考虑混凝土徐变引起的收缩量；

    $l_2$——富余量。

### 9.3.3.2 橡胶伸缩装置

采用橡胶伸缩装置时，材料的规格、性能应符合设计要求。根据桥梁跨径大小或连续梁（包括桥面连续的简支梁）的每联长度，可分别选用纯橡胶式、板式、组合式橡胶伸缩装置。板式橡胶伸缩装置是利用橡胶材料剪切模量低的原理设计制造而成。该装置在剪切橡胶伸缩体内设有上下凹槽，橡胶体内埋设承重钢板和锚固钢板，并设有预留螺栓孔，通过螺栓与梁端连成整体，它是依靠上下凹槽之间的橡胶体剪切变形来满足梁体结构的相对位移；依靠橡胶伸缩体内预埋钢板跨越梁端间隙，承受车辆荷载。国内生产的具有代表性的产品有 BF型、SEJ 型、UG 型、BSL 型和 CD 型。

板式橡胶伸缩装置，具有构造简单、安装方便、经济实用等优点，主要适用于伸缩量为 30~60mm 的二级以下的公路桥梁。该伸缩装置应有成品解剖检验证明，安装时，应根据气温高低，对橡胶伸缩体进行必要的预压缩。气温在 5℃以下时，不得进行橡胶伸缩装置施工。采用后嵌式橡胶伸缩体时，应在桥面混凝土干燥收缩完成且徐变也大部分完成后再进行安装。

伸缩装置安装时，首先应检查桥面板端部预留的槽口的尺寸、钢筋，注意不受损伤，若

为沥青混凝土桥面铺装，宜采用后开槽工艺安装伸缩缝，以提高与桥面的顺适度；其次，根据安装时的环境温度计算橡胶板伸缩装置的模板宽度与螺栓间距，将准备好的加强钢筋与螺栓焊接就位，然后浇筑混凝土并洒水养护；最后，将混凝土表面清洁后，涂防水胶黏材料，应根据气温和缝宽，进行必要的调整后，再将伸缩装置安装就位，且安装后应使其处于受压状态，向伸缩装置螺栓孔内灌注防蚀剂后，注意及时盖好盖帽。伸缩装置的位置、构造应按《公路桥梁伸缩装置》（JT/T 327—2004）规定办理。

### 9.3.3.3　模数式伸缩装置

随着我国高等级公路和城市高架桥建设事业的迅速发展，桥梁的长大化得到突破性进展，这就要求有结构合理、大位移量的桥梁伸缩装置来适应这一发展的需要。然而板式橡胶制品类的伸缩装置，很难满足大位移量的要求；钢质型的伸缩装置，又很难做到密封不透水，而且容易造成对车辆的冲击，影响车辆的行驶舒适性。因此，出现了利用吸震缓冲性能好又容易做到密封的橡胶材料，与强度高、刚性好的异型钢材组合，在大位移量情况下能承受车辆荷载的各种类型模数支承式（模数式）桥梁伸缩装置系列。

模数式伸缩装置是由V形截面和其他截面形状的橡胶密封条（带）嵌接与异型边梁钢和中梁钢内组成的可伸缩密封体，其优点主要是密封不透水、行车性能好、可满足大位移量的要求。它适用于伸缩量为80～1200mm的桥梁工程。其主要产品有 J-75 型、TS 型、SSF 型、SG 型、XF 斜向支承型、GQF-MZL 型、德国毛勒模数式等伸缩装置。

伸缩装置中所用异型钢梁沿长度方向的直线度应满足 1.5mm/m，全长应满足 10mm/m的要求。伸缩装置钢构件外观应光洁、平整，不允许扭曲变形，且应进行有效的反腐处理。伸缩装置必须在工厂进行组装，组装钢构件应进行有效的防护处理；吊装位置应用明显颜色标明；出厂时应附有效的产品质量合格证明文件。伸缩装置在运输中应避免阳光直接暴晒，雨淋雪侵，并应保持清洁，防止变形，且不能与其他物质相接触，并需注意防火。

施工安装时，要按照设计核对预留槽尺寸，预埋锚固筋若不符合设计要求，必须首先处理，满足设计要求后方可安装伸缩装置。伸缩装置安装之前，应按照安装时的气温调整安装时的位置，用专用卡具将其固定。安装时，伸缩装置的中心线与桥梁中心线重合，并使其顶面高程与设计高程相吻合，按桥面横坡定位、焊接；绑扎其他钢筋和铺设防裂钢筋网等工作，应在按桥面横坡定位、焊接固定后进行。浇筑过渡段混凝土前应将间隙填塞；浇筑时应防止混凝土渗入伸缩装置的位移控制箱内，或撒落在密封橡胶带缝中及表面，如发生此现象，应立即清除；浇筑混凝土后应将填塞物及时取出。伸缩装置两侧的过渡段混凝土应覆盖洒水养护不少于7d，其强度满足设计要求后，方可开放交通。

### 9.3.3.4　弹塑体材料填充式伸缩装置

伸缩装置所用弹塑体，其胶结材料系采用橡胶沥青内掺多种高分子聚合物组成，石料采用粒径较单一（如 6～25mm）短级配石料。施工时，在梁端伸缩缝处先盖以跨缝铝板（厚1mm，柔性）或钢板（厚6mm，刚性），将胶结料和专用石料在高温条件下拌和均匀，摊铺在预留伸缩缝位置，经压实后构成一种无缝式弹性伸缩装置。此类伸缩装置的优点是施工方便、快捷，桥面无缝，车辆行驶较舒适，适用于位移量小于 50mm 的中、小桥梁中，适应温度为－25～60℃。当位移量较大时，伸缩量在工作过程中，弹塑体可产生 3mm 以上的隆起或凹陷，桥面平整度将达不到沥青混凝土面层的技术要求，行车也会有不平整的感觉。该种伸缩装置设计使用年限5～7年，弹塑体的更换除将增大桥梁养护成本外，还给大交通量下的维修工作带来不便。当梁端挠度较大时，由于重复变形的疲劳影响，弹塑体易产生开裂破坏。因此，一般认为弹塑体伸缩装置应限制用在小伸缩量的中、小桥梁中，对高速公路和其他重载、大交通量路线中的桥梁，或日温差较大、梁端变形大的桥梁中则不宜使用。

弹塑体材料物理性能应符合有关规定，产品应附有有效的合格证书。弹塑体材料加热熔化温度应按要求严格控制。主层石料压碎值不大于30％，扁平及细长石料含量少于15％～20％，石料使用前应清洗干净，其加热温度控制在100～150℃。

风力大于3级，气温低于10℃及有雨时不宜施工。施工可采用分段分层浇灌铺筑法，亦可采用分段分层拌和铺筑法。

### 9.3.3.5　复合改性沥青填充式伸缩装置

伸缩体由复合改性沥青及碎石混合而成。适用于伸缩量小于50mm的中小跨径桥梁工程，适用温度为－30～70℃。

改性沥青应符合产品有关规定，其加热熔化温度要控制在170℃以内。粗石料（14～19mm）和细石料（6～10mm）应满足以下要求：强度大于100MPa；密度2.6～3.2g/cm³；磨耗值（$L.A$）小于30；磨光值（$P.S.V$）大于42；压碎值（$A.C.V$）小于20；扁平细长颗粒含量小于15％。嵌入桥梁伸缩缝空隙中的T形钢板厚度3～5mm，长度约为1m。

### 9.3.4　伸缩缝质量标准

伸缩缝安装的质量标准见表9.3。

表9.3　　　　　　　　　　　　伸缩装置安装质量标准

| 项　目 | | 规定值或允许偏差 |
| --- | --- | --- |
| 长度/mm | | 符合设计要求 |
| 缝宽/mm | | 符合设计要求 |
| 与桥面高差/mm | | 2 |
| 纵坡/% | 一般 | ±0.5 |
| | 大型 | ±0.2 |
| 横向平整度/mm | | 3 |

**注**　缝宽应按安装时的气温折算。

# 学习情境9.4　桥面铺装层施工

桥面铺装层是直接承受汽车荷载的桥梁表层，除受汽车轮载的直接作用外，还受环境因素（温度和湿度等）的影响，受力状态极为复杂，若设计、施工稍有不当，则容易造成铺装层的早期损坏。据统计，桥面铺装层的损坏极易发生，损坏率远远超过路面损坏率，并且损坏发生裂缝挤浆，接着形变、网裂，最后演变成坑洞，将严重影响桥梁整体性、行车安全及舒适性。因此，必须对其给予足够重视。

桥面铺装层的作用是实现桥梁的整体化，使各片主梁共同受力，同时为行车提供平整舒适的行车道面。高等级公路及二级、三级公路桥梁的桥面铺装层一般为复合式铺装，即上层为4～8cm的沥青混凝土，下层为8～10cm的水泥混凝土桥面铺装。水泥混凝土增加桥梁的整体性，沥青混凝土提高行车的舒适性，同时能减轻车辆对桥梁的冲击与振动。四级公路或个别三级公路桥梁为减少工程造价，直接采用水泥混凝土桥面铺装，也有三级公路桥梁在水泥混凝土桥面铺设一层沥青碎石或沥青表层，所以桥面铺装层的结构型式应根据公路桥梁等级、交通量大小和荷载等级设计确定。本节将分别介绍各种桥面铺装层及施工技术。

### 9.4.1　沥青混凝土桥面铺装

沥青混凝土桥面铺装是混凝土铺装层的其中一类，沥青混凝土以其独特的性质和性能，为提高并完善桥面铺装层的功能做出了不可磨灭的贡献。随着桥梁建设事业、桥梁型式及规模的不断发展，沥青混凝土铺装工艺和技术也随之推陈出新，并在实践中形成了双层式SMA、浇筑式沥青混凝土及环氧沥青混凝土等多种铺装材料和工艺，不仅用于钢筋混凝土桥面，更针对解决钢桥面防渗水、钢桥面板与沥青铺装层的黏结效果、沥青铺装层的使用性能及耐久性能等方面。

浇筑式沥青混凝土（Mastic Aspalt）指在高温状态下（200～260℃）进行拌和，混合料摊铺时流动性大，依靠自身的流动性摊铺成型，无需碾压，沥青、矿粉含量较大，空隙率小于 1% 的一种特殊的沥青混合物。浇筑式沥青混凝土具有优良的防水、抗老化及疲劳耐久性，对钢板的追从性、与钢板间的黏结性能与一般沥青混凝土相比具有很大的优势。因为浇筑式沥青混凝土具有上述特点，其在钢桥面铺装上得到广泛应用。由于各地气候条件、荷载状况的不同，各国在浇筑式沥青混凝土的使用上也不尽相同。日本一般把浇筑式沥青混凝土作为双层复合结合的下层，上层采用改性沥青混凝土，如本州四国联络桥；德国、丹麦等采用双层浇筑的比较多，如大、小贝尔特桥；有的采用单层浇筑式沥青混凝土，如英国的福塞桥等。但不论浇筑式沥青混凝土在桥面铺装中以何种结构层次出现，其施工工艺大同小异。

以美国为代表的环氧沥青混凝土，是在沥青中加入环氧树脂，并经过固化反应，使沥青性质由热塑性转为热固性，从而使该材料具有很多优良的性能。环氧沥青混凝土具有很高的强度，其马歇尔稳定度是一般沥青混凝土的 3～5 倍；还有很好的耐疲劳性能和良好的耐腐蚀性；铺装层材料变形特性好，能尽量追随钢板的伸缩变形；热稳定性好，高温时不发生推移和车辙等永久变形；抗裂性好，低温时不产生硬化和开裂，铺装层对钢桥面板变形有良好的追从型；防水性能好，混合料沥青含量高，环氧沥青黏结性好，集料较细（最大公称粒径13.2mm），属于桥梁密集型混合料，能阻止水分渗透到桥面钢板，防止钢板锈蚀；环氧沥青重量轻，铺装层面较薄，降低了对钢桥的静荷载；环氧沥青要求养护的时间比较长，一般在 28h 以后才可以开放交通；性价比高，环氧沥青铺装层单价较高（主要原因是目前环氧沥青全部美国进口），但使用寿命长，减少了维修周期，降低了维修费用。在我国南京长江第二大桥桥面铺装施工中均成功地采用了此种型式（图 9.7）。

图 9.7　南京长江第二大桥

沥青混凝土桥面铺装应按设计要求施工。沥青混凝土的配合比设计、铺筑、碾压等施工程序，应符合现行《公路沥青路面施工技术规范》（JTG F40—2004）的有关规定。具体施工要点详述如下。

**1. 准备工作**

铺装沥青混凝土面层以前，须对混凝土桥面的平整度、粗糙度等进行检查，桥面应平整、粗糙、干燥、整洁，并应符合规定的设计要求。并测设中线和边线的高程，根据所需铺筑沥青混凝土的最小、最大及平均厚度计算沥青混凝土的数量，做好用料计划。

清扫桥梁混凝土面层，保持清洁、干燥，并喷洒黏层油，黏层沥青宜采用快裂的洒布型乳化沥青，也可采用快、中凝液体石油沥青或煤沥青，并采用机械喷布工艺，用量一般控制在 $0.3\sim0.4kg/m^2$，要求洒布均匀。

**2. 浇洒黏层沥青工艺要求**

如上所述，黏层沥青应均匀洒布（亦可涂刷），浇洒过量的局部地段或积聚油量较多时应予以刮除。当气温低于10℃或水泥混凝土桥面层潮湿（或不洁），不得浇洒黏层沥青。浇洒黏层沥青后，严禁除沥青混合料运输车以外的其他车辆、行人通过。黏层沥青洒布后，应紧接铺筑沥青混凝土面层，但乳化沥青应等待破乳、水分蒸发完后铺筑。洒布沥青黏层前宜在路缘石上方涂刷石灰水或粘贴保护纸张，以免沥青沾染缘石。

**3. 伸缩缝处理**

铺筑沥青面层时，伸缩缝处理宜用黄砂等松散材料临时铺垫与水泥混凝土顶面相平，沥青混凝土面层可连续铺筑，铺筑完成后再按所用伸缩缝装置的宽度，画线切割，挖除伸缩缝部分的沥青混凝土后再安装伸缩装置。

**4. 热拌沥青混合料的运输**

沥青混凝土面层铺筑用沥青混合料应采用较大吨位的自卸汽车运输，车厢应清扫干净。为防止沥青与车厢板黏结，车厢侧板和底板可涂一薄层油水混合液（柴油与水比例可为1:3），但不得有余液积聚在车厢底部。运料车应用篷布覆盖，用以保温、防雨、防污染，夏季运输时间短于0.5h时，亦可不加覆盖。连续摊铺过程中，运料车应在摊铺机前10～30cm处停住，不得撞击摊铺机；卸料过程中运料车应挂空挡，靠摊铺机推动前进。沥青混合料运至摊铺地点后应凭运料单接收并检查拌和质量及温度要求，遇有已经结成团块或遭遇淋湿的混合料不得铺筑在桥面、道路上。

**5. 沥青混凝土面层的铺筑**

铺筑沥青混凝土面层应采用机械摊铺，并宜以伸缩缝的间距确定一次铺筑长度，要求在相邻两个伸缩缝之间尽量不设施工缝。桥面的宽度宜在1d内铺筑成，每次铺筑的纵向接缝宜在上次铺筑的沥青混凝土的实际温度未降至100℃时予以接缝铺筑并碾压。

根据混凝土桥面层的平整度、沥青混凝土面层的厚度和结构层次决定一次铺筑或两次铺筑。沥青混凝土面层厚度大于6cm时，宜采用两次铺装以提高沥青混凝土面层的平整度。沥青混合料必须缓慢、均匀、连续不断地摊铺，摊铺过程中不得随意变换速度或中途停顿。摊铺速度一般控制在2～6m/min，可根据沥青混合料供应及机械配套情况及摊铺层厚度、宽度确定。

摊铺好的沥青混合料应紧接碾压（碾压方法、要求可参照沥青路面施工有关规定）。如因故不能及时碾压或遇雨时，应停止摊铺，并对卸下的沥青混合料覆盖保温。当先铺筑的沥青混凝土的实际温度降至80℃以下时，与后铺筑的沥青混凝土应按冷接缝方法处理，即铣刨接缝处的沥青混凝土，要求接缝顺直。纵缝的铣刨宽度宜为20～30cm，横缝的铣刨宽度应用 3cm 直尺测量后决定，一般不宜小于 100cm。如无铣刨机时，可按画线用切缝机切割后，再凿除。

沥青混凝土面层的铺筑和碾压宜从下坡向上坡进行。施工车辆和施工机械不允许停留在新铺装的沥青混凝土面层上，也不允许柴油之内的油料滴漏在沥青混凝土面层上，以免引起沥青混凝土软化、雍包。当采用刻槽方式增加沥青混凝土铺装层与混凝土桥面的啮合，提高其抗滑能力时，刻槽的宽度宜为 20mm，槽间距宜为 20m，槽深宜为 3～5mm。

### 9.4.2　水泥混凝土桥面铺装

#### 9.4.2.1　普通水泥混凝土桥面铺装

如图 9.8 所示，水泥混凝土桥面铺装结构层次非常简单，除了桥面铺装的材料性能之外，其施工的焦点就集中在桥面铺装层的上下两个界面上。表面是行车面，应保持其耐磨、抗滑且具有规范要求的平整度，提供给行车一个舒适、安全、美观的环境；下表面与混凝土桥面板的上表面相接触，需要保证两者间黏结牢固，在行车荷载作用下不出现剥离现象，保证整个铺装结构的耐久性，使其在设计年限内不出现破坏。

影响桥面板与桥面铺装层之间黏结的因素主要有：铺装前桥面板表面的清洁程度、铺装前桥面板表面的微裂缝、铺装桥面板表面的水泥混凝土浮浆、铺装层混凝土的振捣、铺装层的养护、铺装层桥面板表面的潮湿程度、铺装前桥面板表面的粗糙程度以及铺筑前桥面板表面的黏结剂的选用等。此外，钢筋绑扎、混凝土的浇筑也是铺装施工成功的关键环节。因此，针对各种因素影响，制定好相应的措施指导施工工艺，才能铺筑出满足使用要求的桥面铺装层。具体施工要点如下。

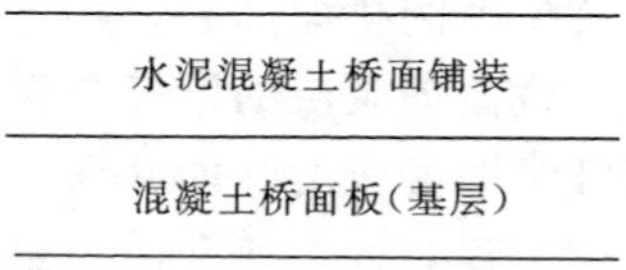

> 水泥混凝土桥面铺装
>
> 混凝土桥面板（基层）
>
> 图 9.8　水泥混凝土桥面
> 铺装结构

**1. 准备工作**

浇筑面层铺装混凝土时，必须在横向连接钢板焊接工作完成后方可进行，以免后焊的钢板胀缩引起桥面混凝土在接缝处发生裂纹。浇筑混凝土前使梁、板顶面粗糙，清洗干净，按设计要求铺设纵向接缝钢筋和桥面钢筋网，然后浇筑。桥面铺装混凝土如设计为防水混凝土，施工时应按防水要求施工，防水层不得漏水或使水渗入结构本体。浇筑铺装层之前应复测梁板间高程，如测预应力混凝土梁，则每跨至少复测跨中和支点处的中线和边线高程；如果铺装层的最小厚度不能满足设计要求时，就需调整设计高程，应事先取得有关方面的同意和签证。

**2. 钢筋绑扎**

桥面钢筋的绑扎应根据设计要求和有关规定，一般可参照现行规范中钢筋的有关绑扎搭接要求，必须注意纠正钢筋位置，对斜交桥梁，桥面钢筋应按图纸规定方向放置，防止有误；所有钢筋均应正确留有保护层厚度；采用双层钢筋网时，两层钢筋之间应有足够数量的定位撑筋，以保证两层钢筋的位置正确。

**3. 混凝土浇筑**

铺筑桥面混凝土时，为防止铺筑层出现收缩裂缝，宜采用分仓浇筑施工法。分仓原则可按桥面宽度以及无伸缩缝桥面的长度来考虑，并在施工组织设计中有计划地事先做好周密部署，重大工程尤其不可疏忽。

**4. 注意事项**

浇筑铺装层时，必须严格要求，不得在钢筋上搁置重物或运输小车在钢筋网上推运及人行践踏而使钢筋变位，必须搭设走道支架架空，并在浇筑过程中，随时注意纠正钢筋位置。浇筑混凝土时，宜从下坡向上坡进行；要求路拱符合设计规定，面层必须平整、粗糙；由于桥面纵坡较大，因此必须进行压纹处理。当在水泥混凝土面层上，还需铺装沥青混凝土时，其面层应采取防滑措施，并应分两次进行。第二次抹平后，应沿横坡方向拉毛或采用机具压槽，拉毛或压槽的深度应符合现行行业标准《公路水泥混凝土路面施工技术规范》（JTC F30—2003）的有关规定，用以增加与沥青混凝土面层的黏结。沥青混凝土面层宜采用粗糙度较大的防滑层结构。连续桥面的施工应符合有关设计规定的要求。

### 9.4.2.2　钢纤维水泥混凝土桥面铺装

钢纤维水泥（SFRC）是一种具有优良力学性能的特种混凝土。在水泥混凝土中加入一定量的钢纤维后，由于钢纤维在混凝土中的均匀分布，在受载过程中限制了混凝土基体的开裂，因而混凝土表现出较高的抗裂和抗冲击性，其抗拉、抗弯、抗剪性能和耐磨性能得到显著提高，在延长路面的使用寿命和降低养护维修费用等方面，都优于普通混凝土。同时，由于钢纤维混凝土具有较高的强度，可以减薄铺筑厚度，对一些受高程限制的特殊地段，特别是桥位处的桥面铺装，具有重要的使用价值。

桥面铺装层的厚度应根据当地的气候条件、桥面的使用条件、桥梁结构对桥面的要求和钢纤维混凝土的性能并参考已有工程的经验来确定，一般宜在80～90mm之间取值。例如，三峡工程对外交通专用公路桥桥面，铺装层的厚度宜采用100mm，铺装层的材料用钢纤维混凝土，另配两层钢筋直径为8mm，网格为150mm×150mm的钢筋网，采用这种较为简单的复合型铺装层，既可保持复合型铺装层的优良力学性能，又不至于给施工造成太大的困难。钢纤维混凝土作为桥面铺装层，国内虽进行了一些初步研究，但从设计理论与方法到施工技术还有许多技术问题需要研究解决。

钢纤维水泥混凝土桥面铺装除了符合普通水泥混凝土的铺装要求外，还应符合现行中国工程建设标准化协会《纤维混凝土结构技术规程》（CECS 38—2004）的规定。

桥面用钢纤维混凝土，强度等级不低于CF30；采用硅酸盐水泥或普通硅酸盐水泥，其强度不低于42.5级；水泥用量应不少于360kg/m³。钢纤维混凝土施工宜采用机械搅拌，当钢纤维体积率较高，拌和物稠度较大时，搅拌机一次搅拌量不宜大于其额定搅拌量的80%。搅拌、投料次序和方法应以搅拌过程中钢纤维不产生结团和保证一定的生产率为原则，并通过试拌或根据经验确定。宜优先采用将钢纤维、水泥、粗细集料先干拌而后加水湿拌的方法。必要时可采用钢纤维分散机布料。钢纤维混凝土的搅拌时间应通过现场搅拌试验确定，并应较普通混凝土规定的搅拌时间延长1～2min。采用先干拌而后加水湿拌方式时，干拌时间不宜少于1.5min。

钢纤维混凝土应采用机械振捣，应保持钢纤维分布均匀。首先用平板式振捣器振捣密实，然后用振动梁振捣整平，其次用表面带凸棱的金属圆滚将竖起的钢纤维和位于表面的石子和钢纤维压下去，最后用金属圆滚将表面滚压整平。待钢纤维混凝土表面无泌水时用金属抹刀抹平，经修整的表面不得裸露钢纤维，也不应留有浮浆。抹平的表面应在初凝前作拉毛处理。拉毛时不得带出钢纤维，拉毛工具可使用刷子和压滚，不得使用木刮板、粗布路刷和竹扫帚。钢纤维混凝土可采用与普通混凝土相同的护养方法。

钢纤维混凝土桥面铺装层厚度一般宜取80～90mm，有特殊需求时可适当减薄，但不宜小于60mm。钢纤维混凝土桥面层内配置的钢筋网应较相应普通混凝土桥面层内配置的钢筋网数量少，宜采用直径 8mm，间距 200mm 的钢筋网，保护层厚度宜取 35mm。对于小跨径的桥面或确定有当地工程经验时，可取消钢纤维混凝土桥面层内的钢筋网。

桥面层应采用矩形分块，纵缝和横缝应垂直相交，纵缝两侧的横缝不得互相错位。纵缝的间距由桥面宽度确定，但不应大于 15m。单项坡三车道或小于三车道的桥面不可设纵缝。横缝设为缩缝和胀缝。横向缩缝间距应依据当地气候条件、钢纤维的性能和体积率、桥面长度等因素确定，宜取 10～15m，最长不得超过 20m。胀缝间距可取缩缝间距的 2 倍，胀缝宽度宜取 5～8mm。

### 9.4.3 复合式桥面铺装

复合式桥面铺装，即前面介绍过的上层为沥青混凝土桥面铺装。其铺装施工的方法和要点直接参照各自铺装施工技术即可。

### 9.4.4 钢桥面铺装

钢桥面铺装的结构层、厚度、材料等应符合设计规定。铺装施工前应制订专项施工技术方案，并应做好人员培训、材料的调查试验以及机具设备的检查维护等准备工作。钢桥顶面在出厂时应按设计要求涂防锈漆，在桥面铺装施工前应喷洒除锈漆进行除锈处理。铺装施工前应做试验段，试验段的铺设应包括钢桥面铺装的全部工序。

铺装施工在一道工序完成之后，下道工序应连续进行；上层铺装施工前其下层应保持干燥、整洁、不得有尘土、杂物、油污或破坏，当不符合要求时应予以处理。铺装层完工后，应按规定时间限制车辆通行。

钢桥面铺装宜避开雨季施工。钢桥面铺装的每个层次均不得在雨天施工，施工中遇雨必须立即停工，在消除雨水所带来的危害后，方可重新施工。钢桥面铺装施工的环境温度应在 15℃ 以上，且不宜在夜间施工。

### 9.4.5 桥面铺装施工质量标准

混凝土桥面铺装施工标准见表 9.4。

表 9.4                                混凝土桥面铺装施工质量标准

| 项 目 | | | 规定值或偏差值 | |
|---|---|---|---|---|
| 强度或压实度 | | | 符合设计要求 | |
| 厚度 | | | 沥青混凝土 | 水泥混凝土 |
| | | | $+10，-5$ | $+20，-5$ |
| 平整度 | 高速公路、一级公路 | $IRI$/(m/km) | 2.5 | 3 |
| | | $\sigma$/mm | 1.5 | 1.8 |
| | 其他公路 | $IRI$/(m/km) | 4.2 | |
| | | $\sigma$/mm | 2.5 | |
| | | 最大间隙 $h$ /mm | 5 | |
| 横坡/% | | 水泥混凝土面层 | $\pm0.15$ | |
| | | 沥青混凝土面层 | $\pm0.3$ | |
| 抗滑构造深度 | | | 符合设计要求 | |

注  1. 桥长不足 100m 时，按 100m 处理。

    2. 高速公路、一级公路上的小桥可按路面的要求进行质量控制。

对刚桥沥青混凝土铺装进行检测时，不得采用钻孔法，而应采用无损检测法。钢桥面铺装施工质量应符合表 9.5 的要求。

表 9.5 　　　　　　　　　　　　　钢桥面铺装施工质量控制标准

| 项　目 | | | 规定值或允许偏差 |
| --- | --- | --- | --- |
| 压实度代表值 | SMA | 面层 | 理论最大密度的 94% |
| | | 下层 | 理论最大密度的 95% |
| | AC | 面层 | 理论最大密度的 94% |
| | 环氧沥青混凝土 | 面层、下层 | 理论最大密度的 97% |
| 面层厚度 | 代表值 | | 设计值的 −10% |
| | 极值 | | 设计值的 −20% |
| 总铺装层厚度 | 代表值 | | 设计值的 −8% |
| | 极值 | | 设计值的 −15% |
| 平整度 | 标准差/mm | | ≤1.2 |
| | 最大间隙/mm | | ≤3 |
| 路表渗水系数/(mL/min) | | | ≤200 |
| 宽度/mm | | | −20 |
| 横坡底/% | | | ±0.3 |
| 构造深度/mm | | | 满足设计要求 |
| 摩擦系数 | | | 满足设计要求 |

# 学习情境 9.5　其他附属工程施工

除以上任务叙述的桥面工程外，仍有很多墙面的细部单项工程，如桥面防水、泄水管、桥面防护设施、桥头搭板等，统称为桥面附属工程，共同组成桥面并完成桥面的整体功能，不可或缺。因此，其施工技术的研究、施工质量的好坏也需要引起桥梁工作者的重视。

## 9.5.1　桥面防水施工

由于桥面柔性防水层可以同时保护桥面板和主梁钢筋不被碳化和腐蚀破坏，因此目前在提高混凝土桥面的耐久性时柔性防水材料使用较多，且效果良好。桥面防水层施工是对防水材料的一次再加工，其施工质量的好坏直接关系到整个防水系统的成败。

### 9.5.1.1　卷材类防水层施工

1. 施工顺序及铺设方向

大面积铺设卷材前，应先做好一些细部如泄水管处、伸缩缝处等密封处理。建材铺设应采取"先高后低，先远后近"的施工顺序，即有纵坡的桥面先从纵坡低处铺起，在横向，先铺路拱低处（即从两边铺向中间）。卷材的铺设方向宜与桥梁中心线平行，沿桥梁纵向铺设。对于弯桥，宜与桥梁中心线成最小的角度铺设，并选择合理的裁剪方式，使裁剪量和搭接缝尽可能少，表面看起来整洁美观。

2. 搭接方法、宽度及要求

卷材间连接采用搭接法，长短边搭接宽度在考虑材料特殊要求的基础上应分别不小于

100mm、150mm，相邻两幅卷材间的接头还应相互错开300mm以上，以免接头处多层卷材重叠而黏结不实，搭接缝处宜用相同的成分黏结密封材料封严。

### 3. 施工工艺

卷材铺设前应按照桥面准备方法及标准对桥面进行认真清理，特别是平整度不符合要求和浮浆比较严重的区域。对于大多数厂家的卷材都要求底涂，即设下黏层，底涂层材料及其用量一般由卷材提供方配套提供，一般采用刷或喷涂的方式施工，根据防水工程的具体情况，确定卷材的铺设顺序和铺设方向，并进行试铺。在基层上弹出基准线，然后沿基准线铺设卷材。

采用热熔法铺设卷材时，先把卷材铺展在预定的位置上，将卷材末端用火焰加热器加热熔融涂盖层，并粘贴固定在预定的基层表面上，然后把卷材的其余部分重新卷成一卷，并用火焰加热器对准卷成卷的卷材与基层表面的夹角，均匀加热至卷材表面开始熔化，并呈光亮黑色时即可熔融卷材涂盖层，卷材滚铺时应排除卷材与基层间的空气，使之平展并黏结牢固，卷材的搭接缝部以均匀的溢出沥青为宜，溢出的热熔改性沥青，应立即用刮板刮平，沿边封严，铺设卷材时应注意加热均匀，不得过分加热或使用强火在一处停留不动而烧穿卷材，但也切忌慢火烘烤。喷枪头与卷材面一般应保持350～500mm的距离，与基层成30°～45°角为宜。卷材被热熔后应立即铺设，并在卷材还较柔软时用压辊进行滚压，排除卷材下面的空气使其黏结牢固。

防水层与路缘石、护栏、伸缩缝等处的细部处理，按照细部结构处理方法实施，应精心设计裁剪方式，做到布局、用料合理，表面美观。泄水管处宜将建材直接铺设过去，然后将泄水口上的卷材剪开，向下粘贴到管内壁。如果泄水管管径较小应先在下面垫贴一块卷材。

#### 9.5.1.2 涂膜类防水层施工

基层应平整、坚实，符合桥面准备标准，如不满足则按推荐的处理措施进行校正，将稀释的防水材料涂层均匀涂布于基层找平层上，涂刷时最好选择在无阳光的早晚间进行，以使涂料有充分的时间向基层毛细孔内渗透，增强图层对底层的黏结力，涂刷时应做到厚度适宜，涂布均匀，不得有流淌、堆积或漏涂的现象，以利于水分蒸发，避免起泡。

中（间）涂层为加筋涂层，要铺贴胎体增强材料，一般为玻璃纤维网布或聚酯无纺布。胎体材料可顺着车道行进方向铺贴，各幅材料间采用搭接法，长短边搭接宽度分别为100mm、150mm。铺贴胎体材料时，一般边涂防水材料边铺贴胎体材料，为了操作方便，可将胎体卷成圆卷，一边滚，一边贴，随即用毛刷将胎体碾压平整，排除气泡，并用刷子在其上面均匀涂刷，使胎体牢固黏结到基层上，并使全部胎体布网眼浸满涂料，不得有漏涂现象和皱折，当需要做"二部"或"多部"几层布间的胶接缝应相互错位。

按照设计要求，需要设保护层的地方，根据保护层的不同类型，施工方法也不一样，对于预拌沥青碎石，AC-5（或AC-10）沥青混凝土或表面处理等沥青碎石类保护层可采用沥青混凝土的施工方法和步骤来实施，有时也会直接在防水层上撒铺瓜米石（粒径2.36～4.75mm）后轻压。

### 9.5.2 泄水管施工

钢筋混凝土结构不宜经受时而湿润，时而干晒的交替作用。湿润后的水分如因严寒而结冰，则更有害，因为深入混凝土微细发纹和大孔隙内的水分，在结冰时会导致混凝土发生破坏。而且，水分侵袭钢筋也会使它锈蚀。因此，为防止雨水滞积于桥面并渗入梁体而影响桥梁的耐久性，除在桥面铺装内设置防水层外，应使桥上的雨水迅速引导排出桥外，设置泄水管既是出于以上目的。

1. 泄水管的种类

泄水管一般由铸铁泄水管、钢筋混凝土泄水管及横向排水管道几种。

铸铁泄水管适用于各种型式的铺装结构，泄水管的内径一般为 $10\sim15$cm，管子下端应伸出行车道板、底面以下至少 $15\sim20$cm。安放泄水管时，与防水层的接合处要做得特别仔细，防水层的边线要紧夹在管子的顶缘与泄水漏斗之间，以便防水层上的渗水能通过漏斗上的过水孔流入管内，这种铸铁泄水管使用效果好，但结构较复杂，通常还可以根据具体情况在此基础上做适当的改进，例如管和钢板的焊接构造，甚至改用塑料制成泄水管等。

钢筋混凝土下水管适用于不设专门防水层而采用防水混凝土的铺装构造上，在制作时，可将金属栅板直接作为钢筋混凝土管的端模板，以使焊于板上的短钢筋锚固于混凝土中。这种预制的泄水管构造简单，也可以节约钢材。

对于一些小跨径桥，有时为了简化构造和节省材料，可以直接在行车道两侧的安全带或缘石上预留横向孔，并用铁管、竹管等将水排出桥外，这种做法的构造简单，但因孔道坡度平缓，易于堵塞。

2. 泄水管布置

通常当桥面纵坡大于 2%，桥长小于 50m 时，桥上可不设泄水管，但在引道两侧应设置流水槽，以免冲刷路基，当桥面纵坡大于 2%，桥长大于 50m 时，一般每隔桥长 $12\sim15$m，需设置一个泄水管，当桥面纵坡小于 2%，一般需要每隔 $6\sim8$m 设置一个泄水管。泄水管过水面积通常按每平方米墙面不少于 $2\sim3$cm$^2$。泄水管可沿行车道路两侧左右对称排列，也可交错排列，弯桥泄水管宜放置于桥面较低的一侧。

3. 泄水管构造

城市桥梁桥面排水要求封闭式排水系统将雨水集中排放，而且外部布局美观。因此，泄水管构造比较复杂，有时需将部分下水管设置在梁体内部。立交桥及高速公路上的桥梁，泄水管不宜直接挂在板下，可将泄水管通过纵向及竖向排水管道直接引向地面，并且管道要有良好的固定装置，如锚碇轨及抱箍等预埋件。立交桥下汇流管的过水面积必须大于泄水管的过水面积。公路桥梁设置人行道时，通常采用竖向排水的泄水管，管中心距缘石的最小距离为 $10\sim20$cm，要在主梁浇筑时预留泄水管位置。

### 9.5.3　桥面防护设施施工

桥面防护设施一般包括安全带、路缘石、人行道梁、人行道板、栏杆、扶手、防撞护栏以及灯柱等。在桥面防护设施修建安装完工后，其竖向线形或坡度、断缝或伸缩缝必须符合设计规定。

1. 安全带和路缘石

（1）悬臂式安全带构件必须与主梁横向连接。

（2）安全带梁必须安放在未凝固的 M20 稠水泥砂浆上，以便形成设计要求的顶面横向排水坡。

（3）为减少从路缘石与桥面铺装缝中渗水，路缘石宜采用现浇混凝土，使其与桥面铺装的底层混凝土结为整体。

2. 人行道

人行道通常采用预制块件安装施工方法，有些桥的人行道采用整块预制，分中块和端块两种，若为斜交桥，其端块还要做特殊设计。预制时要严格按照设计尺寸制模成型，保证强度，大部分桥梁人行道采用分构件预制法，一般分为 A 挑梁、B 挑梁、路缘石、支撑梁、人行道板 5 部分。跟安全带与缘石相类似，悬臂式人行道构件必须与主梁横向连接或拱上建筑完成后才可安装。人行道梁必须安放在未凝固的 M20 稠水泥浆砂浆上，并以此来形成人行道顶面设计的横向排水坡。人行道板必须在人行道梁锚固后才可铺设，对设计无锚固的人行道梁、人行道板的铺设应按照由里向外的次序。在安装由锚固的人行道梁时，应对焊缝认真检查，必须注意施工安全。人行道铺设应符合表 9.6 的要求。

表 9.6 人行道铺设要求

| 项　目 | 规定值或允许偏差 | 项　目 | 规定值或允许偏差 |
|---|---|---|---|
| 人行道边缘平面偏位/mm | 5 | 横坡 | ±0.3% |
| 纵向高程/mm | +10.0 | 平整度/mm | 5 |
| 接缝两侧高差/mm | 2 | | |

### 3. 栏杆、护栏、灯柱

栏杆块件必须在人行道板铺设完毕后才可安装，安装栏杆柱时，必须全桥对直、校平（弯桥、坡桥要求平顺），竖直后用水泥砂浆填缝固定，钢筋混凝土墙式护栏的高度必须在纵坡变化点处调整，以使线形顺适、美观；钢筋混凝土柱式护栏、金属制护栏放样前应选择桥梁伸缩缝附近的端部立柱作为控制点，当间距出现零数，可用分配办法使之符合规定尺寸，立柱宜等距设置，轮廓标的安装高度宜尽量统一，连接牢固。

桥上灯柱通常只在城镇设有人行道的桥梁上设置，灯柱的设置位置有两种：一种是设在人行道上；另一种是设在栏杆立柱上，灯柱应按设计位置安装，必须牢固，线条顺直、整齐美观。灯柱线路必须安全可靠。

栏杆护栏安装质量应符合表 9.7 的要求。

表 9.7 栏杆护栏安装质量标准

| 项　目 | 规定值或允许偏差值/mm | 项　目 | 规定值或允许偏差值/mm |
|---|---|---|---|
| 护栏、栏杆平面偏位 | 4 | 护栏、栏杆柱纵、横向竖直度 | 4 |
| 扶手高度 | ±10 | 相邻栏杆扶手高度及护栏接缝两侧高差 | 3 |
| 栏杆柱顶面高差 | 4 | | |

### 4. 防撞护栏

随着社会发展对行车安全要求的提高，防撞护栏越来越多地应用在桥梁工程中，成为了桥梁的重要组成部分，目前常用的护栏型式为混凝土防撞护栏、冷弯型钢防撞护栏等，对混凝土防撞护栏的施工应符合以下要求。

对结构重心位于凉亭以外的悬臂式防撞护栏，因在主梁横向联结或拱上结构完成后，方可施工。对就地现浇的防撞护栏，宜在顺桥向每隔 5～8m 设一道断缝或夹缝。防撞护栏的钢筋应与梁体的预留钢筋可靠连接。模板宜采用钢模，支模时宜在顶部和底部各设 1 道对应拉螺杆，或采用其他固定模板的装置。宜采用坍落度较小的干硬性混凝土，浇筑时应分层进行，分层厚度不宜超过 200mm；振捣时应采用适当的措施使模板表面的气泡逸出。对预制安装的防撞护栏，在搬运和安装时，应采用适当的保护措施，防止损伤棱角处的混凝土，连接钢板的焊接质量应符合设计要求和规范的相关规定，施工完成后的防撞护栏，其地面高程和位置应准确，位于弯道上的护栏及其线形应平顺。

混凝土防撞护栏施工质量应符合表 9.8 的规定。

表 9.8　　　　　　　　　　　　　　　　混凝土防撞护栏施工质量标准

| 项　　目 | 规定值或允许偏差 | 项　　目 | 规定值或允许偏差 |
|---|---|---|---|
| 混凝土强度/MPa | 在合格标准内 | 竖直度/mm | 4 |
| 平面偏位/mm | 4 | 预埋件位置/mm | 5 |
| 断面尺寸/mm | ±5 | | |

### 9.5.4　桥头搭板施工

台背填土位于路堤与桥梁衔接处，其状态不仅因自身密实度随时间变化而变化，而且还会受地基沉降的影响；它不仅承受汽车荷载的作用，而且与物理力学性质截然不同的桥台之间存在着相互作用。因其对汽车平稳行驶及桥台乃至全桥稳定意义重大，历来受到重视。桥台和路堤的刚度、强度差异很大，一旦台背填土发生沉降，台背结构与桥台形成错台或折线，就会出现跳车。因此，设计中应考虑台背填土至少 15mm 沉降差引起的汽车荷载增加值，要求增强台背填土的强度和刚度，以此设计采用桥头搭板结构，实现桥台→过渡段→路基刚柔过渡，来消除桥头跳车的发生。

我国常用桥头搭板，按埋置深度分为地面式、半埋式；按埋置方式分为平置式、斜置式；按浇筑方式分为整体浇筑式（分 A 型、B 型）、装配式（分 I 型、II 型）、装配-整体式、分块式。国外的桥头搭板类型也是种类繁多、特点各异。

钢筋混凝土桥头搭板，台后填土的填料应以透水性材料为主，分层压实应按砌体施工要求填筑，台背回填前应按设计要求作防水处理。台后地基如为软土，应按设计依照软基处理方法进行处理，预压时应进行沉降观测，预压沉降控制值应在施工搭板前完成。桥头搭板下路堤可设置排水构造物。钢筋混凝土搭板及枕梁宜采用就地浇筑。搭板钢筋与其下垫层间宜设置垫块并应交错布置。在上、下两层钢筋之间应设置支撑并保证其位置准确，浇筑搭板混凝土时应按照搭板的坡度由低处向高处进行，振捣时应避免碰撞钢筋、模板。

桥头搭板施工质量，应符合表 9.9 的规定。

表 9.9　　　　　　　　　　　　　　　　桥头搭板施工质量标准

| 项　　目 | | 规定值或允许偏差值 |
|---|---|---|
| 混凝土强度/MPa | | 在合格标准内 |
| 枕梁尺寸/mm | 宽、高 | ±20 |
| | 长 | ±30 |
| 板尺寸/mm | 长、宽 | ±30 |
| | 厚 | ±10 |
| 顶面高度/mm | | ±2 |
| 顶面纵坡/% | | 0.3 |

## 任 务 小 结

（1）桥面主要包括支座、伸缩装置、桥面铺装层、桥面防水与排水设施、桥面防护设施（防撞护栏或人行道栏杆、灯柱等）、桥头搭板等。

（2）桥梁支座的型式主要包括板式橡胶支座、盆式橡胶支座、球形钢支座、聚四氟乙烯滑板支座以及圆形板式橡胶支座等。

（3）为适应材料胀缩变形对结构的影响，而在桥梁结构的两端设置的间隙称为伸缩缝；为了使车辆平稳通过桥面并满足桥面变形的需要，在桥面伸缩接缝处设置的各种装置统称为伸缩装置。在我国各地使用的伸缩装置种类繁多，按其传力方式及构造特点可以分为对接式、钢质支承式、橡胶组合剪切式、模数支承式、无缝式，各种类型的型式、型号等。

（4）桥面铺装层的作用是实现桥梁的整体化，使各片主梁共同受力，同时为行车提供平整舒适的行车道面。桥面铺装层的种类主要分为沥青混凝土桥面铺装、水泥混凝土桥面铺装、复合式桥面铺装。

（5）桥面柔性防水层可以同时保护桥面板和主梁钢筋不被碳化和腐蚀破坏，因此目前在提高混凝土桥面的耐久性时柔性防水材料使用较多，柔性防水材料主要采用卷材类桥面防水和涂膜类桥面防水。

（6）泄水管一般由铸铁泄水管、钢筋混凝土泄水管及横向排水管道几种。

（7）桥面防护设施一般包括安全带、路缘石、人行道梁、人行道板、栏杆、扶手、防撞护栏、灯柱等。

## 学 习 任 务 测 试

1. 试述橡胶支座的分类及特点。

2. 试述球形支座的构造特点。

3. 简述伸缩装置的分类及施工程序。

4. 试述桥面铺装的类型及适用范围。

5. 简述沥青混凝土桥面铺装的特点。

6. 简述桥面卷材类防水层的施工要点。

# 学习任务 10  涵 洞 施 工 技 术

**学习目标**

通过本任务的学习，重点掌握各种涵洞的施工程序及方法；掌握涵洞的分类及组成；熟悉涵洞附属工程的施工；熟悉涵洞施工质量的检验。

## 学习情境 10.1  涵 洞 概 述

按构造型式的不同，涵洞可以分为管涵、盖板涵、拱涵、箱涵和倒虹吸管等。

1. 管涵

管涵主要由管身、基础、接缝及防水层组成，如图 10.1 所示。

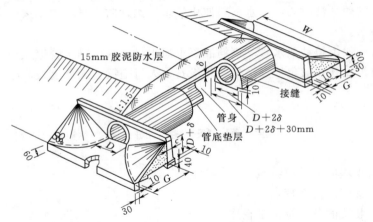

图 10.1  管涵各组成部分（单位：cm）

$W$—洞口铺筑宽度；$G$—锥形护坡长度；$D$—管径；$\delta$—管壁厚度

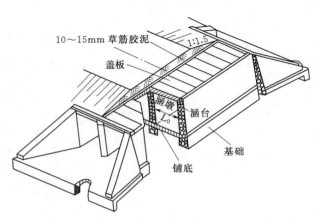

图 10.2  盖板涵组成部分

2. 盖板涵

盖板涵主要由盖板、涵台、基础、洞身铺底、伸缩缝及防水层等部分组成，如图 10.2 所示。

3. 拱涵

拱涵主要由拱圈、护拱、拱上侧墙、涵台、基础、铺底、沉降缝及排水设施等组成，如图 10.3 所示。

4. 箱涵

箱涵主要由钢筋混凝土涵身、翼墙、基础、变形缝等部分组成，如图

318

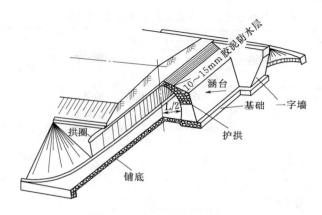

图 10.3 石拱涵各组成部分

10.4 所示。因箱涵为整体闭合式钢筋混凝土框架结构，所以具有良好的整体性及抗震性能。但由于箱涵施工较困难，造价高，一般仅在软土地基上采用。

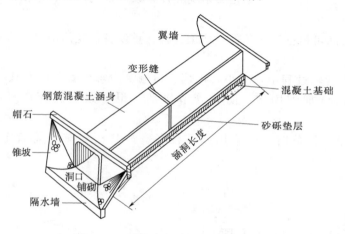

图 10.4 钢筋混凝土箱涵各组成部分

# 学习情境 10.2 涵 洞 施 工

## 10.2.1 管涵施工

公路工程中的管涵有混凝土管涵和钢筋混凝土管涵，目前我国公路工程中多采用钢筋混凝土管涵。管涵的施工是将涵管预制成管节，每节长度多为 1m，然后运往现场安装。

1. 管节

公路工程中管节一般为外购，故对管节预制不再进行详细说明，但管节进场后必须对其质量进行检验。质量检验分为管节尺寸检验和管节强度检验。混凝土管节质量要求及尺寸允许偏差见表 10.1。

管节运输与装卸过程中，应注意下列问题：

（1）待运的管节其各项质量应符合前述的质量标准，应特别注意检查待运管节顶的填土高度是否符合设计要求，防止错装、错运。

表 10.1　　　　　混凝土管节产品质量要求和尺寸允许偏差

| 项　目 | | 质量要求或允许偏差/mm | 检查方法和数量 |
|---|---|---|---|
| 管节形状 | | 端面平整并与其轴线垂直，斜交管节端面符合设计要求 | 目测、用锤心吊线 |
| 管节内外侧表面 | | 平直圆滑，如有蜂窝，每处面积不得大于 3cm×3cm，深度不得超过 1cm，其总面积不得超过全部面积的 1%，并不得露筋。应修补完善后方准使用 | 目测、用钢尺丈量 |
| 管节混凝土强度 | | 符合设计要求 | 压同条件养护的试件 |
| 管节尺寸允许偏差 /mm | 管节长度 | −10~0 | 沿周边检查 4 处 |
| | 内（外）直径 | ±10 | 两端各检查 4 处 |
| | 管壁厚度 | ±5 | 两端各检查 4 处 |

（2）运输管节的工具，可根据道路情况和设备条件采用汽车、拖拉机拖车，不通公路地段可采用马车。

（3）管节的装卸可根据工地条件，使用各种起重设备：龙门吊机、汽车吊和小型起重工具滑车、链滑车等。

（4）在装卸和运输过程中，应小心谨慎。运输途中每个管节底面宜铺以稻草，用木块圆木楔紧，并用绳索捆绑固定，防止管节滚动、相互碰撞破坏。固定方法如图 10.5 所示。

（5）从车上卸下管节时，应采用起重设备。严禁由汽车上将管节滚下，造成管节破裂。

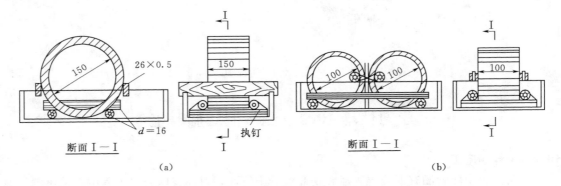

图 10.5　管涵固定在车身内的方法（单位：cm）

2. 管涵的施工

管涵可分为单孔、双孔的有坞工基础和无坞工基础管涵，现将其施工程序简介如下。

（1）单孔有坞工基础管涵。单孔有坞工基础管涵施工程序，如图 10.6 所示。

1）挖基坑并准备修筑管涵基础的材料。

2）砌筑坞工基础或浇筑混凝土基础。

3）安装涵洞管节，修筑涵管出入口端墙、翼墙及涵底（端墙外涵底铺装）。

4）铺设管涵防水层及修整。

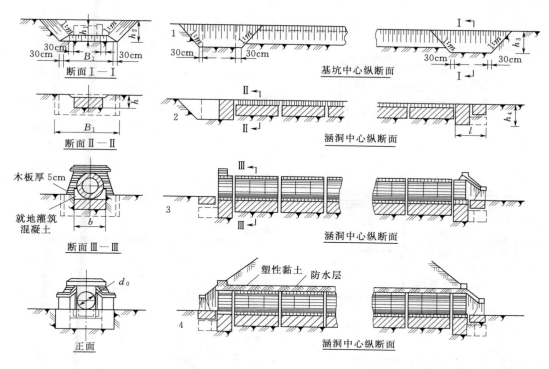

图 10.6　单孔有坞工基础管涵施工程序

5）铺设涵管顶部防水黏土（设计需要时），填筑涵洞缺口填土及修建加固工程。

（2）单孔无坞工基础管涵。单孔无坞工基础管涵施工程序如图 10.7 所示。

1）挖基备料与图 10.6 相同，图 10.7 未示出。

2）在捣固夯实的天然土表层或矿砂垫层上，修筑截面为圆弧状的管座，其深度等于管壁的厚度。

3）在圆弧管座上铺设垫层的防水层，然后安装管节，管节间接缝宜留 1cm 宽。缝中填塞防水材料。

4）在管节的下侧再用天然土或砂砾垫层材料作培填料，并捣实至设计高程，并切实保证培填料与管节密贴。再将防水层向上包裹管节，防水层外再铺设黏质土，水平径线以下的一部分特别填土，应立即填筑，以免管节下面的砂垫层松散，并保证其与管节密贴。在严寒地区这部分特别填土必须填筑不冻胀土料。

5）修筑管涵出入口端墙、翼墙及两端涵底和进行整修工作。

（3）双孔无坞工基础管涵。双孔无坞工基础管涵施工程序如图 10.8 所示。

1）挖基、备料与前同。

2）在捣固夯实的天然土表层或砂垫层上修筑圆弧状管座，其深度等于管壁的厚度。

3）按图 10.8 的程序，先安装右边管并铺设防水层，在左边一孔管节未安装前，在砂垫层上先铺设垫底的防水层，然后按同样方法安装管节。管节间接缝尽量抵紧，管节内外接缝均以强度 10MPa 的水泥砂浆填塞。

4）在管节下侧用天然土或砂垫层材料作填料，夯实至设计高程处，并切实保证与管节密贴。左孔防水层铺设完后，用贫混凝土填充管节间的上部空腔，再铺设软塑状黏性土。

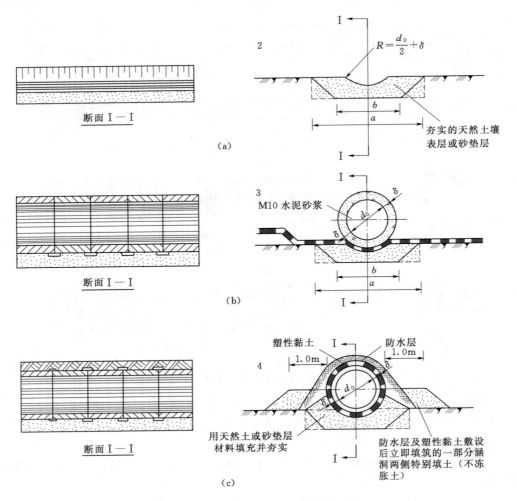

图 10.7　单孔无垆工基础管涵洞身安装程序

防水层及黏土铺设后，涵管两侧水平直径线以下的一部分填土应立即填筑，以免管节下面的砂垫层松散。在严寒地区此部分填土必须填筑不冻胀土料。

5）修筑出入口两端端墙、翼墙及涵底和整修工作。

（4）涵底陡坡台阶式基础管涵。沟底纵坡很陡时，为防止涵洞基础和管节向下滑移，可采用管节为台阶式的管涵，每段长度一般为 3～5m，台阶高差一般不超过相邻涵节最小壁厚的3/4。如坡度较大，可按 2～3m 分段或加大台阶高度，但不应大于 0.7m，且台阶处的净空高度不应小于 1m。此时在低处的涵顶上应设挡墙，以掩盖可能产生的缝隙，如图 10.9 所示。

无垆工基础的陡坡管涵，只可采用管节斜置的办法，斜置的坡度不得大于 5%。

3. 管涵基础修筑

（1）地基土为岩石。管节下采用无垆工基础，管节下挖去风化层或软层后，填筑 0.4m厚砂垫层；出入口两端墙、翼墙下，在岩石层上用 C15 混凝土做基础，其埋置深度至风化层以下 0.15～0.25m，并最小等于管壁厚度加 5cm。风化层过深时，可改用片石垆工，最深不大于 1m。管节下为硬岩时，可用混凝土抹成与管节密贴的垫层。

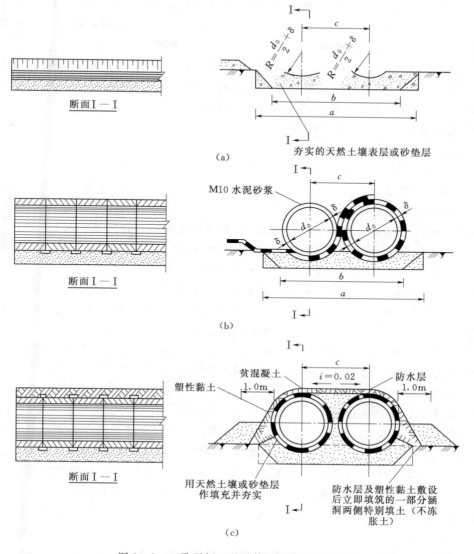

断面 I—I

夯实的天然土壤表层或砂垫层

（a）

断面 I—I

M10 水泥砂浆

（b）

断面 I—I

贫混凝土　防水层

塑性黏土

1.0m　　　　　　1.0m

$i=0.02$

用天然土壤或砂垫层
作填充并夯实

防水层及塑性黏土敷设
后立即填筑的一部分涵
洞两侧特别填土（不冻
胀土）

（c）

图 10.8　双孔无坞工基础管涵洞身安装程序

（2）地基土为砾石土、卵石土或砂砾、粗砂、中砂、细砂及匀质黏性土。管节下一般采用无坞工基础，对砾、卵石上先用砂填充地基土空隙并夯实，然后填筑 0.4m 厚砂垫层；对粗、中、细砂地基土表层应夯实；对匀质黏性地基土应做砂垫层；出入口两端端墙、翼墙的坞工基础埋置深度，设计无规定时为 1m，对于匀质黏性土，负温时的地

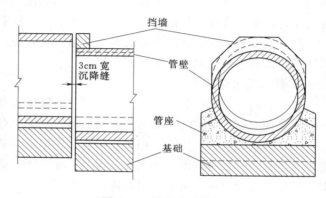

挡墙

3cm 宽
沉降缝

管壁

管座

基础

图 10.9　陡坡台阶管涵

下水位在冻结深度以上时，出入口两端端墙、翼墙圬工基础埋置深度为 1～1.5m；当冻结深度不深时，基础埋深宜等于冻结深度的 0.7 倍，当此值大于 1.5m 时，可采用砂夹卵石在圬工基础下换填至冻结深度的 0.7 倍。

（3）地基土为黏性土。管节下应采用 0.5m 厚的圬工基础，出入口两端端墙、翼墙基础埋置深度为 1～1.5m；当地下水冻结深度不深时，埋深应等于冻结深度；当冻结深度大于 1.5m 时，可在圬工基础下用砂夹卵石换填至冻结深度。

（4）必须采用有圬工基础的管涵。

1）管顶填土高度超过 5m。

2）最大洪水流量时，涵前壅水高度超过 2.5m。

3）河沟经常流水。

4）沼泽地区深度在 2m 以内。

5）沼泽地区淤积物、泥炭等厚度超过 2m 时，应按特别设计的基础施工。

（5）严寒地区的管涵基础。常年最冷月份平均气温低于 -15℃ 的地区称严寒地区。

1）匀质黏性土和一般黏性土的基础均须采用圬工基础。

2）出入口两端端墙、翼墙基础应埋置在冻结线以下 0.25m。

3）一般黏性土地区的地下水位在冻结深度以上时，管节下埋置深度应为 $H/8$（$H$ 为涵底至路面填土高度），但不小于 0.5m，也不得超过 1.5m。

（6）基础砂垫层材料。可采用砂、砾石或碎石，但必须注意清除基底植物层。为避免管节承受冒尖石料的集中应力，当使用碎石、卵石作垫层时，要有一定级配或掺入一定数量的砂，并夯捣密实。

（7）软土地区管涵地基处理。管涵地基土如遇到软土，应按软土层厚度分别进行处理。当软土层厚度小于 2m 时，可采取换填法处理，即将软土层全部挖除，换填碎石、卵石、砂夹石、土夹石、砾砂、粗砂、中砂等材料并碾压密实，压实度要求 94%～97%。如采用灰土（石灰土、粉煤灰土）换填，压实度要求 93%～95%，换填土的干密度宜用重型击实试验法确定。碎石或卵石的干密度可取 $2.2～2.4t/m^3$。换填层上面再砌筑 0.5m 厚的圬工基础。当软土层厚度超过 2m 时，应按软土层厚度、路堤高度、软土性质作特殊设计处理。

4. 管节安装

管节安装应从下游开始，使接头面向上游；每节涵管应紧贴于垫层或基座上，使涵管受力均匀；所有管节应按正确的轴线和图纸所示坡度敷设。如管壁厚度不同，应使内壁齐平。在敷设过程中，要保持管内清洁无脏物、无多余的砂浆及其他杂物。

管节的安装方法通常有滚动安装法、滚木安装法、压绳下管法、龙门架安装法、吊车安装法等，可根据施工现场实际情况选用。

5. 管涵施工注意事项

（1）有圬工基础的管座混凝土浇筑时应与管座紧密相贴，浆砌块石基础应加做一层混凝土管座，使圆管受力均匀，无圬工基础的圆管基底应夯填密实，并做好弧形管座。

（2）无企口的管节接头采用顶头接缝，应尽量顶紧，缝宽不得大于 1cm，严禁因涵身长度不够，将所有接缝宽度加大来凑合涵身长度。管身周围无防水层设计的接缝，须用沥青麻絮或其他具有弹性的不透水材料从内、外侧仔细填塞。设计规定管身外围做防水层的，按前述施工工序施工。

（3）长度较大的管涵设计有沉降缝的，管身沉降缝应与基础的沉降缝坼工位置一致。缝宽为 2～3cm，应用沥青麻絮或其他具有弹性的不透水材料，从内、外侧仔细填塞。

（4）长度较大、填土较高的管涵应设预拱度。预拱度大小应按照设计规定设置。

（5）各管节设预拱度后，管内底面应成平顺圆滑曲线，不得有逆坡。相邻管节如因管壁厚度不一致（在允许偏差内）产生台阶时，应凿平后用水泥环氧砂浆抹补。

# 学习情境 10.3　拱涵、盖板涵和箱涵施工

混凝土和钢筋混凝土拱涵、盖板涵、箱涵的施工分为现场浇筑和在工地预制安装两大类。

## 10.3.1　就地浇筑的拱涵和盖板涵

### 1. 拱涵基础

（1）整体式基础。两座涵台的下面和孔径中间使用整块的混凝土浇筑的基础称为整体式基础。其地基土的承载力应满足设计文件规定。若设计无规定，则填方高 $H$ 在 1～12m 时，必须大于 0.2MPa；当 $H$ 大于 12m 时，必须大于 0.3MPa。湿陷性黄土地基，不论其表面承载力多少，均不得使用。

（2）非整体式基础。两座涵台的下面为独立的现浇混凝土或浆砌片石基础，两者之间不相连接的称为非整体式基础。其地基土要求的容许承载力较上述的基础为高，当设计文件无规定时，一般应大于 0.5MPa。

（3）板凳式基础。两座涵台下面的混凝土基础之间用较薄的混凝土或钢筋混凝土板在顶部连接，一起浇筑成类同板凳式的基础。其地基土容许承载力的要求处于前两者之间，设计文件无规定时，应为大于 0.4MPa 的砂类土或中密以上的碎石土。上述地基土的承载力大小可用轻型动力触探仪进行测试。根据当地材料情况，基础可采用 C15 片石混凝土或 M5 水泥砂浆砌片石，石料强度不得低于 25MPa。

### 2. 拱架和支架

（1）钢拱架和木拱架。钢拱架可用角钢、钢板和钢轨等材料在工厂制成装配式构件，在工地拼装使用。图 10.10 是用钢轨制成的跨径 1～3m 拱涵的钢拱架。

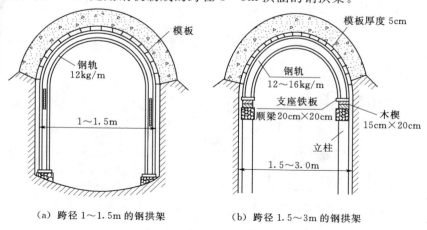

（a）跨径 1～1.5m 的钢拱架　　　（b）跨径 1.5～3m 的钢拱架

图 10.10　跨径 1～3m 拱涵的钢拱架

木拱架主要是由木材组合而成，拆装比较方便。但这种拱架浪费木材，应尽量不使用。图 10.11 为跨径 2～3m 的木拱架。

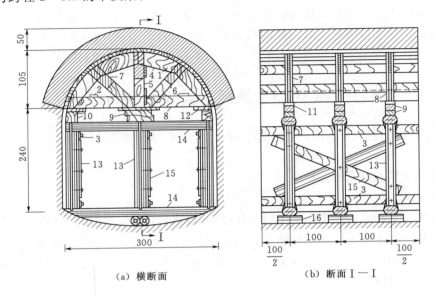

(a) 横断面　　　　(b) 断面 I—I

图 10.11　跨径 2～3m 的木拱架（单位：cm）

1—模型板；2、3—平联系板；4、5—弓形木；6、7—撑木；8—拉杆木；9、10、11—夹木；
12—联系板；13、14—楔顶板；15—楔木；16—槛木

（2）土牛拱胎（土模）。在小桥涵施工中用土牛拱胎代替拱架，能节省木料，既经济又安全。根据河沟水流情况，土牛拱胎可做成全填土拱胎（图 10.12），设有透水盲沟的土拱胎［图 10.13 (a)］、三角形木架土拱胎［图 10.13 (b)］、木排架土拱胎（图 10.14）等。

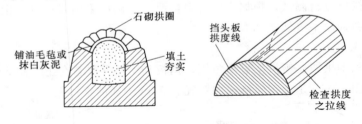

图 10.12　全填土拱胎及检验法

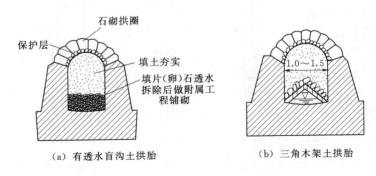

(a) 有透水盲沟土拱胎　　　　(b) 三角木架土拱胎

图 10.13　可渗水的土拱胎（单位：m）

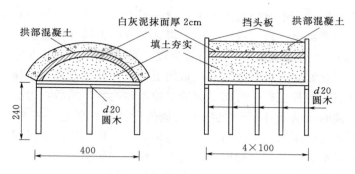

图 10.14　木排架土拱胎（单位：cm）

全填土拱胎施工步骤如下：拱胎填土应在边墙圬工强度达到设计强度的 70％后，分层浇水夯填，每层厚度 0.2～0.5m，跨度小的可以厚一些，但应视土质情况决定。

填土在端墙外伸出 0.5～1m，并保持 1：1.5 的边坡，填土将达拱顶时，分段用样板校正，每隔 30cm 挂线检查。

土胎表面应设保护层，可以铺设一层油毡或抹一层 15mm 厚的水泥砂浆（1：4～1：6）作为保护层。较好的保护层用砖或片石砌厚约 20cm，然后抹厚 2cm 的黏土，再铺油毡。最好的方法是用石灰泥筋抹 20cm 厚（质量比：石灰：黏土：筋＝1：0.35：0.03），抹后 3d 即可浇筑混凝土。

对砌石拱圈，土牛拱胎上若不设保护层时，可用下述方法砌筑拱圈：在涵台砌筑好后，利用暂不使用的石料，把涵孔两端堵住，干砌一道宽约 40～50cm、厚约 20～40cm 的拱形墙（上抹青草泥）作为拱模，以便砌拱时挂线之用，然后在桥孔中间用土分层填筑密实，如图 10.15 所示。

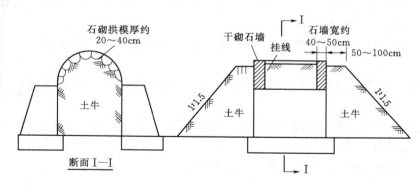

图 10.15　石块干砌配合土牛拱胎

如洞身很长，超过 20m 或拱形复杂时，可用木料做成 3 个合乎要求的标准模，两端及中间各置一个，两端的拱模可以支靠在石模上，中间的可按标准高度支于两旁涵台上并埋置于土中。填筑土牛时不必将土牛的规定高度一次填足，可预留 2～3cm 空隙，待砌拱石时，边砌边填筑。

起拱线以上 3～4 层拱石不受拱胎支撑，可直接砌起。再往上砌时，因拱石的部分重力由拱胎支撑着，可用木板顺拱石灰缝按规定拱度放在拱石灰缝处的土牛上，木板下面以土石垫好，随即开始安砌这一层的拱石。砌好后把垫板取出，并将空隙用土填满捣实，再把垫板按规定拱度垫在上一层拱石砌缝处的土牛上，继续砌上一层拱石。如有较充分的木板时，木板可不抽出周转。拱石砌至拱顶附近时，应先将这部分的土模夯打坚实。填到与标准拱模相差 3～5cm 为止。因土牛拱胎虽经夯实仍不够坚硬，当拱石放上去时极易压缩，拱石的高度及位置不易正确，因此需要在拱石下面的四角垫上片石，使拱石与土牛保持一定的空隙以便校正拱石位置。拱石位置校正后，将其下面的空隙填砂捣实，然后在砌缝中灌以砂浆，这样可以保持不漏浆，同时挖去土牛后，灰缝中预填的砂子自然脱落，省去勾缝时剔灰缝的麻烦。在施工过程中预计有洪水到来的河沟中不能采用土牛拱胎法砌筑拱圈。若用土牛拱胎浇筑盖板涵，其土牛填至涵台顶面高程即可，施工方法与拱涵相同。

3. 拱涵与盖板涵基础、涵台、拱圈、盖板的施工

拱涵与盖板涵基础、涵台、拱圈、盖板施工时应按下列要求进行。

（1）涵洞基础。无论是圬工基础或砂垫层基础，施工前必须先对下卧层地基土进行检查验收。地基土承载力或密实度符合设计要求时，才可进行基础施工。对于软土地基应按照设计规定进行加固处理，符合要求后，才可进行基础施工。对孔径较宽高的拱涵、盖板涵兼作行人和车辆通道时，其底面应按照设计用圬工加固，以承受行人和车辆荷载及磨耗。

（2）涵洞拱圈和钢筋混凝土盖板。拱圈和盖板浇筑或砌筑施工应注意：

1）拱圈和端墙的施工，应由两侧拱脚向拱顶同时对称进行。

2）拱圈和盖板混凝土的现场浇筑施工应连续进行，尽量避免施工缝；当涵身较长时，可沿涵长方向分段进行，每段应连续一次浇筑完；施工缝应设在涵身沉降缝处。

4. 拱架和支架的安装和拆卸

（1）安装的一般要求。拱架和支架支立牢固，拆卸方便（可用木楔作支垫），纵向连接应稳定，拱架外弧应平顺。拱架不得超越拱模位置，拱模不得侵入圬工断面。

拱架和支架安装完毕后，应对其平面位置、顶部高程、节点联系及纵横向稳定性进行检查，不符合要求者，立即进行纠正。

（2）拆卸的一般要求。拱架和支架的拆除及拱顶填土，在具备下列条件之一时方可进行：

1）拱圈圬工强度达到设计值的 85% 时，即可拆除拱架，但必须达到设计值后方可填土。

2）当拱架未拆除，拱圈强度达到设计值的 85% 时，可进行拱顶填土，但应在拱圈达到强度设计值后，方可拆除。

3）拱涵拆除拱架可用木楔，木楔用比较坚硬的木料斜角对剖制成，并将剖面刨光。两块木楔接触面的斜度为 1：6～1：10。在垫楔时应使上面一块的楔尖伸出下面一块楔尾以外，这样在拆架时敲击木楔比较方便。木楔垫好后将两端钉牢。

4）拆卸拱架时应沿桥涵整个宽度上将拱架同时均匀降落，并从跨径中点开始，逐步向两边拆除。

## 10.3.2　就地浇筑的箱涵

箱涵又称矩形涵，它与盖板涵的区别是：盖板涵的台身与盖板是分开浇筑的，台身还可以采用砌石圬工，成为简支结构。而箱涵是上下顶板、底板与左右墙身连续浇筑的，成为刚性结构，如图 10.16 所示。

涵身基础分为有圬工基础和无圬工基础两种。两种基础的构造及尺寸如图 10.16 所示。

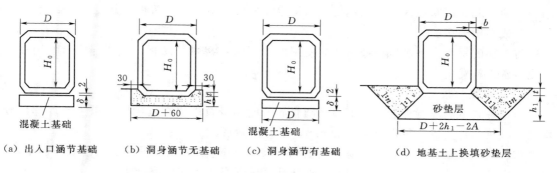

（a）出入口涵节基础　　（b）洞身涵节无基础　　（c）洞身涵有基础　　（d）地基土上换填砂垫层

图 10.16　箱形涵洞基础类型（单位：cm）

$H_0$—涵节净高；$t$—涵节埋入垫层厚度；$\delta$—C15 混凝土基础厚度；$D$—涵节外形宽度；$h_1$—换填砂垫层深度；$n$—挖基边坡，根据基底土质确定；$b$—涵节角隅倒角宽度；$A$—壁厚

### 10.3.3　装配式拱涵、盖板涵和箱涵

1. 预制构件结构的要求

（1）拱圈、盖板、箱涵节等构件预制长度，应根据起重设备和运输能力决定，但应保证结构的稳定性和刚性，一般不小于 1m，但亦不宜太长。

（2）拱圈构件上应设吊装孔，以便起吊。吊孔应考虑平吊及立吊两种，安装后可用砂浆将吊孔填塞。箱涵节、盖板和半环节等构件，可设吊孔，也可于顶面设立吊环。吊环位置、孔径大小和制环用钢筋应符合设计要求，并要求吊钩伸入吊环内和吊装时吊环筋不断裂。安装完毕，吊环筋应锯掉或气割掉。

（3）若采用钢丝绳捆绑起吊可不设吊孔或吊环。

2. 预制构件常用模板

预制构件常用模板有木模、土模、钢丝网水泥模板以及拼装式模板等。

3. 构件运输

构件必须在达到设计强度并经检查质量和尺寸大小符合要求后，才能搬运。搬运时应注意吊点或支承点的设置，务必使构件在搬运过程中保持平衡、受力合理，确保搬运过程中的安全。

4. 施工和安装

拱圈、盖板、箱涵节的安装技术要求如下：

（1）安装之前应再检查构件尺寸、涵台尺寸和涵台间距离，并核对其高程，调整构件大小位置使与沉降缝重合。

（2）拱座接触面及拱圈两边均应凿毛（沉降缝处除外），并浇水湿润，用灰浆砌筑。灰浆坍落度宜小一些，以免流失。

（3）构件砌缝宽度一般为 1cm，拼装每段的砌缝应与设计沉降缝重合。

（4）构件可用扒杆、链滑车或汽车吊进行吊装。

# 学习情境 10.4　涵洞附属工程施工

### 10.4.1　防水层

涵洞的钢筋混凝土结构设置防水层的作用是防止水分侵入混凝土内，使钢筋锈蚀，缩短结构寿命。北方严寒地区的无筋混凝土结构也需要设置防水层，防止水分侵入混凝土内，因冻胀造成结构破坏。

防水层的材料多种多样。公路涵洞使用的主要防水材料是沥青，有些部位可使用黏土，以便节省工料费用。

1. 防水层的设置部位

（1）各式钢筋混凝土涵洞（不包括圆管涵）的洞身及端墙在基础以上被土掩埋的部分，均须涂以热沥青两道，每道厚 1～1.5mm，不另抹砂浆。

（2）混凝土及石砌涵洞的洞身、端墙和翼墙被土掩埋的部分，只需将圬工表面凿平，无凹入存水部分，可不设防水层。但北方严寒地区的混凝土结构仍需设防水层。

（3）钢筋混凝土圆管涵的管节接头采用平头对接，接缝中用麻絮浸以热沥青塞满，管节上半部从外往内填塞；下半部从管内向外填塞。防水层设置时，管外靠接缝处裹以热沥青浸透的防水纸 8 层，宽度 15～20cm。包裹方法：在现场用热沥青逐层黏合在管外壁接缝处，外面再在全长管外裹以塑性黏土。

在交通量小的县、乡公路上，可用质量好的软塑状黏质土掺以碎麻，沿全管敷设 20cm 厚，代替沥青防水层（接缝处理仍照前述施工）。

（4）钢筋混凝土盖板明涵的盖板部分表面可先涂抹热沥青两次，再于其上设 2cm 厚的防水水泥砂浆或 4～6cm 厚的防水混凝土。其上可按照设计铺设路面。涵、台身防水层按照上述方法办理。

2. 沥青的熬制与敷设

沥青可用锅、铁桶等容器以火熬制，或使用电热设备。铁桶装的沥青，应打开桶口小盖，将桶横倒搁置在火炉上，以文火使沥青熔化后，从开口流入熬制用的铁锅或大口铁桶中。熬制用的铁锅或铁桶必须有盖，以便在沥青飞溅或着火时，用以覆盖。熬制处应设在工地下风方向，与一般工作人员、料堆、房屋等保持一定距离，锅内沥青不得超过锅容积的2/3，熬制中应不断搅拌至沥青全部为液态为止。熔化后的沥青应继续加温至 175℃（不得超过 190℃），熬好的沥青盛在小铁桶中送至工点使用。使用时的热沥青温度不宜低于 150℃。涂敷热沥青的圬工表面应先用刷子扫净，消除粉屑污泥。涂敷工作宜在干燥温暖（温度不低于 5℃）的天气进行。

3. 沥青麻絮、油毡、防水纸的浸制方法和质量要求

沥青麻絮（沥青麻布）可采用工厂浸制的成品或在工地用麻絮以热沥青浸制。浸制后的麻絮，表面应呈淡黑色，无孔眼、无破裂和叠皱，撕裂断面上应呈黑色，不应有显示未浸透的布层。

油毡是用一种特制的纸胎（或其他纤维胎）用软化点低的沥青浸透制成，浸渍石油沥青的称石油毡，浸渍焦油沥青的称焦油沥青油毡。为了防止在储存过程中相互黏着，油毡表面应撒一层云母粉、滑石粉或石棉粉。

防水纸（油纸）是用低软化点的沥青材料浸透原纸做成的，除沥青层较薄，没有撒防黏层外，其他性质与油毡相同。

油毡和防水纸可以从市场上采购，其外观质量应符合如下要求：

（1）油毡和防水纸外表不应有孔眼、断裂、叠皱及边缘撕裂等现象，油毡的表面防黏层应均匀地撒布在油毡表面上。

（2）毡胎或原纸内应吸足油量，表面油质均匀，撕开的断面应是黑色的，无未浸透的空白纸层或杂质，浸水后不起泡、不翘曲。

（3）气温在 25℃ 以下时，把油毡卷在 2cm 直径的圆棍上弯曲，不应发生裂缝和防黏层剥落等现象。

（4）将油毡加热至 80℃ 时，不应有防黏层剥落、膨胀及表面层损坏等现象。夏季在高温下不应粘在一起。

铺设油毡和防水纸所用粘贴沥青应和油毡、防水纸有同样的性能。煤沥青油毡和防水纸必须用煤沥青粘贴。同样，石油沥青油毡及防水纸，也一定要用石油沥青来粘贴，否则，过一段时间油毡和防水纸就会分离。

### 10.4.2　沉降缝

#### 1. 沉降缝设置的目的

结构物设置沉降缝的目的是避免结构物因荷载或地基承载力不均匀而发生不均匀沉陷，产生不规则的多处裂缝，而使结构物破坏。设置沉降缝后，可限定结构物发生整齐、位置固定的裂缝，并可事先对沉降缝处予以处理；如有不均匀沉降，则将其限制在沉降缝处，有利于结构物的安全、稳定和防渗（防止管内水流渗入涵洞基底或路基内，造成土质浸泡松软）。

#### 2. 沉降缝设置的位置和方向

涵洞洞身、端墙、翼墙、进出水口急流槽交接处必须设置沉降缝，但无圬工基础的圆管涵仅于交接处设置沉降缝，洞身范围不设。具体设置位置视结构物和地基土的情况而定。

（1）洞身沉降缝。一般每隔 4～6m 设置 1 处，但无基础涵洞仅在洞身涵节与出入口涵节间设置，缝宽一般为 3cm，两端与附属工程连接处也各设置 1 处。

（2）其他应设沉降缝处。凡地基土质发生变化、基础埋置深度不一、基础对地基的荷载发生较大变化处、基础填挖交界处、采用填石垫高基础交界处，均应设置沉降缝。

（3）岩石地基上的涵洞。凡置于岩石地基上的涵洞，不设沉降缝。

（4）斜交涵洞。斜交涵洞洞口正做的，其沉降缝应与涵洞中心线垂直；斜交涵洞洞口斜做的，沉降缝与路基中心线平行；但拱涵与管涵的沉降缝，一律与涵洞轴线垂直。

#### 3. 沉降缝的施工方法

沉降缝的施工，要求做到使缝两边的构造物能自由沉降，又能严密防止水分渗漏。故沉降缝必须贯穿整个断面（包括基础）。沉降缝具体施工方法如下：

（1）基础部分。可将原基础施工时嵌入的沥青木板或沥青砂板留下，作为防水之用。如基础施工时不用木板，也可用黏土填入捣实，并在流水面边缘以 1∶3 水泥砂浆填塞，深度约为 15cm。

（2）涵身部分。缝外侧以热沥青浸制的麻筋填塞，深度约为 5cm，内侧以 1∶3 水泥砂浆填塞，深度约为 15cm，视沉降缝处圬工的厚薄而定。可以用沥青麻筋与水泥砂浆填满；如太厚，亦可将中间部分先填以黏土。

（3）沉降缝的施工质量要求。沉降缝端面应整齐、方正，基础和涵身上下不得交错，应贯通，嵌塞物应紧密填实。

（4）保护层。各式有圬工基础涵洞的基础襟边以上，均顺沉降缝周围设置黏土保护层，厚约 20cm，顶宽约 20cm。对于无圬工基础涵洞，保护层宜使用沥青混凝土或沥青胶砂，厚度 10～20cm。沉降缝构造如图 10.17 所示。

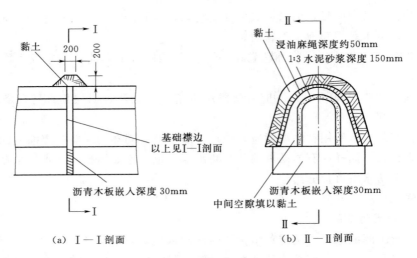

（a）Ⅰ—Ⅰ剖面　　　　　　　　　（b）Ⅱ—Ⅱ剖面

图 10.17　涵洞沉降缝（单位：mm）

### 10.4.3　涵洞进出水口

涵洞进出水口工程是指涵洞端墙、翼墙（包括八字墙、锥坡、平行廊墙）以外的部分，如沟底铺砌和其他进出水口处理工程。

**1. 平原区的处理工程**

涵洞出入口的沟床应整理顺直，与上、下排水系统（天沟、路基边沟、排水沟、取土坑等）的连接应圆顺、稳固，保证流水顺畅，避免排水损害路堤、村舍、农田、道路等。

**2. 山丘区的处理工程**

在山丘区的涵洞底纵坡超过 5％时，除进行上述整理外，还应对沟床进行干砌或浆砌片石防护。翼墙以外的沟床当坡度较大时，也应铺砌防护。防护长度、砌石宽度、厚度、形状等，应按设计图纸施工。如设计图纸漏列，应按合同规定向业主提出，由业主指定单位做出补充设计。

### 10.4.4　涵洞缺口填土

（1）建成的涵管、圬工达到设计要求的强度后，应及时回填。回填土要切实注意质量，严格按照有关施工规定和设计要求办理。

（2）填土路堤在涵洞每侧不小于两倍孔径的宽度及高出洞顶 1m 范围内，应采用非膨胀的土从两侧分层仔细夯实，每层厚度 10～20cm。特殊情况亦可用与路堤填料相同的土填筑。管节两侧夯填土的密实度标准，高速公路和一级公路为 95％，其他公路为 93％。管节顶部其宽度等于管节外径的中间部分填土，其密实度要求与该处路基同。如为填石路堤，则在管顶以上 1m 的范围内应分 3 层填筑：下层为 20cm 厚的黏土，中层为 50cm 厚的砂卵石，上层为 30cm 厚的小片石或碎石。在两端的上述范围及两侧每侧宽度不小于孔径的两倍范围内，码填片石。

（3）用机械填筑涵洞缺口时，须待涵洞圬工达到容许强度后，涵身两侧应用人工或小型机具对称夯填，高出涵顶至少 1m，然后再用机械填筑。不得从单侧偏推、偏填，使涵洞承受偏压。

（4）冬季施工时，涵洞缺口路堤、涵身两侧及涵顶 1m 内，应用未冻结土填筑。

（5）回填缺口时，应将已成路堤土方挖出台阶。

## 任 务 小 结

（1）涵洞按构造型式的不同，可以分为管涵、盖板涵、拱涵、箱涵和倒虹吸管等。

（2）有砌体基础的管座，混凝土浇筑时应与管座紧密相贴，浆砌块石基础应加做一层混凝土管座，使圆管受力均匀，无砌体基础的圆管基底应夯填密实，并做好弧形管座。无企口的管节接头采用顶头接缝，应尽量顶紧，缝宽不得大于1cm，严禁因涵身长度不够，将所有接缝宽度加大来凑合涵身长度。

（3）混凝土和钢筋混凝土拱涵、盖板涵、箱涵的施工分为现场浇筑和在工地预制安装两大类。

（4）涵洞的钢筋混凝土结构设置防水层的作用是防止水分侵入混凝土内，使钢筋锈蚀，缩短结构寿命。

（5）结构物设置沉降缝的目的是避免结构物因荷载或地基承载力不均匀而发生不均匀沉陷，产生不规则的多处裂缝，而使结构物破坏。

## 学 习 任 务 测 试

1. 按构造型式的不同，涵洞可以分为哪几种？
2. 简述单孔有圬工基础管涵的施工程序。
3. 箱涵和盖板涵有何区别？
4. 预制拱圈和盖板的安装应注意的事项有哪些？
5. 简述防水层、沉降缝设置部位及沉降缝的施工方法。

# 参 考 文 献

［1］ JTG/T F50—2011 公路桥涵施工技术规范［S］. 北京：人民交通出版社，2011.

［2］ JTJ041—2000 公路桥涵施工技术规范［S］. 北京：人民交通出版社，2000.

［3］ JTG D60—2004 公路桥涵设计通用规范［S］. 北京：人民交通出版社，2004.

［4］ GB 50025—2004 湿陷性黄土地区建筑规范［S］. 北京：中国建筑工业出版社，2004.

［5］ 贾亚军. 桥梁施工技术［M］. 北京：中国水利水电出版社，2012.

［6］ 余丹丹. 桥梁工程与施工技术［M］. 北京：中国水利水电出版社，2014.

［7］ 李宝昌. 市政桥梁工程施工［M］. 北京：中国建筑工业出版社，2010.

［8］ 满广生. 桥梁工程概论［M］. 北京：中国水利水电出版社，2007.

［9］ 张省霞. 桥涵工程技术［M］. 北京：人民交通出版社，2012.

［10］ 徐伟. 桥梁施工［M］. 北京：人民交通出版社，2013.

［11］ 朱芳芳. 桥梁上部施工技术［M］. 北京：北京邮电大学出版社，2014.

［12］ 于忠涛. 桥梁下部施工技术［M］. 北京：北京邮电大学出版社，2014.